KB144942

수산물 품질관리사

1차 기출문제집

고송남·김봉호 지음

BM (주)도서출판 **성안당**

저자 약력

고송남

성균관대학교 경제학과 졸업

(前) EBS 명품강좌 교수

(前) 에듀윌 강사

(前) 거창군 농업기술센터 강의

김봉호

전남대학교 졸업

현대고시학원, 한빛고시학원, 한국농식품직업전문학교 출강

강원도 도립 인재교육원 대학생 농업분야 자격증 특설반 출강

청주, 김제, 전주 농업기술센터 출강

전문 동영상 강좌(농산물품질관리사, 수산물품질관리사, 손해평가사)

(前) 해양수산부 전국 수산물시장 평가심사위원 위촉

저서

• 손해평가사 1차 한 권으로 합격하기

• 손해평가사 2차 한 권으로 합격하기

• 손해사정사(보험계약법, 손해사정이론)

• 손해평가사 실전모의고사

• 7급, 9급 공무원 시험 노동법

• 공인중개사(민법)

• 농산물품질관리사(법령, 유통론) 2차 실기 문제집

• 수산물품질관리사(법령, 수산일반) 1차 필기

■ 도서 A/S 안내

머리말

수산물의 적절한 품질관리를 통하여 안정성을 확보하고, 상품성을 향상하며 공정하고, 투명한 거래를 유도하고자 도입된 수산물품질관리사 자격시험이 벌써 8년여의 역사에 이르게 되었습니다.

그동안 배출된 수산물품질관리사는 명실상부한 국가공인 전문가로서 수산물의 등급판정, 수산물의 생산 및 수확 후 품질관리 기술지도, 수산물의 출하 시기 조절, 수산물의 선별 저장 및 포장시설의 운영관리 등을 통하여 우리나라의 수산물의 상품성 향상 및 공정하고 투명한 거래질서 확립에 크게 기여해 오고 있습니다.

전문가로서의 자격을 취득하고자 준비하시는 분들에게는 어떻게 공부하는 것이 가장 효율적일까, 다시 말하면 투입하는 시간과 비용을 최소화하면서 확실하게 합격하는 방법은 어떤 것일까에 관심이 가장 클 것으로 생각됩니다. 저희 편저자는 다년간의 강의와 수험자 상담을 통해 수험자의 상기와 같은 물음에 답을 제시하고자 합니다.

수산물품질관리사 자격시험은 절대평가로서 과락 없이 평균 60점 이상이면 합격입니다. 꼭 100점에 가까운 높은 점수를 받아야 하는 것은 아닙니다. 따라서 효율성을 고려한다면 모든 내용을 공부하겠다는 욕심보다는 출제 가능성이 높은 내용을 집중적으로 반복 학습한다는 전략이 바람직합니다.

이 책은 수년간의 기출문제를 다루고 있습니다. 각 문제마다 "해설"뿐만 아니라 관련된 내용을 별도로 "정리"라는 이름으로 추가 설명하고 있습니다. 자주 출제되는 내용은 그 내용에 대한 정리가 반복되도록 하였습니다. 출제된 문제가 응용 내지 변형되어 다시 출제된다고 하더라도 충분히 대응할 수 있습니다.

이 책을 통해 공부하는 것이 출제 가능성이 높은 내용을 집중적으로 반복 학습한다는 전략에 잘 부합된다고 생각합니다. 따라서 이 책 한권을 반복 학습하는 것이 가장 효율적으로 시험에 합격하는 지름길이라고 감히 말씀드립니다.

아무쪼록 합격의 영광을 획득하시길 바랍니다.

편저자 일동

▌**자 격 명**: 수산물품질관리사
▌**영 문 명**: Fishery Products Quality Manager
▌**소관부처**: 해양수산부(수출가공진흥과) (www.mof.go.kr)
▌**시행기관**: 한국산업인력공단(www.q-net.or.kr)

1 기본정보

[개요]

수산물의 적절한 품질관리를 통하여 안정성을 확보하고, 상품성을 향상하며 공정하고, 투명한 거래를 유도하기 위한 전문인력을 확보하려고 한다.

[변천과정]

• 2015년 4월 2일: 수산물품질관리사 자격시험 위탁 및 고시(해양수산부)
• 2015년~2016년: 제1회 수산물품질관리사 한국산업인력공단 시행

[수행직무]

• 수산물의 등급 판정
• 수산물의 생산 및 수확 후 품질관리기술 지도
• 수산물의 출하시기 조절 및 품질관리기술 지도
• 수산물의 선별 저장 및 포장시설 등의 운영관리

[통계자료(최근 5년)]

(단위: 명, %)

구분		2018	2019	2020	2021	2022
1차 시험	대상	2,722	1,633	996	906	627
	응시	1,264	873	734	619	447
	응시율	46.44	53.46	73.69	68.32	71.29
	합격	458	311	352	158	231
	합격률	36.23	35.62	47.96	25.52	51.68
2차 시험	대상	661	420	411	273	232
	응시	546	346	351	229	193
	응시율	82.60	82.38	85.40	83.88	83.19
	합격	134	67	48	79	53
	합격률	24.54	19.36	13.68	34.50	27.46

2 시험정보

[응시자격]

제한 없음

※ 단, 수산물품질관리사의 자격이 취소된 날부터 2년이 경과하지 아니한 자는 시험에 응시할 수 없음

[시험과목 및 시험시간]

구분	교시	시험과목	시험시간	시험방법
제1차 시험	1교시	1. 수산물품질관리 관련법령 　(농수산물 품질관리 법령, 농수산물 유통 및 가격안정에 관한 법령, 농수산물의 원산지 표시 등에 관한 법령, 친환경농어업 육성 및 유기식품 등의 관리·지원에 관한 법령, 수산물 유통의 관리 및 지원에 관한 법령) 2. 수산물유통론 3. 수확 후 품질관리론 4. 수산일반	09:30~11:30 (120분)	객관식 4지 택일형 (과목당 25문항)
제2차 시험	1교시	1. 수산물품질관리 실무 2. 수산물등급판정 실무	09:30~11:10 (100분)	주관식 (단답형 및 서술형)

- 시험과 관련하여 법률·규정 등을 적용하여 정답을 구하여야 하는 문제는 <u>시험시행일을 기준으로 시행 중인 법률·기준 등을 적용</u>하여 그 정답을 구하여야 함
- 기활용된 문제, 기출문제 등을 변형·활용되어 출제될 수 있음

[합격자 결정]

구분	합격결정기준
제1차 시험	각 과목 100점을 만점으로 하여 각 과목 40점 이상의 점수를 획득한 사람 중 평균점수가 60점 이상인 사람을 합격자로 결정
제2차 시험	제1차 시험에 합격한 사람(제1차 시험이 면제된 사람 포함)을 대상으로 100점 만점에 60점 이상인 사람을 합격자로 결정

3 응시원서 접수

[수수료 납부]

- 응시수수료
  제1차 시험: 20,000원
  제2차 시험: 33,000원
- 납부방법: 전자결제(신용카드, 계좌이체, 가상계좌) 이용

차 례

수산물품질관리사 1차 시험 과년도 기출문제

(정답/해설/이론 정리 포함)

수산물품질관리사
1차 시험
과년도 기출문제

제1과목 **수산물품질관리 관련법령**

01 농수산물 품질관리법상 '물류표준화' 용어의 정의이다. ( )에 들어갈 내용을 순서대로 옳게 나열한 것은?

> 농수산물의 운송·보관·하역·포장 등 물류의 각 단계에서 사용되는 기기·용기·설비·정보 등을 ( )하여 ( )과 ( )을 원활히 하는 것을 말한다.

① 안정화, 호환성, 편의성
② 규격화, 호환성, 연계성
③ 규격화, 연계성, 편의성
④ 안정화, 정형성, 연계성

────────────────

해설 법 제2조(정의)

"물류표준화"란 농수산물의 운송·보관·하역·포장 등 물류의 각 단계에서 사용되는 기기·용기·설비·정보 등을 규격화하여 호환성과 연계성을 원활히 하는 것을 말한다.

02 농수산물 품질관리법상 농수산물품질관리심의회 설치에 관한 내용으로 옳지 않은 것은?

① 심의회 위원구성은 위원장 및 부위원장 각 1명을 제외한 60명 이내의 위원으로 한다.
② 위원장은 위원 중에서 호선(互選)하고 부위원장은 위원장이 위원 중에서 지명하는 사람으로 한다.
③ 해양수산부 소속 공무원 중 해양수산부장관이 지명한 사람은 심의회 위원이 될 수 있다.
④ 수산물의 소비 분야에 전문적인 지식이 풍부한 사람으로서 해양수산부장관이 위촉한 위원의 임기는 3년으로 한다.

정답 **01** ② **02** ①

법 제3조(농수산물품질관리심의회의 설치)

① 이 법에 따른 농수산물 및 수산가공품의 품질관리 등에 관한 사항을 심의하기 위하여 농림축산식품부 장관 또는 해양수산부장관 소속으로 농수산물품질관리심의회(이하 "심의회"라 한다)를 둔다.

② 심의회는 위원장 및 부위원장 각 1명을 포함한 60명 이내의 위원으로 구성한다.

③ 위원장은 위원 중에서 호선(互選)하고 부위원장은 위원장이 위원 중에서 지명하는 사람으로 한다.

④ 위원은 다음 각 호의 사람으로 한다.

   1. 교육부, 산업통상자원부, 보건복지부, 환경부, 식품의약품안전처, 농촌진흥청, 산림청, 특허청, 공정거 래위원회 소속 공무원 중 소속 기관의 장이 지명한 사람과 농림축산식품부 소속 공무원 중 농림축산식품 부장관이 지명한 사람 또는 해양수산부 소속 공무원 중 해양수산부장관이 지명한 사람

   2. 다음 각 목의 단체 및 기관의 장이 소속 임원·직원 중에서 지명한 사람(아래 생략)

   3. 시민단체(「비영리민간단체 지원법」 제2조에 따른 비영리민간단체를 말한다)에서 추천한 사람 중에 서 농림축산식품부장관 또는 해양수산부장관이 위촉한 사람

   4. 농수산물의 생산·가공·유통 또는 소비 분야에 전문적인 지식이나 경험이 풍부한 사람 중에서 농림축산식품부장관 또는 해양수산부장관이 위촉한 사람

03 농수산물 품질관리법상 (   )에 들어갈 내용을 순서대로 옳게 나열한 것은?

> 수산물의 품질인증 유효기간은 품질인증을 받은 날부터 (   )으로 한다. 다만, 품목의 특성 상 달리 적용할 필요가 있는 경우에는 (   )의 범위에서 (   )으로 유효기간을 달리 정할 수 있다.

① 1년, 2년, 대통령령　　　　　　② 2년, 3년, 총리령
③ 2년, 4년, 해양수산부령　　　　④ 3년, 5년, 해양수산부령

법 제15조(품질인증의 유효기간 등)

① 품질인증의 유효기간은 품질인증을 받은 날부터 2년으로 한다. 다만, 품목의 특성상 달리 적용할 필요가 있는 경우에는 4년의 범위에서 해양수산부령으로 유효기간을 달리 정할 수 있다.

② 품질인증의 유효기간을 연장받으려는 자는 유효기간이 끝나기 전에 해양수산부령으로 정하는 바에 따라 해양수산부장관에게 연장신청을 하여야 한다.

③ 해양수산부장관은 제2항에 따른 신청을 받은 경우 제14조제4항에 따른 품질인증의 기준에 맞다고 인정되면 제1항에 따른 유효기간의 범위에서 유효기간을 연장할 수 있다.

04 농수산물 품질관리법령상 지리적표시의 등록거절 사유가 아닌 것은?

① 해당 품목의 우수성이 국내에서는 널리 알려져 있으나 국외에서는 널리 알려지지 아니한 경우
② 해당 품목이 지리적표시 대상지역에서 생산된 역사가 깊지 않은 경우
③ 해당 품목이 수산물인 경우에는 지리적표시 대상지역에서만 생산된 것이 아닌 경우
④ 해당 품목의 명성·품질이 본질적으로 특정지역의 생산환경적 요인과 인적 요인 모두에 기인하지 아니한 경우

해설 법 제32조(지리적표시의 등록)

⑨ 농림축산식품부장관 또는 해양수산부장관은 제3항에 따라 등록 신청된 지리적표시가 다음 각 호의 어느 하나에 해당하면 등록의 거절을 결정하여 신청자에게 알려야 한다.

1. 제3항에 따라 먼저 등록 신청되었거나, 제7항에 따라 등록된 타인의 지리적표시와 같거나 비슷한 경우
2. 「상표법」에 따라 먼저 출원되었거나 등록된 타인의 상표와 같거나 비슷한 경우
3. 국내에서 널리 알려진 타인의 상표 또는 지리적표시와 같거나 비슷한 경우
4. 일반명칭[농수산물 또는 농수산가공품의 명칭이 기원적(起原的)으로 생산지나 판매장소와 관련이 있지만 오래 사용되어 보통 명사화된 명칭을 말한다]에 해당되는 경우
5. 제2조제1항제8호에 따른 지리적표시 또는 같은 항 제9호에 따른 동음이의어 지리적표시의 정의에 맞지 아니하는 경우
6. 지리적표시의 등록을 신청한 자가 그 지리적표시를 사용할 수 있는 농수산물 또는 농수산가공품을 생산·제조 또는 가공하는 것을 업(業)으로 하는 자에 대하여 단체의 가입을 금지하거나 가입조건을 어렵게 정하여 실질적으로 허용하지 아니한 경우

⑩ 제1항부터 제9항까지에 따른 지리적표시 등록 대상품목, 대상지역, 신청자격, 심의·공고의 절차, 이의신청 절차 및 등록거절 사유의 세부기준 등에 필요한 사항은 대통령령으로 정한다.

법 제15조(지리적표시의 등록거절 사유의 세부기준)
법 제32조제9항에 따른 지리적표시 등록거절 사유의 세부기준은 다음 각 호와 같다.

1. 해당 품목이 농수산물인 경우에는 지리적표시 대상지역에서만 생산된 것이 아닌 경우
1의2. 해당 품목이 농수산가공품인 경우에는 지리적표시 대상지역에서만 생산된 농수산물을 주원료로 하여 해당 지리적표시 대상지역에서 가공된 것이 아닌 경우
2. 해당 품목의 우수성이 국내 및 국외에서 모두 널리 알려지지 아니한 경우
3. 해당 품목이 지리적표시 대상지역에서 생산된 역사가 깊지 않은 경우
4. 해당 품목의 명성·품질 또는 그 밖의 특성이 본질적으로 특정지역의 생산환경적 요인과 인적 요인 모두에 기인하지 아니한 경우
5. 그 밖에 농림축산식품부장관 또는 해양수산부장관이 지리적표시 등록에 필요하다고 인정하여 고시하는 기준에 적합하지 않은 경우

정답 04 ①

05 농수산물 품질관리법령상 수산물 및 수산가공품에 대한 관능검사의 대상이 아닌 것은?

① 검사신청인이 위생증명서를 요구하는 수산물·수산가공품(비식용수산·수산가공품은 제외)

② 검사신청인이 분석증명서를 요구하는 수산물

③ 국내에서 소비하는 수산물

④ 정부에서 수매하는 수산물·수산가공품

(해설) 시행규칙 [별표24] 수산물 및 수산가공품에 대한 검사의 종류 및 방법

관능검사

가. "관능검사"란 오관(五官)에 의하여 그 적합 여부를 판정하는 검사로서 다음의 수산물 및 수산가공품을 그 대상으로 한다.

　　1) 법 제88조제4항제1호에 따른 수산물 및 수산가공품으로서 외국요구기준을 이행했는지를 확인하기 위하여 품질·포장재·표시사항 또는 규격 등의 확인이 필요한 수산물·수산가공품

　　2) 검사신청인이 위생증명서를 요구하는 수산물·수산가공품(비식용수산·수산가공품은 제외한다)

　　3) 정부에서 수매·비축하는 수산물·수산가공품

　　4) 국내에서 소비하는 수산물·수산가공품

06 농수산물 품질관리법령상 수산물검사관의 자격 취소 및 정지에 관한 내용으로 옳은 것은? (단, 경감은 고려하지 않음)

① 위반행위가 둘 이상인 경우에는 그 중 무거운 처분기준을 적용하며, 둘 이상의 처분기준이 동일한 자격정지인 경우에는 가중처분할 수 없다.

② 위반행위의 횟수에 따른 행정처분의 기준은 최근 1년간 같은 위반행위로 행정처분을 받은 경우에 적용한다.

③ 다른 사람에게 1회 그 자격증을 대여하여 검사를 한 경우 "자격취소"에 해당한다.

④ 고의적인 위격검사를 1회 위반한 경우 "자격정지 6개월"에 해당한다.

정답　05 ②　06 ③

해설 농수산물 품질관리법 시행규칙 [별표 21]

농산물검사관의 자격 취소 및 정지에 대한 세부 기준(제106조 관련)

1. 일반기준

    가. 위반행위가 둘 이상인 경우에는 그 중 무거운 처분기준을 적용하며, 둘 이상의 처분기준이 동일한 자격정지인 경우에는 무거운 처분기준의 2분의 1까지 가중할 수 있다. 이 경우 각 처분기준을 합산한 기간을 초과할 수 없다.

    나. 위반행위의 횟수에 따른 행정처분의 기준은 최근 2년간 같은 위반행위로 행정처분을 받은 경우에 적용한다. 이 경우 행정처분 기준의 적용은 같은 위반행위에 대하여 최초로 행정처분을 한 날을 기준으로 한다.

    다. 위반사항의 내용으로 보아 그 위반의 정도가 경미하거나 그 밖에 특별한 사유가 있다고 인정되는 경우 그 처분이 자격정지일 때에는 2분의 1 범위에서 경감할 수 있고, 자격취소일 때에는 6개월의 자격정지 처분으로 경감할 수 있다.

2. 개별기준

위반행위	근거 법조문	위반횟수별 처분기준		
		1회	2회	3회
가. 거짓이나 그 밖의 부정한 방법으로 검사나 재검사를 한 경우	법 제83조 제1항제1호			
1) 검사나 재검사를 거짓으로 한 경우		자격취소	–	–
2) 거짓 또는 부정한 방법으로 자격을 취득하여 검사나 재검사를 한 경우		자격취소	–	–
3) 삭제 〈2022. 1. 6.〉				
4) 자격정지 중에 검사나 재검사를 한 경우		자격취소	–	–
5) 고의적인 위격검사를 한 경우		**자격취소**	–	–
6) 1등급 착오 20% 이상, 2등급 착오 5% 이상에 해당되는 위격검사를 한 경우		6개월 정지	자격취소	
7) 1등급 착오 10% 이상 20% 미만, 2등급 착오 3% 이상 5% 미만에 해당되는 위격검사를 한 경우		3개월 정지	6개월 정지	자격취소
나. 법 또는 법에 따른 명령을 위반하여 현저히 부적격한 검사 또는 재검사를 하여 정부나 농산물검사기관의 공신력을 크게 떨어뜨린 경우	법 제83조 제1항제2호	자격취소	–	–
다. 법 제82조제7항을 위반하여 다른 사람에게 그 명의를 사용하게 하거나 자격증을 대여한 경우	법 제83조 제1항제3호	자격취소		
라. 법 제82조제8항을 위반하여 명의의 사용이나 자격증의 대여를 알선한 경우	법 제83조 제1항제4호	자격취소		

07 농수산물 품질관리법령상 수산물품질관리사 제도에 관한 내용으로 옳지 않은 것은?

① 수산물품질관리사는 수산물의 생산 및 수확 후 품질관리기술 지도를 수행할 수 있다.

② 해양수산부장관은 수산물품질관리사의 자격을 부정한 방법으로 취득한 사람의 자격을 취소하여야 한다.

③ 해양수산부장관은 수산물품질관리사 자격시험의 시행일 1년 전까지 수산물품질관리사 자격시험의 실시계획을 세워야 한다.

④ 해양수산부장관은 수산물품질관리사 자격시험의 최종 합격자 명단을 제2차시험 시행 후 40일 이내에 공고하여야 한다.

해설 법 제109조(농산물품질관리사 또는 수산물품질관리사의 자격 취소)

농림축산식품부장관 또는 해양수산부장관은 다음 각 호의 어느 하나에 해당하는 사람에 대하여 농산물품질관리사 또는 수산물품질관리사 자격을 취소하여야 한다.

1. 농산물품질관리사 또는 <u>수산물품질관리사의 자격을 거짓 또는 부정한 방법으로 취득한 사람</u>
2. 제108조제2항을 위반하여 다른 사람에게 농산물품질관리사 또는 수산물품질관리사의 명의를 사용하게 하거나 자격증을 빌려준 사람
3. 제108조제3항을 위반하여 명의의 사용이나 자격증의 대여를 알선한 사람

법 제106조(농산물품질관리사 또는 수산물품질관리사의 직무)

② 수산물품질관리사는 다음 각 호의 직무를 수행한다.

　　1. 수산물의 등급 판정
　　2. <u>수산물의 생산 및 수확 후 품질관리기술 지도</u>
　　3. 수산물의 출하 시기 조절, 품질관리기술에 관한 조언
　　4. 그 밖에 수산물의 품질 향상과 유통 효율화에 필요한 업무로서 해양수산부령으로 정하는 업무

시행령 제40조의2(수산물품질관리사 자격시험의 실시계획 등)

① 법 제107조제1항에 따른 수산물품질관리사 자격시험은 매년 1회 실시한다. 다만, 해양수산부장관이 수산물품질관리사의 수급상 필요하다고 인정하는 경우에는 2년마다 실시할 수 있다.

② <u>해양수산부장관은 제1항에 따른 수산물품질관리사 자격시험의 시행일 6개월 전까지 수산물품질관리사 자격시험의 실시계획을 세워야 한다.</u>

시행령 제40조의5(수산물품질관리사 자격시험 합격자의 공고 등)

<u>해양수산부장관은 수산물품질관리사 자격시험의 최종 합격자 명단을 제2차시험 시행 후 40일 이내에</u> 「정보통신망 이용촉진 및 정보보호 등에 관한 법률」 제2조제1호에 따른 정보통신망에 공고하여야 한다.

정답 07 ③

08 농수산물 품질관리법령상 시·도지사가 지정해역을 지정받으려는 경우 국립수산 물품질관리원장에게 지정을 요청해야 한다. 이때 갖추어야 할 서류가 아닌 것은?

① 지정받으려는 해역 및 그 부근의 도면
② 지정해역 지정의 타당성에 대한 환경부장관의 의견서
③ 지정받으려는 해역의 위생조사 결과서
④ 지정받으려는 해역의 오염 방지 및 수질 보존을 위한 지정해역 위생관리계획서

> (해설) 시행규칙 제86조(지정해역의 지정 등)
> ① 국립수산물품질관리원장이 법 제71조제1항에 따라 지정해역으로 지정할 수 있는 경우는 다음 각 호와 같다.
>   1. 지정해역 지정을 위한 위생조사·점검계획을 수립한 후 해역에 대하여 조사·점검을 한 결과 법 제69조에 따라 국립수산물품질관리원장이 정하여 고시한 해역의 위생관리기준(이하 "지정해역위 생관리기준"이라 한다)에 적합하다고 인정하는 경우
>   2. 시·도지사가 요청한 해역이 지정해역위생관리기준에 적합하다고 인정하는 경우
> ② 시·도지사는 제1항제2호에 따라 지정해역을 지정받으려는 경우에는 다음 각 호의 서류를 갖추어 국 립수산물품질관리원장에게 요청해야 한다.
>   1. 지정받으려는 해역 및 그 부근의 도면
>   2. 지정받으려는 해역의 위생조사 결과서 및 지정해역 지정의 타당성에 대한 국립수산과학원장의 의 견서
>   3. 지정받으려는 해역의 오염 방지 및 수질 보존을 위한 지정해역 위생관리계획서
> ③ 시·도지사는 국립수산과학원장에게 제2항제2호에 따른 의견서를 요청할 때에는 해당 해역의 수산 자원과 폐기물처리시설·분뇨시설·축산폐수·농업폐수·생활폐기물 및 그 밖의 오염원에 대한 조 사자료를 제출해야 한다.
> ④ 국립수산물품질관리원장은 제1항에 따라 지정해역을 지정하는 경우 다음 각 호의 구분에 따라 지정할 수 있으며, 이를 지정한 경우에는 그 사실을 고시해야 한다.
>   1. 잠정지정해역: 1년 이상의 기간 동안 매월 1회 이상 위생에 관한 조사를 하여 그 결과가 지정해역위 생관리기준에 부합하는 경우
>   2. 일반지정해역: 2년 6개월 이상의 기간 동안 매월 1회 이상 위생에 관한 조사를 하여 그 결과가 지정해역위생관리기준에 부합하는 경우

09 농수산물 품질관리법령상 유전자변형농수산물의 표시대상품목을 고시하는 자는?

① 해양수산부장관
② 식품의약품안전처장
③ 국립수산과학원장
④ 국립수산물품질관리원장

> (해설) 시행령 제19조(유전자변형농수산물의 표시대상품목)
> 법 제56조제1항에 따른 유전자변형농수산물의 표시대상품목은 「식품위생법」 제18조에 따른 안전성 평가 결과 식품의약품안전처장이 식용으로 적합하다고 인정하여 고시한 품목(해당 품목을 싹틔워 기른 농산물을 포함한다)으로 한다.

정답 **08** ② **09** ②

14 · 수산물품질관리사 1차 기출문제집

10 농수산물 품질관리법령상 지정해역의 지정해제에 관한 내용이다. ( )에 들어갈 내용은?

> 해양수산부장관은 지정해역에 대한 최근 ( )의 조사·점검 결과를 평가한 후 위생관리기준에 적합하지 아니하다고 인정되는 경우에는 지정해역의 전부 또는 일부를 해제하고, 그 내용을 고시하여야 한다.

① 1년간
② 1년 6개월간
③ 2년간
④ 2년 6개월간

해설 시행령 제28조(지정해역의 지정해제)
해양수산부장관은 법 제77조에 따라 지정해역에 대한 최근 2년 6개월간의 조사·점검 결과를 평가한 후 위생관리기준에 적합하지 아니하다고 인정되는 경우에는 지정해역의 전부 또는 일부를 해제하고, 그 내용을 고시하여야 한다.

11 농수산물 유통 및 가격안정에 관한 법률상 중도매인의 영업에 해당하지 않는 것은?
① 농수산물도매시장에 상장된 수산물을 매수하여 도매하는 영업
② 농수산물도매시장에 상장된 수산물을 위탁받아 도매하는 영업
③ 농수산물도매시장의 개설자로부터 허가를 받은 비상장 수산물을 위탁받아 도매하는 영업
④ 농수산물도매시장의 개설자로부터 허가를 받은 비상장 수산물의 매매를 중개하는 영업

해설 법 제2조(정의)
"중도매인"(仲都賣人)이란 제25조, 제44조, 제46조 또는 제48조에 따라 농수산물도매시장·농수산물공판장 또는 민영농수산물도매시장의 개설자의 허가 또는 지정을 받아 다음 각 목의 영업을 하는 자를 말한다.
가. 농수산물도매시장·농수산물공판장 또는 민영농수산물도매시장에 상장된 농수산물을 매수하여 도매하거나 매매를 중개하는 영업
나. 농수산물도매시장·농수산물공판장 또는 민영농수산물도매시장의 개설자로부터 허가를 받은 비상장(非上場) 농수산물을 매수 또는 위탁받아 도매하거나 매매를 중개하는 영업

정답 10 ④ 11 ②

12 농수산물 유통 및 가격안정에 관한 법률상 해양수산부령으로 정하는 주요 수산물의 가격 예시에 관한 내용으로 옳지 않은 것은?

① 해양수산부장관이 주요 수산물의 수급조절과 가격안정을 위하여 필요하다고 인정할 때 가격 예시를 할 수 있다.

② 수산물의 종자입식 시기 이후에 하한가격을 예시하여야 한다.

③ 가격 예시는 생산자를 보호하기 위함이다.

④ 예시가격을 결정할 때에는 미리 기획재정부장관과 협의하여야 한다.

(해설) 법 제8조(가격 예시)

① 농림축산식품부장관 또는 해양수산부장관은 농림축산식품부령 또는 해양수산부령으로 정하는 주요 농수산물의 수급조절과 가격안정을 위하여 필요하다고 인정할 때에는 해당 농산물의 파종기 또는 수산물의 종자입식 시기 이전에 생산자를 보호하기 위한 하한가격[이하 "예시가격"(豫示價格)이라 한다]을 예시할 수 있다.

② 농림축산식품부장관 또는 해양수산부장관은 제1항에 따라 예시가격을 결정할 때에는 해당 농산물의 농림업관측, 주요 곡물의 국제곡물관측 또는 「수산물 유통의 관리 및 지원에 관한 법률」 제38조에 따른 수산업관측(이하 이 조에서 "수산업관측"이라 한다) 결과, 예상 경영비, 지역별 예상 생산량 및 예상 수급상황 등을 고려하여야 한다.

③ 농림축산식품부장관 또는 해양수산부장관은 제1항에 따라 예시가격을 결정할 때에는 미리 기획재정부장관과 협의하여야 한다.

④ 농림축산식품부장관 또는 해양수산부장관은 제1항에 따라 가격을 예시한 경우에는 예시가격을 지지 (支持)하기 위하여 다음 각 호의 사항 등을 연계하여 적절한 시책을 추진하여야 한다.

1. 제5조에 따른 농림업관측·국제곡물관측 또는 수산업관측의 지속적 실시
2. 제6조 또는 「수산물 유통의 관리 및 지원에 관한 법률」 제39조에 따른 계약생산 또는 계약출하의 장려
3. 제9조 또는 「수산물 유통의 관리 및 지원에 관한 법률」 제40조에 따른 수매 및 처분
4. 제10조에 따른 유통협약 및 유통조절명령
5. 제13조 또는 「수산물 유통의 관리 및 지원에 관한 법률」 제41조에 따른 비축사업

13 농수산물 유통 및 가격안정에 관한 법률상 도매시장에서 경매사의 업무에 해당하지 않는 것은?

① 도매시장법인이 상장한 수산물에 대한 경매 우선순위의 결정

② 도매시장법인이 상장한 수산물에 대한 가격평가

③ 도매시장법인이 상장한 수산물에 대한 경락자의 결정

④ 도매시장법인이 상장한 수산물에 대한 경락 수수료 징수

해설 법 제28조(경매사의 업무 등)

① 경매사는 다음 각 호의 업무를 수행한다.

1. 도매시장법인이 상장한 농수산물에 대한 경매 우선순위의 결정
2. 도매시장법인이 상장한 농수산물에 대한 가격평가
3. 도매시장법인이 상장한 농수산물에 대한 경락자의 결정

② 경매사는 「형법」 제129조부터 제132조까지의 규정을 적용할 때에는 공무원으로 본다.

14 농수산물 유통 및 가격안정에 관한 법령상 민영도매시장을 개설하려는 자가 개설허가신청서에 첨부하여야 할 서류로써 명시되어 있는 것을 모두 고른 것은?

ㄱ. 민영도매시장의 업무규정
ㄴ. 운영관리계획서
ㄷ. 해당 민영도매시장의 소재지를 관할하는 시장 또는 자치구의 구청장의 의견서
ㄹ. 민영도매시장의 운영자금계획서

① ㄱ, ㄴ, ㄷ

② ㄱ, ㄴ, ㄹ

③ ㄱ, ㄷ, ㄹ

④ ㄴ, ㄷ, ㄹ

해설 시행규칙 제41조(민영도매시장의 개설허가 절차)

법 제47조에 따라 민영도매시장을 개설하려는 자는 시·도지사가 정하는 개설허가신청서에 다음 각 호의 서류를 첨부하여 시·도지사에게 제출하여야 한다.

1. 민영도매시장의 업무규정
2. 운영관리계획서
3. 해당 민영도매시장의 소재지를 관할하는 시장 또는 자치구의 구청장의 의견서

정답 13 ④ 14 ①

15 농수산물 유통 및 가격안정에 관한 법령상 농수산물 전자거래소의 거래수수료 및 결제방법에 관한 설명으로 옳은 것은?

① 거래수수료는 거래액의 1천분의 20을 상한으로 한다.
② 수수료는 금전 또는 현물로 징수한다.
③ 판매자의 판매수수료는 사용료에 포함하므로 별도로 징수하지 않는다.
④ 거래계약이 체결된 경우 한국농수산식품유통공사가 구매자를 대신하여 그 거래대금을 판매자에게 직접 결제할 수 있다.

> **해설** 시행규칙 제49조(농수산물전자거래의 거래품목 및 거래수수료 등)
> ① 법 제70조의2제3항에 따른 거래품목은 법 제2조제1호에 따른 농수산물로 한다.
> ② 법 제70조의2제3항에 따른 거래수수료는 농수산물 전자거래소를 이용하는 판매자와 구매자로부터 다음 각 호의 구분에 따라 징수하는 금전으로 한다.
>   1. 판매자의 경우: 사용료 및 판매수수료
>   2. 구매자의 경우: 사용료
> ③ 제2항에 따른 거래수수료는 거래액의 1천분의 30을 초과할 수 없다.
> ④ 농수산물 전자거래소를 통하여 거래계약이 체결된 경우에는 한국농수산식품유통공사가 구매자를 대신하여 그 거래대금을 판매자에게 직접 결제할 수 있다. 이 경우 한국농수산식품유통공사는 구매자로부터 보증금, 담보 등 필요한 채권확보수단을 미리 마련하여야 한다.
> ⑤ 제1항부터 제4항까지에서 규정한 사항 외에 농수산물전자거래에 관하여 필요한 사항은 한국농수산식품유통공사의 장이 농림축산식품부장관 또는 해양수산부장관의 승인을 받아 정한다.

16 농수산물의 원산지 표시 등에 관한 법률상 수산물 및 그 가공품의 원산지 표시 등에 관한 사항을 심의하는 기관은?

① 농수산물품질관리심의회
② 한국농수산식품유통공사
③ 국립수산물품질관리원
④ 한국소비자원

> **해설** 법 제4조(농수산물의 원산지 표시의 심의)
> 이 법에 따른 농산물·수산물 및 그 가공품 또는 조리하여 판매하는 쌀·김치류, 축산물(「축산물 위생관리법」 제2조제2호에 따른 축산물을 말한다. 이하 같다) 및 수산물 등의 원산지 표시 등에 관한 사항은 「농수산물 품질관리법」 제3조에 따른 농수산물품질관리심의회(이하 "심의회"라 한다)에서 심의한다.

17 농수산물의 원산지 표시 등에 관한 법률상 원산지 표시 등의 적정성을 확인하기 위해 관계 공무원이 조사할 경우에 관한 내용으로 옳지 않은 것은?

① 관계 공무원이 확인·조사를 위해 보관창고 출입 시 수색영장을 갖추어야 한다.

② 관계 공무원이 조사할 때 원산지 표시대상 수산물을 판매하는 자는 정당한 사유 없이 이를 거부·방해하거나 기피하여서는 아니 된다.

③ 관계 공무원은 출입 시 성명, 출입시간, 출입목적 등이 표시된 문서를 관계인에게 교부하여야 한다.

④ 관계 공무원은 조사 시 필요한 경우 해당 영업과 관련된 장부나 서류를 열람할 수 있다.

해설 법 제7조(원산지 표시 등의 조사)

① 농림축산식품부장관, 해양수산부장관, 관세청장, 시·도지사 또는 시장·군수·구청장은 제5조에 따른 원산지의 표시 여부·표시사항과 표시방법 등의 적정성을 확인하기 위하여 대통령령으로 정하는 바에 따라 관계 공무원으로 하여금 원산지 표시대상 농수산물이나 그 가공품을 수거하거나 조사하게 하여야 한다. 이 경우 관세청장의 수거 또는 조사 업무는 제5조제1항의 원산지 표시 대상 중 수입하는 농수산물이나 농수산물 가공품(국내에서 가공한 가공품은 제외한다)에 한정한다.

② 제1항에 따른 조사 시 필요한 경우 해당 영업장, 보관창고, 사무실 등에 출입하여 농수산물이나 그 가공품 등에 대하여 확인·조사 등을 할 수 있으며 영업과 관련된 장부나 서류의 열람을 할 수 있다.

③ 제1항이나 제2항에 따른 수거·조사·열람을 하는 때에는 원산지의 표시대상 농수산물이나 그 가공품을 판매하거나 가공하는 자 또는 조리하여 판매·제공하는 자는 정당한 사유 없이 이를 거부·방해하거나 기피하여서는 아니 된다.

④ 제1항이나 제2항에 따른 수거 또는 조사를 하는 관계 공무원은 그 권한을 표시하는 증표를 지니고 이를 관계인에게 내보여야 하며, 출입 시 성명·출입시간·출입목적 등이 표시된 문서를 관계인에게 교부하여야 한다.

18 농수산물의 원산지 표시 등에 관한 법령상 과징금의 부과·징수에 관한 내용으로 옳지 않은 것은?

① 과징금을 부과하려면 그 위반행위의 종류와 과징금의 금액 등을 명시하여 과징금을 낼 것을 과징금 부과대상자에게 서면으로 알려야 한다.

② 원산지를 위장하여 판매하는 행위를 2년 이내에 2회 이상 위반한 자에게 그 위반금액의 5배 이하에 해당하는 금액을 과징금으로 부과·징수할 수 있다.

③ 과징금을 한꺼번에 내면 자금사정에 현저한 어려움이 예상되는 경우에도 과징금의 납부기한 연장은 허용되지 않는다.

④ 과징금을 내야 하는 자가 납부기한까지 내지 아니하면 국세 또는 지방세 체납처분의 예에 따라 징수한다.

해설 시행령 제5조의2(과징금의 부과 및 징수)
① 법 제6조의2제1항에 따른 과징금의 부과기준은 별표 1의2와 같다.
② 농림축산식품부장관, 해양수산부장관, 관세청장 또는 특별시장·광역시장·특별자치시장·도지사·특별자치도지사(이하 "시·도지사"라 한다)나 시장·군수·구청장(자치구의 구청장을 말한다. 이하 같다)은 법 제6조의2제1항에 따라 <u>과징금을 부과하려면 그 위반행위의 종류와 과징금의 금액 등을 명시하여 과징금을 낼 것을 과징금 부과대상자에게 서면으로 알려야 한다.</u>
④ 농림축산식품부장관, 해양수산부장관, 관세청장, 시·도지사나 시장·군수·구청장은 법 제6조의2제1항에 따라 과징금 부과처분을 받은 자가 다음 각 호의 어느 하나에 해당하는 사유로 <u>과징금의 전액을 한꺼번에 내기 어렵다고 인정되는 경우에는 그 납부기한을 연장하거나 분할 납부하게 할 수 있다.</u> 이 경우 필요하다고 인정하는 때에는 담보를 제공하게 할 수 있다.
   1. 재해 등으로 재산에 현저한 손실을 입은 경우
   2. 경제 여건이나 사업 여건의 악화로 사업이 중대한 위기에 있는 경우
   3. <u>과징금을 한꺼번에 내면 자금사정에 현저한 어려움이 예상되는 경우</u>

법 제6조의2(과징금)
① 농림축산식품부장관, 해양수산부장관, 관세청장, 특별시장·광역시장·특별자치시장·도지사·특별자치도지사(이하 "시·도지사"라 한다) 또는 시장·군수·구청장(자치구의 구청장을 말한다. 이하 같다)은 제6조제1항 또는 제2항을 2년 이내에 2회 이상 위반한 자에게 그 위반금액의 5배 이하에 해당하는 금액을 과징금으로 부과·징수할 수 있다. 이 경우 제6조제1항을 위반한 횟수와 같은 조 제2항을 위반한 횟수는 합산한다.
② 제1항에 따른 위반금액은 제6조제1항 또는 제2항을 위반한 농수산물이나 그 가공품의 판매금액으로서 각 위반행위별 판매금액을 모두 더한 금액을 말한다. 다만, 통관단계의 위반금액은 제6조제1항을 위반한 농수산물이나 그 가공품의 수입 신고 금액으로서 각 위반행위별 수입 신고 금액을 모두 더한 금액을 말한다.
③ 제1항에 따른 과징금 부과·징수의 세부기준, 절차, 그 밖에 필요한 사항은 대통령령으로 정한다.
④ 농림축산식품부장관, 해양수산부장관, 관세청장, 시·도지사 또는 시장·군수·구청장은 제1항에 따른 <u>과징금을 내야 하는 자가 납부기한까지 내지 아니하면 국세 또는 지방세 체납처분의 예에 따라 징수한다.</u>

정답 18 ③

법 제6조(거짓 표시 등의 금지)
① 누구든지 다음 각 호의 행위를 하여서는 아니 된다.
  1. 원산지 표시를 거짓으로 하거나 이를 혼동하게 할 우려가 있는 표시를 하는 행위
  2. 원산지 표시를 혼동하게 할 목적으로 그 표시를 손상·변경하는 행위
  3. 원산지를 위장하여 판매하거나, 원산지 표시를 한 농수산물이나 그 가공품에 다른 농수산물이나 가공품을 혼합하여 판매하거나 판매할 목적으로 보관이나 진열하는 행위
② 농수산물이나 그 가공품을 조리하여 판매·제공하는 자는 다음 각 호의 행위를 하여서는 아니 된다.
  1. 원산지 표시를 거짓으로 하거나 이를 혼동하게 할 우려가 있는 표시를 하는 행위
  2. 원산지를 위장하여 조리·판매·제공하거나, 조리하여 판매·제공할 목적으로 농수산물이나 그 가공품의 원산지 표시를 손상·변경하여 보관·진열하는 행위
  3. 원산지 표시를 한 농수산물이나 그 가공품에 원산지가 다른 동일 농수산물이나 그 가공품을 혼합하여 조리·판매·제공하는 행위

19 농수산물의 원산지 표시 등에 관한 법령상 대통령령으로 정하는 식품접객업(일반음식점)에서 수산물을 조리하여 판매하는 경우 원산지의 표시대상이 아닌 것은?

① 넙치 ② 뱀장어
③ 대구 ④ 주꾸미

(해설) **시행령 제3조(원산지의 표시대상)** ⑤ 법 제5조제3항에서 "대통령령으로 정하는 농수산물이나 그 가공품을 조리하여 판매·제공하는 경우"란 다음 각 호의 것을 조리하여 판매·제공하는 경우를 말한다. 이 경우 조리에는 날 것의 상태로 조리하는 것을 포함하며, 판매·제공에는 배달을 통한 판매·제공을 포함한다.
8. 넙치, 조피볼락, 참돔, 미꾸라지, 뱀장어, 낙지, 명태(황태, 북어 등 건조한 것은 제외한다. 이하 같다), 고등어, 갈치, 오징어, 꽃게, 참조기, 다랑어, 아귀 및 주꾸미(해당 수산물가공품을 포함한다. 이하 같다.)
9. 조리하여 판매·제공하기 위하여 수족관 등에 보관·진열하는 살아있는 수산물

20 친환경농어업 육성 및 유기식품 등의 관리·지원에 관한 법령상 유기수산물 양식장에 양식생물(수산동물)이 있는 경우, 새우 양식의 pH 조절에 한정하여 사용 가능한 물질은?

① 알코올 ② 부식산
③ 백운석 ④ 요오드포

(해설) **시행규칙 [별표 1] 허용물질의 종류(제3조제1항 관련)**
나) 양식생물(수산동물)이 있는 경우

사용가능 물질	사용가능 조건
• 석회석(탄산칼슘) • 백운석(白雲石)	• pH 조절에 한정함 • 새우 양식의 pH 조절에 한정함

21 친환경농어업 육성 및 유기식품 등의 관리·지원에 관한 법령상 친환경어업 육성계획에 포함되어야 하는 사항으로 명시되지 않은 것은?

① 어장의 수질 등 어업 환경 관리 방안
② 수질환경기준 설정에 관한 사항
③ 무항생제수산물의 수출·수입에 관한 사항
④ 환경친화형 어업 자재의 개발 및 보급과 어업 폐자재의 활용 방안

(해설) 법 제4조(친환경어업 육성계획에 포함되어야 하는 사항)
법 제7조제2항 제11호에 따라 친환경어업 육성계획에 포함되어야 하는 사항은 다음 각 호와 같다.
1. 어장의 수질 등 어업 환경 관리 방안
2. 질병의 친환경적 관리 방안
3. 환경친화형 어업 자재의 개발 및 보급과 어업 폐자재의 활용 방안
4. 수산물의 부산물 등의 자원화 및 적정 처리 방안
5. 유기식품 또는 무항생제수산물등의 품질관리 방안
6. 유기식품 또는 무항생제수산물등의 수출·수입에 관한 사항
7. 국내 친환경어업의 기준 및 목표에 관한 사항
8. 그 밖에 해양수산부장관이 친환경어업 발전을 위하여 필요하다고 인정하는 사항

22 친환경농어업 육성 및 유기식품 등의 관리·지원에 관한 법령상 유기식품 인증취소 사유가 아닌 것은?

① 잔류물질이 검출되어 인증기준에 맞지 아니한 경우
② 거짓이나 그 밖의 부정한 방법으로 인증을 받은 경우
③ 전업(轉業), 폐업 등의 사유로 인증품을 생산하기 어렵다고 인정하는 경우
④ 인증품의 판매금지 명령을 정당한 사유 없이 따르지 아니한 경우

(해설) 시행규칙 [별표 8]

인증취소 등 행정처분 기준 및 절차

위반사항	근거 법령	행정처분기준
가. 인증신청서, 첨부서류, 인증심사에 필요한 서류를 거짓으로 작성하여 인증을 받은 경우	법 제24조제1항제1호 (법 제34조제4항)	인증취소
나. 부정한 방법으로 인증을 받은 경우	법 제24조제1항제1호 (법 제34조제4항)	인증취소

정답 21 ② 22 ①

인증취소 등 행정처분 기준 및 절차

위반사항	근거 법령	행정처분기준
다. 법 제19조제2항에 따른 인증기준에 맞지 아니한 경우로서 다음 중 어느 하나에 해당하는 경우 　1) 공통기준 　　가) 경영 관련 자료를 기록·보관하지 않은 경우 또는 거짓으로 기록하는 경우 　　나) 경영 관련 자료를 국립수산물품질관리원장 또는 인증기관의 장이 요구하는 때에 제공하지 않은 경우 　　다) 인증품에 인증품이 아닌 제품을 혼합하거나 인증품이 아닌 제품을 인증품으로 판매하는 경우 　2) 유기수산물의 생산자 　　가) 인공적으로 유전자를 분리하거나 재조합하여 의도한 특성을 갖도록 한 수산종자를 사용한 경우 　　나) 허용하지 않는 사료를 급여한 경우 　　다) 사료에 첨가해서는 아니 되는 물질을 첨가한 경우 　　라) 잡조 제거와 병해 방제를 위하여 유기산 등 허용하지 않는 물질을 사용한 경우 　　마) 질병이 없는데도 수산용 동물용의약품을 투여한 경우(별표 3 제2호바목1) 단서의 경우는 제외한다) 　　바) 수산질병관리사 또는 수의사의 처방전을 비치하지 않고 수산용 동물용의약품을 사용하거나 해당 약품 휴약기간의 2배(휴약기간이 불필요한 수산용 동물용의약품을 사용한 경우에는 최소 1주일)를 지키지 않고 유기수산물로 출하한 경우 　　사) 유기수산물로 출하되는 수산물에서 수산용 동물용의약품이 식품의약품안전처장이 고시한 잔류 허용기준의 3분의 1을 초과하여 검출된 경우 　　아) 성장이나 번식을 인위적으로 촉진하기 위해서 합성 호르몬제와 성장촉진제를 사용한 경우 　3) 유기가공식품의 제조·가공자 　　가) 가공원료로 사용할 수 없는 원료·식품첨가물·가공보조제를 사용한 경우(별표 3 제3호나목2)의 경우는 제외한다) 　　나) 가공과정에서 허용물질이 아닌 물질을 사용하거나 인증기준에 맞지 않는 방법을 사용한 경우 　4) 무항생제수산물의 생산자 　　가) 질병이 없는데도 수산용 동물용의약품을 투여한 경우(별표 11 제1호바목1) 단서의 경우는 제외한다) 　　나) 사료에 첨가해서는 아니 되는 물질을 첨가한 경우	법 제24조제1항제2호 (법 제34조제4항)	인증취소

위반사항	근거 법령	행정처분기준
다) 수산질병관리사 또는 수의사의 처방전을 비치하지 않고 수산용 동물용의약품을 사용하거나 해당 약품 휴약기간의 2배(휴약기간이 불필요한 수산용 동물용의약품을 사용한 경우에는 최소 1주일)를 지키지 않고 출하한 경우 라) 무항생제수산물로 출하되는 수산물에서 수산용 동물용의약품이 식품의약품안전처장이 고시한 잔류허용기준의 10분의 7을 초과하여 검출된 경우	법 제24조제1항제2호 (법 제34조제4항)	인증취소
5) 활성처리제 비사용 수산물의 생산자 양식 과정에서 잡조 제거와 병해 방제를 위하여 유기산 등의 화학물질이나 활성처리제를 사용한 경우 6) 유기식품·무항생제수산물등 취급자 　가) 유기식품·무항생제수산물등에 유기식품·무항생제수산물등이 아닌 제품을 혼합하거나 인증 받은 내용과 다르게 표시하는 경우 　나) 취급자·수입자의 고의 또는 과실로 인하여 별표 3 제4호바목의 유기수산물의 유해잔류물질 기준을 초과한 인증품을 판매한 경우 　다) 취급자·수입자의 고의 또는 과실로 인하여 별표 11 제1호자목의 무항생제수산물의 동물용의약품 잔류허용기준을 초과한 인증품을 판매한 경우 　라) 취급과정에서 허용되지 않는 물질을 사용한 경우		
라. 정당한 사유 없이 법 제31조제4항 전단에 따른 명령에 따르지 아니한 경우	법 제24조제1항제3호 (법 제34조제4항)	인증취소
마. 전업, 폐업 등의 사유로 인증품을 생산하기 어렵다고 인정하는 경우	법 제24조제1항제4호 (법 제34조제4항)	인증취소

23 수산물 유통의 관리 및 지원에 관한 법률 제1조(목적)에 관한 내용이다. ( )에 들어갈 내용을 순서대로 옳게 나열한 것은?

> 수산물 유통체계의 ( )와 수산물유통산업의 경쟁력 강화에 관하여 규정함으로써 원활하고 ( ) 수산물의 유통체계를 확립하여 ( )와 소비자를 보호하고 국민경제의 발전에 이바지함을 목적으로 한다.

① 효율화, 위생적인, 판매자　　　　② 투명화, 위생적인, 생산자
③ 효율화, 안전한, 생산자　　　　　④ 투명화, 안전한, 판매자

정답 23 ③

법 제1조(목적)

이 법은 수산물 유통체계의 효율화와 수산물유통산업의 경쟁력 강화에 관하여 규정함으로써 원활하고 안전한 수산물의 유통체계를 확립하여 생산자와 소비자를 보호하고 국민경제의 발전에 이바지함을 목적으로 한다.

24 수산물 유통의 관리 및 지원에 관한 법령상 위판장 외의 장소에서 매매 또는 거래할 수 없는 수산물은?

① 종자용 홍어
② 양식용 문어
③ 종자용을 제외한 뱀장어
④ 종자용을 제외한 미꾸라지

시행규칙 제7조의2(매매장소 제한 수산물)

법 제13조의2에서 "해양수산부령으로 정하는 수산물"이란 뱀장어(종자용 뱀장어를 제외한다)를 말한다.

25 수산물 유통의 관리 및 지원에 관한 법령상 수산물 규격품임을 표시하려고 할 경우 "규격품"이라는 문구와 함께 표시하여야 할 사항이 아닌 것은?

① 산지
② 등급
③ 생산자단체의 명칭 및 전화번호
④ 생산일자와 유통기한

시행규칙 제41조(규격품의 출하 및 표시방법 등)

① 해양수산부장관은 법 제46조제2항에 따라 수산물 규격화를 촉진하기 위하여 수산물을 생산, 출하, 유통 또는 판매하는 자에게 법 제46조제1항에 따른 규격에 따라 수산물을 생산, 출하, 유통 또는 판매하도록 권장할 수 있다.

② 법 제46조제1항에 따른 규격에 부합하는 수산물을 출하하는 자가 해당 수산물이 규격품임을 표시하려는 경우에는 해당 수산물의 포장 겉면에 "규격품"이라는 문구와 함께 다음 각 호의 사항을 표시하여야 한다.

1. 품목
2. 산지
3. 품종. 다만, 품종을 표시하기 어려운 품목은 해양수산부장관이 정하여 고시하는 바에 따라 품종의 표시를 생략할 수 있다.
4. 등급
5. 실중량. 다만, 품목 특성상 실중량을 표시하기 어려운 품목은 해양수산부장관이 정하여 고시하는 바에 따라 개수 또는 마릿수 등의 표시를 단일하게 할 수 있다.
6. 생산자 또는 생산자단체의 명칭 및 전화번호

26 수산물 유통의 거리와 기능 관계를 연결한 것 중 옳지 않은 것은?

① 장소 거리 – 운송 기능　　　② 시간 거리 – 보관 기능

③ 품질 거리 – 선별 기능　　　④ 인식 거리 – 거래 기능

해설) 인식 거리는 상품의 정보와 관련된 기능이며, 거래 기능은 소유권의 이동과 관련된다.

27 수산물 거래관행에 관한 설명으로 옳지 않은 것은?

① 위탁판매제란 수협위판장에 수산물을 판매·위탁하는 제도이다.

② 산지위판장에서는 주로 경매·입찰제가 실시된다.

③ 연근해수산물은 수협위판장을 경유하여 판매해야만 한다.

④ 원양선사는 대량으로 생산된 원양어획물 판매를 위해 입찰제를 실시하고 있다.

해설) 수협위판장을 경유해야 할 의무는 없으며, 생산자가 유통경로를 선택하는 것은 자유이다.

28 수산물 유통경로가 다양하고 다단계로 이루어지는 이유로 옳지 않은 것은?

① 수산물 생산이 계절적으로 행해진다.

② 조업어장이 해역별로 집중되어 있다.

③ 영세한 어업인이 전국적으로 분포되어 있다.

④ 수산물은 부패하기 쉽다.

해설) 수산물 유통경로가 복잡하고 다양한 이유
　　　㉠ 다수의 비조직적 생산자가 분산되어 수산물을 출하한다.
　　　㉡ 공산품에 비하여 중계단계에 많은 수의 유통기구가 개입한다.
　　　㉢ 품목에 따라서 신선성을 요구하는 정도에 따라 중계유형이 다양하다.

정답　26 ④　27 ③　28 ②

29 수산물 유통 활동 중 물적유통 활동에 관한 설명으로 옳지 않은 것은?

① 수산물의 보관 및 판매를 위한 포장 활동

② 수산물의 양륙 및 상·하차 등 물류 활동

③ 수산물 소유권 이전을 위한 거래 활동

④ 산지와 소비지를 연결시켜 주는 운송 활동

(해설) **수산물의 물적유통**
- ㉠ 장소적 효용가치의 창조: 수송
- ㉡ 시간적 효용의 창조: 저장
- ㉢ 형태적 효용의 창조: 가공

30 수산물 산지위판장에서 발생하는 유통비용에 관한 설명으로 옳지 않은 것은?

① 위판장에 접안한 어선에서 생산물을 양륙·반입할 때 양륙비가 발생한다.

② 양륙한 수산물의 경매를 위해 위판장에 진열하는 배열비가 발생한다.

③ 수산물을 입상하여 경매할 경우 추가로 작업비가 발생한다.

④ 모든 수산물 산지위판장에서는 동일한 위판 수수료율이 발생한다.

(해설) 위판장 수수료는 위판장에 따라 그 수수료율이 다르다.

(정리) **수산물 유통의 관리 및 지원에 관한 법률 시행규칙 제18조(수수료)**
② 제1항제2호에 따른 위탁수수료 또는 제1항제3호에 따른 중개수수료는 다음 각 호의 구분에 따라 위판장개설자가 업무규정으로 정한다.
1. 위탁수수료: 거래금액의 1천분의 60 이내
2. 중개수수료: 거래금액의 1천분의 40 이내

31 수산물 경매사가 최고가를 제시한 후 낙찰자가 나타날 때까지 가격을 내려가면서 제시하는 방식은?

① 상향식 경매 방식   ② 하향식 경매 방식

③ 동시호가식 경매 방식   ④ 최고가격 입찰 방식

(해설) 네덜란드식(하향식) 경매는 경매사가 최고가격에서 차례대로 낮은 가격을 제시하면 매수 희망자가 최초로 나오게 되는 가격에서 낙찰된다.

정답   29 ③   30 ④   31 ②

32 수산물도매시장의 구성원에 관한 설명으로 (   )에 들어갈 옳은 내용은?

> • (ㄱ)이란 농수산물도매시장 개설자에게 등록하고, 수산물을 수집하여 농수산물도매시장에 출하하는 영업을 하는 자를 말한다.
> • (ㄴ)이란 농수산물도매시장에 상장된 수산물을 직접 매수하는 자로서 중도매인이 아닌 가공업자, 소매업자 등의 수산물 수요자를 말한다.

① ㄱ: 산지유통인, ㄴ: 매매참가인　　② ㄱ: 산지유통인, ㄴ: 시장도매인
③ ㄱ: 도매시장법인, ㄴ: 매매참가인　　④ ㄱ: 도매시장법인, ㄴ: 시장도매인

（해설） 농수산물 유통 및 가격안정에 관한 법률
"산지유통인"(産地流通人)이란 제29조, 제44조, 제46조 또는 제48조에 따라 농수산물도매시장·농수산물공판장 또는 민영농수산물도매시장의 개설자에게 등록하고, 농수산물을 수집하여 농수산물도매시장·농수산물공판장 또는 민영농수산물도매시장에 출하(出荷)하는 영업을 하는 자(법인을 포함한다. 이하 같다)를 말한다.
"매매참가인"이란 제25조의3에 따라 농수산물도매시장·농수산물공판장 또는 민영농수산물도매시장의 개설자에게 신고를 하고, 농수산물도매시장·농수산물공판장 또는 민영농수산물도매시장에 상장된 농수산물을 직접 매수하는 자로서 중도매인이 아닌 가공업자·소매업자·수출업자 및 소비자단체 등 농수산물의 수요자를 말한다.

33 수산물 산지위판장의 중도매인이 지불해야 하는 유통비용이 아닌 것은?

① 상차비　　　　　　　　　　② 어상자대
③ 위판수수료　　　　　　　　④ 저장·보관비

（해설） 위판수수료는 생산자가 부담하고 중도매인은 경매를 통해 소유권을 획득한 이후
① 상차비, ② 어상자대, ④ 저장·보관비 등의 유통비용을 부담한다.

34 활어 유통에 관한 설명으로 옳은 것을 모두 고른 것은?

> ㄱ. 일반적으로 살아있는 수산물을 '활어'라고 한다.
> ㄴ. 활어는 최종 소비단계에서 대부분 '회'로 소비된다.
> ㄷ. 활어의 산지 유통은 대부분 수협 위판장을 경유한다.
> ㄹ. 소비자들은 활어회보다 선어회를 선호한다.

① ㄱ, ㄴ　　　　② ㄱ, ㄹ　　　　③ ㄴ, ㄷ　　　　④ ㄷ, ㄹ

（해설） 활어의 유통은 비계통 출하 방식으로 이루어지고 있다.

정답　32 ① 33 ③ 34 ①

35 양식산 넙치의 유통 특성에 관한 설명으로 옳지 않은 것은?

① 주요 산지는 제주도와 완도이다.

② 대부분 유사도매시장을 경유한다.

③ 최대 수출대상국은 일본이며, 주로 활어로 수출된다.

④ 해면양식어업 전체 품목 중 생산량이 가장 많다.

(해설) 2022년 국정모니터링 지표(양식어류의 생산량)

조피볼락(우럭) > 넙치 > 참돔 > 농어

36 선어 유통에 관한 설명으로 옳지 않은 것은?

① 선어란 저온보관을 통해 냉동하지 않은 수산물을 의미한다.

② 전체 수산물 유통량의 50% 이상이다.

③ 우리나라 연근해에서 어획된 것이 대부분이다.

④ 선도유지가 중요하며, 신속한 유통이 필요하다.

(해설) 수산물 유통량 중 최대는 냉동 유통이다.

37 냉동 수산물 유통에 관한 설명으로 옳은 것을 모두 고른 것은?

> ㄱ. 어획된 수산물을 동결하여 유통하는 상품형태를 의미한다.
> ㄴ. 선어에 비해 유통 과정에서의 부패 위험도가 낮다.
> ㄷ. 수협 산지위판장을 경유하는 경우가 대부분이다.
> ㄹ. 냉동 창고와 냉동 탑차가 필수적 유통수단이다.

① ㄱ, ㄴ, ㄷ   ② ㄱ, ㄴ, ㄹ   ③ ㄱ, ㄷ, ㄹ   ④ ㄴ, ㄷ, ㄹ

(해설) 냉동 수산물은 원양산 수산물이 대부분이며, 경매, 입찰방식인 산지위판장을 경유하지 않는다.

38 수산가공품의 유통에 관한 설명으로 옳지 않은 것은?

① 부패를 억제하여 장기간의 저장이 가능하다.

② 가공정도가 높을수록 일반 수산물 유통과 유사하다.

③ 수송이 편리하고, 공급조절이 가능하다.

④ 위생적인 제품 생산으로 상품성을 높일 수 있다.

정답 35 ④ 36 ② 37 ② 38 ②

39 수입 연어류 유통에 관한 설명으로 옳은 것은?

① 대부분 활수산물이다.   ② 대부분 양식산이다.

③ 대부분 러시아산이다.   ④ 대부분 유사도매시장을 경유한다.

40 수산물 공동판매의 장점으로 옳은 것을 모두 고른 것은?

ㄱ. 투입 노동력이 증가한다.
ㄴ. 유통비용을 절감할 수 있다.
ㄷ. 가격교섭력을 높일 수 있다.
ㄹ. 유통업자 간의 판매시기를 조절할 수 있다.

① ㄱ, ㄴ   ② ㄱ, ㄹ   ③ ㄴ, ㄷ   ④ ㄷ, ㄹ

41 수산물 소비지 도매시장의 기능으로 옳지 않은 것은?

① 양륙기능   ② 수집기능

③ 분산기능   ④ 가격형성기능

42 수산물 전자상거래에 관한 설명으로 옳은 것은?

① 유통경로가 상대적으로 길다.   ② 거래 시간과 공간의 제한이 없다.

③ 구매자 정보를 획득하기 어렵다.   ④ 홍보 및 판촉비용이 증가한다.

정답 39 ② 40 ③ 41 ① 42 ②

43 조기의 수요변화로 ( )에 들어갈 옳은 내용은?

> 조기 가격이 10% 하락함에 따라 수요가 5% 증가하였다. 이때 조기 수요의 가격탄력성은 (ㄱ)로 조기는 수요 (ㄴ)이라고 말할 수 있다.

① ㄱ: 0.2, ㄴ: 탄력적
② ㄱ: 0.2, ㄴ: 비탄력적
③ ㄱ: 0.5, ㄴ: 탄력적
④ ㄱ: 0.5, ㄴ: 비탄력적

(해설) "조기" 수요의 가격 탄력성

$$\frac{\text{수요량의 변화율 } +5\%}{\text{가격의 변화율 } -10\%} = \text{절대값 } 0.5(1\text{보다 작은 경우 비탄력적})$$

44 수산물의 가격 변동폭을 증가시키는 원인으로 옳지 않은 것은?

① 계획생산의 어려움
② 어획물의 다양성
③ 강한 부패성
④ 정부 수매비축

(해설) 정부는 가격의 변동폭을 완화시키기 위하여 수매비축사업을 행한다.

45 수입 대게의 각 유통단계별 가격(원/kg)을 나타낸 것이다. 도매상의 유통마진율(%)은? (단, 유통비용은 없다고 가정한다.)

> • 수입업자 24,000원   • 도매상 40,000원   • 횟집 60,000원

① 30
② 40
③ 50
④ 60

(해설) 도매단계 유통마진율 $= \dfrac{\text{도매상 } 40,000 - \text{수입업자 } 24,000}{\text{도매상 } 40,000} = 0.4$

정답 43 ④ 44 ④ 45 ②

46 수산물 할인 쿠폰이나 즉석 경품 등을 제공하는 판매촉진 활동의 장점에 관한 설명이 아닌 것은?

① 판매 홍보에 효과적이다.
② 잠재고객을 확보할 수 있다.
③ 브랜드의 고급화에 도움이 된다.
④ 소비자의 대량 구매 심리를 자극한다.

해설 쿠폰이나 즉석 경품은 단기적 홍보효과는 있으나 염가 상품이라는 이미지를 주어 브랜드 고급화에는 기여하지 못한다.

47 수산물 상표에 관한 설명으로 옳은 것을 모두 고른 것은?

> ㄱ. 읽었을 때 불쾌한 느낌이 없어야 한다.
> ㄴ. 수출품 상표는 해당국 언어로 발음할 수 있게 한다.
> ㄷ. 긴 문장으로 오래 기억에 남게 한다.

① ㄱ, ㄴ   ② ㄱ, ㄷ   ③ ㄴ, ㄷ   ④ ㄱ, ㄴ, ㄷ

해설 상표의 특징(기능)
- 상표명은 그 제품이 주는 이점을 표현할 수 있어야 한다.
- 상표명은 실제적이고, 분명하고, 기억하기 쉬워야 한다.
- 상표명은 제품이나 기업의 이미지와 일치해야 한다.
- 상표명은 법적으로 보호를 받을 수 있어야 한다.

48 해양수산부는 수산물 소비확대를 위해 "어식백세 캠페인"의 일환으로 수산물 소비촉진 사업자를 공모하였다. 해당사업 판촉활동에 관한 것을 모두 고른 것은?

> ㄱ. 홍보(publicity)   ㄴ. 상표광고(brand advertising)
> ㄷ. 기초광고(generic advertising)   ㄹ. 기업광고(corporate advertising)

① ㄱ, ㄴ   ② ㄱ, ㄷ   ③ ㄴ, ㄷ   ④ ㄴ, ㄹ

해설 사업자 공모는 특정 상표광고, 기업광고는 아니다. 특정 상품에 대한 광고가 아닌 수산물 소비를 증진시키는 기초광고이며 홍보이다.

정답 46 ③ 47 ① 48 ②

49 수산물 정보를 체계적으로 수집하기 위한 것이 아닌 것은?

① 판매시점 정보시스템(POS System) ② 바코드(Bar Code)
③ 공급망 관리(SCM) ④ 전자문서교환(EDI)

(해설) SCM(Supply Chain Management)
공급망 관리. 제품의 생산과 유통 과정을 하나의 통합망으로 관리하는 경영전략시스템

50 수산물 가격 및 수급안정을 목적으로 시행하는 유통정책이 아닌 것은?

① 수산업관측사업 ② 어업보험제도
③ 정부비축사업 ④ 자조금제도

(해설) • 어업인들이 자조금을 통해 규모의 경제를 실현함으로써 가격의 폭락에 대비하여 출하량이나 출하시기를 조절할 수 있다.
• 어업보험제도는 재해 발생으로 인한 생산자 피해를 보전하기 위한 위험회피수단이지 수급안정정책과는 무관하다.

제3과목 수확 후 품질관리론

51 수분활성도를 조절하여 저장성을 개선시킨 수산식품이 아닌 것은?

① 마른오징어 ② 간고등어
③ 가쓰오부시 ④ 참치통조림

(해설) 건조법, 염장법, 훈연법 등과 같은 식품저장법을 이용하여 수분활성도를 저하시켜 미생물의 성장을 억제할 수 있다.

(정리) **수분활성도의 조절에 의한 식품의 저장**
1. 수분활성도의 의의
   (1) 수분활성도(Water Activity)란 미생물의 생육에 이용될 수 있는 식품 속의 수분함량을 말하며, 일정한 온도에서 순수한 물의 수증기압에 대한 식품용액의 수증기압의 비율로 표시된다.
   (2) 수분활성도는 0에서 1사이의 값이다. 예를 들어, 어떤 미생물 배양 용액의 수증기압을 측정하였을 때, 순수한 물의 수증기압의 97%로 측정되었다면 수분활성도는 0.97이다. 따라서 순수한 물의 수분활성도는 1.0이다.
   (3) 채소, 과일, 어류 등과 같은 식품은 수분함량이 많고 용액의 농도가 비교적 낮기 때문에 수분활성도는 0.98~0.99 정도로 상당히 높다.

정답 49 ③ 50 ② 51 ④

(4) 식품 속에 존재하는 수분은 자유롭게 운동할 수 있는 유리수(자유수)와 식품성분에 결합하여 식품성분과 분리되지 않는 결합수로 구분된다. 자유수는 식품을 건조시키면 쉽게 제거되고 0℃ 이하에서 얼게 되는 보통 형태의 물로서, 식품 내에서 여러 성분들의 용매로 작용한다. 그러나 결합수는 식품 내의 구성성분과 강하게 흡착되어 있어 100℃ 이상 가열하여도 제거되지 않고 0℃ 이하에서도 잘 얼지 않으며, 용매로 작용하지 않고 미생물의 번식에도 이용되지 못한다. 건조식품에서 수분은 강하게 흡착된 결합수의 형태로 존재한다.

2. 수분활성도와 식품의 저장
   (1) 세균, 효모, 곰팡이 등은 수분활성도가 높을수록 성장·번식을 잘하기 때문에 수분활성도가 높은 식품들은 비교적 빨리 부패한다. 따라서 건조법, 염장법, 훈연법 등과 같은 식품저장법을 이용하여 수분활성도를 낮추면 미생물의 성장을 억제할 수 있다.
   (2) 대부분의 세균은 수분활성도가 0.9 이상에서만 번식이 가능하다. 예외적으로 곰팡이는 0.6 정도에서도 생육이 가능하다.
   (3) 어패류에 식염을 첨가하면(염장) 삼투압에 의해 어패류로부터는 수분이 빠져나오므로 수분활성도가 낮아져서 미생물의 증식이 억제되고 효소의 활성도 저하되어 식품의 저장성이 좋아진다.
   (4) 훈연법은 염지에 의해 수분활성도가 낮아지고, 훈연성분에 항산화물질과 항균물질이 생성되며, 훈연과정에서의 가열 및 건조에 의해 미생물의 생육이 억제되기 때문에 식품의 저장성이 좋아진다.

52 어패류의 선도 판정법 중 화학적 방법이 아닌 것은?

① 휘발성염기질소 측정법   ② 경도 측정법
③ 트리메틸아민 측정법   ④ pH 측정법

(해설) 어패류의 선도 판정법 중 화학적 방법에는 휘발성염기질소(VBN)의 측정, 트리메틸아민(TMA)의 측정, pH의 측정, K값의 측정 등이 있다.

(정리) 어패류의 선도 판정법 중 화학적 방법
(1) 휘발성염기질소의 측정을 통하여 신선도를 파악할 수 있다.
   ① 휘발성염기질소(VBN)는 단백질, 아미노산, 요소, 트리메틸아민옥시드(TMAO) 등이 세균 또는 효소에 의해 분해되어 생성되는 휘발성질소화합물이며, 그 주성분은 암모니아, 트리메틸아민, 디메틸아민 등이다.
   ② 휘발성염기질소(VBN)는 신선한 어육에는 함유량이 아주 적지만 신선도가 떨어지면 그 양이 점차 증가한다. 부패 초기 어육에는 30~40mg/100g의 휘발성염기질소(VBN)가 함유되어 있다.
   ③ 홍어, 상어 등은 암모니아와 트리메틸아민의 생성량이 지나치게 많으므로 휘발성염기질소(VBN)의 측정을 통하여 신선도를 파악하는 것은 적절하지 않다.
   ④ 휘발성염기질소의 신선도 판단기준

신선도	휘발성염기질소
신선	5~10mg/100g
보통	15~25mg/100g
초기 부패	30~40mg/100g
부패	50mg/100g 이상

정답 52 ②

⑵ 트리메틸아민의 측정을 통하여 신선도를 파악할 수 있다.
   ① 어육이 신선도가 떨어지게 되면 트리메틸아민옥시드(TMAO)로부터 트리메틸아민(TMA)이 생성되기 때문에 트리메틸아민(TMA)의 측정을 통하여 신선도를 파악할 수 있다.
   ② 초기 부패로 판정할 수 있는 트리메틸아민(TMA)의 양은 어류의 종류에 따라 다르다. 일반어류는 트리메틸아민(TMA)의 양이 3~4mg/100g, 대구는 4~6mg/100g, 청어는 7mg/100g 정도일 때 초기부패로 판정한다.
   ③ 민물고기는 바다고기보다 트리메틸아민옥시드(TMAO)의 양이 원래 적기 때문에 트리메틸아민(TMA)의 측정을 통하여 신선도를 파악하는 것은 적절하지 않다.
   ④ 홍어, 상어, 가오리 등은 트리메틸아민옥시드(TMAO)의 양이 원래 많기 때문에 트리메틸아민(TMA)의 측정을 통하여 신선도를 파악하는 것은 적절하지 않다.
⑶ pH의 측정을 통하여 신선도를 파악할 수 있다.
   ① 살아있는 어류(활어)의 pH는 7.2~7.4 정도이다.
   ② 사후 해당 작용이 진행되면서 젖산의 양이 많아지면 pH가 낮아지는데, 붉은 살 어류는 5.6~5.8, 흰 살 어류는 6.2~6.4 정도까지 저하된다. 이를 최저 도달 pH라고 한다.
   ③ 최저 도달 pH 이후에 신선도가 더 떨어지면 암모니아, 트리메틸아민, 디메틸아민 등의 생성에 의해 pH는 다시 상승한다.
   ④ pH 측정법은 사후 pH가 낮아지다가 다시 상승하는 시점을 초기 부패로 판정한다. 붉은 살 어류는 6.2~6.4, 흰 살 어류는 6.7~6.8이 되었을 때 초기 부패로 판정한다.
⑷ K값의 측정을 통하여 신선도를 파악할 수 있다.
   ① K값은 사후에 어육의 ATP(Adenosine triphosphate)의 분해 정도를 이용하여 신선도를 파악한다.
   ② K값이 작을수록 신선도가 높다. 주로 횟감과 같이 신선도가 아주 높을 것이 요구되는 경우에 적용한다.
   ③ 사후에 ATP의 분해는 ATP → ADP → AMP(아데닐산) → IMP(이노신 5인산) → 이노신 → 히포크산틴(Hx)의 순서로 분해된다.
   ④ K값은 ATP 분해산물 전체에 대한 (이노신+히포크산틴)량의 비율이다.
   ⑤ $k값 = \dfrac{(이노신 + 히포크산틴)}{(ATP + ADP + AMP + IMP + 이노신 + 히포크산틴)}$
   ⑥ 살아있는 어류(활어)의 K값은 10% 이하이고, 신선어는 20% 이하, 선어는 30% 정도로 측정된다.

53 초기 세균 농도가 10^5CFU/g인 연육을 120℃에서 3분간 살균하였더니 10^2CFU/g으로 감소하였다. 이때 D값은?

① 1분
② 2분
③ 3분
④ 5분

(해설) 세균수가 1/10로 감소하는 것(10^5 → 10^4 → 10^3 → 10^2)을 3번 반복한 시간이 3분이다.

(정리) **살균시간의 산출**
 • D-value: 균수를 1/10로 감소시키는데 요하는 시간
 • Z-value: D-value를 1/10로 변화하는데 대응하는 온도의 변화
 • F-value: 균수의 완전 사멸에 걸리는 시간

정답 53 ①

54 수산식품 가공처리 중 지질산화 억제를 위한 방법으로 옳지 않은 것은?

① 냉동굴 제조 시 얼음막 처리   ② 마른멸치 제조 시 BHT 처리

③ 어육포 포장 시 탈산소제 봉입 처리   ④ 저염 오징어젓 제조 시 소브산 처리

(해설) 소브산은 보존료이다. 보존료는 미생물의 증식을 억제하는 식품첨가물이며, 수산식품에는 소르브산 계열 (소르브산, 소르브산 칼슘, 소르브산 칼륨)의 보존료가 많이 사용된다.

(정리) **수산물의 변질**

(1) 미생물에 의한 변질

① 미생물에 의한 오염은 1차오염과 2차오염으로 구분된다. 1차오염은 수산물 자체에 부착된 미생물 로부터의 오염이고 2차오염은 수산물의 운반, 저장, 가공 등의 단계에서 발생하는 오염이다.

② 어패류의 부패세균은 슈도모나스 속(Pseudomonas)과 비브리오 속(Vibrio) 등 수중 세균이 많다. 어패류의 부패세균에 의해 어패류가 부패할 때 부패취를 발생하는데 주요 부패취는 트리메탈아민, 황화수소, 디메틸설파이드 등이다.

③ 미생물에 의한 식중독은 세균성 감염형, 세균성 독소형, 바이러스형으로 나누어진다.

㉠ 세균성 감염형은 장염비브리오균, 살모넬라균 등에 오염된 식품을 섭취하여 발생하는 식중독이다.

㉡ 세균성 독소형은 황색포도상구균, 클로스트리듐 보툴리눔(Clostridium botulinum) 등이 생성한 독소에 의해 발생하는 식중독이다.

㉢ 바이러스형은 살아있는 세포에 기생하여 세포 내에서만 증식하는 감염성 입자인 노로바이러스 등에 의해 발생하는 식중독이다. 노로바이러스는 기존 식중독 바이러스들과는 달리 기온이 낮 을수록 더 활발하게 움직이기 때문에 노로바이러스에 의한 식중독은 겨울철에 발생이 많다. 노 로바이러스는 굴, 조개, 생선 같은 수산물을 익히지 않고 먹을 경우 감염될 수 있다.

④ 대부분의 식품 미생물은 중온균(생육최적온도가 25~40℃인 미생물)에 속하나, 슈도모나스 속 (Pseudomonas)은 저온균(생육최적온도가 10~20℃인 미생물)에 속한다.

⑤ 대부분의 식품 미생물은 가열하여 살균할 수 있다. 세균의 내열성(耐熱性)은 중성에서 강하며 산성 에서는 약하다. 따라서 pH 4.6 이상의 저산성 수산물 통조림은 고온 살균한다.

⑥ 클로스트리듐 속의 미생물은 포자를 생성하여 높은 내열성을 나타내므로 고온 살균이 요구된다.

(2) 효소에 의한 변질

① 효소는 생물체의 대사과정에서 일어나는 화학반응의 활성화 에너지를 낮추어 줌으로써 쉽게 반응 할 수 있도록 촉진하는 생체 촉매이다.

② 온도가 높아지면 효소의 활성이 증가하지만 최적온도 이상으로 온도가 오르면 효소의 활성은 오히 려 감소한다.

③ 효소의 활성이 높은 pH를 최적 pH라고 하며, 최적 pH 보다 높거나 낮으면 효소의 활성이 감소한다.

④ 효소에 의한 수산물의 변질은 자가소화와 지질분해가 있다.

㉠ 자가소화에 관여하는 효소는 단백질 분해효소이며 단백질 분해효소에 의해 단백질이 펩티드와 아미노산으로 분해되고 이에 따라 조직이 붕괴되어 연화되며 미생물의 증식이 촉진된다.

㉡ 지질분해에 관여하는 효소는 지질 분해효소이며 지질이 분해되면 지방산과 스테롤(스테로이드 알코올)이 생성되어 산패가 촉진되고 맛과 향이 변질되어 불쾌한 냄새가 발생한다.

(정답) 54 ④

(3) 갈변에 의한 변질

① 갈변에는 효소가 직접 관여하는 효소적 갈변과 효소와 관계없이 일어나는 비효소적 갈변이 있다.

② 효소적 갈변

    ㉠ 대표적인 효소적 갈변은 새우와 같은 갑각류에 많이 발생하는 흑변이다.

    ㉡ 흑변은 갑각류에 함유되어 있는 효소인 티로시나아제(tyrosinase)에 의해 티로신(tyrosine)이 흑색 색소인 멜라닌으로 변하여 나타난다.

    ㉢ 흑변을 억제하기 위해서는 아황산수소나트륨(NaHSO₃) 용액에 침지 후 냉동저장하거나 가열 처리하여 티로시나아제를 불활성화시켜야 한다.

③ 비효소적 갈변

    ㉠ 비효소적 갈변은 효소와는 관계없이 식품 성분 간의 반응에 의해 갈색으로 변하는 것이다.

    ㉡ 비효소적 갈변은 마이야르(Maillard) 반응, 캐러멜 반응(caramelization) 등이 있다.

    ㉢ 마이야르 반응은 아미노산에 있는 아미노기와 포도당에 있는 카르보닐기가 여러 단계의 반응을 거친 후 갈색의 멜라노이딘(melanoidin) 색소를 생성하는 반응으로서 아미노 카르보닐(aminocarbonyl) 반응이라고도 한다. 마이야르 반응은 갈변뿐만 아니라 필수아미노산인 라이신과 같은 아미노산을 감소시키기 때문에 품질을 저하시킨다.

    ㉣ 캐러멜화 반응은 당을 무수(無水) 상태에서 130℃의 높은 온도로 가열하였을 때 갈색으로 착색되는 반응이다. 설탕에 열을 가하면 걸쭉한 액상으로 녹았다가 노란색 내지 짙은 갈색으로 변하는데 다양한 향 물질들이 만들어지면서 다양한 풍미가 나게 된다. 이를 캐러멜 반응이라고 한다. 캐러멜은 이 반응을 이용하여 설탕을 엿 형태로 만든 것이다. 일종의 갈변 반응이다.

(4) 산화에 의한 변질

① 식품에 함유되어 있는 다양한 성분이 산소와 결합하여 산화되지만, 특히 지질의 산화는 식품변질의 중요한 원인이 된다.

② 지질의 변질을 산패라고 하며 자동산화, 가열산화, 감광체산화가 있다.

    ㉠ 자동산화는 지질이 공기 중의 산소와 만나 자동적이며 연쇄적으로 산화되는 것이다.

    ㉡ 가열산화는 유지를 140~200℃의 높은 온도로 가열할 때 발생하는 산화이며 기름 튀김 식품에서 발생한다.

    ㉢ 감광체산화는 빛을 흡수하여 발생하는 산화이다.

③ 산패를 억제하는 방법

    ㉠ 산소를 차단한다.

    ㉡ 온도를 낮추면 산패를 지연시킬 수 있다.

    ㉢ 빛이 투과되지 않는 용기에 저장한다.

    ㉣ 아스코르브산, 토코페롤, 부틸히드록시아니졸(BHA), 디부틸히드록시톨루엔(BHT) 등과 같은 산화방지제를 사용한다.

(5) 동결에 의한 변질

① 냉동변색(Freeze burn)은 동결저장 중에 승화한 다공질의 표면에 산소가 반응하여 갈변하는 현상을 말한다. 냉동변색은 풍미 저하의 원인이 된다.

② 횟감으로 사용하는 참치육은 −18℃에서 동결저장하여도 마이오글로빈(myoglobin)이 산화되어 갈색의 메트마이오글로빈(metmyoglobin)으로 변하는데 이를 메트화라고 한다. 메트화가 발생하지 않도록 횟감으로 사용하는 참치육은 −50 ~ −55℃에 냉동 저장한다.

55 접촉식 동결법에 관한 설명으로 옳지 않은 것은?

① 냉각된 금속판 사이에 원료를 넣고, 양면을 밀착하여 동결하는 방법이다.

② 선상 동결법으로도 사용한다.

③ 급속 동결법 중의 하나이다.

④ 선망으로 어획된 참치통조림용 가다랑어의 동결에 적용하고 있다.

(해설) 참치 통조림용 원료어의 동결에는 브라인침지 동결법이 이용된다.

(정리) **수산물 동결방법**

(1) 공기 동결법

① 공기 동결법은 정지공기 동결법과 송풍 동결법이 있다.

② 정지공기 동결법은 자연 대류에 의한 동결법으로서 동결속도가 완만하며 어패류의 품질이 저하된다.

③ 송풍 동결법은 −40℃ 정도의 냉풍을 팬으로 강제 순환시켜 단시간에 동결하는 방법이다. 동결속도가 빠르며 품질의 저하가 방지된다.

(2) 접촉 동결법

① 냉각시킨 냉매 또는 브라인을 흘려 금속판(동결판)을 냉각시킨 후 이 동결판 사이에 원료를 넣고 압력을 가하여 동결시키는 방법이다.

② 동결속도가 빠르며 대표적인 급속 동결법 중의 하나이다.

(3) 침지 동결법

① −16℃ 정도로 냉각한 식염수에 수산물을 직접 침지하여 동결하는 방법과 냉각 브라인에 방수성과 내수성이 있는 플라스틱 필름으로 포장한 식품을 침지하여 동결하는 방법이 있다.

② 동결속도가 빠르며 대표적인 급속 동결법 중의 하나이다.

(4) 액화가스 동결법

① 액화질소와 같은 액화가스를 식품에 직접 살포하여 동결하는 방법이다. 극저온에서는 가스가 액체 상태로 존재하는데 이를 액화가스라고 한다. 액화질소는 −196℃의 극저온에서 질소가 액체상태로 존재하는 것이다.

② 초급속동결이며 연속 작업이 가능하다.

③ 새우, 굴 등의 고가의 개체급속동결에 주로 이용되고 있다.

56 연승(주낙)으로 어획한 갈치를 어상자에 담을 때 적절한 배열방법은?

① 복립형　　　　② 산립형　　　　③ 환상형　　　　④ 평편형

(해설) 갈치는 환상형(還狀形)으로 입상한다.

(정리) (1) 연승어업은 한 가닥의 기다란 줄에 일정한 간격으로 가짓줄을 달고, 가짓줄 끝에 낚시를 단 어구를 사용하여 낚시에 걸린 대상물을 낚는 어업이다. 주요 대상어종은 장어, 복어, 도미, 볼락, 가자미 등이다.

(2) 입상 배열방법

① 배립형(背立形): 등을 위로 오게 하는 방법

② 복립형(腹立形): 복부를 위로 오게 하는 방법

③ 산립형(散立形): 어상자에 고기를 담을 때 잡어와 같이 아무렇게나 배열하는 것을 말한다.

④ 환상형(還狀形): 둥글게 배열

정답　55 ④　56 ③

57 수산식품의 진공포장 처리에 관한 설명으로 옳지 않은 것은?

① 호기성 미생물의 발육이 억제된다.

② 내용물의 지질산화가 억제된다.

③ 부피를 줄여 수송 및 보관이 용이하다.

④ 포장재는 기체투과성이 있어야 한다.

해설 진공포장의 재료는 기체의 차단성이 우수한 폴리에스터(PET), 폴리염화비닐리덴(PVDC)이 사용된다.

정리 **진공포장**

ⓐ 진공포장은 포장 용기 내의 산소를 제거함으로써 부패미생물인 호기성균의 활동을 억제하고 지방이 산화되는 것을 억제하여 식품의 저장성을 높여 준다.

ⓑ 진공포장의 재료는 기체의 차단성이 우수한 폴리에스터(PET), 폴리염화비닐리덴(PVDC)이 사용된다.

ⓒ 진공포장을 하면 포장 용기 내의 산소 농도가 급격히 줄어들고, 옥시마이오글로빈이 디옥시마이오글로빈의 형태로 바뀌게 되어 육색이 붉은 자색으로 변한다.

58 수산물 표준규격에서 정하는 포장재료 및 포장재료의 시험방법 중 PP대(직물제포대) 시험항목에 해당하지 않는 것은?

① 인장강도   ② 직조밀도

③ 봉합실 흡수량   ④ 섬도

해설 PP대(직물제 포대)의 섬도, 인장강도, 봉합실 인장강도 및 직조밀도 등은 KS T1071(직물제 포대)에 따른다.

섬 도 (데니어)	인장강도 (N)	봉합실 인장강도 (N)	직조밀도 (올/5cm)
900±10	29 이상	39 이상	20±2

정리 **포장재료 및 포장재료의 시험방법(수산물 표준규격 제6조 관련)**

포장재료는 식품위생법에 따른 용기·포장의 제조방법에 관한 기준과 그 원재료에 관한 규격에 적합하여야 한다.

1. 골판지 상자

    ① 표시단량별 골판지 종류

표시단량	5kg 미만	5kg 이상 10kg 미만	10kg 이상 15kg 미만	15kg 이상
골판지 종류	양면 골판지 1종	양면 골판지 2종	2중 양면 골판지 1종	2중 양면 골판지 2종

    ② 골판지의 품질기준 및 시험방법은 KS T1018(상업 포장용 미세골 골판지), KS T1034(외부 포장용 골판지)에서 정하는 바에 따른다.

2. PP(폴리프로필렌), PE(폴리에틸렌) 또는 HDPE(고밀도폴리에틸렌) 상자
    ① 플라스틱 상자의 품질기준 및 시험방법은 KS T1354(순환물류포장-수산물용 플라스틱 용기)에서 정하는 바에 따른다.

적재시험	바닥변형(%)	중금속 잔류규격(mg/kg) (Pb, Cd, Cr^{6+}, Hg)
외관상 변형 및 손상 없어야 함	바닥판 휨 변형량 3% 미만 하중 제거 후 바닥판 잔류 변형량 1% 미만	100mg/kg 이하 (합계)

    ② 압축강도는 KS T1081(플라스틱제 회수용 운반용기) 표2 '압축 하중 종별'에 준하여 적용한다.
3. PE대(폴리에틸렌대)
    ① 표시단량별 PE 두께

표시단량	5kg 미만	5kg 이상 10kg 미만	10kg 이상 15kg 미만	15kg 이상
PE 두께	0.03mm 이상	0.05mm 이상	0.07mm 이상	0.10mm 이상

    ② PE 종류 및 두께에 대한 인장강도, 신장률, 인열 강도 등은 KS T1093(포장용 폴리에틸렌 필름)에 따른다.
4. PS대(폴리스티렌대)
    폴리스티렌대의 밀도, 굴곡강도, 흡수량 및 연소성 등은 KS M3808(발포 폴리스티렌(PS) 단열재)에 따른다.

밀 도 (kg/m^3)	굴곡강도 (N/cm^2)	흡수량 (g/100cm^3)	연소성
25 이상	20 이상	두께 30mm 미만 2.0 이하, 두께 30mm 이상 1.0 이하	연소시간 120초 이내이며, 연소길이 60mm 이하일 것

5. PP대(직물제 포대)
    ① 직물제 포대의 섬도, 인장강도, 봉합실 인장강도 및 직조밀도 등은 KS T1071(직물제 포대)에 따른다.

섬 도 (데니어)	인장강도 (N)	봉합실 인장강도 (N)	직조밀도 (올/5cm)
900±10	29 이상	39 이상	20±2

    ② 원단은 KS T1015(포대용 폴리올레핀 연신사)의 폴리프로필렌 연신사로 직조한다.
6. 표시단량별 그물망의 무게

표시단량	5kg 미만	5kg 이상 10kg 미만	10kg 이상 15kg 미만	15kg 이상
포장재무게	15g 이상	25g 이상	35g 이상	45g 이상

    ※ 원단은 고밀도 폴리에틸렌 모노필라멘트계이며 편성물로 직조한 것

59 고등어의 동결저장 중 품온이 −10℃일 때 동결률(%)은? (단, 고등어의 수분함량은 75%이고, 어는점은 −2℃이다.)

① 75%　　　　　② 80%　　　　　③ 85%　　　　　④ 90%

(해설) 동결률 = [1 − (식품의 동결점℃ / 식품의 온도℃)] × 100
　　　　　= [1 − (−2 / −10)] × 100
　　　　　= 80%

(정리) **수산물의 동결과 저장**

⑴ 수산물의 동결은 빙결점보다 낮은 온도에서 수산물을 가공 또는 저장하는 것이다.
　　빙결점은 동결점이라고도 하며, 식품이 얼기 시작하는 온도를 말한다. 어류의 빙결점은 담수어가 −0.5℃ 정도이며, 회유성 어류는 −1℃ 정도이고, 저서성 어류는 −2℃ 정도이다.
⑵ 식품을 동결점 이하로 냉각하여 온도를 내리면 빙결정의 양이 증가한다. 즉 동결이 진행되는 과정에서는 식품 중에는 고체의 얼음과 액상의 물이 공존한다. 이때 식품의 처음의 함유수분량에 대하여 빙결정으로 변화한 부분의 비율을 동결률이라 한다.
　　곧, 동결점과 공정점(共晶點) 사이의 온도에서 식품 속의 수분이 얼어 있는 비율을 동결률 또는 동결 수분율이라 한다. 식품 중의 수분은 동결점에서 0%, 공정점에서 100% 동결한다. 이 사이의 온도에서 동결되어 있는 비율은 근사적으로 다음 식으로 구한다.
　　동결률 = [1 − (식품의 동결점℃/식품의 온도℃)] × 100
⑶ 미동결률(미동결 수분율) = (1 − 동결률) × 100
⑷ 동결처리는 살균작용은 없다. 따라서 해동하면 동결 전의 상태가 되며 식품의 부패 및 식중독에 유의하여야 한다.
⑸ 동결곡선
　　① 동결곡선이란 동결이 진행되는 과정을 식품의 온도중심점의 온도변화와 시간과의 좌표에 표시한 것이다.
　　② 식품의 온도중심점이란 식품을 냉각하거나 동결할 때 온도 변화가 가장 느린 지점을 말한다. 식품의 품온은 온도중심점에서의 온도로 측정한다. 일정한 형태를 갖춘 식품의 온도중심점은 기하학적인 무게 중심점과 대체로 일치한다.
　　③ 동결곡선은 빙결점 이상의 냉각곡선과 빙결점 이하의 냉동곡선으로 구성된다.

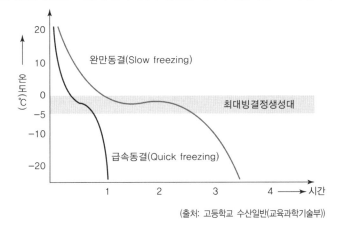

(출처: 고등학교 수산일반(교육과학기술부))

(정답) 59 ②

(6) 최대빙결정생성대(zone of maximum ice crystal formation)

① 빙결정이 가장 많이 이루어지는 온도대로서 (-5℃ ~ 빙결점)의 구간이다.

② 대부분의 식품은 최대빙결정생성대에서 60~80%의 수분이 빙결정으로 변한다.

③ 이때 많은 빙결정잠열이 발생하기 때문에 식품의 온도는 거의 변하지 않고 동결이 이루어진다. 따라서 동결곡선이 거의 수평으로 나타난다.

④ 빙결정의 크기, 수, 모양, 빙결정의 위치(분포) 등은 최대빙결정생성대의 통과시간에 따라 좌우된다.

　㉠ 통과시간이 수초에 불과할 경우는 바늘모양의 빙결정이 생성되고, 약 2분 정도 되면 막대모양의 빙결정이 생성되며, 40분 이상이면 기둥모양의 빙결정이 생성된다.

　㉡ 동결식품은 일반적으로 저장 중에 조직 중의 미세한 빙결정의 수가 줄어들고 대신 대형의 빙결정이 생기게 된다. 이 현상을 빙결정의 성장(growth of ice crystal)이라고 한다.

　㉢ 빙결정이 저장 중에 성장하는 원인은 저장 중에 온도가 변동하기 때문이다. 즉 식품 중의 빙결정과 미동결의 액상부는 어느 온도에서 평형을 유지하고 있으나 온도가 올라가면 먼저 미세한 빙결정이 녹아서 미동결의 액상부에 합쳐진다. 다음에 온도가 내려가면 녹지 않고 남아 있던 대형의 결정이 결정핵이 되어 빙결하므로 온도가 상하로 변동할 때마다 작은 결정은 소실되고 결정이 대형화하게 되는 것이다.

　㉣ 빙결정의 성장(growth of ice crystal)으로 식품의 품질이 크게 저하되기 때문에 빙결정의 성장을 방지할 필요가 있다.

　　• 급속동결을 하면 빙결정의 크기가 작고 균일하게 되므로 빙결정의 성장을 방지할 수 있다.

　　• 동결 종온(終溫)을 낮추면 빙결률이 높아지므로 잔존하는 수분이 적어 빙결정의 성장을 방지할 수 있다.

　　• 저장 중 온도의 변화를 적게 하면 (±1℃ 이내) 빙결정의 성장을 방지할 수 있다.

(7) 급속동결과 완만동결

① 급속동결

　㉠ 최대빙결정생성대의 통과시간에 따라 급속동결과 완만동결로 구분된다.

　㉡ 급속동결은 온도를 급강하시킴으로써 최대빙결정생성대를 단시간(30~35분)에 통과하는 동결이다.

　㉢ 식품의 동결속도가 빠르면 빙결정의 크기는 작아진다. 그러나 빙결률은 같으므로 빙결정의 수는 많아지게 된다. 즉 동결속도가 빠르면 미세한 빙결정이 다수 생성되고 빙결정의 분포도 세포내(근섬유내)에 많이 생성된다.

　㉣ 급속동결은 빙결정의 크기가 작고 균일하여 식품 조직의 손상이 적다.

　㉤ 해동 중에 드립(drip)의 유출로 인한 영양분의 손실이 적고, 식감이 좋으며, 해동 후에도 냉동 전의 상태와 유사한 품질을 유지할 수 있다.

② 완만동결

　㉠ 완만동결은 최대빙결정생성대를 통과하는 시간이 35분 이상 걸리는 동결이다.

　㉡ 동결속도가 느리면 빙결정은 대형으로 되고 수도 적어지며 분포도 세포의 근섬유 사이에 많이 생성된다.

　㉢ 완만동결은 큰 얼음결정이 소수 생기고(조직 손상이 크다) 수분의 이동이 일어나 식품의 품질이 크게 손상될 수 있는 냉동법이다.

③ 냉동식품의 조직파괴를 억제하기 위해서는 급속동결과 심온동결 및 저장온도의 저온유지(-18℃ 이하)가 반드시 요구된다. 심온동결이란 온도중심점이 -18℃ 이하로 내려가게 하는 동결을 말한다.

⑧ 동결방법
  ① 공기 동결법
    ㉠ 공기 동결법은 정지공기 동결법과 송풍 동결법이 있다.
    ㉡ 정지공기 동결법은 자연 대류에 의한 동결법으로서 동결속도가 완만하며 어패류의 품질이 저하된다.
    ㉢ 송풍 동결법은 −40℃ 정도의 냉풍을 팬으로 강제 순환시켜 단시간에 동결하는 방법이다. 동결속도가 빠르며 품질의 저하가 방지된다.
  ② 접촉 동결법
    ㉠ 냉각시킨 냉매 또는 브라인을 흘려 금속판(동결판)을 냉각시킨 후 이 동결판 사이에 원료를 넣고 압력을 가하여 동결시키는 방법이다.
    ㉡ 동결속도가 빠르며 대표적인 급속 동결법 중의 하나이다.
  ③ 침지 동결법
    ㉠ −16℃ 정도로 냉각한 식염수에 수산물을 직접 침지하여 동결하는 방법과 냉각 브라인에 방수성과 내수성이 있는 플라스틱 필름으로 포장한 식품을 침지하여 동결하는 방법이 있다.
    ㉡ 동결속도가 빠르며 대표적인 급속 동결법 중의 하나이다.
  ④ 액화가스 동결법
    ㉠ 액화질소와 같은 액화가스를 식품에 직접 살포하여 동결하는 방법이다. 극저온에서는 가스가 액체상태로 존재하는데 이를 액화가스라고 한다. 액화질소는 −196℃의 극저온에서 질소가 액체상태로 존재하는 것이다.
    ㉡ 초급속동결이며 연속 작업이 가능하다.
    ㉢ 새우, 굴 등의 고가의 개체급속동결에 주로 이용되고 있다.
⑨ 동결저장 중 식품의 변화
  ① 단백질의 동결변성과 어육의 보수력 저하, 동결화상, 드립의 발생 등으로 품질이 저하된다.
  ② 동결화상(freezer burn)은 동결저장 중에 승화한 다공질의 표면에 산소가 반응하여 갈색으로 변하는 현상이며 풍미가 떨어진다.
  ③ 동결저장 중 식품의 변화를 억제하는 방법
    ㉠ 백색육(넙치, 가자미, 명태)은 동결 및 해동 시 다량의 드립(drip)이 발생하여 영양 감소, 중량 감소, 조직감 감퇴 등이 나타난다. 식염수 용액(3~5%)에 1시간 정도 침지하면 이를 방지할 수 있다..
    ㉡ 단백질의 변성은 pH 6.5 이하에서 나타나므로 인산염을 처리하여 pH 6.5~7.2 정도로 유지하면 단백질 변성을 억제할 수 있다.
    ㉢ 산화방지제를 처리하면 동결화상(freezer burn)을 억제할 수 있다. 산화방지제로는 수용성방지제로서 아스코르브산, 아스코르브산나트륨, 이소아스코르브산, 이소아스코르브산나트륨 등이 있고, 유용성방지제로는 BHA, BHT, 토코페롤 등이 있다.
    ㉣ 포장처리를 하면 수분증발, 승화방지 등을 방지할 수 있다.
    ㉤ 글레이징 처리를 하면 건조 및 산화에 의한 표면 변질을 막을 수 있다.

60 연제품의 탄력에 관한 설명으로 옳은 것은?

① 경골어류는 연골어류보다 겔 형성력이 좋다.
② 적색육 어류가 백색육 어류보다 겔 형성력이 좋다.
③ 어육의 겔 형성력은 선도와 관계없다.
④ 단백질의 안정성은 냉수성 어류가 온수성 어류보다 크다.

해설 ② 백색육 어류가 어류의 겔(Gel) 형성력이 좋다.
③ 신선도가 좋을수록 겔 형성력이 좋다.
④ 온수성 어류(조기)의 단백질이 냉수성 어류(명태, 대구, 연어, 송어, 청어, 다랑어)의 단백질보다 겔 형성력이 좋다.

정리 연제품의 겔(Gel) 형성에 영향을 주는 요인
㉠ 바다고기, 경골어류(뼈가 많은 어류), 백색육 어류가 어류의 겔 형성력이 좋다.
㉡ 온수성 어류(조기)의 단백질이 냉수성 어류(명태, 대구, 연어, 송어, 청어, 다랑어)의 단백질보다 겔 형성력이 좋다.
㉢ 신선도가 좋을수록 겔 형성력이 좋다.
㉣ 수용성 단백질이나 지질 등은 겔 형성을 방해한다.
㉤ 고기갈이 할 때 소금을 첨가하면 근원섬유단백질의 용출을 도와 겔 형성력을 좋게 한다.
㉥ 솔비톨(sorbitol)을 첨가하면 단백질 변성을 방지할 수 있다. 솔비톨(sorbitol)은 상쾌한 청량감과 천연의 감미를 가진 식품첨가제로서 다양한 제품에 사용되고 있다.
㉦ 고기갈이 온도는 10℃ 이하에서 하는 것이 단백질의 변성이 적어 바람직하다.
㉧ 고기갈이 한 어육은 pH 6.5~7.5에서 겔 형성력이 가장 좋다.
㉨ 수리미의 가열속도가 빠를수록 겔 형성력이 좋다.

61 어육의 동결 중 나타나는 최대 빙결정 생성대에 관한 설명으로 옳지 않은 것은?

① −5~어는점(℃) 범위의 온도대이다.

② 얼음 결정이 가장 많이 생성된다.

③ 어육의 품온이 떨어지는 시간이 많이 걸리는 구간이다.

④ 냉동품의 품질은 최대 빙결정 생성대의 통과시간이 길수록 우수하다.

(해설) 빙결정의 성장(growth of ice crystal)으로 식품의 품질이 크게 저하되기 때문에 빙결정의 성장을 방지할 필요가 있다. 급속동결을 하면 빙결정의 크기가 작고 균일하게 되므로 빙결정의 성장을 방지할 수 있다.

(정리) **최대빙결정생성대(zone of maximum ice crystal formation)**

⑴ 빙결정이 가장 많이 이루어지는 온도대로서 (−5℃~빙결점)의 구간이다.

⑵ 대부분의 식품은 최대빙결정생성대에서 60~80%의 수분이 빙결정으로 변한다.

⑶ 이때 많은 빙결정잠열이 발생하기 때문에 식품의 온도는 거의 변하지 않고 동결이 이루어진다. 따라서 동결곡선이 거의 수평으로 나타난다.

⑷ 빙결정의 크기, 수, 모양, 빙결정의 위치(분포) 등은 최대빙결정생성대의 통과시간에 따라 좌우된다.

　① 통과시간이 수초에 불과할 경우는 바늘모양의 빙결정이 생성되고, 약 2분 정도 되면 막대모양의 빙결정이 생성되며, 40분 이상이면 기둥모양의 빙결정이 생성된다.

　② 동결식품은 일반적으로 저장 중에 조직 중의 미세한 빙결정의 수가 줄어들고 대신 대형의 빙결정이 생기게 된다. 이 현상을 빙결정의 성장(growth of ice crystal)이라고 한다.

　③ 빙결정이 저장 중에 성장하는 원인은 저장 중에 온도가 변동하기 때문이다. 즉 식품 중의 빙결정과 미동결의 액상부는 어느 온도에서 평형을 유지하고 있으나 온도가 올라가면 먼저 미세한 빙결정이 녹아서 미동결의 액상부에 합쳐진다. 다음에 온도가 내려가면 녹지 않고 남아 있던 대형의 결정이 결정핵이 되어 빙결하므로 온도가 상하로 변동할 때마다 작은 결정은 소실되고 결정이 대형화하게 되는 것이다.

　④ 빙결정의 성장(growth of ice crystal)으로 식품의 품질이 크게 저하되기 때문에 빙결정의 성장을 방지할 필요가 있다.

　　㉠ 급속동결을 하면 빙결정의 크기가 작고 균일하게 되므로 빙결정의 성장을 방지할 수 있다.

　　㉡ 동결 종온(終溫)을 낮추면 빙결률이 높아지므로 잔존하는 수분이 적어 빙결정의 성장을 방지할 수 있다.

　　㉢ 저장 중 온도의 변화를 적게 하면 (±1℃ 이내) 빙결정의 성장을 방지할 수 있다.

62 한천에 관한 설명으로 옳은 것은?

① 한천은 아가로펙틴과 아가로스의 혼합물이며, 아가로펙틴이 주성분이다.

② 아가로펙틴은 중성다당류이다.

③ 한천은 소화흡수가 잘되어 식품의 소재로 활용도가 높다.

④ 냉수에는 잘 녹지 않으나, 80℃ 이상의 뜨거운 물에는 잘 녹는다.

(해설) ① 성분은 아가로스(중성 다당류, 70~80%)와 아가로펙틴(산성 다당류, 20~30%)의 혼합물이며, 아가로스가 주성분이다.

② 아가로펙틴은 산성 다당류이다.

③ 인체의 소화효소나 미생물에 의해서도 분해되지 않는다. 따라서 소화, 흡수가 잘 되지 않아 다이어트 식품의 원료로 많이 사용된다.

(정리) **한천(agar)**

⑴ 한천은 홍조류인 우뭇가사리와 꼬시래기로부터 추출한 액을 냉각하여 생기는 우무를 동결, 탈수, 건조한 것이다.

⑵ 한천의 제조방법에는 자연한천제조법과 공업한천제조법이 있다.

⑶ 자연한천제조법

　① 자연한천은 겨울에 자연의 냉기를 이용하여 동건법으로 제조한다.

　② 건조장의 기후조건이 중요하며, 하루의 최저기온은 −5 ~ −10℃, 최고기온은 5~10℃ 정도되고, 맑고 바람이 적은 곳이 좋다.

　③ 우뭇가사리와 꼬시래기를 수침 후 세척하고 상압에서 끓는 물에 넣어 장시간 자숙하여 한천 성분(우뭇가사리와 꼬시래기 등의 세포벽에 존재하는 다당류)을 추출한다.

　④ 추출한 한천 성분을 여과포로 여과하여 응고시키면 우무가 생긴다.

　⑤ 우무를 일정한 크기(각 한천은 길이 35cm, 두께 3.9~4.2cm, 실 한천은 길이 35cm, 두께 6mm)로 절단하여 자연 냉기를 이용하여 동건(동결, 해동을 반복하여 건조)한다.

⑷ 공업한천제조법

　① 공업한천은 냉동기를 사용하여 동결하므로 기후조건의 영향을 받지 않아 연중생산이 가능하다.

　② 건조를 위한 탈수법에는 동결탈수법과 압착탈수법이 있다.

　③ 우뭇가사리는 동결탈수법(동결된 상태에서 압력을 낮추어 승화시켜 탈수함)으로 한천을 생산하며, 꼬시래기는 압착탈수법(압착기로 압축하여 탈수함)으로 한천을 생산한다.

⑸ 한천의 성질

　① 성분은 아가로스(중성 다당류, 70~80%)와 아가로펙틴(산성 다당류, 20~30%)의 혼합물이다.

　② 한천은 응고력이 강하고 보수성과 점탄성이 좋다. 한천의 응고력은 아가로스의 함량이 많을수록 응고력이 강하다.

　③ 인체의 소화효소나 미생물에 의해서도 분해되지 않는다. 따라서 소화, 흡수가 잘 되지 않아 다이어트 식품의 원료로 많이 사용된다.

　④ 한천은 냉수에는 녹지 않으나, 80℃ 이상의 뜨거운 물에는 잘 녹는다.

> **참고** 점탄성
>
> 점탄성은 물체에 힘을 가했을 때 액체로서의 성질과 고체로서의 성질이 동시에 나타나는 현상이다. 점성과 탄성의 합성어이며, 점성은 끈끈한 성질이라고 할 수 있고 탄성은 원래의 모양으로 복원하는 성질이라고 할 수 있다.

정답 62 ④

63 제품의 흑변 방지를 위하여 통조림 용기에 사용하는 내면 도료는?

① 비닐수지 도료

② 유성수지 도료

③ V-에나멜 도료

④ 에폭시수지 도료

해설 흑변을 예방하기 위해서는 C-에나멜 캔 또는 V-에나멜 캔을 사용하여야 한다.

정리 **통조림의 품질관리**

(1) 흑변

① 수산물을 가열하면 단백질이 분해되어 황화수소가 발생하게 된다. 황화수소는 캔의 철분이나 주석과 결합하여 캔 내부를 흑색으로 변화시킨다.

② 황화수소는 수산물의 신선도가 떨어질수록, pH가 높을수록 많이 발생한다.

③ 흑변을 예방하기 위해서는 C-에나멜 캔 또는 V-에나멜 캔을 사용하여야 한다.

④ 게살 통조림을 가공할 때 황산지(黃酸紙, 황산 용액으로 처리한 종이로서 물과 기름에 잘 젖지 않는다)에 게살을 감싸면 황화수소가 차단되어 흑변을 막을 수 있다.

(2) 스트루바이트

① 스트루바이트(struvite)는 통조림 내용물에 유리 조각 모양의 결정체가 생기는 현상이다.

② 꽁치 통조림에서 많이 나타나며, 중성과 약알칼리성 통조림에서 나타나기 쉽다.

③ 스트루바이트를 예방하기 위해서는 살균 후 통조림을 급냉시켜야 한다.

(3) 허니콤

① 허니콤(honey comb)은 어육의 표면에 벌집모양의 작은 구멍이 생기는 현상이다. 이것은 어육을 가열할 때 어육 내부에서 발생한 가스가 밖으로 배출되면서 생긴 통로이다.

② 참치 통조림에서 많이 나타난다.

③ 허니콤을 예방하기 위해서는 어체 취급 시 상처를 내지 않도록 하여야 한다.

(4) 어드히전

① 어드히전(adhesion)은 캔을 열었을 때 어육의 일부가 캔 내부나 뚜껑에 눌러 붙어 있는 현상이다. 이러한 현상은 어육과 용기면과의 사이에 물기가 있으면 발생할 수 있다.

② 캔 내부를 식용유 유탁액으로 도포하면 어드히전을 예방할 수 있다.

(5) 커드

① 커드(curd)는 어류 보일드 통조림의 표면에 두부 모양의 응고물이 생기는 현상이다. 이것은 가열, 살균할 때 어육의 수용성 단백질이 녹아 나와 응고된 것이다.

② 커드는 수산물의 신선도가 떨어질수록 많이 발생한다.

③ 커드를 예방하기 위해서는 살쟁임 하기 전에 미리 수산물을 소금물에 담가 수용성 단백질을 제거하여야 한다. 또한 살쟁임 할 때 육편과 육편사이에 틈이 생기지 않도록 한다.

정답 63 ③

64 마른간법과 비교한 물간법의 특징으로 옳은 것을 모두 고른 것은?

> ㄱ. 소금의 침투가 불균일하다.　　　ㄴ. 염장 중 지방산화가 적다.
> ㄷ. 소금 사용량이 많다.　　　　　　ㄹ. 제품의 수율이 낮다.
> ㅁ. 소금의 침투속도가 빠르다.

① ㄱ, ㄴ　　　　　　　　　　　　② ㄴ, ㄷ
③ ㄷ, ㄹ　　　　　　　　　　　　④ ㄹ, ㅁ

해설 물간법은 수산물을 식염수에 침지하는 방법이다. 소금의 침투가 균일하다는 장점이 있고 소금의 침투속도가 느리다는 단점이 있다. 물간법은 제품의 짠맛을 조절할 수 있다.

정리 **염장품**

(1) 염장이란 소금에 절여 저장한다는 의미이다.

(2) 소금 농도가 15% 이상이 되면 세균의 번식이 억제된다.

(3) 소금의 삼투압으로 수산물에서 탈수가 되고 맛, 조직감, 저장성이 좋아진다.

(4) 염장의 방법

　① 마른간법: 마른간법은 수산물의 표면이나 복강 내에 소금을 살포하는 방법이다. 염장속도가 빠른 대신 염장이 균일하게 이루어지지 못한다.

　② 물간법: 물간법은 수산물을 식염수에 침지하는 방법이다. 소금의 침투가 균일하다는 장점이 있고 소금의 침투 속도가 느리다는 단점이 있다. 물간법은 제품의 짠맛을 조절할 수 있다.

　③ 개량물간법: 마른간법과 물간법을 혼합한 방식이다. 어체를 마른간법으로 하여 쌓아 올리고 그 위에 누름돌을 얹어 눌려주면 어체로부터 스며 나온 물로 소금물층이 형성되어 결과적으로 물간법의 효과도 있다.

(5) 수산염장품에는 대구, 연어, 참치, 명태알, 연어알, 청어알, 염장 미역 등이 있다.

(6) 염장품의 품질변화

　① 염장 중에 나타나는 변화

　　㉠ 수산물의 외부와 내부의 삼투압의 차이로 소금이 수산물 내부로 침투하게 된다. 염장 중 소금의 침투속도는 소금량이 많을수록 침투속도가 빠르고, 염장온도가 높을수록 침투속도가 빠르며, 지방함량이 많거나, Ca염 및 Mg염이 존재하면 침투가 저해된다.

　　㉡ 수산물 내의 수분이 빠져 나와 수산물의 탈수현상이 나타난다.

　　㉢ 수산물의 수분이 감소하여 수산물의 무게가 줄어든다.

　　㉣ 염장으로 인하여 근원섬유 단백질의 겔(Gel)화가 이루어져 어육의 조직이 단단해진다.

　② 저장 중에 나타나는 변화

　　㉠ 소금 농도가 10% 이하가 되면 세균에 의한 부패가 진행되므로 저온저장이 필요하다.

　　㉡ 여름에는 사르시나 속, 슈도모나스 속 등과 같은 호염성 세균이 발육하여 적색 색소를 생성하기도 하는데 이에 따라 수산물의 색깔이 적색으로 변하기도 한다.

65 국내에서 참치통조림의 원료로 가장 많이 사용되고 있는 어종은?

① 가다랑어
② 날개다랑어
③ 참다랑어
④ 황다랑어

(해설) 참치 통조림의 원료는 가다랑어이고, 참치회는 참다랑어이다.

66 게맛어묵(맛살류)의 제품 형태에 해당하지 않는 것은?

① 청크(chunk)
② 플레이크(flake)
③ 라운드(round)
④ 스틱(stick)

(해설) 어묵 제품의 형태는 청크(chunk, 일정한 크기의 가로로 절단한 것), 플레이크(flake, 얇은 조각), 스틱 (stick) 형태 등이 있다. 어류의 가공 처리에서 라운드(round)란 머리부분과 내장을 포함한 원형 그대로를 처리한 것을 말한다.

67 마른김의 제조를 위하여 산업계에서 주로 적용하고 있는 기계식 건조방법은?

① 냉풍건조
② 열풍건조
③ 동결건조
④ 천일건조

(해설) 마른김의 제조는 주로 열풍건조방법을 사용한다.

(정리) **건제품**

⑴ 건제품은 수분을 감소시키기 위해 건조시킨 제품이다. 수산물의 건제품은 수분활성도가 낮고 미생물의 생육이 억제되며 독특한 풍미를 가진다. 대부분의 세균은 수분활성도가 0.9 이상이어야 번식이 가능하다(단, 곰팡이균은 0.6 이상이면 번식이 가능하다).

⑵ 건조 방법

① 천일 건조법
 ㉠ 자연 조건(태양 복사열 및 바람)을 이용하여 건조시키는 방법이다.
 ㉡ 바닷가에서 수산물을 건조하는 것과 같은 것인데, 비용이 적게 든다는 장점이 있어나 넓은 공간이 필요하며, 날씨에 영향을 많이 받는다는 단점이 있다.

② 동건법
 ㉠ 겨울에 자연의 힘으로 밤에 기온이 내려가 수산물 중의 수분이 동결되고, 낮에 기온이 올라가 해동되어 수분이 빠져 나오는 과정을 반복함으로써 수산물을 건조시키는 방법이다.
 ㉡ 동결 시 세포가 파괴되고 해동 시 세포질 내의 수용성 성분이 동시에 제거되어 독특한 물성을 가진 건제품이 된다.
 ㉢ 동건품은 동결과정 중에 생성된 얼음결정이 녹아 조직에 구멍이 생겨 스폰지 같은 조직이 된다.

③ 열풍 건조법
 ㉠ 건조 장치의 열풍을 수산물에 강제 순환시켜 건조한다.
 ㉡ 기상 조건에 영향을 받지 않는다.

(정답) **65** ① **66** ③ **67** ②

④ 냉풍 건조법

　⊙ 습도가 낮은(상대습도 20% 정도) 냉풍(15~30℃)을 이용하는 수산물을 건조하는 방법이다.

　ⓒ 오징어, 멸치의 건조에 많이 사용한다.

⑤ 진공 건조법

　⊙ 밀폐 가능한 건조실에 수산물을 넣고 진공펌프로 감압하여 건조시키는 방법이다.

　ⓒ 단백질 변성이 적고, 지질 산패가 적으며 소화율이 높은 건제품을 만들 수 있다.

⑥ 동결 건조법

　⊙ 수산물을 동결된 상태에서 압력을 낮추어 빙결정을 승화시켜 건조하는 방법이다.

　ⓒ 건조 중 품질변화가 거의 없어 가장 좋은 건조방법이라고 할 수 있다.

　ⓒ 북어, 건조 맛살 등의 건조에 사용된다.

⑦ 배건법

　⊙ 나무를 태우거나, 열로 구우면서 건조시키는 방법이다.

　ⓒ 나무를 태울 때 나오는 훈연 성분의 항균 및 항산화 작용으로 저장성이 향상된다.

　ⓒ 가스오부시(가다랑어 배건품)는 가다랑어를 삶은 후 배건한 것이다.

(3) 건제품의 종류

① 염건품: 수산물을 소금에 절인 후에 건조시킨 것을 말한다. 예 굴비, 연건 옥돔, 염건 고등어 등

② 소건품: 수산물을 그대로 건조시킨 것을 말한다. 예 마른오징어, 마른김, 마른미역, 마른다시마 등

③ 자건품: 수산물을 삶은 후에 건조시킨 것을 말한다. 예 마른멸치, 마른해삼, 마른전복, 마른새우 등

④ 동건품: 수산물을 동결과 해빙을 반복해서 건조시킨 것이다. 예 마른명태, 한천 등

⑤ 자배건품: 수산물을 자숙(증기로 쪄서 익히는 것), 배건(불에 쬐어 말리는 것), 일건(양지에 건조시키는 것)한 제품을 말한다. 예 가쓰오부시

참고 ▶ 가쓰오부시

① 가다랭이의 머리와 내장 등을 떼고 찜통에 쪄서 뼈를 발라내고 불에 쬐어 건조시킨 후 하룻밤 동안 그대로 두었다가 다시 불에 쬐어 건조시킨다. 이와 같은 과정을 수차 반복하여 충분히 건조시킨 후 1~2일 햇볕에 쬐어 밀폐상자에 넣고 약 2주간 지나면 푸른곰팡이가 핀다.

② 이것을 햇볕에 말린 뒤 다시 상자에 넣어 곰팡이가 피게 하는 방법을 4~5회 반복하면 곰팡이가 거의 피지 않게 되어 완성품이 되는데, 4~5개월이 걸린다.

③ 곰팡이를 피우는 까닭은 지방분을 감소시키고, 향미와 빛깔을 좋게 하는 효과가 있다.

68　다음 수산발효식품 중 제조기간이 가장 긴 제품은?

① 멸치젓　　　　　　　　　　　② 멸치액젓

③ 명란젓　　　　　　　　　　　④ 가자미식해

해설 육젓은 2~3개월, 액젓은 12개월 이상의 발효기간이 필요하다.

정답 68 ②

정리 수산발효식품

(1) 수산발효식품은 수산물의 부패를 방지하면서 발효시킨 식품으로서 젓갈, 식해 등이 있다.

> **참고** 발효와 부패
>
> 발효와 부패는 효모균이나 미생물이 유기물을 분해시키는 작용이다. 그 결과 생활에 유용한 물질이 만들어 지면 발효이고(발효식품의 예로서 김치, 된장 젓갈, 식해 등이 있다), 악취가 나며 유해한 물질이 만들어 지면 부패이다.

(2) 젓갈

① 젓갈은 수산물의 근육, 내장, 생식소(알) 등에 소금을 넣고 변질을 억제하면서 어패류 자체의 효소와 외부 미생물의 효소작용으로 발효, 숙성시킨 것으로서 독특한 맛과 풍미를 가지고 있다.

② 젓갈은 가공 방법에 따라 육젓과 액젓으로 나누어진다.

⊙ 육젓은 수산물의 원형이 유지되는 것으로 수산물에 8~30% 정도의 소금만을 사용하여 2~3개월 상온에서 발효시켜 만든 발효식품이다.

ⓛ 액젓은 수산물의 원형이 유지되지 않는 것으로 12개월 이상 발효시켜 만든 발효식품이다.

③ 액젓의 총질소 측정 방법은 세미마이크로 킬달법이다.

⊙ 질소를 함유한 유기물을 촉매(분해촉진제)의 존재 하에서 황산으로 가열분해하면, 질소는 황산암모늄으로 변한다(분해).

ⓛ 황산암모늄에 NaOH를 가하여 알카리성으로 하고, 유리된 NH_3를 수증기 증류하여 희황산(농도가 묽은 황산)으로 포집한다(증류).

ⓒ 이 포집액을 NaOH로 적정하여 질소의 양을 구하고(적정), 이에 질소 계수를 곱하여 조단백의 양을 산출한다.

ⓔ 식품의 단백질량 = 식품의 질소함유량 × 질소계수(6.25)

(3) 식해

① 식해는 염장 어류에 밥, 조 등의 전분질과 향신료 등을 함께 배합하여 숙성시켜 만든 것이다.

② 식해는 식염의 농도가 낮아 저장성이 짧다.

③ 가자미식해, 넙치식해 등이 대표적이다.

69 수산물의 원료 전처리 기계에 해당하는 것을 모두 고른 것은?

> ㄱ. 선별기   ㄴ. 필렛 가공기
> ㄷ. 탈피기   ㄹ. 레토르트

① ㄱ, ㄴ

② ㄱ, ㄴ, ㄷ

③ ㄴ, ㄷ, ㄹ

④ ㄱ, ㄴ, ㄷ, ㄹ

해설 수산물 원료 처리기계는 어체 선별기(Roll 선별기), 필렛 가공기(머리 및 내장 제거기), 탈피기(껍질 제거기), 어류 세척기 등이다.

정답 69 ②

1. 원료 처리기계

   (1) 어체 선별기

   ① 어체의 크기 선별은 다단 롤러 컨베이어를 이용하여 대량으로 처리한다.

   ② 회전하는 롤 사이 공간의 크기에 따라 작은 것부터 밑으로 떨어지게 한다.

   ③ 고등어, 꽁치, 정어리, 명태, 전갱이 등의 선별에 많이 사용한다.

   (2) 필렛 가공기

   ① 어류가 투입되면 먼저 머리를 제거하고 다음 복부를 절개하고 내장을 제거하며 육판을 절단기로 자르는 순서로 작동된다.

   ② 고등어, 명태, 연어와 동결수리미를 만드는 전처리에 많이 이용한다.

   (3) 탈피기

   ① 육과 껍질 사이로 주행하는 밴드형 칼(탈피칼)을 사용하여 표피를 제거한다.

   ② 청어, 대구 등의 껍질 제거에 이용된다.

   (4) 어류 세척기

   ① 회전, 교반(휘저어 섞는 조작), 진동의 방법으로 어체를 세척한다.

   ② 어체를 이송하면서 연속적으로 세척하는 방법과 세척 탱크 단위로 세척하는 방식이 있다.

2. 건조기계

   (1) 열풍 건조기

   ① 뜨거운 바람을 이용하여 어패류를 건조하는 장치로서 터널형과 상자형이 있다.

   ② 터널형은 어패류를 수레에 실어 터널 모양의 건조기를 통과시키면서 열풍으로 건조시키는 것이다. 건조속도가 빠르고 열효율이 좋으며 연속작업이 가능하다는 장점이 있는 반면, 일정한 건조시설이 필요하고 비용이 많이 든다는 단점이 있다.

   ③ 상자형은 어패류를 선반에 넣고 정지된 상태에서 열풍을 강제순환 시켜 건조한다. 취급이 용이하고 비용이 적게 든다는 장점이 있는 반면, 건조속도가 느리고 열효율이 나쁘며 연속작업이 불가능하다는 단점이 있다.

   (2) 진공 동결 건조기

   ① 어패류를 −40℃ 정도로 동결시킨 상태에서 압력을 낮게 하여 승화작용을 통해 건조시키는 장치이다.

   ② 열에 의한 성분 변화가 없어 어패류의 맛, 향기, 색감 등이 유지된다.

   ③ 시설비가 많이 들며, 건조에 시간이 많이 걸린다.

   ④ 맛살, 북어 등 고가 제품의 건조에 사용된다.

   (3) 제습 건조기

   ① 어패류가 함유하고 있는 수분을 냉각기(공기를 냉각하는 기능)로써 흡착하고, 가열기(공기를 가열하는 기능)와 송풍기(열풍을 공급하는 기능)로써 순환, 배출하며, 가습기로써 습도를 조절한다.

   ② 어패류의 함수율을 조절할 수 있어 어패류의 건조, 반건조 등에 사용된다.

3. 통조림용 기기

   (1) 이중 밀봉기(시머, seamer)

   ① 통조림을 제조할 때 캔의 몸통과 뚜껑을 빈 공간 없이 이중 밀봉하는 기계이다.

   ② 이중 밀봉이란 뚜껑의 컬(캔 뚜껑의 가장자리를 굽힌 부분)을 몸통의 플랜지(캔 몸통의 가장자리를 밖으로 구부린 부분) 밑으로 말아서 넣고 압착하여 밀봉하는 방법을 말한다.

   ③ 이중 밀봉기는 리프터(lifter), 시밍 척(chuck), 시밍 롤(roll)로 구성되며, 시밍 척, 시밍 롤을 시밍 헤드라고 한다.

④ 시밍 롤은 제1롤과 제2롤로 구성되어 있으며, 제1롤의 홈은 너비가 좁고 깊으며, 제2롤의 홈은 너비가 넓고 얕다.

⑤ 이중 밀봉기의 밀봉작업은 다음과 같이 이루어진다.

    ㉠ 리프터(lifter)가 캔을 들어 올려 시밍 척(chuck)에 고정시킨다.

    ㉡ 제1롤이 시밍 척에 접근하여 뚜껑의 컬을 몸통의 플랜지 밑으로 말아 넣는다.

    ㉢ 제1롤의 후퇴와 동시에 제2롤이 시밍 척에 접근하여 말려 들어간 뚜껑의 컬과 몸통의 플랜지를 더욱 강하게 압착하여 밀봉을 완성한다.

    ㉣ 제2롤의 후퇴와 동시에 리프터가 캔을 내려 밀봉기 밖으로 내보낸다.

(2) 레토르트

① 레토르트(retort)는 가열된 수증기로써 통조림을 가열, 살균하는 밀폐식 고압 살균 솥이다.

② 고압 증기를 사용하여 100℃ 이상의 온도를 유지한다.

③ 회전식이 정지식보다 살균효율이 좋다.

④ 살균 후 냉각수를 주입하여 40℃까지 급냉 함으로써 품질변화를 줄일 수 있다.

4. 동결장치

(1) 접촉식 동결장치

① 냉각시킨 냉매 또는 브라인을 흘려 금속판(동결판)을 냉각시킨 후 이 동결판 사이에 원료를 넣고 압력을 가하여 동결시키는 장치이다.

    참고 1차 냉매와 2차 냉매

> 냉매는 열을 흡수 또는 방출할 때 상태변화 유무에 따라 1차 냉매와 2차 냉매로 구분된다.
> - 1차 냉매는 증발 또는 응축의 상태변화 과정을 통해 열을 흡수 또는 방출하는 냉매로서 물, 암모니아, 질소, 부탄, 프레온계의 냉매 등이 있다.
> - 2차 냉매는 브라인(brine)이라고도 하며 상태변화 없이 감열을 통해 열 교환을 하는 냉매로서 염화칼슘, 염화나트륨, 염화마그네슘, 에틸렌글리콜, 프로필렌글리콜, 에틸알코올 등이 있다.

② 동결속도가 빠르다.

③ 동결판의 두께는 얇을수록 접촉효과가 더 크다.

④ 일정한 모양을 가진 포장식품의 경우 이용하기 편리하다.

⑤ 동결 수리미(고기풀)의 제조, 명태 필렛의 동결, 원양어선상에서의 수산물의 동결 등에 많이 사용한다.

(2) 송풍식 동결장치

① 동결실 상부에 냉각기를 설치하고 송풍기로 강한 냉풍을 빠른 속도로 불어 넣어 동결시키는 장치이다. 냉풍의 속도가 빠를수록 동결속도도 빨라진다.

② 냉동 창고에서 많이 사용한다.

③ 개별동결식품(IQF)을 비롯한 대부분의 수산물의 동결은 송풍식 동결장치를 이용한다. IQF는 "individual quick-freezing"의 약어로 "개별급속냉동법"을 의미하며, 소형의 식품을 한 개씩 낱개로 급속냉동 후 포장하는 냉동방법이다. 개별급속동결로 동결한 식품을 개별동결식품이라고 한다.

④ 단시간에 많은 수산물을 급속동결하는 것이 가능하며, 식품의 모양이나 크기에 제약을 받지 않고 동결할 수 있다.

⑤ 동결 중에 송풍에 의한 수산물의 건조 및 변색이 나타날 수 있으나, 빙의(글레이징)를 하면 방지될 수 있다.

70 어묵제조 공정에 필요한 기계장치를 순서대로 옳게 나열한 것은?

> ㄱ. 채육기(어육 채취기) ㄴ. 육정선기
> ㄷ. 사일런트 커터 ㄹ. 성형기
> ㅁ. 살균기

① ㄱ → ㄴ → ㄷ → ㄹ → ㅁ ② ㄱ → ㄷ → ㄴ → ㄹ → ㅁ
③ ㄴ → ㄱ → ㄷ → ㄹ → ㅁ ④ ㄴ → ㄱ → ㄷ → ㅁ → ㄹ

해설 채육기(채육) → 육정선기(이물질 제거) → 사일런트 커터(어육 분쇄기, 고기갈이) → 성형기(성형) → 살균기(가열, 살균)

정리 어묵 제조 공정

(1) 채육
① 흰 살 어류인 조기, 명태, 잔 갈치 등을 내장과 껍질을 제거한다.
② 붉은 살 어류인 고등어, 정어리 등은 지방과 혈액 등이 탄력형성을 저해하므로 적절치 않다.

(2) 수세
수용성 단백질, 지방, 혈액 등과 같은 탄력형성저해 물질을 제거하기 위해 물로 씻는다.

(3) 세절
생선 살을 잘게 자른다.

(4) 고기갈이
① 어육을 초벌갈이 한다.
② 소금(2~3% 농도)을 첨가하여 두 번갈이 한다. 소금을 첨가하면 근원섬유단백질의 용출을 도와 겔 형성력을 좋게 한다.
③ 단백질 변성을 방지하기 위해 솔비톨(sorbitol)을, 그리고 어육의 탄력 보강을 위해 전분, 축합인산염, 난백(냉동 흰자) 등을 넣고 세 번갈이 한다.

(5) 성형
자연 응고 이전에 신속하게 성형한다.

(6) 가열
① 살균효과가 있다.
② 겔(Gel)화 한다.

(7) 냉각
급냉한다(포자형성 방지).

정답 70 ①

71 다음과 같은 순서로 처리하는 건조기는?

> • 생미역을 선반(tray) 위에 평평하게 담는다.
> • 선반을 운반차(대차) 위에 쌓아 올린다.
> • 열풍이 통과할 수 있는 적당한 간격으로 운반차를 건조기 안에 넣는다.
> • 건조기 내부로 운반차를 차례로 통과시켜 생미역을 건조시킨다.

① 유동층식 건조기　　　　　　　② 캐비넷식 건조기
③ 터널식 건조기　　　　　　　　④ 회전식 건조기

(해설) 건조기 내부로 운반차를 차례로 통과시켜 건조하는 것은 터널식이다.

72 조개류의 독성 물질이 아닌 것은?

① venerupin　　　② PSP　　　　③ DSP　　　　④ tetrodotoxin

(해설) tetrodotoxin은 복어독이다.

(정리) (1) 패류독소에는 마비성 패독(PSP), 설사성 패독(DSP), 기억상실성 패독(ASP), 신경성 패독(NSP) 등이 있다.

　　(2) 사람에게 해를 입히는 독을 가지고 있는 조개류를 독조개라고 한다. 조개를 먹음으로써 해를 입는 경우의 예로는 다음과 같은 것이 있다.
　　　① 조개 생식기의 생식선 등에 독성이 있는 것: 이매패(二枚貝)의 진주담치가 가진 마비성의 삭시톡신 중독, 바지락이나 굴에서 볼 수 있는 베네루핀 중독 등이 있다.
　　　② 타액선에 독성이 있는 것: 북방매물고둥을 먹으면 일어나는 테트라민 중독이 있다.
　　　③ 식용조개가 유독물을 먹었거나 붙어 있어서 생기는 것: 봄에 나는 전복이 형광성 색소인 파이로페오포르비트 a를 함유한 조류를 많이 먹은 경우, 사람이 그 내장을 먹으면 빛 과민성이 되어 햇빛을 쬐면 피부에 부종이 생기는 일이 있다.

73 HACCP의 CCP(중요관리점)로 결정되어지는 질문과 답변은?

① 확인된 위해요소를 관리하기 위한 선행요건프로그램이 있으며 잘 관리되고 있는가?
　– Yes
② 이후의 공정에서 확인된 위해를 제거하거나 발생가능성을 허용수준까지 감소시킬 수 있는가? – Yes
③ 이 공정이나 이후의 공정에서 확인된 위해의 관리를 위한 예방조치방법이 없으며, 이 공정에서 안전성을 위한 관리가 필요한가? – No
④ 이 공정은 이 위해의 발생가능성을 제거 또는 허용수준까지 감소시키는가? – Yes

정답　71 ③　72 ④　73 ④

74 식품공전상 수산물의 중금속 기준으로 옳은 것은?

① 납(오징어를 제외한 연체류): 2.0mg/kg 이하

② 카드뮴(오징어): 2.0mg/kg 이하

③ 메틸수은(다랑어류): 2.0mg/kg 이하

④ 카드뮴(미역): 0.5mg/kg 이하

해설 ② 1.5mg/kg 이하, ③ 1.0mg/kg 이하, ④ 0.3mg/kg 이하

정리 수산물의 중금속 기준

대상식품	납(mg/kg)	카드뮴(mg/kg)	수은(mg/kg)	메틸수은(mg/kg)
어류	0.5 이하	0.1 이하 (민물 및 회유 어류에 한한다) 0.2 이하 (해양 어류에 한한다)	0.5 이하 (아래 ㉮의 어류는 제외한다)	1.0 이하 (아래 ㉮의 어류에 한한다)
연체류	2.0 이하 (다만, 오징어는 1.0 이하, 내장을 포함한 낙지는 2.0 이하)	2.0 이하 (다만, 오징어는 1.5 이하, 내장을 포함한 낙지는 3.0 이하)	0.5 이하	–
갑각류	0.5 이하 (다만, 내장을 포함한 꽃게류는 2.0 이하)	1.0 이하 (다만, 내장을 포함한 꽃게류는 5.0 이하)	–	–
해조류	0.5 이하 [미역(미역귀 포함)에 한한다]	0.3 이하 [김(조미김 포함) 또는 미역(미역귀 포함)에 한한다]	–	–
냉동식용 어류머리	0.5 이하	–	0.5 이하 (아래 ㉮의 어류는 제외한다)	1.0 이하 (아래 ㉮의 어류에 한한다)
냉동식용 어류내장	0.5 이하 (다만, 두족류는 2.0 이하)	3.0 이하 (다만, 어류의 알은 1.0 이하, 두족류는 2.0 이하)	0.5 이하 (아래 ㉮의 어류는 제외한다)	1.0 이하 (아래 ㉮의 어류에 한한다)

정답 74 ①

㉑ 메틸수은 규격 적용 대상 해양어류: 쏨뱅이류(적어 포함, 연안성 제외), 금눈돔, 칠성상어, 얼룩상어, 악상어, 청상아리, 곱상어, 귀상어, 은상어, 청새리상어, 흑기흉상어, 다금바리, 체장메기(홍메기), 블랙오레오도리(Allocyttus niger), 남방달고기(Pseudocyttus maculatus), 오렌지라피(Hoplostethus atlanticus), 붉평치, 먹장어(연안성 제외), 흑점샛돔(은샛돔), 이빨고기, 은민 대구(뉴질랜드계군에 한함), 은대구, 다랑어류, 돛새치, 청새치, 녹새치, 백새치, 황새치, 몽치다래, 물치다래

75 HACCP의 제품설명서 작성 시 포함되지 않는 항목은?

① 완제품규격
② 제품유형
③ 식품제조 현장작업자
④ 유통기한

해설 제품설명서에는 제품명, 제품유형 및 성상, 품목제조보고연월일, 작성자 및 작성연월일, 성분(또는 식자재)배합비율 및 제조(또는 조리)방법, 제조(포장)단위, 완제품의 규격, 보관·유통(또는 배식)상의 주의사항, 제품용도 및 유통(또는 배식)기간, 포장방법 및 재질, 표시사항, 기타 필요한 사항이 포함되어야 한다.

제4과목 | **수산일반**

76 수산업·어촌 발전 기본법상 소금생산업이 해당하는 수산업의 종류는?

① 양식업
② 어업
③ 수산물 가공업
④ 수산물 유통업

해설 어업: 수산동식물을 포획(捕獲)·채취(採取)하는 산업, 염전에서 바닷물을 자연 증발시켜 소금을 생산하는 산업

정리 수산업·어촌 발전 기본법(약칭: 수산업기본법)

[시행 2021. 3. 23.] [법률 제17748호, 2020. 12. 22., 일부개정]

제3조(정의) 이 법에서 사용하는 용어의 뜻은 다음과 같다. 〈개정 2019. 8. 27.〉

1. "수산업"이란 다음 각 목의 산업 및 이들과 관련된 산업으로서 대통령령으로 정한 것을 말한다.

　가. 어업: 수산동식물을 포획(捕獲)·채취(採取)하는 산업, 염전에서 바닷물을 자연 증발시켜 소금을 생산하는 산업

　나. 어획물운반업: 어업현장에서 양륙지(揚陸地)까지 어획물이나 그 제품을 운반하는 산업

　다. 수산물가공업: 수산동식물 및 소금을 원료 또는 재료로 하여 식료품, 사료나 비료, 호료(糊料)·유지(油脂) 등을 포함한 다른 산업의 원료·재료나 소비재를 제조하거나 가공하는 산업

　라. 수산물유통업: 수산물의 도매·소매 및 이를 경영하기 위한 보관·배송·포장과 이와 관련된 정보·용역의 제공 등을 목적으로 하는 산업

　마. 양식업: 「양식산업발전법」 제2조제2호에 따라 수산동식물을 양식하는 산업

2. "수산인"이란 수산업을 경영하거나 이에 종사하는 자로서 대통령령으로 정하는 기준에 해당하는 자를 말한다.

정답 75 ③ 76 ②

3. "어업인"이란 어업을 경영하거나 어업을 경영하는 자를 위하여 수산자원을 포획·채취하거나 또는 「양식산업발전법」 제2조제12호의 양식업자와 같은 조 제13호의 양식업종사자가 양식하는 일 또는 염전에서 바닷물을 자연 증발시켜 소금을 생산하는 일에 종사하는 자로서 대통령령으로 정하는 기준에 해당하는 자를 말한다.

4. "어업경영체"란 어업인과 「농어업경영체 육성 및 지원에 관한 법률」 제2조제5호에 따른 어업법인을 말한다.

5. "생산자단체"란 수산업의 생산력 향상과 수산인의 권익보호를 위한 수산인의 자주적인 조직으로서 대통령령으로 정하는 단체를 말한다.

6. "어촌"이란 하천·호수 또는 바다에 인접하여 있거나 어항의 배후에 있는 지역 중 주로 수산업으로 생활하는 다음 각 목의 어느 하나에 해당하는 지역을 말한다.

　가. 읍·면의 전 지역

　나. 동의 지역 중 「국토의 계획 및 이용에 관한 법률」 제36조제1항제1호에 따라 지정된 상업지역 및 공업지역을 제외한 지역

7. "수산물"이란 수산업 활동으로 생산되는 산물을 말한다.

8. "수산자원"이란 수중(水中)에 서식하는 수산동식물로서 국민경제 및 국민생활에 유용한 자원을 말한다.

9. "어장"이란 수산자원이 서식하는 내수면, 해수면, 갯벌 등으로서 어업 또는 양식업에 이용할 수 있는 곳을 말한다.

77 수산업·어촌의 공익적 기능을 모두 고른 것은?

ㄱ. 해양영토 수호	ㄴ. 수산물 생산
ㄷ. 해양환경 보전	ㄹ. 어촌사회 유지

① ㄱ, ㄴ, ㄷ

② ㄱ, ㄴ, ㄹ

③ ㄱ, ㄷ, ㄹ

④ ㄴ, ㄷ, ㄹ

(해설) 수산물의 안정적 생산은 수산업·어촌의 본원적 기능이다.

(정리) **수산업·어촌의 공익적 기능(수산업, 어업의 긍정적인 외부효과)**

(1) 수산업, 어업의 긍정적인 외부효과로는 식량안보, 섬이라는 국토의 균형적 이용과 발전, 전통문화 유지, 도시민에 대한 쾌적한 심미적 기능 제공, 해양환경 지킴이, 해상안전 구조, 해양영토 방위 등이 대표적이다. 이들 다원적 기능은 어업이라는 1차 산업의 본원적 기능에서 저절로 생겨나는 이득이다.

① 국토의 균형적 이용 도모

어업인이 어업을 영위함으로써 가능하게 되는 낙도에서의 삶은 그 자체가 국토의 균형발전을 도모하는 것이다.

② 자연 보존 및 연안수역 관리

갯벌·해조장·여과섭식성 동물 등은 수질 정화기능을 갖고 있다. 미국 조지아대학교 오덤 교수팀의 연구조사 결과, 갯벌 $1km^2$가 BOD(생물학적 산소요구량) 기준으로 하루 2.17톤의 오염물을 정화하는 것으로 나타났다. 해조장은 영양염류의 흡수로 수질 정화에 기여하고, 여과섭식성 동물은 식물성 플랑크톤 등을 체내에 흡수하고 소화를 통해 여과, 즉 바이오 필터 기능을 해 물의 투명도를 높인다. 어항 및 해저 청소를 통해서는 연안수역을 관리하는 기능을 수행한다. 저인망의 어업활동은 해저 쓰레기를 청소하는 역할을 하고, 어업인은 해변 청소를 통해 연안수역을 관리하고 있다.

③ 어촌·어항의 관광자원 기능

어촌체험마을의 프로그램은 어업체험, 갯벌체험, 바다낚시, 해양레저스포츠, 어촌경관, 어촌문화체험 등으로 대부분 어업, 어촌, 관광과 관련되어 있다.

⑵ 수산물의 안정적 생산으로 국민에게 안전한 먹거리를 안정적으로 제공한다는 것은 수산업·어촌의 본원적 기능이다.

78 다음 중 3년간(2017~2019년) 우리나라 수산물 수급에 관한 설명으로 옳은 것은?

① 수입량이 수출량보다 많다.

② 수요량(국내소비 + 수출)보다 국내 생산량이 많다.

③ 국민 1인당 소비량이 대폭 감소하고 있다.

④ 수산물 자급율이 높아지고 있다.

정리 수산물 수출입현황

년도	수출 중량(kg)	수출 금액($)
2022	787,355,614	2,674,890,843
2021	812,834,704	2,817,477,099
2020	614,242,011	2,305,535,014
2019	687,534,040	2,505,265,439
2018	632,133,685	2,377,020,431
2017	539,512,004	2,329,315,050

년도	수입 중량(kg)	수입 금액($)
2022	5,183,233,235	5,736,458,504
2021	6,374,806,182	6,182,431,639
2020	5,518,025,487	5,621,145,358
2019	5,606,343,606	5,793,894,887
2018	6,419,395,935	6,125,214,249
2017	5,492,223,774	5,268,328,574

(출처: 해양수산통계시스템, 수산정보포털(해양수산부))

정답 78 ①

79 수산물에 관한 설명으로 옳지 않은 것은?

① 수산물은 건강기능 성분을 대부분 포함하고 있다.

② 수산물은 부패하기 쉽다.

③ 우리나라 어선어업 생산량은 계속 증가하고 있다.

④ 수산물은 단백질 공급원이다.

(해설) 등록어선 수는 매년 감소하고 있다.

80 수산관계법령상 수산자원관리 수단이 아닌 것은?

① 그물코 규격 제한   ② 항해 안전 장비 제한

③ 포획·채취 금지 체장   ④ 포획·채취 금지 기간

(해설) 항해 안전 장비 제한은 수산자원관리 수단이라고 할 수 없다.

(정리) **수산자원관리법 제14조(포획·채취금지)**

① 해양수산부장관은 수산자원의 번식·보호를 위하여 필요하다고 인정되면 수산자원의 포획·채취 금지 기간·구역·수심·체장·체중 등을 정할 수 있다. 〈개정 2013. 3. 23.〉

② 해양수산부장관은 수산자원의 번식·보호를 위하여 복부 외부에 포란(抱卵)한 암컷 등 특정 어종의 암컷의 포획·채취를 금지할 수 있다. 〈개정 2013. 3. 23.〉

③ 다음 각 호의 경우를 제외하고는 누구든지 수산동물의 번식·보호를 위하여 수중에 방란(放卵)된 알을 포획·채취하여서는 아니 된다. 〈개정 2013. 3. 23., 2020. 3. 24.〉

  1. 해양수산부장관 또는 시·도지사가 수산자원조성을 목적으로 어망 또는 어구 등에 붙어 있는 알을 채취하는 경우

  2. 행정관청이 생태계 교란 방지를 위하여 포획·채취하는 경우

④ 시·도지사는 관할 수역의 수산자원 보호를 위하여 특히 필요하다고 인정되면 제1항의 수산자원의 포획·채취 금지 기간 등에 관한 규정을 강화하여 정할 수 있다. 이 경우 시·도지사는 그 내용을 고시하여야 한다.

⑤ 제1항 및 제2항에 따른 수산자원의 포획·채취 금지 기간·구역·수심·체장·체중 등과 특정 어종의 암컷의 포획·채취금지의 세부내용은 대통령령으로 정한다.

수산자원관리법 제23조(2중 이상 자망의 사용금지 등)

① 삭제 〈2012. 12. 18.〉

② 삭제 〈2012. 12. 18.〉

③ 수산자원을 포획·채취하기 위하여 2중 이상의 자망(刺網)을 사용하여서는 아니 된다. 다만, 해양수산부장관 또는 시·도지사의 승인을 받거나 대통령령으로 정하는 해역에 대하여 어업의 신고를 하는 경우에는 그러하지 아니하다. 〈개정 2013. 3. 23.〉

④ 해양수산부장관 또는 시·도지사는 제3항 단서에 따른 신고를 받은 경우 그 내용을 검토하여 이 법에 적합하면 신고를 수리하여야 한다. 〈신설 2019. 1. 8.〉

(정답) **79 ③ 80 ②**

⑤ 해양수산부장관 또는 시·도지사로부터 제3항 단서에 따라 2중 이상 자망의 사용승인을 받은 자가 다음 각 호의 사항을 위반한 때에는 그 승인을 취소할 수 있다. 이 경우 승인이 취소된 자에 대하여는 취소한 날부터 1년 이내에 2중 이상 자망의 사용승인을 하여서는 아니 된다. 〈개정 2013. 3. 23., 2019. 1. 8.〉

　　1. 사용 해역, 사용기간 및 시기

　　2. 사용어구의 규모와 그물코의 규격

⑥ 제3항 단서에 따른 2중 이상 자망 사용승인 절차에 필요한 사항은 해양수산부령으로 정한다. 〈개정 2013. 3. 23., 2019. 1. 8.〉

81 우리나라 수산업에 관한 설명으로 옳지 않은 것은?

① 우리나라 경제개발에 기여하였다.

② 한·중·일 어업협정으로 어장이 축소되었다.

③ 최근 양식산업에 IT 등 첨단기술이 융합되고 있다.

④ 수산업 인구가 점점 늘어날 전망이다.

해설 수산업은 자연적 제약을 많이 받는 편이며 불안정적인 면이 크기 때문에 수산업 인구는 점점 감소 추세를 보이고 있다.

정리 **한일어업협정**

⑴ 1965년과 1998년 두 차례 체결되었다. 1965년 6월에 체결된 어업협정은 한국과 일본 양국 간의 국교 정상화의 일환으로 체결된 조약으로서 공식명칭은 「대한민국과 일본국간의 어업에 관한 협정」이다. 그 후 1982년 「해양법에 관한 국제연합 협약」에 의해서 새로운 국제 어업환경의 재정비를 위해 1998년 11월에 체결하여 1999년 1월에 발효되었다.

⑵ 1998년 협정의 주요 내용은 EEZ의 설정, 동해 중간수역 설정, 제주도 남부수역 설정, 전통적 어업실적 보장 및 불법조업 단속, 어업공동위원 설치 등이다.

한중어업협정

한중어업협정은 우리나라가 중국과 체결한 최초의 어업협정이다. 우리나라 정부는 국제해양법협약(이하 "해양법협약")의 가입 이후 한·중 양국 간의 어업분야에서 새로운 국제해양법 질서에 부응하기 위하여 1996년부터 한·중 양국 간에 협정체결을 위하여 5년여의 장기간에 걸친 정부 간 협상을 추진하였다. 그 결과, 합의에 이르게 됨에 따라 한·중 양국정부가 각각 국내절차를 거쳐 2000. 8. 3. 한·중 간 최초의 어업협정으로 체결되었으며, 동 협정은 체결된 다음 해인 2001. 6. 30. 발효되었다.

정답 **81 ④**

82 다음 (   )에 들어갈 단어를 순서대로 옳게 나열한 것은?

> 수산 생물 자원은 (ㄱ)으로 (ㄴ)을 하고 있기 때문에 적절히 관리를 하면 영구히 이용할 수 있는 특징을 갖고 있다.

① ㄱ: 타율적, ㄴ: 재생산　　　　② ㄱ: 타율적, ㄴ: 일회성생산

③ ㄱ: 자율적, ㄴ: 재생산　　　　④ ㄱ: 자율적, ㄴ: 일회성생산

(해설) 수산 생물 자원은 자율적으로 재생산을 하고 있기 때문에 적절히 관리를 하면 영구히 이용할 수 있는 특징을 갖고 있다.

83 다음에서 설명하고 있는 수산생물의 종류는?

> • 대표적인 어종으로 새우, 게, 가재 등이 있다.
> • 대부분 암수 딴 몸이고, 알을 직접 물속에 방출하는 종류와 배 쪽에 부착시키는 종류 등이 있다.

① 연체류　　　　　　　　　② 해조류

③ 어류　　　　　　　　　　④ 갑각류

(해설) ① 연체류: 오징어, 낙지, 한치 등
　　　② 해조류: 바다에서 나는 조류를 통틀어 이르는 말로, 자라는 바다의 깊이와 빛깔에 따라 녹조류, 갈조류, 홍조류로 나뉜다.
　　　③ 어류: 물에서 사는 아가미가 있는 척추동물이다. 대부분의 경우 냉혈동물이지만 참치나 상어와 같은 몇 종은 온혈이기도 하다. 어류는 우선 척추동물문에 속하지만 하나의 분류군이라고 보기보다는 다음의 3개의 강을 편의상 묶었다고 보면 된다.
　　　　㉠ 먹장어나 칠성장어와 같이 턱이 없는 무악어(Agnatha, 약 75종)강
　　　　㉡ 상어나 가오리와 같은 연골어(Chondrichthyes, 약 800종)강
　　　　㉢ 그 외의 단단한 뼈로 된 경골어(Osteichthyes)강
　　　④ 갑각류: 갑각류(甲殼類)는 절지동물의 한 분류로 게와 새우, 따개비 등 55,000여 종의 생물이 갑각류 무리에 속한다. 따개비류 등의 몇몇을 제외하면 대부분 암수딴몸으로서, 부유 유생을 거쳐 변태한 끝에 성체로 자란다.

84 다음에서 설명하는 것은?

> • 어획 대상종의 풍도를 나타내는 추정치
> • 어업에 투입된 어획노력량에 대한 어획량

① 단위노력당어획량(CPUE) ② 최대지속적생산량(MSY)
③ 최대경제적생산량(MEY) ④ 생물학적허용어획량(ABC)

해설 ① CPUE(Catch per unit effort 단위노력당어획량): 그물에 잡힌 물고기를 모두 더한 무게(kg)를 그물
폭수(1폭: 50m×2m)와 물속에 넣어둔 시간으로 나누어 계산한 값을 말한다.
② MSY(Maximum Sustainable Yield, 최대지속적생산): 어업관리에 있어서 가장 중요한 관심사는 수산
자원을 어떠한 수준으로 유지하면서 어느 정도의 어획수준을 유지할 것인가 하는 것이다. MSY는 적
정수준의 어획노력(OM)을 투하하여 자원의 고갈로 인한 남획현상을 초래함 없이 영속적으로 올릴
수 있는 최대 생산을 말한다.
③ MEY(Maximun Net Economic Yield, 최대경제적생산): MSY와 마찬가지로 어업관리 기준의 하나이
다. MSY는 비용요인을 고려하고 있지 않지만, MEY 개념은 비용을 고려한다. MEY 개념을 처음으로
도입한 캐나다의 경제학자 고오든(H Scott Grodon)은 상업적 어업의 경제적 목적은 최대 순경제적
생산의 달성이라는 것을 강조하면서 어업생산활동도 결국 하나의 경제적 활동이므로 그 목표는 경제
적 수익의 최대화에 두어져야 한다는 것을 강조하였다.
④ ABC는 생물학적 관점에서 추정하는 어획 가능량을 말한다.

85 우리나라의 해역별 주요 어종 및 어업 종류가 옳게 연결된 것은?

① 서해 – 도루묵 – 채낚기 어업 ② 남해 – 멸치 – 죽방렴 어업
③ 동해 – 낙지 – 쌍끌이 저인망 어업 ④ 서남해 – 대게 – 잠수기 어업

해설 죽방렴 어업은 수심 20~25m에 참나무로 V모양으로 항목을 박아 그물감을 부착하여 조업하는 것으로
주로 남해안에서 멸치, 전어 등을 어획하는 방법이다.
정리 동해 – 도루묵 – 트롤 어업, 서해 – 오징어 – 쌍끌이 저인망 어업, 동해 – 대게 – 자망 어업

86 얕은 수심과 빠른 조류를 이용하는 안강망 어업과 꽃게 자망 어업 등이 주로 행해지고 있는
해역은?

① 동해 ② 남해
③ 서해 ④ 제주

해설 안강망 어업, 꽃게 자망 어업 등은 주로 서해안에서 행해진다.

정답 84 ① 85 ② 86 ③

87 초음파가 가지는 직진성, 등속성, 반사성 등을 이용하여 어군의 존재와 위치 등을 탐색하는 기기는?

① 양망기　　　　　　　　　　　　② 어구 조작용 기계 장치

③ 어구 관측 장치　　　　　　　　　④ 어군 탐지기

(해설) ① 양망기: 그물을 걷어 올리는 기계
② 어구 조작용 기계 장치: 양승기, 양망기, 트롤 윈치 등
③ 어구 관측 장치: 전개 상태를 감시하는 장치로서 네트 리코드, 전개판 감시 장치, 네트존데선망 등
④ 어군 탐지기: 어군의 존재 및 위치 탐색

---

88 우리나라 동해안 수심 800~2,000m에서 대형 통발 어구로 어획하는 어종은?

① 대하　　　　　　　　　　　　　② 꽃게

③ 붉은 대게　　　　　　　　　　　④ 오징어

(해설) 붉은 대게는 동해안에서 근해 통발 어업으로 어획한다.

---

89 수산자원 관리에서 어획노력량 규제에 해당되지 않는 것은?

① 어구 제한　　　　　　　　　　　② 어선의 크기 제한

③ 출어 횟수 제한　　　　　　　　　④ 어획량 제한

(해설) 어획량 제한은 어획량 관리이다.
수산자원의 이용제한에는 어획량 관리(TAC, IQ 등), 어획노력량 관리(면허 허가, TAE 등), 기술적 관리(어선 어구 망목 제한, 포획금지체장 등)가 있다.

---

90 양식생물과 양식방법의 연결이 옳지 않은 것은?

① 굴 - 수하식　　　　　　　　　　② 멍게 - 흘림발식

③ 바지락 - 바닥식　　　　　　　　④ 조피볼락 - 가두리식

(해설) 멍게는 수하식으로 양식한다.

(정리) **수산 양식의 분류**

(1) 수산물과 같이 계속 헤엄쳐 다니며 생활하는 종류들을 양식하는 것을 유영동물 양식이라고 한다.
(2) 수산 양식에는 어류 양식을 비롯하여 바닥의 돌에 붙어살거나 모래 속에서 사는 굴·피조개 등의 저서생물 양식, 김·미역과 같은 해조류 양식 등이 있다.

정답　87 ④　88 ③　89 ④　90 ②

(3) 어류 양식
　① 못 양식
　　㉠ 못 양식은 지수식 또는 정수식(靜水式) 양식이라고도 하며 못둑이 흙으로 된 상태 그대로 쓰기
　　　도 하나 콘크리트나 돌담으로 못둑을 튼튼하게 하기도 한다.
　　㉡ 못 양식에서는 배설물 등의 정화가 자체 정화능력에만 의존하므로 좁은 면적에 물고기를 너무
　　　많이 넣으면 산소가 부족해지고 배설물이 정화되지 못하여 못 바닥과 수질이 오염된다. 따라서
　　　기르는 밀도가 낮고 면적당 생산량이 적다.
　② 유수식(流水式) 양식
　　㉠ 유수식(流水式) 양식은 못에 물이 계속 흘러들어가고 나가도록 하면서 양식하는 방법이다.
　　㉡ 흘러들어가는 물의 산소를 이용하고, 나가는 물에 따라 배설물이 나가므로 많은 물고기를 넣어
　　　서 기를 수 있다.
　　㉢ 유수식(流水式) 양식은 연어·송어 등 냉수성 어류에 주로 사용된다.
　③ 가두리 양식
　　㉠ 가두리 양식은 그물로 만든 가두리를 수중에 띄워 놓고 그 속에서 어류를 양식하는 방법이다.
　　㉡ 그물코가 클수록 물의 교환이 잘 되어 산소 공급이나 배설물 처리에 유리하지만 어린 것을 기를
　　　때는 그물코가 작은 것을 사용해야 하는데, 이때 그물코에 이끼가 잘 끼고 막히는 일이 많으므
　　　로 사육 결과가 좋지 않을 때가 많다.
　　㉢ 잉어·송어·넙치·조피볼락 등 여러 어류의 양식에 이용된다.
　④ 순환여과식 양식
　　㉠ 순환여과식 양식은 수조 속의 같은 물을 계속 순환 여과시킴으로써 수중의 유해한 오염물질을
　　　제거함과 동시에 용존산소를 많게 하여 적은 수량으로 많은 수산동물을 양식하는 방법이다.
　　㉡ 원래 수족관이나 가정에서 관상용 어류를 기르는 데 많이 쓰이던 방법을 대규모화한 것이라
　　　할 수 있다.
　　㉢ 양식생물이 배설하는 암모니아나 유기물은 수중이나 여과층에 서식하는 세균의 작용으로 무기
　　　물로 분해되고, 어류에 해로운 암모니아·아질산 등은 독성이 약한 질산염으로 변환된다.
　　㉣ 소규모의 관상용 수조의 경우 물속의 먼지·배설물·먹이찌꺼기 등을 수조 내에서 모래·자갈
　　　층으로 여과시키는 경우도 있지만, 대규모 양식 시설에서는 이들을 침전·분리시켜서 뽑아내어
　　　여과조와는 별도로 처리한다.
　　㉤ 물의 순환은 펌프에 의하며, 유기물의 분해를 촉진하기 위해서는 산소를 공급해 주어야 하므로
　　　펌프로 포기(曝氣: aeration)를 해준다.
　⑤ 방류 재포 양식
　　㉠ 연어와 같은 회귀성을 가진 어류는 바다에서 성장한 후 산란하기 위하여 자기가 태어난 하천으
　　　로 되돌아온다. 이 성질을 이용하여 어린 종묘(種苗)를 방류한 다음, 돌아오는 성어를 잡는 방법
　　　이다.
　　㉡ 이때 자연상태로서는 산란·부화나 치어의 생존율이 낮으므로 성어 중 일부에서 알과 정자를
　　　채취하여 인공적으로 수정·부화시켜 종묘를 만들어 방류하기도 한다(이 과정을 인공부화방류
　　　라 한다).
　　㉢ 방류 재포 양식은 종묘 생산에 필요한 시설과 사료만 필요하고 성장은 자연 수계에서 이루어지
　　　므로 시설비·사료비·유지비가 적게 들지만 성어의 회귀율(回歸率)이 관건이다.
(4) 저서생물 양식
　① 부착(附着) 양식
　　㉠ 부착 양식에는 부착성 패류 등을 기르는 수하식(垂下式) 양식과 김·미역 등을 기르는 해조류
　　　양식이 있다.

ⓛ 수하식 양식의 경우 굴·담치·멍게 등은 바닥에서 양식할 수도 있지만 이들의 부착성을 이용하여 조개껍데기 등의 부착기에 붙인 다음, 이 부착기를 다시 긴 줄에 꿰어 뗏목·뜸에 매달아 수하시켜 양식한다. 양식생물을 부착시키기 위해 부착기를 꿴 줄을 수하련(垂下連)이라 하며, 현대식 양식은 거의 모두 이 방법을 쓴다.

ⓒ 수하식 양식에는 말목식·뗏목식·로프(밧줄)식 등이 있다. 말목식(또는 간이 수하식)은 물이 얕은 연안에 말목에 박고, 그 위에 나무를 걸쳐서 이 나무에 수하련을 매달아 양식하는 방법인데 시설이 간단하여 굴의 종묘생산에 많이 이용된다. 뗏목식은 대나무·쇠파이프 등으로 뗏목을 만들고 그 아래에 합성수지로 만든 뜸통을 달아서 뜨는 힘(부력)을 크게 한 데다 수하련을 매단 것인데, 이 방법은 시설비가 많이 들기 때문에 굴 양식이 시작된 초기에는 많이 쓰였으나 현재는 거의 쓰이지 않는다.

로프식은 연승식(連繩式)이라고도 하는데, 수면에 로프를 뻗쳐 뜸통을 달아 뜨게 하고, 양끝을 닻으로 고정시킨 다음, 이 로프에 수하련을 매단 것이다. 파도에 견디는 힘이 크기 때문에 내만 (內灣)뿐 아니라 비교적 외해에도 시설할 수가 있다. 굴·멍게 등의 양식에 널리 이용된다.

ⓓ 해조류 양식은 미역·다시마 등의 해조류를 키우는 밧줄부착 양식과 김을 양식하는 발양식으로 나눌 수 있다.

ⓔ 밧줄부착 양식은 별도로 채묘(採苗)한 씨줄을 밧줄(어미줄)에 끼우거나 감아서 수면 아래 일정한 깊이에 설치하여 양식하는 방법이다. 밧줄부착 양식법은 밧줄에 5~6m 간격으로 뜸통을 다는데, 뜸과 밧줄 사이는 뜸줄로 연결하고 뜸줄의 길이에 의하여 밧줄의 깊이를 수면 아래 1m 정도 되게 조절한다. 미역·다시마의 양식에 많이 이용된다.

ⓕ 발 양식은 합성섬유로 만든 그물발을 바다에 치고 거기에 김의 종묘를 붙여서 자라게 하는 방법이다. 예전에는 대쪽으로 만든 발을 많이 사용하였으나 지금은 모두 그물발을 쓴다. 그물발은 부피가 적어 취급이 간편하고 종묘를 붙인 후 냉동보관하였다가 이용할 수 있을 뿐 아니라 기계를 이용한 수확이 가능하다.

② 바닥 양식
ⓐ 바닥 양식은 대합·바지락·피조개 등 주로 모래바닥에 사는 생물이나 전복·해삼 등 암석지대에 사는 생물들을 양식하는 것으로 특별한 시설이 필요하지는 않지만, 이들이 잘 자랄 수 있는 환경을 조성해 준 다음에 종묘를 생산·방양해야 한다.

ⓑ 대합·바지락·피조개 등은 육수(陸水)의 영향이 있고 파도가 조용한 내만의 바닥이 안정되고 먹이 생물이 풍부한 곳에서 잘 자란다.

ⓒ 암석지대에 사는 전복 등은 인공어초를 만들어 주면 사육장소가 확대되고 성장을 크게 도울 수 있다.

91 알과 정액을 인공적으로 수정시켜 종자를 생산하는 양식 어류가 아닌 것은?

① 조피볼락 ② 감성돔
③ 넙치 ④ 무지개송어

───────────────────────────

(해설) 조피볼락은 난태성 어류로서 알이 아니라 새끼를 낳는다.

정답 91 ①

92 폐쇄식 양식장에서 인위적으로 온도를 조절하기 위한 장치를 모두 고른 것은?

> ㄱ. 순환펌프 ㄴ. 보일러
> ㄷ. 냉각기 ㄹ. 공기주입장치

① ㄱ, ㄴ ② ㄱ, ㄹ
③ ㄴ, ㄷ ④ ㄷ, ㄹ

해설 보일러와 냉각기는 온도 조절 장치이다.

정리 **양식장의 구분**
(1) 개방식 양식장
① 개방식 양식장은 바다나 큰 호수의 일부에서 굴이나 어류를 양식하는 것과 같이 양식장의 환경이 주위의 자연환경에 크게 지배되며 환경의 인공적인 관리가 불가능하다.
② 개방식 양식장은 환경에 알맞은 생물을 선택하여 기르고, 환경을 오염시키거나 악화시키지 않도록 주의해야 한다.
③ 환경에 알맞은 생물을 택하기 위해서는 조개류와 같이 바닥에서 기르는 생물일 경우는 바닥의 지질에 대해 알아야 하고 수심, 간만(干滿)의 차, 물의 흐름, 수질, 수온 등을 잘 파악하여 거기에 알맞은 생물을 선택해야 한다.
(2) 폐쇄식 양식장
① 폐쇄식 양식장은 탱크나 비교적 작은 못을 만들어 외부 환경과는 완전히 분리시켜 환경을 인공적으로 조절하면서 양식하는 것이다.
② 폐쇄식 양식장의 수질환경은 주로 그 속에 사는 양식생물의 배설물과 같은 오물의 양에 지배된다. 특히 생물의 밀도가 높고 먹이를 많이 줄 때는 그로 인해 생기는 배설물과 먹이찌꺼기의 양이 많아져서 수질을 빨리 악화시킨다.
③ 순환여과식 양식장은 폐쇄식 양식장 중 고도로 발달한 것이라고 할 수 있다.

93 양식 사료 비용이 가장 적게 들어가는 양식장은?

① 사료계수 1.5를 유지하는 양식장 ② 사료효율 55%를 유지하는 양식장
③ 사료계수 2.0을 유지하는 양식장 ④ 사료효율 60%를 유지하는 양식장

해설 사료계수가 작을수록, 그리고 사료효율이 클수록 사료비용이 적게 들어간다.

정리 **사료계수**
㉠ 물고기가 1g 크는데 사료가 얼마나 필요한지에 대한 것이다. 다시 말하면 단위 무게가 증가하는데 필요한 사료의 무게를 말한다.
㉡ 사료계수 = 사료공급량/무게증가량
㉢ 사료효율(%) = (1/사료계수) × 100

정답 92 ③ 93 ①

94 양식생물의 질병 중 병원체 감염이 아닌 것은?

① 넙치 백점병
② 잉어 등여윔병
③ 조피볼락 연쇄구균증
④ 참돔 이리도 바이러스

(해설) ① 백점병: 사육 중인 넙치나 돌돔에서 체표와 지느러미에 미세한 흰 점이 관찰되며 심한 경우 아가미 뿐만 아니라 안구 등에서도 흰 점이 나타난다. 이들 병어는 과도한 점액 분비와 빈혈 증상을 보이며 먹이를 잘 먹지 않으며 서서히 쇠약해져 사육조 가장자리에 힘없이 떠 있는 경우가 많다. 체표나 아가미의 피하조직에 기생하며 흰 점을 나타내는 기생충은 섬모충류인 백점충(Cryptocaryon irritans)이다.

② 등여윔병: 잉어의 먹이 가운데 산화된 지방의 독으로 인하여 일어나는 병. 이 병에 걸리면 등 쪽의 힘살이 쪼그라들어 뼈만 남다시피 여윈다.

③ 연쇄구균증: 감염어의 외관적 증상은 안구돌출, 복부팽만, 눈 가장자리의 출혈이 관찰되고, 아가미 뚜껑 내부에 출혈과 결절이 나타난다. 각 지느러미가 붉어지면서 붕괴되고 탈락된다.

④ 이리도 바이러스병: 수온이 20℃를 넘는 여름부터 가을에 걸친 고수온기에 발생한다. 증상으로는 체색이 검어지거나, 빈혈에 의해 아가미에 갈색소가 보이며, 이상 유영을 한다. 원인 바이러스는 이리도 바이러스이다.

(정리) **양식생물의 질병**

1. 기생충, 미생물 등에 의한 질병
   (1) 물곰팡이
      ① 봄에 어류 및 알에 기생하여 균사가 표면에 솜뭉치처럼 붙어 있는 모양을 보인다.
      ② 알 등에 용이하게 기생하므로 종묘 생산 시 특히 주의하여야 한다.
   (2) 포자충, 아가미 흡충, 트리코디나충, 피부 흡충, 백점충, 닻벌레 등이 기생하면 체표가 광택이 없어지고 뿌옇게 변한다.
   (3) 기생충, 미생물 등에 의한 질병에 걸린 어류의 증상은 다음과 같다.
      ① 아가미나 지느러미가 결손된다.
      ② 힘없이 헤엄친다.
      ③ 가장자리에 가만히 있다.
      ④ 몸을 다른 물체에 비빈다.
      ⑤ 안구가 돌출한다.
      ⑥ 표피에 회색 분비물이 분비되기도 한다.
      ⑦ 피부에 출혈이 있다.
      ⑧ 몸 빛깔이 퇴색되거나 검게 변한다.

2. 환경요인에 따른 질병
   (1) 산소가 부족하면 성장이 나쁘고 폐사할 수 있다.
   (2) 수중 질소포화도가 115% 이상이 되면 기포병이 발생하며 기포병이 발생하면 피하 조직에 방울이 생기고 안구가 돌출한다.
   (3) 배설물 또는 먹이 찌꺼기 등의 유기물이 분해될 때 암모니아나 아질산이 생성되어 아가미에 혈액이 괴고 호흡곤란을 유발하기도 한다.

(정답) **94 ②**

95 다음에서 설명하는 양식 어류의 먹이생물은?

> • 녹조류의 미세 단세포 생물(3~8μm)
> • 종자를 생산할 때 로티퍼의 먹이로 이용

① 니트로소모나스(Nitrosomonas)　　② 코페포다(Copepoda)

③ 클로렐라(Chlorella)　　　　　　　④ 알테미아(Artemia)

해설 ① 니트로소모나스(Nitrosomonas): 어류의 배설 물질이나 사료, 비료 성분 등에 녹아 있는 암모늄이나 암모니아를 산화시켜 아질산염을 생성하는 세균인 아질산균이다.
② 코페포다(Copepoda, 요각류): 담수 및 해수 등 모든 수역에서 관찰되는 동물성 플랑크톤으로 먹이생물로서 언제든지 이용이 가능하다. 로티퍼가 먹이생물로 이용되기 전에는 자연 수역에서 코페포다를 채집하여 먹이로서 이용하였다. 그러나 영양가가 높은 반면 자연 수역에서의 채집량이 안정적이지 못한 것이 큰 단점이다.
③ 클로렐라(Chlorella): 클로렐라는 단세포 민물 녹조류이다. 클로렐라는 50~60%가 단백질, 15~20%가 탄수화물로 구성되며, 이 외에 엽록소, 비타민, 미네랄, 식이섬유 등과 같은 영양소가 풍부하다.
④ 알테미아(Artemia): 갓 부화한 열대어 치어용 초기 먹이이다.

96 양식 활어를 수송할 때 주의할 점이 아닌 것은?

① 산소의 공급　　　　　　　　　　② 오물의 제거

③ 적당한 습도 유지　　　　　　　　④ 적정 수온보다 높게 유지

해설 수온 차이가 심하면 활어가 수온 스트레스를 많이 받게 된다.

97 우리나라 동해안 영일만 이북에서 생산되는 냉수성 양식 패류는?

① 참굴　　　　　　　　　　　　　　② 피조개

③ 바지락　　　　　　　　　　　　　④ 참가리비

해설 참가리비는 최적 수온이 12℃ 정도인 냉수성 패류이다. 수심 10~50m 정도의 동해안에서 서식한다.

98 유엔식량농업기구의 IUU(불법·비보고·비규제) 어업 국제 행동계획에 관한 설명으로 옳지 않은 것은?

① 모든 국가는 의무적으로 따라야 한다.

② 불법 어업 근절을 위한 국제기구 활동이다.

③ IUU 어업에 대한 시민사회 관심이 늘어나고 있다.

④ 지속가능한 어업을 위해 필요한 조치이다.

(해설) 모든 국가가 의무적으로 따라야 하는 것은 아니다.

(정리) IUU(Ilegal, unreported and unregulated)

ⓐ 불법 어업, 비보고 어업, 비규제 어업을 약칭하여 IUU 어업이라 한다.

ⓑ 2001년 이탈리아 로마의 FAO(유엔식량농업기구) 본부에서 개최된 제24차 수산위원회에서 105개국 의 합의에 따라 개념을 정의했다.

ⓒ 불법 어업이라 함은 국가의 허가 없이 또는 국가의 법률과 규정을 위반하여 그 국가의 관할 수역에서 자국민 또는 외국인에 의하여 행해지는 어업활동을 말한다.

ⓓ 비보고 어업은 국가의 법률과 규정을 위반하여 관련 국가의 당국에 보고를 하지 않거나 잘못 보고를 하는 어업활동을 말한다.

ⓔ 비규제 어업이란 지역수산관리기구의 적용 수역에서 무국적 어선에 의하여 행해지는 어업활동 또는 그 기구의 비당사국 국기를 게양한 어선 또는 어업 실체에 의하여 그 기구의 보존관리조치와 일치하 지 않거나 위반하는 방법으로 행해지는 어업활동을 말한다.

---

99 총허용어획량(TAC) 제도에 관한 설명으로 옳은 것은?

① 양식수산물 생산량 조절에 활용되고 있다.

② 어종별로 연간어획량을 제한한다.

③ 수산자원의 자연사망을 관리한다.

④ 우리나라 전통적인 수산자원관리 제도이다.

(해설) TAC(Total Allowable Catch, 총허용어획량 제도): 개별어종(단일어종)에 대해 연간 잡을 수 있는 어획량 을 설정하여 그 한도내에서만 어획을 허용하여 수산자원을 관리하는 제도

---

100 수산업법상 어업 관리제도가 아닌 것은?

① 자유 어업   ② 면허 어업

③ 신고 어업   ④ 허가 어업

(해설) 수산업법은 면허 어업, 허가 어업, 신고 어업을 규정하고 있다.

정답 98 ① 99 ② 100 ①

제1과목 수산물품질관리 관련법령

01 농수산물 품질관리법령상 농수산물품질관리심의회 위원을 지명한 자가 그 지명을 철회할 수 있는 경우가 아닌 것은?

① 해당 위원이 심신장애로 인하여 직무를 수행할 수 없게 된 경우

② 해당 위원이 직무와 관련된 비위사실이 있는 경우

③ 해당 위원이 직무태만으로 인하여 위원으로 적합하지 아니하다고 인정되는 경우

④ 위원이 해당 안건에 대하여 자문을 하여 스스로 해당 안건의 심의·의결에서 회피한 경우

해설 시행령 제2조의2(위원의 해촉 등)

① 법 제3조제4항제1호 및 제2호에 따라 위원을 지명한 자는 해당 위원이 다음 각 호의 어느 하나에 해당하는 경우에는 그 지명을 철회할 수 있다.

1. 심신장애로 인하여 직무를 수행할 수 없게 된 경우

2. 직무와 관련된 비위사실이 있는 경우

3. 직무태만, 품위손상이나 그 밖의 사유로 인하여 위원으로 적합하지 아니하다고 인정되는 경우

4. 위원 스스로 직무를 수행하는 것이 곤란하다고 의사를 밝히는 경우

5. 제2조의3제1항(위원의 제척·기피·회피) 각 호의 어느 하나에 해당하는 데에도 불구하고 회피하지 아니한 경우

② 농림축산식품부장관 또는 해양수산부장관은 법 제3조제4항제3호 및 제4호(장관이 위촉한 위원)에 따른 위원이 제1항 각 호의 어느 하나에 해당하는 경우에는 해당 위원을 해촉(解囑)할 수 있다.

시행령 제2조의3(위원의 제척·기피·회피)

① 법 제3조제1항에 따른 농수산물품질관리심의회(이하 "심의회"라 한다)의 위원이 다음 각 호의 어느 하나에 해당하는 경우에는 해당 안건의 심의·의결에서 제척(除斥)된다.

1. 위원 또는 그 배우자나 배우자였던 사람이 해당 안건의 당사자(당사자가 법인·단체 등인 경우에는 그 임원 또는 직원을 포함한다. 이하 이 호 및 제2호에서 같다)가 되거나 그 안건의 당사자와 공동권리자 또는 공동의무자인 경우

2. 위원이 해당 안건의 당사자와 친족이거나 친족이었던 경우

3. 위원이 해당 안건에 대하여 증언, 진술, 자문, 연구, 용역 또는 감정을 한 경우

정답 01 ④

4. 위원이 해당 안건의 당사자인 법인·단체 등에 최근 3년 이내에 임원 또는 직원으로 재직하였던 경우

② 해당 안건의 당사자는 위원에게 공정한 심의·의결을 기대하기 어려운 사정이 있는 경우에는 심의회에 기피신청을 할 수 있고, 심의회는 의결로 이를 결정한다. 이 경우 기피 신청의 대상인 위원은 그 의결에 참여하지 못한다.

③ 위원은 제1항 각 호에 따른 제척사유에 해당하는 경우에는 스스로 해당 안건의 심의·의결에서 회피(回避)하여야 한다.

02 농수산물 품질관리법령상 수산물에 대하여 표준규격품임을 표시하려는 경우 해당 물품의 포장 겉면에 "표준규격품"이라는 문구와 함께 표시하여야 하는 사항을 모두 고른 것은?

ㄱ. 품목	ㄴ. 산지	ㄷ. 생산 연도	ㄹ. 포장재

① ㄱ, ㄴ　　　　② ㄱ, ㄷ　　　　③ ㄴ, ㄹ　　　　④ ㄷ, ㄹ

해설 시행규칙 제7조(표준규격품의 출하 및 표시방법 등)

법 제5조제2항에 따라 표준규격품을 출하하는 자가 표준규격품임을 표시하려면 해당 물품의 포장 겉면에 "표준규격품"이라는 문구와 함께 다음 각 호의 사항을 표시하여야 한다.

1. 품목
2. 산지
3. 품종. 다만, 품종을 표시하기 어려운 품목은 국립농산물품질관리원장, 국립수산물품질관리원장 또는 산림청장이 정하여 고시하는 바에 따라 품종의 표시를 생략할 수 있다.
4. 생산 연도(곡류만 해당한다)
5. 등급
6. 무게(실중량). 다만, 품목 특성상 무게를 표시하기 어려운 품목은 국립농산물품질관리원장, 국립수산물품질관리원장 또는 산림청장이 정하여 고시하는 바에 따라 개수(마릿수) 등의 표시를 단일하게 할 수 있다.
7. 생산자 또는 생산자단체의 명칭 및 전화번호

03 농수산물 품질관리법령상 수산물 품질인증표시의 제도법에 관한 내용으로 옳지 않은 것은?

① 표지도형의 한글 및 영문 글자는 고딕체로 한다.
② 표지도형의 색상은 파란색을 기본색상으로 하고, 포장재의 색깔 등을 고려하여 녹색 또는 빨간색으로 할 수 있다.
③ 표지도형 내부의 "품질인증"의 글자 색상은 표지도형 색상과 동일하게 한다.
④ 표지도형의 위치는 포장재 주 표시면의 옆면에 표시하되, 포장재 구조상 옆면에 표시하기 어려울 경우에는 표시위치를 변경할 수 있다.

정답 02 ① 03 ②

해설 수산물 품질인증표시 제도법[시행규칙 별표7]

가. 도형표시

1) 표지도형의 가로의 길이(사각형의 왼쪽 끝과 오른쪽 끝의 폭: W)를 기준으로 세로의 길이는 0.95×W의 비율로 한다.

2) 표지도형의 흰색모양과 바깥 테두리(좌·우 및 상단부만 해당한다)의 간격은 0.1×W로 한다.

3) 표지도형의 흰색모양 하단부 좌측 태극의 시작점은 상단부에서 0.55×W 아래가 되는 지점으로 하고, 우측 태극의 끝점은 상단부에서 0.75×W 아래가 되는 지점으로 한다.

나. 표지도형의 한글 및 영문 글자는 고딕체로 하고, 글자 크기는 표지도형의 크기에 따라 조정한다.

다. 표지도형의 색상은 녹색을 기본색상으로 하고, 포장재의 색깔 등을 고려하여 파란색 또는 빨간색으로 할 수 있다.

라. 표지도형 내부의 "품질인증", "(QUALITY SEAFOOD)" 및 "QUALITY SEAFOOD"의 글자 색상은 표지도형 색상과 동일하게 하고, 하단의 "해양수산부"와 "MOF KOREA"의 글자는 흰색으로 한다.

마. 배색 비율은 녹색 C80+Y100, 파란색 C100+M70, 빨간색 M100+Y100+K10으로 한다.

바. 표지도형의 크기는 포장재의 크기에 따라 조정한다.

사. 표지도형 밑에 인증기관명과 인증번호를 표시한다.

아. 표지도형의 위치는 포장재 주 표시면의 옆면에 표시하되, 포장재 구조상 옆면에 표시하기 어려울 경우에는 표시위치를 변경할 수 있다.

04 농수산물 품질관리법령상 농수산물 또는 농수산가공품에 대한 지리적표시 등록거절 사유의 세부기준에 해당하지 않는 경우는?

① 해당 품목이 농수산물인 경우에는 지리적표시 대상지역에서만 생산된 것이 아닌 경우

② 해당 품목의 우수성이 국내 및 국외에서 모두 널리 알려지지 아니한 경우

③ 해당 품목이 농수산가공품인 경우에는 지리적표시 대상지역에서만 생산된 농수산물을 주원료로 하여 해당 지리적표시 대상지역에서 가공된 것이 아닌 경우

④ 해당 품목의 명성·품질 또는 그 밖의 특성이 본질적으로 특정지역의 생산환경적 요인에 기인하나 인적 요인에 기인하지 아니한 경우

해설 시행령 제15조(지리적표시의 등록거절 사유의 세부기준)

법 제32조제9항에 따른 지리적표시 등록거절 사유의 세부기준은 다음 각 호와 같다.

1. 해당 품목이 농수산물인 경우에는 지리적표시 대상지역에서만 생산된 것이 아닌 경우

1의2. 해당 품목이 농수산가공품인 경우에는 지리적표시 대상지역에서만 생산된 농수산물을 주원료로 하여 해당 지리적표시 대상지역에서 가공된 것이 아닌 경우

2. 해당 품목의 우수성이 국내 및 국외에서 모두 널리 알려지지 아니한 경우

3. 해당 품목이 지리적표시 대상지역에서 생산된 역사가 깊지 않은 경우

4. 해당 품목의 명성·품질 또는 그 밖의 특성이 본질적으로 특정지역의 생산환경적 요인과 인적 요인 모두에 기인하지 아니한 경우

5. 그 밖에 농림축산식품부장관 또는 해양수산부장관이 지리적표시 등록에 필요하다고 인정하여 고시하는 기준에 적합하지 않은 경우

정답 04 ④

05 농수산물 품질관리법상 안전성검사기관에 관한 설명으로 옳은 것은?

① 안전성검사기관은 해양수산부장관이 지정한다.

② 거짓으로 지정을 받은 경우 지정취소 또는 6개월 이내의 업무정지 처분을 받을 수 있다.

③ 안전성검사기관 지정의 유효기간은 1년을 초과하지 아니하는 범위에서 한 차례만 연장될 수 있다.

④ 안전성검사기관 지정이 취소된 경우 취소된 후 3년이 지나지 아니하면 그 지정을 신청할 수 없다.

해설 ①, ④: **법 제64조(안전성검사기관의 지정 등)**
① 식품의약품안전처장은 안전성조사 업무의 일부와 시험분석 업무를 전문적·효율적으로 수행하기 위하여 안전성검사기관을 지정하고 안전성조사와 시험분석 업무를 대행하게 할 수 있다.
② 제1항에 따라 안전성검사기관으로 지정받으려는 자는 안전성조사와 시험분석에 필요한 시설과 인력을 갖추어 식품의약품안전처장에게 신청하여야 한다. 다만, 제65조에 따라 안전성검사기관 지정이 취소된 후 2년이 지나지 아니하면 안전성검사기관 지정을 신청할 수 없다.

② **법 제65조(안전성검사기관의 지정 취소 등)**
① 식품의약품안전처장은 제64조제1항에 따른 안전성검사기관이 다음 각 호의 어느 하나에 해당하면 지정을 취소하거나 6개월 이내의 기간을 정하여 업무의 정지를 명할 수 있다. 다만, 제1호 또는 제2호에 해당하면 지정을 취소하여야 한다.
1. 거짓이나 그 밖의 부정한 방법으로 지정을 받은 경우
2. 업무의 정지명령을 위반하여 계속 안전성조사 및 시험분석 업무를 한 경우
3. 검사성적서를 거짓으로 내준 경우
4. 그 밖에 총리령으로 정하는 안전성검사에 관한 규정을 위반한 경우

③ **법 제64조(안전성검사기관의 지정 등)**
④ 제1항에 따른 안전성검사기관 지정의 유효기간은 지정받은 날부터 3년으로 한다. 다만, 식품의약품안전처장은 1년을 초과하지 아니하는 범위에서 한 차례만 유효기간을 연장할 수 있다.

06 농수산물 품질관리법령상 양식시설이 아닌 수산물의 생산·가공시설을 등록신청하는 경우 등록신청서에 첨부하여야 하는 서류가 아닌 것은?

① 생산·가공시설의 위생관리기준 이행계획서

② 생산·가공시설의 용수배관 배치도

③ 생산·가공시설의 구조 및 설비에 관한 도면

④ 생산·가공시설에서 생산·가공되는 제품의 제조공정도

시행규칙 제88조(수산물의 생산·가공시설 등의 등록신청 등)

① 법 제74조제1항에 따라 수산물의 생산·가공시설(이하 "생산·가공시설"이라 한다)을 등록하려는 자는 별지 제45호서식의 생산·가공시설 등록신청서에 다음 각 호의 서류를 첨부하여 국립수산물품질관리원장에게 제출하여야 한다. 다만, 양식시설의 경우에는 제7호의 서류만 제출한다.

1. 생산·가공시설의 구조 및 설비에 관한 도면
2. 생산·가공시설에서 생산·가공되는 제품의 제조공정도
3. 생산·가공시설의 용수배관 배치도
4. 위해요소중점관리기준의 이행계획서(외국과의 협약에 규정되어 있거나 수출상대국에서 정하여 요청하는 경우만 해당한다)
5. 다음 각 목의 구분에 따른 생산·가공용수에 대한 수질검사성적서(생산·가공시설 중 선박 또는 보관시설은 제외한다)
    가. 유럽연합에 등록하게 되는 생산·가공시설: 법 제69조에 따른 수산물 생산·가공시설의 위생관리기준(이하 "시설위생관리기준"이라 한다)의 수질검사항목이 포함된 수질검사성적서
    나. 그 밖의 생산·가공시설: 「먹는물 수질기준 및 검사 등에 관한 규칙」 제3조제2항에 따른 수질검사성적서
6. 선박의 시설배치도(유럽연합에 등록하게 되는 생산·가공시설 중 선박만 해당한다)
7. 어업의 면허·허가·신고, 수산물가공업의 등록·신고, 「식품위생법」에 따른 영업의 허가·신고, 공판장·도매시장 등의 개설 허가 등에 관한 증명서류(면허·허가·등록·신고의 대상이 아닌 생산·가공시설은 제외한다)

07 농수산물 품질관리법령상 해양수산부장관이 지정해역에서 수산물의 생산을 제한할 수 있는 경우로 명시되지 않은 것은?

① 선박의 좌초로 인하여 해양오염이 발생한 경우
② 인근에 위치한 폐기물처리시설의 장애로 인하여 해양오염이 발생한 경우
③ 지정해역이 일시적으로 위생관리기준에 적합하지 아니하게 된 경우
④ 지정해역에서 수산물의 생산량이 급격하게 감소한 경우

법 제77조(지정해역에서의 생산제한 및 지정해제) 해양수산부장관은 지정해역이 위생관리기준에 맞지 아니하게 되면 대통령령으로 정하는 바에 따라 지정해역에서의 수산물 생산을 제한하거나 지정해역의 지정을 해제할 수 있다.

시행령 제27조(지정해역에서의 생산제한)

① 법 제77조에 따라 법 제71조에 따른 지정해역(이하 "지정해역"이라 한다)에서 수산물의 생산을 제한할 수 있는 경우는 다음 각 호와 같다.

1. 선박의 좌초·충돌·침몰, 그 밖에 인근에 위치한 폐기물처리시설의 장애 등으로 인하여 해양오염이 발생한 경우
2. 지정해역이 일시적으로 위생관리기준에 적합하지 아니하게 된 경우
3. 강우량의 변화 등에 따른 영향으로 지정해역의 오염이 우려되어 해양수산부장관이 수산물의 생산제한이 필요하다고 인정하는 경우

08 농수산물 품질관리법령상 지정해역에서 위생관리기준에 맞게 생산된 수산물 및 수산가공품에 대한 관능검사 및 정밀검사를 생략할 수 있는 경우 수산물·수산가공품 (재)검사신청서에 첨부하는 생산·가공일지에 적어야 하는 사항이 아닌 것은?

① 어획기간　　　　　　　　　　　　② 생산(가공)기간

③ 포장재　　　　　　　　　　　　　④ 품질관리자

해설 **시행규칙 제115조(수산물 등에 대한 검사의 일부 생략)**

① 국립수산물품질관리원장은 법 제88조제4항에 따라 다음 각 호의 어느 하나에 해당하는 경우에는 별표 24에 따른 검사 중 관능검사 및 정밀검사를 생략할 수 있다. 이 경우 별지 제60호서식의 수산물·수산가공품 (재)검사신청서에 다음 각 호의 구분에 따른 서류를 첨부하여야 한다.

1. 법 제88조제4항제1호(지정해역에서 위생관리기준에 맞게 생산·가공된 수산물 및 수산가공품) 및 제2호(제74조제1항에 따라 등록한 생산·가공시설등에서 위생관리기준 또는 위해요소중점관리기준에 맞게 생산·가공된 수산물 및 수산가공품)에 해당하는 수산물 및 수산가공품: **다음 각 목의 사항을 적은 생산·가공일지**

　가. 품명

　나. 생산(가공)기간

　다. 생산량 및 재고량

　라. 품질관리자 및 포장재

2. 법 제88조제4항제3호에 따른 수산물·수산가공품: 다음 각 목의 사항을 적은 선장의 확인서

　가. 어선명

　나. 어획기간

　다. 어장 위치

　라. 어획물의 생산·가공 및 보관 방법

3. 영 제32조제2항제2호에 따른 식용이 아닌 수산물·수산가공품: 다음 각 목의 사항을 적은 생산·가공 일지

　가. 품명

　나. 생산(가공)기간

　다. 생산량 및 재고량

　라. 품질관리자 및 포장재

　마. 자체 품질관리 내용

② 국립수산물품질관리원장은 영 제32조제2항제1호에 따라 수산물 및 수산가공품을 수입하는 국가(수입자를 포함한다)에서 일정 항목만의 검사를 요청하는 서류 또는 검사 생략에 관한 서류를 제출하는 경우에는 별표 24에 따른 검사 중 요청한 검사항목에 대해서만 검사할 수 있다.

정답 08 ①

09 농수산물 품질관리법령상 수산물 및 수산가공품의 검사에 관한 설명으로 옳지 않은 것은?

① 수산물 및 수산가공품의 검사를 위한 필요한 최소량의 시료의 수거량 및 수거방법은 국립수산물품질관리원장이 정하여 고시한다.

② 정부에서 수매·비축하는 수산물 및 수산가공품은 품질 및 규격이 맞는지와 유해물질이 섞여 들어오는지 등에 관하여 해양수산부장관의 검사를 받아야 한다.

③ 외국과의 협약이나 수출 상대국의 요청에 따라 검사가 필요한 경우로서 해양수산부장관이 정하여 고시하는 수산물 및 수산가공품은 관세청장의 검사를 받아야 한다.

④ 검사를 받은 수산물의 포장·용기를 바꾸려면 다시 해양수산부장관의 검사를 받아야 한다.

해설 **법 제88조(수산물 등에 대한 검사)**

① 다음 각 호의 어느 하나에 해당하는 수산물 및 수산가공품은 품질 및 규격이 맞는지와 유해물질이 섞여 들어오는지 등에 관하여 **해양수산부장관의 검사**를 받아야 한다.
  1. 정부에서 수매·비축하는 수산물 및 수산가공품
  2. 외국과의 협약이나 수출 상대국의 요청에 따라 검사가 필요한 경우로서 해양수산부장관이 정하여 고시하는 수산물 및 수산가공품

③ 제1항이나 제2항에 따라 검사를 받은 수산물 또는 수산가공품의 포장·용기나 내용물을 바꾸려면 다시 해양수산부장관의 검사를 받아야 한다.

시행규칙 제112조(수산물 등에 대한 검사시료 수거)

① 수산물 및 수산가공품의 검사를 위한 필요한 최소량의 시료(이하 "검사시료"라 한다)의 수거량 및 수거방법은 국립수산물품질관리원장이 정하여 고시한다.

---

10 농수산물 품질관리법령상 수산물품질관리사가 수행하는 직무로 명시되지 않은 것은?

① 포장수산물의 표시사항 준수에 관한 지도

② 수산물의 생산 및 수확 후의 품질관리기술 지도

③ 수산물의 선별·저장 및 포장 시설 등의 운용·관리

④ 위판장에 상장한 수산물에 대한 정가·수의매매 등의 가격 협의

법 제106조(농산물품질관리사 또는 수산물품질관리사의 직무)

② 수산물품질관리사는 다음 각 호의 직무를 수행한다.

1. 수산물의 등급 판정
2. 수산물의 생산 및 수확 후의 품질관리기술 지도
3. 수산물의 출하 시기 조절, 품질관리기술에 관한 조언
4. 그 밖에 수산물의 품질 향상과 유통 효율화에 필요한 업무로서 해양수산부령으로 정하는 업무

시행규칙 제134조의2(수산물품질관리사의 업무)

법 제106조제2항제4호에서 "해양수산부령으로 정하는 업무"란 다음 각 호의 업무를 말한다.

1. 수산물의 생산 및 수확 후의 품질관리기술 지도
2. 수산물의 선별·저장 및 포장 시설 등의 운용·관리
3. 수산물의 선별·포장 및 브랜드 개발 등 상품성 향상 지도
4. 포장수산물의 표시사항 준수에 관한 지도
5. 수산물의 규격출하 지도

11 농수산물 유통 및 가격안정에 관한 법률 제2조(정의)의 일부 규정이다. (   )에 들어갈 내용은?

> "(   )"이란 특별시·광역시·특별자치시 또는 특별자치도가 개설한 농수산물도매시장 중 해당 관할구역 및 그 인접지역에서 도매의 중심이 되는 농수산물도매시장으로서 농림축산식품부령 또는 해양수산부령으로 정하는 것을 말한다.

① 중앙도매시장　　　　　　　　　② 지방도매시장
③ 농수산물공판장　　　　　　　　④ 민영농수산물도매시장

"중앙도매시장"이란 특별시·광역시·특별자치시 또는 특별자치도가 개설한 농수산물도매시장 중 해당 관할구역 및 그 인접지역에서 도매의 중심이 되는 농수산물도매시장으로서 농림축산식품부령 또는 해양수산부령으로 정하는 것을 말한다.

12 농수산물 유통 및 가격안정에 관한 법령상 "생산자 관련 단체"에 해당하는 것은?

① 도매시장법인　　② 어업회사법인　　③ 매매참가인　　④ 산지유통인

시행령 제7조(계약생산의 생산자 관련 단체) 법 제6조제1항에서 "대통령령으로 정하는 생산자 관련 단체"란 다음 각 호의 자를 말한다.

1. 농산물을 공동으로 생산하거나 농산물을 생산하여 이를 공동으로 판매·가공·홍보 또는 수출하기 위하여 지역농업협동조합, 지역축산업협동조합, 품목별·업종별협동조합, 조합공동사업법인, 품목조합연합회 및 산림조합과 그 중앙회(농협경제지주회사를 포함한다) 중 둘 이상이 모여 결성한 조직으로서 농림축산식품부장관이 정하여 고시하는 요건을 갖춘 단체

정답　11 ①　12 ②

2. 제3조제1항 각 호에 해당하는 자

> **법 제3조(농수산물공판장의 개설자)**
> ① 법 제2조제5호에서 "대통령령으로 정하는 생산자 관련 단체"란 다음 각 호의 단체를 말한다.
> 　1. 「농어업경영체 육성 및 지원에 관한 법률」 제16조에 따른 영농조합법인 및 영어조합법인과 같은 법 제19조에 따른 농업회사법인 및 어업회사법인
> 　2. 「농업협동조합법」 제161조의2에 따른 농협경제지주회사의 자회사

3. 농산물을 공동으로 생산하거나 농산물을 생산하여 이를 공동으로 판매·가공·홍보 또는 수출하기 위하여 농업인 5인 이상이 모여 결성한 법인격이 있는 조직으로서 농림축산식품부장관이 정하여 고시하는 요건을 갖춘 단체
4. 제2호 또는 제3호의 단체 중 둘 이상이 모여 결성한 조직으로서 농림축산식품부장관이 정하여 고시하는 요건을 갖춘 단체

13 농수산물 유통 및 가격안정에 관한 법령상 '농수산물도매시장·공판장 및 민영도매시장의 시설기준'에서 필수시설이 아닌 것은?

① 주차장　　　　　　　　　　　② 경비실
③ 경매장(유개[有蓋])　　　　　　④ 쓰레기 처리장

(해설) 시행규칙 [별표2] 농수산물도매시장·공판장 및 민영도매시장의 시설기준
필수시설
경매장(유개[有蓋]), 주차장, 저온창고(농수산물도매시장만 해당한다), 냉장실, 저빙실, 쓰레기 처리장, 위생시설(수세식 화장실), 사무실, 하주대기실, 출하상담실

14 농수산물 유통 및 가격안정에 관한 법률상 시장관리운영위원회의 심의사항으로 명시되어 있는 것을 모두 고른 것은?

> ㄱ. 도매시장의 거래제도 및 거래방법의 선택에 관한 사항
> ㄴ. 수수료, 시장 사용료, 하역비 등 각종 비용의 결정에 관한 사항
> ㄷ. 최소출하량 기준의 결정에 관한 사항

① ㄱ, ㄴ　　　　　　　　　　　② ㄱ, ㄷ
③ ㄴ, ㄷ　　　　　　　　　　　④ ㄱ, ㄴ, ㄷ

해설 법 제78조(시장관리운영위원회의 설치) 제2항 심의사항

1. 도매시장의 거래제도 및 거래방법의 선택에 관한 사항
2. 수수료, 시장 사용료, 하역비 등 각종 비용의 결정에 관한 사항
3. 도매시장 출하품의 안전성 향상 및 규격화의 촉진에 관한 사항
4. 도매시장의 거래질서 확립에 관한 사항
5. 정가매매 · 수의매매 등 거래 농수산물의 매매방법 운용기준에 관한 사항
6. 최소출하량 기준의 결정에 관한 사항
7. 그 밖에 도매시장 개설자가 특히 필요하다고 인정하는 사항

15 농수산물 유통 및 가격안정에 관한 법령상 과징금에 관한 설명으로 옳지 않은 것은?

① 업무정지 1개월은 30일로 한다.
② 업무정지를 갈음한 과징금 부과의 기준이 되는 거래금액은 처분 대상자의 전년도 연간 거래액을 기준으로 한다.
③ 도매시장의 개설자는 1일당 과징금 금액을 30퍼센트의 범위에서 가감하는 사항을 업무규정으로 정하여 시행할 수 있다.
④ 도매시장법인에 대해 부과하는 과징금은 5천만 원을 초과할 수 없다.

해설 법 제83조(과징금)

① 농림축산식품부장관, 해양수산부장관, 시 · 도지사 또는 도매시장 개설자는 도매시장법인등이 제82조제2항에 해당하거나 중도매인이 제82조제5항에 해당하여 업무정지를 명하려는 경우, 그 업무의 정지가 해당 업무의 이용자 등에게 심한 불편을 주거나 공익을 해칠 우려가 있을 때에는 업무의 정지를 갈음하여 도매시장법인등에는 1억 원 이하, 중도매인에게는 1천만 원 이하의 과징금을 부과할 수 있다.

> **시행규칙 [별표1]**
> ### 과징금의 부과기준(시행령 제36조의4 관련)
>
> 일반기준
> 가. 업무정지 1개월은 30일로 한다.
> 나. 위반행위의 종류에 따른 과징금의 금액은 법 제82조제2항 및 제5항에 따른 업무정지 기간에 제2호의 과징금 부과기준에 따라 산정한 1일당 과징금 금액을 곱한 금액으로 한다.
> 다. 업무정지를 갈음한 과징금 부과의 기준이 되는 거래금액은 처분 대상자의 전년도 연간 거래액을 기준으로 한다. 다만, 신규사업, 휴업 등으로 1년간의 거래금액을 산출할 수 없을 경우에는 처분일 기준 최근 분기별, 월별 또는 일별 거래금액을 기준으로 산출한다.
> 라. 도매시장의 개설자는 1일당 과징금 금액을 30퍼센트의 범위에서 가감하는 사항을 업무규정으로 정하여 시행할 수 있다.
> 마. 부과하는 과징금은 법 제83조에 따른 과징금의 상한을 초과할 수 없다.

정답 15 ④

16 농수산물의 원산지 표시에 관한 법령상 수산물가공업자 甲은 국내에서 S어육햄을 제조하여 판매하고자 한다. 이 경우 포장지에 표시하여야 할 원산지 표시는?

〈S어육햄의 성분 구성〉

- 명태연육: 85%
- 가다랑어: 10%
- 고등어: 3%
- 전분: 1.5%
- 소금: 0.5%

※ 명태연육은 러시아산, 가다랑어는 인도네시아산, 이외 모두 국산임

① 어육햄(명태연육: 러시아산)
② 어육햄(명태연육: 러시아산, 가다랑어: 인도네시아산)
③ 어육햄(명태연육: 러시아산, 가다랑어: 인도네시아산, 고등어: 국산)
④ 어육햄(명태연육: 러시아산, 가다랑어: 인도네시아산, 고등어: 국산, 전분: 국산)

해설 시행령 제3조(원산지의 표시대상)
원료 배합 비율에 따른 표시대상
가. 사용된 원료의 배합 비율에서 한 가지 원료의 배합 비율이 98퍼센트 이상인 경우에는 그 원료
나. 사용된 원료의 배합 비율에서 두 가지 원료의 배합 비율의 합이 98퍼센트 이상인 원료가 있는 경우에는 배합 비율이 높은 순서의 2순위까지의 원료
다. 가목 및 나목 외의 경우에는 배합 비율이 높은 순서의 3순위까지의 원료

17 농수산물의 원산지 표시에 관한 법령상 수산물도매업자 甲은 원산지 표시를 하지 않고 중국산 뱀장어를 판매할 목적으로 저장고에 보관하던 중 단속 공무원 乙에게 적발되었다. 이 경우 처분권자가 甲에게 행할 수 없는 것은?

① 표시의 이행명령
② 해당 뱀장어의 거래행위 금지
③ 과징금 부과
④ 과태료 부과

원산지 표시를 하지 아니한 자 또는 원산지의 표시방법을 위반한 자에게 1천만 원 이하의 과태료를 부과한다.[법 제18조]

법 제9조(원산지 표시 등의 위반에 대한 처분 등)

① 농림축산식품부장관, 해양수산부장관, 관세청장, 시·도지사 또는 시장·군수·구청장은 제5조(원산지 표시위반)나 제6조(거짓표시의 금지)를 위반한 자에 대하여 다음 각 호의 처분을 할 수 있다. 다만, 제5조제3항을 위반한 자에 대한 처분은 제1호에 한정한다.

  1. 표시의 이행·변경·삭제 등 시정명령

  2. 위반 농수산물이나 그 가공품의 판매 등 거래행위 금지

제6조의2(과징금)

① 농림축산식품부장관, 해양수산부장관, 관세청장, 특별시장·광역시장·특별자치시장·도지사·특별자치도지사(이하 "시·도지사"라 한다) 또는 시장·군수·구청장(자치구의 구청장을 말한다. 이하 같다)은 제6조제1항 또는 제2항(거짓표시의 금지)을 2년 이내에 2회 이상 위반한 자에게 그 위반금액의 5배 이하에 해당하는 금액을 과징금으로 부과·징수할 수 있다. 이 경우 제6조제1항을 위반한 횟수와 같은 조 제2항을 위반한 횟수는 합산한다.

18 농수산물의 원산지 표시에 관한 법령상 해양수산부장관이 "원산지통합관리시스템"의 구축·운영 권한을 위임하는 자는?

① 국립수산물품질관리원장　　　　　② 시·도지사

③ 시장·군수·구청장　　　　　　　　④ 관세청장

시행령 제9조(권한의 위임)

① 법 제13조에 따라 농림축산식품부장관은 농산물과 그 가공품에 관한 다음 각 호의 권한을 국립농산물품질관리원장에게 위임하고, 해양수산부장관은 수산물과 그 가공품에 관한 다음 각 호의 권한(제2호의3 및 제7호의 권한은 제외한다)을 국립수산물품질관리원장에게 위임한다.

  1. 법 제6조의2에 따른 과징금의 부과·징수

  1의2. 법 제7조에 따른 원산지 표시대상 농수산물이나 그 가공품의 수거·조사, 자체 계획의 수립·시행, 자체 계획에 따른 추진 실적 등의 평가 및 이 영 제6조의2에 따른 원산지통합관리시스템의 구축·운영

19 농수산물의 원산지 표시에 관한 법령상 농수산물 원산지 표시제도 교육을 이수하지 않은 자에 대한 과태료 부과금액은? (단, 위반차수는 1차이며 감경사유는 고려하지 않음)

① 15만 원　　　② 20만 원　　　③ 30만 원　　　④ 60만 원

위반행위	1차 위반	2차 위반	3차 위반
법 제9조의2제1항에 따른 교육이수 명령을 이행하지 않은 경우	30만 원	60만 원	100만 원

정답　18 ①　19 ③

20 친환경농어업 육성 및 유기식품 등의 관리·지원에 관한 법령상 유기식품의 인증 및 관리에 관한 설명으로 옳은 것은?

① 인증기관은 인증 신청을 받았을 때에는 10일 이내에 인증심사계획을 세워 신청인에게 인증심사일정과 인증심사명단을 알리고 그 계획에 따라 인증심사를 해야 한다.
② 인증의 유효기간은 인증을 받은 날부터 2년으로 한다.
③ 인증대상은 유기가공식품을 제조·가공하는 자에 한정한다.
④ 인증심사 결과에 대하여 이의가 있는 자는 인증심사를 한 해양수산부장관 또는 인증기관에 재심사를 신청할 수 없다.

───────────────────────────────

해설 시행규칙 제11조(유기식품의 인증심사 절차 등)
① 국립수산물품질관리원장 또는 인증기관은 제10조에 따른 인증 신청을 받거나 제16조에 따른 인증의 갱신 신청 또는 인증품 유효기간 연장승인 신청을 받았을 때에는 10일 이내에 인증심사계획을 세워 신청인에게 인증심사 일정과 인증심사원 명단을 알리고 그 계획에 따라 인증심사를 해야 한다.

법 제21조(인증의 유효기간 등)
① 제20조에 따른 인증의 유효기간은 인증을 받은 날부터 1년으로 한다.

법 제8조(유기식품의 인증대상)
① 법 제19조제1항에 따른 유기식품의 인증대상은 다음 각 호와 같다.
　1. 다음 각 목의 어느 하나에 해당하는 자
　　가. 유기수산물을 생산하는 자. 다만, 양식수산물을 생산하는 경우만 해당한다.
　　나. 유기가공식품을 제조·가공하는 자
　2. 제1호 각 목의 어느 하나에 해당하는 품목을 취급하는 자

법 제20조(유기식품등의 인증 신청 및 심사 등)
⑤ 제3항에 따른 인증심사 결과에 대하여 이의가 있는 자는 인증심사를 한 해양수산부장관 또는 인증기관에 재심사를 신청할 수 있다.

21 친환경농어업 육성 및 유기식품 등의 관리·지원에 관한 법률상 공시기관의 지정을 취소하여야 하는 경우는?

① 고의 또는 중대한 과실로 공시기준에 맞지 아니한 제품에 공시를 한 경우
② 업무정지 명령을 위반하여 정지기간 중에 공시업무를 한 경우
③ 정당한 사유 없이 1년 이상 계속하여 공시업무를 하지 아니한 경우
④ 공시기관의 지정기준에 맞지 아니하게 된 경우

법 제47조(공시기관의 지정취소 등)

① 농림축산식품부장관 또는 해양수산부장관은 공시기관이 다음 각 호의 어느 하나에 해당하는 경우에는 지정을 취소하거나 6개월 이내의 기간을 정하여 그 업무의 전부 또는 일부의 정지 또는 시정조치를 명할 수 있다. 다만, 제1호부터 제3호까지의 경우에는 그 지정을 취소하여야 한다.

1. 거짓이나 그 밖의 부정한 방법으로 지정을 받은 경우
2. 공시기관이 파산, 폐업 등으로 인하여 공시업무를 수행할 수 없는 경우
3. 업무정지 명령을 위반하여 정지기간 중에 공시업무를 한 경우
4. 정당한 사유 없이 1년 이상 계속하여 공시업무를 하지 아니한 경우
5. 고의 또는 중대한 과실로 제37조제4항에 따른 공시기준에 맞지 아니한 제품에 공시를 한 경우
6. 고의 또는 중대한 과실로 제38조에 따른 공시심사 및 재심사의 처리 절차·방법 또는 제39조에 따른 공시 갱신의 절차·방법 등을 지키지 아니한 경우
7. 정당한 사유 없이 제43조제1항에 따른 처분, 제49조제7항제2호 또는 제3호에 따른 명령 및 같은 조 제9항에 따른 공표를 하지 아니한 경우
8. 제44조제5항에 따른 공시기관의 지정기준에 맞지 아니하게 된 경우
9. 제45조에 따른 공시기관의 준수사항을 지키지 아니한 경우
10. 제50조제2항에 따른 시정조치 명령이나 처분에 따르지 아니한 경우
11. 정당한 사유 없이 제50조제3항을 위반하여 소속 공무원의 조사를 거부·방해하거나 기피하는 경우

22 친환경농어업 육성 및 유기식품 등의 관리·지원에 관한 법률상 벌칙기준이 3년 이하의 징역 또는 3천만 원 이하의 벌금에 해당하지 않는 자는?

① 인증기관의 지정을 받지 아니하고 인증업무를 한 자
② 인증, 인증 갱신 또는 공시, 공시 갱신의 신청에 필요한 서류를 거짓으로 발급한 자
③ 인증품에 인증을 받지 아니한 제품 등을 섞어서 판매할 목적으로 보관, 운반 또는 진열한 자
④ 인증과정에서 얻은 정보와 자료를 신청인의 서면동의 없이 공개하거나 제공한 자

④ 500만 원 이하의 과태료

23 수산물 유통의 관리 및 지원에 관한 법령상 수산물의 이력추적관리를 받으려는 생산자가 등록하여야 하는 사항으로 명시되지 않은 것은?

① 이력추적관리 대상품목명
② 양식수산물의 경우 양식장 면적
③ 판매계획
④ 천일염의 경우 염전의 위치

정답 22 ④ 23 ③

법 제25조(이력추적관리의 대상품목 및 등록사항)

① 법 제27조제1항 및 제2항에 따라 수산물의 유통단계별로 정보를 기록·관리하는 이력추적관리(이하 "이력추적관리"라 한다)의 등록을 하거나 할 수 있는 대상품목은 수산물 중 식용이나 식용으로 가공하기 위한 목적으로 생산·처리된 수산물로 한다.

② 법 제27조제1항 및 제2항에 따라 이력추적관리를 받으려는 자는 다음 각 호의 구분에 따른 사항을 등록하여야 한다.

1. 생산자(염장, 건조 등 단순처리를 하는 자를 포함한다)
   가. 생산자의 성명, 주소 및 전화번호
   나. 이력추적관리 대상품목명
   다. 양식수산물의 경우 양식장 면적, 천일염의 경우 염전 면적
   라. 생산계획량
   마. 양식수산물 및 천일염의 경우 양식장 및 염전의 위치, 그 밖의 어획물의 경우 위판장의 주소 또는 어획장소

24 수산물 유통의 관리 및 지원에 관한 법률상 해양수산부장관이 수산물의 가격안정을 위하여 필요하다고 인정하여 그 생산자 또는 생산자단체로부터 해당 수산물을 수매하는 경우 그 재원은?

① 수산정책기금
② 수산발전기금
③ 수산물가격안정기금
④ 재난지원기금

법 제41조(비축사업 등)

① 해양수산부장관은 수산물의 수급조절과 가격안정을 위하여 필요한 경우에는 수산발전기금으로 수산물을 비축하거나 수산물의 출하를 약정하는 생산자에게 그 대금의 일부를 미리 지급하여 출하를 조절할 수 있다.

② 제1항에 따른 비축용 수산물은 생산자 및 생산자단체로부터 수매하거나 위판장에서 수매하여야 한다. 다만, 가격안정을 위하여 특히 필요하다고 인정할 때에는 「농수산물 유통 및 가격안정에 관한 법률」 제17조제1항 또는 제43조제1항에 따른 도매시장 또는 공판장에서 수매하거나 외국으로부터 수입할 수 있다.

25 수산물 유통의 관리 및 지원에 관한 법령상 수산물 유통협회가 수행하는 사업으로 명시되지 않은 것은?

① 수산물유통산업의 육성·발전에 필요한 기술의 연구·개발
② 수산물 유통발전 기본계획 수립
③ 수산물유통사업자의 경영개선에 관한 상담 및 지도
④ 수산물유통산업의 발전을 위한 해외협력의 촉진

정답 24 ② 25 ②

② 수산물 유통발전 기본계획 수립: 해양수산부장관

정리 **법 제53조(수산물 유통협회의 설립)**

① 수산물유통사업자는 수산물유통산업의 건전한 발전과 공동의 이익을 도모하기 위하여 대통령령으로 정하는 바에 따라 해양수산부장관의 인가를 받아 수산물 유통협회(이하 "협회"라 한다)를 설립할 수 있다.

② 협회는 제1항에 따른 설립인가를 받아 설립등기를 함으로써 성립한다.

③ 협회는 법인으로 한다.

④ 협회에 관하여 이 법에서 규정한 것 외에는 「민법」 중 사단법인에 관한 규정을 준용한다.

⑤ 협회는 다음 각 호의 사업을 수행한다.

  1. 수산물유통사업자의 권익 보호 및 복리 증진
  2. 수산물 유통 관련 통계 조사
  3. 수산물 품질 및 위생 관리
  4. 수산물유통산업 종사자의 교육훈련
  5. 수산물유통산업 발전을 위하여 국가 또는 지방자치단체가 위탁하거나 대행하게 하는 사업
  6. 그 밖에 수산물유통산업의 발전을 위하여 대통령령으로 정하는 사업

시행령 제26조

법 제53조제5항제6호에서 "대통령령으로 정하는 사업"이란 다음 각 호의 사업을 말한다.

1. 수산물유통산업의 육성・발전에 필요한 기술의 연구・개발과 외국자료의 수집・조사・연구 사업
2. 수산물유통사업자의 경영개선에 관한 상담 및 지도
3. 수산물유통산업의 발전을 위한 해외협력의 촉진
4. 수산물과 수산물유통산업의 홍보
5. 그 밖에 협회의 정관으로 정하는 사업

제2과목　　**수산물유통론**

26 수산물 유통의 특성으로 옳은 것을 모두 고른 것은?

> ㄱ. 유통 경로의 다양성　　　ㄴ. 어획물의 규격화
> ㄷ. 구매의 소량 분산성　　　ㄹ. 낮은 유통마진

① ㄱ, ㄴ　　　　　　　　② ㄱ, ㄷ
③ ㄴ, ㄹ　　　　　　　　④ ㄷ, ㄹ

정답　26 ②

수산물 유통의 특징
  ㉠ 계절적 편재성
  ㉡ 부피와 중량성
  ㉢ 어류의 사후경직과 자기소화 및 부패성
  ㉣ 양과 질의 불균일성
  ㉤ 품목의 다양성
  ㉥ 수요와 공급의 비탄력성
  ㉦ 유통단계의 복잡성과 다양성
  ㉧ 구매의 소량 분산성
  ㉨ 높은 유통마진

27 수산물 물적유통 활동에 해당되지 않는 것은?

① 금융　　　　　② 운송　　　　　③ 정보전달　　　　　④ 보관

해설 ① 유통조성기능에 해당
　　③ 유통정보는 유통조성기능에 해당하지만, 정보전달의 경우 물류과정에서 포장재 등에 정보가 기재되므로 물적유통과 관련이 있다.

28 수산물 유통기구에 관한 설명으로 옳은 것은?

① 상품 유통의 원초적 형태는 생산자와 소비자의 간접적 거래로 이루어져 왔다.
② 유통단계가 단순하다.
③ 유통기능은 세분화되며 고도화되고 있다.
④ 수산물 매매는 가능하나 소유권 이전은 불가능하다.

해설 ① 상품 유통의 원초적 형태는 생산자와 소비자의 직접적 거래로 이루어져 왔다.
　　② 유통단계가 다양하고 복잡하다.
　　④ 수산물 매매는 소유권이 이전된다는 것이다.

29 수산물 상적 유통기구에서 간접적 유통기구에 해당되지 않는 것은?

① 수집기구　　　　　　　　　② 소비기구
③ 수집 및 분산 연결기구　　　④ 분산기구

해설 유통기구의 기본적 형태는 수집, 중계(수집 및 분산 연결기구), 분산이다.

정답 27 ① 28 ③ 29 ②

30 수산물 유통과정에서 취급 수산물의 소유권을 획득하여 제3자에게 이전시키는 활동을 하는 유통인은?

① 매매 차익 상인   ② 수수료 도매업자

③ 대리상   ④ 중개인

> **해설** ②, ③, ④의 경우 직접 수산물의 소유권을 취득하지 않고 중개상 역할을 담당한다. 반면 매매 차익 상인은 수산물을 수취(매수)하여 판매를 통해 그 차익을 얻는다.

31 수산물 산지시장의 기능이 아닌 것은?

① 거래형성 기능   ② 양육 및 진열 기능

③ 생산 기능   ④ 판매 및 대금결제 기능

> **해설** 수산물 산지시장의 대표적 유통기구는 수산물위판장이다. 생산된 수산물을 유통하는 기구가 산지시장이다.

32 객주에 의하여 위탁 유통되는 수산물 판매 경로는?

① 생산자 → 객주 → 도매시장 → 도매상 → 소매상 → 소비자

② 생산자 → 도매시장 → 객주 → 도매상 → 소매상 → 소비자

③ 생산자 → 위판장 → 객주 → 도매상 → 소매상 → 소비자

④ 생산자 → 도매시장 → 객주 → 소매상 → 소비자

> **해설** **객주**
> 다른 상인의 물건을 위탁받아 팔아주거나 매매를 거간하며, 여러 가지 부수 기능을 담당한 상인. 객주의 주된 업무는 매매를 위탁하는 주선으로서, 현재의 〈상법〉에서는 주선행위에 속하는 '위탁매매인(**委託賣買人**)'에 해당한다.

33 활어의 산지 유통단계에 해당되지 않는 것은?

① 생산자   ② 수집상

③ 위판장   ④ 소매점

> **해설** 활어는 위판장을 통한 거래는 이뤄지기는 하지만 주된 거래방식은 직접거래(수집상)이다. 산지유통단계상 생산자가 수집상에게 물건을 매매하거나 위판장에 경매를 통해 물건을 이전한다.
> ④ 소매점: 소비지 유통단계

정답 30 ①   31 ③   32 ①   33 ④

34 꽃게 유통의 특징에 관한 설명으로 옳은 것은?

① 대부분 양식산이다.

② 주로 자망과 통발 어구로 어획한다.

③ 어류에 비하여 특수한 유통설비가 많이 필요하다.

④ 서해안에서 어획되며 연도별로 어획량의 변동은 없다.

- -

해설 ① 꽃게의 양식기술은 최근에야 개발되었다.
　　③ 어류에 비하여 특수한 유통설비나 기술이 적게 필요하다.
　　④ 서해안에서 어획되며 연도별로 어획량의 변동이 심하다.

정리 **활꽃게의 유통**
　　㉠ 산지 유통과 소비지 유통으로 구분된다.
　　㉡ 일반적으로 계통 출하보다 비계통 출하의 비중이 높다.
　　㉢ 활광어와 비교하여 산소발생기 등 유통기술이 적게 요구된다.
　　㉣ 근해자망, 연안자망, 연안개량안강망, 연안통발 등에 의해 공급된다.

35 우리나라 굴(oyster)의 유통구조에 관한 설명으로 옳지 않은 것은?

① 자연산 굴은 통영 및 거제도를 중심으로 생산되며 수협을 통해 계통 출하된다.

② 양식산 생굴은 주로 산지위판장을 통해 유통된다.

③ 양식산 굴은 주로 박신 작업을 거쳐 판매된다.

④ 가공용 굴은 주로 산지위판장을 거치지 않고 직접 가공공장에 판매된다.

- -

해설 수협을 통한 계통 출하는 양식산 생굴의 양이 많고, 자연산 굴은 비계통 출하가 일반적이다.

36 선어의 유통구조 및 경로에 관한 설명으로 옳은 것은?

① 선도 유지를 위하여 냉동법을 이용한다.

② 원양 어획물의 유통경로이다.

③ 대부분 수협을 통하지 않고 유통된다.

④ 산지 유통과 소비지 유통으로 구분된다.

- -

해설 선어는 어획됨과 동시에 냉장처리를 하거나 ① 저온에 보관하여 냉동하지 않은 신선한 어류 또는 수산물을 의미하는데, 신선 수산물, 냉장 수산물, 생선 어패류, 생선, 생물 등으로 다양하다.

정리 **선어의 산지 유통단계**
① 수협의 산지위판장으로 경유하는 계통 출하와 산지의 수집상에게 출하하는 비계통 출하로 구분한다.
② 일반해면 어업에서 생산된 선어 중에서 계통 출하의 비중은 90% 내외로 생산되는 선어의 대부분이 수협의 산지위판장을 경유하고 있다.

정답 34 ② 35 ① 36 ④

37 냉동 수산물의 유통구조 및 특성에 관한 설명으로 옳지 않은 것은?

① 수협을 통하여 출하한다.

② 부패하기 쉬운 수산물의 보존성을 높인다.

③ 선어에 비해 선도가 낮고 질감이 떨어진다.

④ 유통을 위해 냉동 저장시설은 필수적이다.

해설 **냉동 수산물 유통의 특징**

㉠ 부패되기 쉬운 수산물의 보존성을 높이고, 운반·저장·소비를 편리하게 함으로써 유통과정상의 부패 변질에 따른 부담을 덜 수 있다.

㉡ 냉동냉장 창고의 기능을 이용하여 연중소비를 가능하게 한다.

㉢ 수산물의 상품성이 떨어지는 것을 막기 위하여 어선에 동결장치를 갖추어 선창에서 동결하기도 한다.

㉣ 냉동 수산물은 선어에 비해 선도가 떨어지기 때문에 가격이 상대적으로 낮은 경향이 있다.

㉤ 저장기간이 길기 때문에 유통경로가 다양하게 나타난다.

㉥ 대부분의 냉동 수산물은 원양산이기 때문에 수협의 산지위판장을 경유하는 비중이 매우 낮다.

38 수산물 전자상거래에서 판매업체의 장점이 아닌 것은?

① 판촉비의 절감   ② 시공간적 사업영역 확대

③ 제품의 표준화   ④ 효율적인 마케팅 전략수립

해설 수산물은 품목이 다양하고 크기와 양을 규격화하기 어려운 특징을 가진다.

39 수산물 가격결정 방식에 관한 설명으로 옳은 것은?

① 한·일식 경매방식은 네덜란드 경매방식과 유사하다.

② 한·일식 경매방식은 동시호가식 경매이다.

③ 네덜란드식 경매방식은 상향식 경매이다.

④ 영국식 경매방식은 하향식 경매이다.

해설 ① 한·일식 경매방식은 영국식 경매방식과 유사하다.

③ 네덜란드식 경매방식은 하향식 경매이다.

④ 영국식 경매방식은 상향식 경매이다.

정리 **동시호가식 경매**

동시호가식이란 사겠다는 사람과 팔겠다는 사람의 가격이 일치하거나, 파는 사람이 사는 사람보다 싸게 가격을 제시할 경우, 사는 사람이 파는 사람보다 비싸게 가격을 제시할 경우에만 거래가 이루어지는 시장이다. 한·일식 경매방식은 동시호가식 경매이다.

정답 **37** ① **38** ③ **39** ②

40 수산물의 유통 효율화에 관한 설명으로 옳은 것은?

① 유통성과를 유지하면서 유통마진을 줄이면 유통효율은 감소한다.

② 유통성과를 줄이면서 유통마진을 늘리면 유통효율은 증가한다.

③ 유통성과가 유통마진보다 크면 유통효율은 증가한다.

④ 유통구조가 노동집약적이거나 복잡할수록 유통효율은 증가한다.

─────────

해설 • **유통성과**

유통성과란 유통 기능의 결과물, 즉 유통 기능으로 얻을 수 있는 능력 등과 같이 포괄적 의미로 사용할 수 있으며, 다른 의미로는 유통 주체들에게 효과적이고 효율적으로 업무를 수행토록 이를 평가하고 개선할 수 있는 방향성을 제시하는 지표로 활용될 수 있는 척도가 될 수 있다.

• **유통마진**

유통마진이란 상품 유통과정에서 생기는 이익이다.

• **유통효율**

일반적으로 유통단계에서 투입(유통비용, 유통마진)과 산출(유통성과)의 비율을 의미한다.

① 유통성과를 유지하면서 유통마진을 줄이면 유통효율은 증가한다.

② 유통성과를 줄이면서 유통마진을 늘리면 유통효율은 감소한다.

③ 유통성과가 유통마진보다 크면 유통효율은 증가한다.

④ 유통구조가 노동집약적이거나 복잡할수록 유통효율은 감소한다.

41 유통업자 A는 마른멸치 한 상자를 팔아 5,000원의 이익을 얻었다. 이 이익을 얻는데 상자당 보관비 1,000원, 운송비 1,000원, 포장비 1,000원이 소요되었다고 한다. 이때 유통마진은 얼마인가?

① 2,000원　　　　② 5,000원　　　　③ 7,000원　　　　④ 8,000원

─────────

해설 유통마진 = 판매가격 − 구입가격

유통업자 A가 구입가격에 추가적으로 투입한 비용은 3,000원이고, 여기에 이윤 5,000을 더했으므로 최종판매가격은 "구입가격+8,000"이다. 이 8,000원이 유통마진이 된다.

42 활광어 가격이 10% 하락하였는데 매출량은 5% 증가했다. 이에 관한 설명으로 옳은 것은?

① 공급이 비탄력적이다.

② 수요가 비탄력적이다.

③ 수요는 탄력적이나 공급이 비탄력적이다.

④ 공급은 탄력적이나 수요가 비탄력적이다.

정답 40 ③　41 ④　42 ②

43 산지단계에서 중도매인 유통비용에 해당되는 것을 모두 고른 것은?

> ㄱ. 위판수수료 ㄴ. 운송비 ㄷ. 어상자대
> ㄹ. 양육 및 배열비 ㅁ. 저장 및 보관비용

① ㄱ, ㄴ, ㄷ ② ㄱ, ㄴ, ㄹ
③ ㄴ, ㄷ, ㅁ ④ ㄷ, ㄹ, ㅁ

해설 위판수수료와 양육 및 배열비는 생산자 유통비용에 해당한다.

44 수산물 마케팅 전략이 아닌 것은?

① 상품개발(product) ② 가격결정(price)
③ 유통경로결정(place) ④ 콜드체인(cold chain)

해설 마케팅 4PMIX

상품개발(product), 가격결정(price), 판촉활동(promotion), 유통경로결정(place)

마케팅의 의의

㉠ 생산자가 상품 또는 서비스(용역)를 소비자에게 유통시키는 데 관련된 모든 체계적 경영활동을 말하며, 매매 자체만을 가리키는 판매보다 훨씬 넓은 의미를 지니고 있다.

㉡ 마케팅이란 생산자로부터 소비자나 산업사용자에게로 상품과 용역이 이동되는 과정에 포함된 모든 경제활동을 의미한다.

㉢ 마케팅이란 조직이나 개인이 자신의 목적을 달성시키기 위하여 교환을 창출하고 유지할 수 있도록 시장을 정의하고 관리하는 과정이다.

㉣ 마케팅이란 기업이 고객을 위하여 가치를 창출하고 고객관계를 구축하여 고객들로부터 그 대가를 얻는 과정으로 정의될 수 있다.

45 수산물 이력 정보에 포함되지 않는 것은?

① 상품 정보 ② 생산지 정보
③ 소비자 정보 ④ 가공업체 정보

정답 43 ③ 44 ④ 45 ③

수산물유통및지원에관한법률 제25조(이력추적관리의 대상품목 및 등록사항)

① 법 제27조제1항 및 제2항에 따라 수산물의 유통단계별로 정보를 기록·관리하는 이력추적관리(이하 "이력추적관리"라 한다)의 등록을 하거나 할 수 있는 대상품목은 수산물 중 식용이나 식용으로 가공하기 위한 목적으로 생산·처리된 수산물로 한다.

② 법 제27조제1항 및 제2항에 따라 이력추적관리를 받으려는 자는 다음 각 호의 구분에 따른 사항을 등록하여야 한다.

  1. 생산자(염장, 건조 등 단순처리를 하는 자를 포함한다)
     가. 생산자의 성명, 주소 및 전화번호
     나. 이력추적관리 대상품목명
     다. 양식수산물의 경우 양식장 면적, 천일염의 경우 염전 면적
     라. 생산계획량
     마. 양식수산물 및 천일염의 경우 양식장 및 염전의 위치, 그 밖의 어획물의 경우 위판장의 주소 또는 어획장소

  2. 유통자
     가. 유통자의 명칭, 주소 및 전화번호
     나. 이력추적관리 대상품목명

  3. 판매자: 판매자의 명칭, 주소 및 전화번호

46 음식점 A는 추어탕에 국내산과 중국산 미꾸라지를 섞어 판매하고 있다. 섞음 비율이 중국산보다 국내산이 높은 경우, 추어탕의 원산지 표시방법으로 옳은 것은?

① 추어탕(미꾸라지: 국내산과 중국산)

② 추어탕(미꾸라지: 국내산과 중국산을 섞음)

③ 추어탕(미꾸라지: 중국산과 국내산)

④ 추어탕(미꾸라지: 중국산과 국내산을 섞음)

농수산물원사지표시에관한법률 시행규칙 [별표4]

원산지가 다른 2개 이상의 동일 품목을 섞은 경우에는 섞음 비율이 높은 순서대로 표시한다.

[예시 1] 국내산(국산)의 섞음 비율이 외국산보다 높은 경우
   – 넙치, 조피볼락 등: 조피볼락회(조피볼락: 국내산과 일본산을 섞음)

47 수산물 유통 관련 국제기구에 해당되지 않는 것은?

① WTO   ② FAO

③ WHO   ④ EEZ

① WTO(세계무역기구, World Trade Organization)

　　무역 자유화를 통한 전 세계적인 경제 발전을 목적으로 하는 국제기구

② FAO(유엔식량농업기구, Food and Agriculture Organization of the UN)

　　국제연합전문기관의 하나. 1945년 10월에 설치하였다. 국제연합의 경제사회이사회 전문기관으로, 세계의 식량 및 농림·수산에 관한 문제를 취급하며 세계 각 국민의 영양 및 생활수준의 향상 등을 위하여 활동한다.

③ WHO(세계보건기구, World Health Organization)

　　보건·위생 분야의 국제적인 협력을 위하여 설립한 UN 전문기구

④ EEZ(배타적 경제수역, Exclusive Economic Zone)

　　자국 연안으로부터 200해리까지의 자원에 대해 독점적 권리를 행사할 수 있는 수역

48 수산물 유통정책의 주요 목적이 아닌 것은?

① 수산물 가격의 적정화 　　　　② 수산물 유통의 효율화

③ 수산물 가격의 안정화 　　　　④ 안전한 수산물의 양식 생산

해설 **수산물 유통정책의 목적**

　　㉠ 수산물의 유통 효율화를 촉진시키는 유통효율의 극대화

　　㉡ 수산물의 수요와 공급을 적절히 조절함으로써 수급 불균형을 시정하여 수산물가격 변동을 완화시키는 가격의 안정

　　㉢ 수산물 가격 수준을 적정화하여 생산자 수취가격이 보장되고 소비자 지불가격이 큰 부담이 없도록 하는 가격 수준의 적정화

49 소비지 유통정보에 해당되지 않는 것은?

① 농수산물유통공사의 가격정보 　　② 노량진수산시장의 가격정보

③ 부산공동어시장의 가격정보 　　　④ 부산국제수산물도매시장의 가격정보

해설 산지와 소비지의 구분은 생산지(수역에 인접한 항구)와 소비지의 위치성에 구분기준이 있다.

　　부산공동어시장은 도시 소비지에 위치하기도 하지만 근본적으로 생산지 시장으로 분류할 수 있다. 특히 "오늘의 입항 현황자료"가 제공된다는 점을 고려하면 산지시장에 더 가깝다고 볼 수 있다.

50 수산물 가격 및 수급 안정정책 중 정부 주도형에 해당되는 것은?

① 비축제도 　　　　　　　② 유통협약제도

③ 자조금제도 　　　　　　④ 관측사업제도

정답 48 ④ 49 ③ 50 ①

해설 ②, ③, ④는 정부와 민간이 관여하는 정책사업이라고 본다면, 비축사업은 전적으로 정부 주도형이다.

정리 수산물유통및관리에관한법률 제41조(비축사업 등)

① 해양수산부장관은 수산물의 수급조절과 가격안정을 위하여 필요한 경우에는 수산발전기금으로 수산물을 비축하거나 수산물의 출하를 약정하는 생산자에게 그 대금의 일부를 미리 지급하여 출하를 조절할 수 있다.

② 제1항에 따른 비축용 수산물은 생산자 및 생산자단체로부터 수매하거나 위판장에서 수매하여야 한다. 다만, 가격안정을 위하여 특히 필요하다고 인정할 때에는 「농수산물 유통 및 가격안정에 관한 법률」 제17조제1항 또는 제43조제1항에 따른 도매시장 또는 공판장에서 수매하거나 외국으로부터 수입할 수 있다.

제3과목 수확 후 품질관리론

51 어패류의 근육단백질 중에서 함유량이 가장 많은 것은?

① 액틴 ② 미오신 ③ 미오겐 ④ 콜라겐

해설 축육(畜肉)에 비해 근원섬유단백질(액틴, 미오신)이 차지하는 비율이 높고, 근기질단백질(콜라겐)이 현저하게 적은 것이 어육단백질의 특징이다.

정리 어육단백질(fishprotein)

㉠ 어육(魚肉)의 단백질은 용매에 대한 용해성 차이에 따라 근원섬유단백질, 근형질단백질 및 근기질단백질로 구별된다.

㉡ 어육(魚肉)의 단백질은 축육(畜肉)에 비해 근원섬유단백질이 차지하는 비율이 높고, 근기질단백질이 현저하게 적은 것이 특징이다.

㉢ 근원섬유단백질은 어육의 단백질 중에서 가장 많은 부분을 차지하며, 근육의 수축운동에 관여한다. 근원섬유단백질은 섬유상(纖維狀)이며 염용성(鹽溶性)이다. 액틴(actin), 액토미오신(actomyosin), 트로포미오신(tropomyosin)은 근원섬유단백질에 해당된다.

㉣ 근원섬유는 미오신과 액틴이라는 단백질로 구성되어 있다. 근육의 수축운동이 일어나는 과정을 살펴보면 다음과 같다. 근육이 자극을 받으면 미오신 섬유 사이로 액틴 물질이 들어오고, 근소포체(근원섬유를 둘려 싸고 있는 막)에 있던 Ca^{2+} 가 방출되어 액틴 섬유와 미오신 섬유를 밀착시켜 액틴-미오신(actin-myosin)을 형성하고 미오신에 있던 ATPase가 활성화되어 ATP를 분해시킴으로써 에너지가 생성된다. 이 에너지로 근육의 수축이 이루어진다.

> **참고** ATPase 농도
>
> ATPase란 신체 내 효소의 일종으로 이것이 있어야만 근 수축을 일으킬 수 있는 일종의 촉매제 역할을 한다. 고기를 많이 먹으면 ATPase 농도가 높아지며, ATPase의 농도가 높으면 근육수축력은 더 강해진다.

정답 51 ②

ⓤ 어육의 근원섬유단백질은 축육(畜肉)에 비해 불안정하고 가열이나 냉동에 의하여 변성되기 쉽다. 특히 저수온수역에 사는 물고기의 근원섬유단백질은 변성되기 쉽다.

> **● 참고 냉수성 어류와 온수성 어류**
>
> 냉수성 어류는 생육에 적합한 수온이 15℃ 이하인 어류로서 연어, 송어, 청어, 다랑어 등이 있다. 한편 온수성 어류는 생육에 적합한 수온이 15~25℃인 어류로서 대부분의 어류는 온수성 어류에 해당된다.

ⓗ 근형질단백질은 효소단백질과 색소단백질로서 구상(球狀)이며 수용성(水溶性)이다. 미오알부민 (myoalbumin)은 근형질단백질에 해당된다.

ⓢ 기질단백질은 뼈, 껍질 등의 결합조직의 구성성분이며 불용성이다. 콜라겐(collagen), 엘라스틴 (elastin)은 기질단백질에 해당된다.

ⓞ 어육은 결합조직의 구성성분인 기질단백질이 적으므로 축육에 비해 연하다.

52 어류의 신선도를 유지하기 위하여 연장해야 할 사후변화 단계는?

① 해경　　　　　② 숙성　　　　　③ 사후경직　　　　　④ 자가소화

(해설) 사후경직 기간이 길수록 신선도가 오래 유지된다.

(정리) 어류의 사후(死後)변화

㉠ 어류의 사후에는 호흡이 정지되며 산소공급이 이루어지지 않으므로 글리코겐이 분해되어 젖산이 생성되게 되는데 이를 해당작용(解糖作用)이라고 한다.

㉡ 어류의 사후에 일정 시간이 지나면 근육이 수축하여 딱딱하게 된다. 이를 사후경직(死後硬直)이라고 하며 사후경직 기간이 길수록 신선도가 오래 유지되고 부패가 늦어진다.

㉢ 사후경직으로 수축된 근육은 시간이 지나면 풀리게 되는데 이를 해경(解硬)이라고 한다.

㉣ 어류 근육의 주성분인 단백질, 글리코겐, 지방질 등은 근육에 존재하는 효소의 작용으로 분자량이 적은 화합물로 변하는데 이를 자가소화(自家消化)라고 한다.

㉤ 어류의 사후 시간이 많이 경과되면 부패된다. 부패란 미생물의 작용으로 어류의 구성성분이 유익하지 못한 물질로 분해되면서 독성물질과 악취를 배출하는 현상이다.

53 어패류에 함유되어 있는 색소가 아닌 것은?

① 티라민　　　　　② 멜라닌　　　　　③ 구아닌　　　　　④ 미오글로빈

(해설) 티라민은 단백질을 구성하는 아미노산의 일종이다.

(정리) 어패류의 색소성분

㉠ 적색 색소인 미오글로빈은 붉은 살 어류에 많이 함유되어 있으며, 미오글로빈이 산소와 결합하면 옥시 미오글로빈이 되어 선홍색을 띠게 된다.

㉡ 황색 색소인 카로티노이드는 가재, 게, 새우의 껍질에 많이 함유되어 있다. 카로티노이드는 가열하여도 쉽게 변하지 않는 특성이 있다.

㉢ 흑색 또는 흑갈색 색소는 멜라닌이다.

㉣ 백색 색소는 구아닌이다.

정답 52 ③　53 ①

54 어패류의 선도가 떨어질 때 발생하는 냄새를 모두 고른 것은?

> ㄱ. 암모니아　　　　　ㄴ. 인돌　　　　　ㄷ. 저급아민
> ㄹ. 저급지방산　　　　ㅁ. 히포크산틴

① ㄱ, ㄴ, ㄷ　　　② ㄱ, ㄹ, ㅁ　　　③ ㄱ, ㄴ, ㄷ, ㄹ　　　④ ㄴ, ㄷ, ㄹ, ㅁ

(해설) 암모니아, 인돌, 메틸아민 등 저급아민, 저급지방산(탄소의 개수가 10개 이하인 지방산) 등이 부패한 어류의 불쾌한 냄새의 원인이다.

55 새우를 빙장 또는 동결저장할 때 새우 표면에 흑색 반점이 생기는 이유는?

① 효소에 의한 색소 형성　　　　② 황화수소에 의한 육 색소 변색
③ 껍질 색소의 공기 노출　　　　④ 키틴의 산화 변색

(해설) 새우는 티로시나아제(tyrosinase)를 함유하고 있으므로 이의 작용으로 흑색의 멜라닌(melanin)이 형성되어 흑변한다. 따라서 찌거나 가열하여 티로시나아제(tyrosinase)의 작용을 억제하거나 아황산수소나트륨($NaHSO_3$) 용액으로 처리하여 갈변을 방지한다.

56 수산 식품에 사용되는 대표적인 보존료는?

① 소르브산 칼륨　　　　② 안식향산 나트륨
③ 프로피온산 칼륨　　　④ 디히드로초산 나트륨

(해설) 소르브산 칼륨은 물에 잘 녹으며 공기 중에 방치하면 산화 분해하여 착색된다. 식품에서는 합성 보존료로 널리 쓰이는데, 사용 기준이 정해져 있다. 항균력은 강하지 않지만 항균 영역이 넓어서 방부제 · 방곰팡이제로의 효능이 우수하다.

57 조기를 염장할 때 소금의 침투에 관한 설명으로 옳은 것은?

① 지방함량이 많으면 소금의 침투가 빠르다.
② 염장온도가 높을수록 소금의 침투가 빠르다.
③ 칼슘염 및 마그네슘염이 많으면 소금의 침투가 빠르다.
④ 일반적으로 염장 초기에는 물간법이 마른간법보다 소금의 침투가 빠르다.

(해설) 염장 중 소금의 침투속도는 소금량이 많을수록 침투속도가 빠르고, 염장온도가 높을수록 침투속도가 빠르다. 또한 지방함량이 많거나, Ca염 및 Mg염이 존재하면 침투가 저해된다.

정답　54 ③　55 ①　56 ①　57 ②

58 기체투과성이 낮고 열수축성과 밀착성이 좋아 수산 건제품 및 어육 연제품의 포장에 이용되는 플라스틱 필름은?

① 셀로판

② 폴리스티렌

③ 폴리프로필렌

④ 폴리염화비닐리덴

(해설) 폴리염화비닐리덴(PVDC)은 수분 및 산소로부터 내용물의 부패, 변형을 막는 기능이 탁월해 주로 높은 수준의 외부 차단성을 요구하는 냉장 및 냉동 육가공 포장재의 원료로 쓰인다. 열수축성이 큰 편이어서 소시지 등의 식품 포장시 밀착 포장이 가능하다.

(정리) **플라스틱 필름**

㉠ 폴리스티렌

폴리스티렌(PS)은 냉장고 내장 채소 실용기, 투명그릇 등에 사용되며 휘발유에 녹는 특징이 있다.

㉡ 폴리프로필렌

폴리프로필렌(PP)은 방습성, 내열·내한성, 투명성이 좋아 투명 포장과 채소류의 수축 포장에 사용된다. 산소투과도가 높아 차단성이 요구될 경우에는 알미늄 증착이나 PVDC코팅을 하여 사용한다.

㉢ 폴리염화비닐리덴

수분 및 산소로부터 내용물의 부패, 변형을 막는 기능이 탁월해 주로 높은 수준의 외부 차단성을 요구하는 냉장 및 냉동 육가공 포장재의 원료로 쓰인다. 열수축성이 큰 편이어서 소시지 등의 식품 포장시 밀착 포장이 가능하다.

59 마른멸치를 포장할 때 탈산소제 봉입 포장의 효과가 아닌 것은?

① 갈변 방지

② 지방의 산화 방지

③ 식품 성분의 손실 방지

④ 혐기성 미생물의 생육 억제

(해설) 혐기성 미생물은 산소를 필요로 하지 않는다.

60 수산물을 건조할 때 감률 제1건조단계에 관한 설명으로 옳지 않은 것은?

① 표면 경화 현상이 생기기 시작한다.

② 항률 건조단계에 비해 건조속도가 느리다.

③ 한계 함수율에 도달하기 직전의 건조단계이다.

④ 내부의 수분 확산에 의해 건조속도가 영향을 받는다.

(해설) 감률 제1건조단계는 한계 함수율(항률(恒率) 건조에서 감률(減率) 건조로 이행하는 한계점에 있어서의 함수율)을 기점으로 해서 일어난다.

정리 **감률 건조**

건조 속도가 함수율(含水率)의 감소와 더불어 저하하는 건조 과정을 감률 건조라고 한다. 감률 건조가 항률 건조에 이어서 일어나는 경우에 감률 제1건조단계와 감률 제2건조단계로 구별할 수 있다. 한계 함수율을 기점으로 해서 일어나는 감률 제1건조단계는 고체 표면이 부분적으로 건조하기 시작한 후 전 표면이 거의 평형 함수율에 달하기까지의 단계이며, 감률 제2건조단계는 물의 증발이 고체 내부에서 일어나며 모세관 작용 등에 의해 표면으로 이동하는 단계이다.

61 알긴산에 관한 설명으로 옳지 않은 것은?

① 고분자 산성 다당류이다.

② 2가 금속 이온에 의해 겔을 만든다.

③ 감태와 모자반 등이 원료로 사용된다.

④ 아가로즈와 아가로펙틴으로 구성되어 있다.

해설 알긴산은 만누론산(mannuronic acid)과 글루론산(guluronic acid)으로 구성된 산성 다당류이다.

정리 **해조류 가공품**

⑴ 해조류 가공품에는 김, 마른미역, 한천, 알긴산, 카라기난 등이 있다. 한천, 알긴산, 카라기난 등은 다당류의 함유가 풍부하여 식품 산업, 화장품 산업 및 의약품 산업에 이용되고 있다.

⑵ 한천

① 한천(agar)은 홍조류인 우뭇가사리와 꼬시래기로부터 추출한 액을 냉각하여 생기는 우무를 동결, 탈수, 건조한 것이다.

② 한천의 제조방법에는 자연한천제조법과 공업한천제조법이 있다.

③ 자연한천제조법

㉠ 자연한천은 겨울에 자연의 냉기를 이용하여 동건법으로 제조한다.

㉡ 건조장의 기후조건이 중요하며, 하루의 최저기온은 −5℃ ~ −10℃, 최고기온은 5℃~10℃ 정도 되고, 맑고 바람이 적은 곳이 좋다.

㉢ 우뭇가사리와 꼬시래기를 수침 후 세척하고 상압에서 끓는 물에 넣어 장시간 자숙하여 한천 성분(우뭇가사리와 꼬시래기 등의 세포벽에 존재하는 다당류)을 추출한다.

㉣ 추출한 한천 성분을 여과포로 여과하여 응고시키면 우무가 생긴다.

㉤ 우무를 일정한 크기(각 한천은 길이 35cm, 두께 3.9~4.2cm, 실한천은 길이 35cm, 두께 6mm)로 절단하여 자연 냉기를 이용하여 동건(동결, 해동을 반복하여 건조)한다.

④ 공업한천제조법

㉠ 공업한천은 냉동기를 사용하여 동결하므로 기후조건의 영향을 받지 않아 연중생산이 가능하다.

㉡ 건조를 위한 탈수법에는 동결탈수법과 압착탈수법이 있다.

㉢ 우뭇가사리는 동결탈수법(동결된 상태에서 압력을 낮추어 승화시켜 탈수함)으로 한천을 생산하며, 꼬시래기는 압착탈수법(압착기로 압축하여 탈수함)으로 한천을 생산한다.

⑤ 한천의 성질

    ⊙ 성분은 아가로스(중성 다당류, 70~80%)와 아가로펙틴(산성 다당류, 20~30%)의 혼합물이다.

    ⓛ 한천은 응고력이 강하고 보수성과 점탄성이 좋다. 한천의 응고력은 아가로스의 함량이 많을수록 응고력이 강하다.

    © 인체의 소화효소나 미생물에 의해서도 분해되지 않는다. 따라서 소화, 흡수가 잘 되지 않아 다이어트 식품의 원료로 많이 사용된다.

    ② 한천은 냉수에는 녹지 않으나, 80℃ 이상의 뜨거운 물에는 잘 녹는다.

> **참고 점탄성**
>
> 점탄성은 물체에 힘을 가했을 때 액체로서의 성질과 고체로서의 성질이 동시에 나타나는 현상이다. 점성과 탄성의 합성어이며, 점성은 끈끈한 성질이라고 할 수 있고 탄성은 원래의 모양으로 복원하는 성질이라고 할 수 있다.

(3) 알긴산

  ① 알긴산(alginic acid)은 갈조류(미역, 다시마, 감태, 모자반, 톳)에 함유되어 있는 점질성 다당류이다.

  ② 알긴산의 성질

    ⊙ 만누론산(mannuronic acid)과 글루론산(guluronic acid)으로 구성된 산성 다당류이다.

    ⓛ 물에는 녹지 않으며, Ca^{2+}과 결합하면 겔(Gel)을 만드는 성질이 있다.

    © 알긴산은 점성, 겔(Gel) 형성력, 유화안정성(물과 기름을 혼합시켜 그 상태를 유지하는 성질) 등의 성질을 가지고 있다.

    ② 알긴산은 장의 활동을 활발하게 해준다.

    ⑩ 알긴산은 콜레스테롤, 중금속, 방사선 물질 등을 몸 밖으로 배출시켜 주는 기능이 있다.

(4) 카라기난

  ① 카라기난(carrageenan)은 홍조류(돌가사리, 진두발, 카파피쿠스 알바레지)에 함유되어 있는 다당류이다.

  ② 카라기난의 성질

    ⊙ 카라기난은 갈락토스와 안히드로갈락토스가 결합된 고분자 다당류이다.

    ⓛ 단백질과 결합하여 단백질 겔(Gel)을 형성한다.

    © 점성, 겔(Gel) 형성력, 유화안정성, 결착성(두 물질을 붙여주는 성질) 등의 성질을 가지고 있다.

    ② 70℃ 이상의 물에 완전히 용해된다.

62 동남아시아에서 생산되는 동결 연육의 주원료로 탄력형 성능은 좋으나 되풀림이 쉬운 어종은?

① 명태

② 대구

③ 임연수어

④ 실꼬리돔

(해설) 실꼬리돔은 연육 재료로서 되풀림이 쉬운 어종이다.

63 어묵의 주원료로 사용하는 동결 연육의 품질 판정 지표가 아닌 것은?

① 단백질 용해도
② Ca-ATPase 활성
③ 휘발성염기질소 함량
④ 연육 가열겔의 겔강도

(해설) 동결 연육의 등급의 지표로는 수분함량, 조단백질, 단백질 용해도, 백색도, Ca-ATPase 활성, 협잡물 및 겔강도 등이 사용되고 있다.
Ca-ATPase는 단백질의 변성지표로 사용된다. Ca-ATPase가 활성화되어 ATP를 분해시키고 단백질의 변성을 초래한다.

64 영하 50℃ 냉동고에서 저장 중인 참치의 TTT(Time-Temperature-Tolerance) 계산결과 그 값이 80%이었다. 이 냉동 참치의 품질에 관한 설명으로 옳은 것은?

① 식용이 가능하다.
② 품질저하율이 20%이다.
③ 상품 가치를 잃어버린 상태이다.
④ 실용저장기간이 80% 남아 있다.

(해설) 품질저하율이 80%이고, 실용저장기간이 20% 남아 있다.

(정리) **냉동식품의 유통체계와 품질변화**
㉠ 시간-온도 허용한도(TTT, Time Temperature Tolerance) 값으로 냉동식품의 품질저하량을 간접적으로 추정할 수 있다.
㉡ 시간 온도 허용한도(TTT, Time Temperature Tolerance)는 식품의 품질과 저장시간 및 온도(품온)와의 관계를 수학적으로 산출한 것이다.
㉢ 품질유지곡선은 냉동식품의 품온과 품질유지시간과의 관계를 나타낸다. 즉, 단계별 저장온도(어획 후 냉동보관, 냉동유통, 매장, 소비자의 가정)에 따른 품질유지허용시간을 나타낸다.
㉣ T.T.T. 값은 품질유지곡선으로부터 얻어진 시간당 품질저하량에 저장시간을 곱한 것을 유통단계별로 합산하여 구한다.
㉤ T.T.T. 값이 1보다 작으면 품질은 양호한 것이며, 1이면 품질유지한계에 온 것이고, 1보다 크면 허용한도를 벗어난 것으로 추정할 수 있다.

65 냉동 어패류의 프리저번 또는 갈변을 방지하기 위한 보호처리로 옳지 않은 것은?

① 블랜칭
② 급속동결
③ 글레이징
④ 방습포장

수산물의 동결에 의한 변질

(1) 냉동변색(Freeze burn)은 동결저장 중에 승화한 다공질의 표면에 산소가 반응하여 갈변하는 현상을 말한다. 냉동변색은 풍미 저하의 원인이 된다.

(2) 횟감으로 사용하는 참치육은 −18℃에서 동결저장하여도 마이오글로빈(myoglobin)이 산화되어 갈색의 메트마이오글로빈(metmyoglobin)으로 변하는데 이를 메트화라고 한다. 메트화가 발생하지 않도록 횟감으로 사용하는 참치육은 −50 ∼ −55℃에 냉동 저장한다.

(3) 냉동변색 방지

① 블랜칭: 공기를 뺌으로써 산소를 차단하고, 자기효소를 파괴하여 색소나 비타민의 변화를 방지할 목적으로 원료를 끓인 물이나 증기로 데치는 조작을 말한다.

② 글레이징: 글레이징(빙의)이란 동결한 수산물의 표면에 덮는 얇은 얼음막을 말한다. 냉동수산물을 0.5∼2℃의 물에 10초 정도 담갔다가 꺼내면 3∼5mm 두께의 빙의(글레이즈)가 형성된다.

③ 방습포장한다.

④ 아스코르브산, 토코페롤, 부틸히드록시아니졸(BHA), 디부틸히드록시톨루엔(BHT) 등과 같은 산화방지제를 사용한다.

---

66 통조림용 기기인 이중밀봉기에서 캔 뚜껑의 컬을 몸통의 플랜지 밑으로 말아 넣는 역할을 하는 부위는?

① 리프터

② 시밍 척

③ 시밍 제1롤

④ 시밍 제2롤

해설 시밍 제1롤은 뚜껑의 컬부를 몸통의 플랜지 밑으로 말아 이중으로 겹쳐 굽히는 작용을 하고, 제2롤은 이것을 더욱 압착하여 밀봉을 완성한다.

정리 **1. 통조림의 가공**

(1) 먼저 원료를 알맞게 전처리(선별, 조리)한 후 캔에 넣고(살쟁임) 탈기, 밀봉, 살균, 냉각, 포장의 순서로 가공한다.

(2) 탈기는 용기에 내용물을 채운 다음 용기 내부에 있는 공기를 제거하는 공정이다. 탈기의 목적은 다음과 같다.

① 캔 내의 공기를 제거함으로써 호기성 세균의 발육을 억제할 수 있다.

② 살균할 때 공기가 팽창되는 것을 막을 수 있어 캔의 파손을 방지할 수 있다.

③ 공기산화로 인한 내용물의 영양성분 파괴를 억제할 수 있다.

④ 캔 내부 부식을 방지할 수 있다.

(3) 밀봉은 탈기를 끝낸 후 캔의 몸통과 뚜껑 사이에 틈새가 없도록 시머(밀봉기)로 봉하는 공정이다. 밀봉을 하는 목적은 캔 내부의 내용물을 외부 미생물 및 오염물질로부터 차단하고, 진공상태를 유지하기 위한 것이다. 밀봉기의 3요소는 리프터, 시밍 롤, 시밍 척이다.

① 리프터(lifter): 리프터는 동체를 척에 맞도록 올리는 장치인데, 그 중심이 척의 중심과 꼭 맞아야 하며, 그 면은 서로 평행이 되어야 한다.

② 시밍 롤(seaming roll): 제1롤은 뚜껑의 컬부를 몸통의 플랜지 밑으로 말아 이중으로 겹쳐 굽히는 작용을 하고, 제2롤은 이것을 더욱 압착하여 밀봉을 완성한다.

③ 시밍 척(seaming chuck): 시밍 척은 리프터와 더불어 관을 고정하고, 척플랜지는 시밍 롤이 밀봉부를 압착할 때 대응하는 벽의 역할을 한다.

(4) 살균은 밀봉된 용기내의 내용물에 존재하는 유해 미생물을 살균하는 것이다. 살균에 의해 식품의 위생적 안전성이 향상되고 바로 먹을 수 있게 하여 이용의 간편성을 높일 수 있다.

① 살균할 때 가열의 정도는 식품의 산도(pH)에 따라 다르다.

② 클로스트리듐 보툴리눔균은 내열성이 매우 강하며, pH 4.5 이상일 때 증식이 이루어지므로 pH 4.50이상의 저산성식품은 레토르트(retort)에 넣어 100℃ 이상의 고온으로 열처리하여 살균하여야 한다. pH 4.5 이하의 산성식품은 저온살균을 한다.

(5) 살균을 끝낸 통조림은 내용물의 품질변화를 줄이기 위해 40℃ 정도로 급속히 냉각하여야 한다.

① 냉각의 목적은 호열성 세균의 발육을 억제하고, 캔 내용물의 분해를 방지하며, 스트루바이트(통조림 내용물에 유리조각 같은 결정체가 생기는 것)의 생성을 억제하는데 있다.

② 레토르트(retort)에 넣고 가열하는 과정에서 통조림 내부의 압력이 증가하고 내용물이 팽창되어 있으므로 레토르트의 압력을 유지하면서 냉각수를 주입하여 냉각한다(가압냉각).

③ 레토르트의 압력이 캔의 내압보다 과도하게 크면 패널 캔(움푹 파인 형태)이 생기기 쉬우며, 레토르트의 압력이 캔의 내압보다 과도하게 작으면 버클 캔(튀어 나온 형태)이 생기기 쉽다.

정리 **2. 이중 밀봉기(시머, seamer)**

(1) 통조림을 제조할 때 캔의 몸통과 뚜껑을 빈 공간 없이 이중 밀봉하는 기계이다.

(2) 이중 밀봉이란 뚜껑의 컬(캔 뚜껑의 가장자리를 굽힌 부분)을 몸통의 플랜지(캔 몸통의 가장자리를 밖으로 구부린 부분) 밑으로 말아서 넣고 압착하여 밀봉하는 방법을 말한다.

(3) 이중 밀봉기는 리프터, 시밍 척, 시밍 롤로 구성되며, 시밍 척, 시밍 롤을 시밍 헤드라고 한다.

(4) 시밍 롤(roll)은 제1롤과 제2롤로 구성되어 있으며, 제1롤의 홈은 너비가 좁고 깊으며, 제2롤의 홈은 너비가 넓고 얕다.

(5) 이중 밀봉기의 밀봉작업은 다음과 같이 이루어진다.

① 리프터(lifter)가 캔을 들어 올려 시밍 척(chuck)에 고정시킨다.

② 제1롤이 시밍 척에 접근하여 뚜껑의 컬을 몸통의 플랜지 밑으로 말아 넣는다.

③ 제1롤의 후퇴와 동시에 제2롤이 시밍 척에 접근하여 말려 들어간 뚜껑의 컬과 몸통의 플랜지를 더욱 강하게 압착하여 밀봉을 완성한다.

④ 제2롤의 후퇴와 동시에 리프터가 캔을 내려 밀봉기 밖으로 내보낸다.

67 멸치 액젓의 품질 기준 항목이 아닌 것은?

① 수분   ② 염도
③ 총질소   ④ 유기산

해설 식품공전은 식품위생법에 의해 식품의약품안전처장이 고시하는 식품의 기준 및 규격이다. 식품공전상 액젓의 규격항목으로 총질소 1.0 이상, 타르색소는 검출되지 않을 것, 대장균군의 기준 등이 있다. 그리고 액젓의 품질기준항목으로는 수분, 염도, pH, VBN(Volatile Basic Nitrogen, 휘발성염기), 총질소함량 및 아미노산성질소함량 등이 있다.

정답 67 ④

정리 **수산발효식품**

(1) 수산발효식품은 수산물의 부패를 방지하면서 발효시킨 식품으로서 젓갈, 식해 등이 있다.

> 참고 **발효와 부패**
>
> 발효와 부패는 효모균이나 미생물이 유기물을 분해시키는 작용이다. 그 결과 생활에 유용한 물질이
> 만들어 지면 발효이고(발효식품의 예로서 김치, 된장, 젓갈, 식해 등이 있다), 악취가 나며 유해한
> 물질이 만들어지면 부패이다.

(2) 젓갈

① 젓갈은 수산물의 근육, 내장, 생식소(알) 등에 소금을 넣고 변질을 억제하면서 어패류 자체의 효소
와 외부 미생물의 효소작용으로 발효, 숙성시킨 것으로서 독특한 맛과 풍미를 가지고 있다.

② 젓갈은 가공 방법에 따라 육젓과 액젓으로 나누어진다.

  ㉠ 육젓은 수산물의 원형이 유지되는 것으로 수산물에 8~30% 정도의 소금만을 사용하여 2~3개
  월 상온에서 발효시켜 만든 발효식품이다.

  ㉡ 액젓은 수산물의 원형이 유지되지 않는 것으로 12개월 이상 발효시켜 만든 발효식품이다.

③ 액젓의 총질소 측정 방법은 세미마이크로 킬달법이다.

  ㉠ 질소를 함유한 유기물을 촉매(분해촉진제)의 존재 하에서 황산으로 가열분해하면, 질소는 황산
  암모늄으로 변한다(분해).

  ㉡ 황산암모늄에 NaOH를 가하여 알카리성으로 하고, 유리된 NH_3를 수증기 증류하여 희황산(농도
  가 묽은 황산)으로 포집한다(증류).

  ㉢ 이 포집액을 NaOH로 적정하여 질소의 양을 구하고(적정), 이에 질소계수를 곱하여 조단백의
  양을 산출한다.

  ㉣ 식품의 단백질량 = 식품의 질소함유량 × 질소계수(6.25)

(3) 식해

① 식해는 염장 어류에 밥, 조 등의 전분질과 향신료 등을 함께 배합하여 숙성시켜 만든 것이다.

② 식해는 식염의 농도가 낮아 저장성이 짧다.

③ 가자미식해, 넙치식해 등이 대표적이다.

68 세균 A의 포자를 100℃에서 사멸시키는데 300분이 소요되었다. 살균 온도를 120℃로 올릴 경우
사멸에 필요한 예상 시간은? (단, 세균 A 포자의 Z값은 10℃이다.)

① 3분   ② 6분   ③ 30분   ④ 60분

해설 $300 \times 10^{-2} = 3$

정리 **살균시간의 산출**

• D-value: 균수를 1/10로 감소시키는데 요하는 시간
• Z-value: D-value를 1/10로 변화하는데 대응하는 온도의 변화
• F-value: 균수의 완전 사멸에 걸리는 시간

정답 68 ①

69 황색포도상구균(Staphylococcus aureus) 식중독에 관한 설명으로 옳지 않은 것은?

① 고열이 지속되는 감염형 식중독이다.

② 장독소(enterotoxin)를 생성한다.

③ 다른 세균성 식중독에 비해 잠복기가 짧은 편이다.

④ 신체에 화농이 있으면 식품을 취급해서는 안된다.

──────────

해설 독소형 식중독이다.

정리 **세균성 독소형 식중독**

ㄱ 식품 내에 미생물이나 병원체의 증식에 의해 만들어진 독소를 식품과 함께 섭취하여 발생하는 식중독으로서 포도상구균 식중독, 보툴리누스 식중독 등이 해당된다.

ㄴ 포도상구균에 의한 식중독은 이 균이 생산하는 독소인 엔테로톡신(enterotoxin)이 원인으로 이 독소는 음식물을 끓여도 없어지지 않고 조리하는 사람 손의 상처에서 번식하므로 손에 상처가 있는 사람은 조리를 하지 말아야 한다. 심한 설사, 복통이 나타나며 대부분 24시간 이내에 자연적으로 회복된다.

참고 **엔테로톡신(enterotoxin)**

포도상구균, 웰치균, 콜레라균, 장염비브리오, 독소원성 대장균, 세레우스균 등이 생산하는 독소이다. 이것을 함유하는 식품을 섭취하면 식중독을 일으킨다. 포도상구균의 엔테로톡신은 100℃, 30분의 가열에도 견디고, 트립신 처리에도 저항한다. 콜레라균의 엔테로톡신은 열에 의해 분해된다. 포도상구균의 독소는 내열성으로 구토를 일으킨다. 콜레라균의 독소는 심한 설사를 일으키고, 열에 의해 분해된다. 독소성대장균은 내열성독소와 이열성독소를 생산한다. 장관독(腸管毒)이라고도 한다.

ㄷ 보툴리누스 식중독은 클로스트리듐 보툴리눔균(Clostridium botulinum)이 증식하면서 생산한 단백질계의 독소물질을 섭취하여 발생하는 식중독이다. 클로스트리듐 보툴리눔균은 절대혐기성균으로서 혐기성 상태가 유지되는 통조림 식품, 소시지 같은 육류 식품에서 식중독을 일으킬 수 있다. 이 식중독의 증상은 보통 잠복기가 12~36시간이나 2~4시간 이내에 신경증상이 나타나기도 한다. 주 증상은 메스꺼움, 구토, 복통, 설사 등 소화기 증상과 시력장애, 복통, 두통, 근력감퇴, 신경장애가 있고 발열은 없다. 호흡장애로 사망에 이르는 경우도 있다.

70 HACCP 선행요건에서 위생표준운영절차(SSOP)가 아닌 것은?

① 독성물질 관리 보관　　　　　② 위해허용한도 설정

③ 위생약품 등의 혼입방지　　　④ 식품 접촉 표면의 청결유지

──────────

해설 위해허용한도 설정은 HACCP 7원칙에 해당된다.

정리 **HACCP 선행요건 관리**

⑴ 위생표준운영절차(Sanititaion Standard Operation Procedure, SSOP)

위생관리운영기준, 영업장관리, 용수관리, 보관 및 운송관리, 검사관리, 회수관리 등의 운영절차

⑵ 우수제조기준(Good Manufacturing Practice, GMP)

위생적인 식품 생산을 위한 시설, 설비 요건, 재질 요건 등에 관한 기준

정답 **69** ① **70** ②

71 HACCP 7원칙에 포함되는 내용을 모두 고른 것은?

> ㄱ. 중요관리점 파악　　　　　　　　ㄴ. 위해요소 분석
> ㄷ. 검증절차 및 방법 수립　　　　　ㄹ. 공정흐름도 작성

① ㄱ, ㄴ　　　　② ㄱ, ㄹ　　　　③ ㄱ, ㄴ, ㄷ　　　　④ ㄴ, ㄷ, ㄹ

해설 HACCP 7원칙은 위해요소 분석, 중요관리점 결정, 중요관리점에 대한 한계기준 결정, 중요관리점 관리를 위한 모니터링 체계 확립, 개선조치 방법 설정, 검증절차 및 방법 설정, 문서 및 기록유지 방법 설정이다.

정리 HACCP 7원칙

(1) 원칙1: 위해요소 분석

① HACCP 관리계획의 개발을 위한 첫 번째 원칙은 위해요소 분석을 수행하는 것이다. 위해요소 (Hazard) 분석은 HACCP팀이 수행하여야 하며, 이는 제품설명서에서 파악된 원·부재료별로, 그리고 공정흐름도에서 파악된 공정 단계별로 구분하여 실시하여야 한다.

② 위해요소 분석은 다음과 같이 3단계로 실시될 수 있다.

　㉠ 첫 번째 단계는 원료별·공정별로 생물학적·화학적·물리적 위해요소와 발생원인을 모두 파악하여 목록화하는 것으로, 이때 위해요소 분석을 위한 질문사항을 사용하면 도움이 된다.

　㉡ 두 번째 단계는 파악된 잠재적 위해요소에 대한 위해도를 평가하는 것이다. 위해도(risk)는 심각성(severity)과 발생가능성(likelihood of occurrence)을 종합적으로 평가하여 결정한다. 위해도 평가는 위해도 평가기준을 이용하여 수행할 수 있다.

　㉢ 마지막 단계는 파악된 잠재적 위해요소의 발생원인과 각 위해요소를 예방하거나 완전히 제거, 또는 허용 가능한 수준까지 감소시킬 수 있는 예방조치가 있는지를 확인하여 기재하는 것이다.

　　• 이러한 예방조치는 한 가지 이상의 방법이 사용될 수 있으며, 어떤 한 가지 예방조치로 여러 가지 위해요소가 통제될 수도 있다.

　　• 위해요소 분석 해당식품 관련 역학조사자료, 업소자체 오염실태 조사자료, 작업환경조건, 종업원 현장조사, 보존시험, 미생물시험, 관련규정, 관련 연구자료 등을 활용할 수 있으며, 기존의 작업공정에 대한 정보도 이용될 수 있다.

　　• 이러한 정보는 위해요소와 관련된 목록 작성뿐만 아니라 HACCP 계획의 특별검증(재평가), 한계기준 이탈시 개선조치방법 설정, 예측하지 못한 위해요소가 발생한 경우의 대처방법 모색 등에도 활용될 수 있다.

　　• 위해요소 분석은 해당식품 및 업소와 관련된 모든 다양한 기술적·과학적 전문자료를 필요로 하므로 상당히 어렵고 시간이 많이 걸리지만, 정확한 위해분석을 실시하지 못하면 효과적인 HACCP 계획을 수립할 수 없기 때문에 철저히 수행되어야 하는 중요한 과정이다.

(2) 원칙2: 중요관리점 결정

① 위해요소 분석이 끝나면 해당 제품의 원료나 공정에 존재하는 잠재적인 위해요소를 관리하기 위한 중요관리점을 결정해야 한다.

② 중요관리점이란 원칙1에서 파악된 위해요소 및 예방조치에 관한 정보를 이용하여 해당 위해요소를 예방, 제거 또는 허용 가능한 수준까지 감소시킬 수 있는 최종 단계 또는 공정을 말한다.

③ 중요관리점(Critical Control Point, CCP)과 비교하여 관리점(Control Point, CP)이란 생물학적, 화학적 또는 물리적 요인이 관리되는 단계 또는 공정을 말한다. 주로 발생가능성이 낮거나 중간이고 심각성이 낮은 위해요소 관리에 적용된다.

정답 **71** ③

④ 중요관리점을 결정하는 유용한 방법은 중요관리점 결정도를 이용하는 것이다. 원칙1에서 위해요소 분석을 실시한 결과 확인대상으로 결정된 각각의 위해요소에 대하여 중요관리점 결정도를 적용하고, 이 결과를 중요관리점 결정표에 기재하여 정리한다.

⑶ 원칙3: 중요관리점에 대한 한계기준 결정

① 세 번째 원칙은 HACCP팀이 각 중요관리점(CCP)에서 취해야 할 조치에 대한 한계기준을 설정하는 것이다.

② 한계기준이란 중요관리점에서 관리되어야 할 생물학적, 화학적 또는 물리적 위해요소를 예방, 제거 또는 허용 가능한 안전한 수준까지 감소시킬 수 있는 최대치 또는 최소치를 말한다.

③ 한계기준은 현장에서 쉽게 확인할 수 있도록 육안관찰이나 간단한 측정으로 확인할 수 있는 수치 또는 특정지표로 나타내어야 한다. 예를 들어 온도 및 시간, 습도, 수분활성도(Aw) 같은 제품 특성, 염소, 염분농도 같은 화학적 특성, pH, 금속검출기 감도, 관련서류 확인 등을 한계기준 항목으로 설정한다.

④ 한계기준은 안전성을 보장할 수 있는 과학적 근거에 기초하여 설정되어야 한다.

⑤ 한계기준을 결정할 때에는 법적 요구조건과 연구 논문이나 식품관련 전문서적, 전문가 조언, 생산공정의 기본자료 등 여러 가지 조건을 고려해야 한다. 예를 들면 제품 가열시 중심부의 최저온도, 특정온도까지 냉각시키는데 소요되는 최소시간, 제품에서 발견될 수 있는 금속조각(이물질)의 크기 등이 한계기준으로 설정될 수 있으며 이들 한계기준은 식품의 안전성을 보장할 수 있어야 한다.

⑷ 원칙4: 중요관리점 관리를 위한 모니터링 체계 확립

① 네 번째 원칙은 중요관리점을 효율적으로 관리하기 위한 모니터링 방법을 설정하는 것이다.

② 모니터링이란 중요관리점에 해당되는 공정이 한계기준을 벗어나지 않고 안정적으로 운영되도록 관리하기 위하여 종업원 또는 기계적인 방법으로 수행하는 일련의 관찰 또는 측정수단이다.

⑸ 원칙5: 개선조치 방법 설정

① HACCP 관리계획은 식품으로 인한 위해요소가 발생하기 이전에 문제점을 미리 파악하고 시정하는 예방체계이므로, 모니터링 결과 한계기준을 벗어날 경우 취해야 할 개선조치를 사전에 설정하여 신속한 대응조치가 이루어지도록 하여야 한다.

② 일반적으로 취해야 할 개선조치 사항에는 공정상태의 원상복귀, 한계기준 이탈에 의해 영향을 받은 관련식품에 대한 조치사항, 이탈에 대한 원인규명 및 재발방지 조치, HACCP 관리계획의 변경 등이 포함된다.

⑹ 원칙6: 검증절차 및 방법 설정

① 여섯 번째 원칙은 HACCP 시스템이 적절하게 운영되고 있는지를 확인하기 위한 검증 방법을 설정하는 것이다.

② HACCP팀은 현재의 HACCP 시스템이 설정한 안전성 목표를 달성하는데 효과적인지, HACCP 관리계획대로 실행되는지, HACCP 관리계획의 변경 필요성이 있는지를 확인하기 위한 검증 방법을 설정하여야 한다.

③ HACCP팀은 전반적인 재평가를 위한 검증을 연 1회 이상 실시하여야 하며, HACCP 관리계획을 수립하여 최초로 현장에 적용할 때, 해당식품과 관련된 새로운 정보가 발생되거나 원료·제조공정 등의 변동에 의해 HACCP 관리계획이 변경될 때에도 실시하여야 한다.

⑺ 원칙7: 문서 및 기록유지 방법 설정

① HACCP 체계를 문서화하는 효율적인 기록유지 및 문서관리 방법을 설정하는 것이다.

② 기록유지는 HACCP 체계의 필수적인 요소이며, 기록유지가 없는 HACCP 체계의 운영은 비효율적이며 운영근거를 확보할 수 없기 때문에 HACCP 관리계획의 운영에 대한 기록 및 문서의 개발과 유지가 요구된다.

③ 기록유지 방법 개발에 접근하는 방법 중 하나는 이전에 유지 관리하고 있는 기록을 검토하는 것이다.

④ 가장 좋은 기록유지 체계는 현재의 작업내용을 쉽게 통합한 가장 단순한 것이어야 한다. 예를 들어, 원재료와 관련된 기록에는 입고시 누가 기록을 작성하는가, 출고 전 누가 기록을 검토하는가, 기록을 보관할 기간은 얼마 동안인가, 기록 보관 장소는 어디인가 등의 내용을 포함하는 가장 단순한 서식을 가질 수 있도록 한다.

72 노로바이러스 식중독에 관한 설명으로 옳지 않은 것은?

① 겨울철에 많이 발생하고 전염력이 강하다.
② GⅠ, GⅡ의 유전자형이 주로 식중독을 유발한다.
③ DNA 유전체를 가진 독소형 식중독이다.
④ 열에 약하므로 식품조리 시 익혀 먹어야 한다.

(해설) 바이러스형 식중독이다.

(정리) **바이러스형 식중독**
　　㉠ 노로바이러스 식중독은 계절적으로는 겨울철에 발생이 많아서 연간 전체 발생 건수의 약 43%가 12~2월 사이에 발생한다.
　　㉡ 노로바이러스 식중독은 굴, 조개, 생선 같은 수산물을 익히지 않고 먹을 경우, 집단 배식에서 조리자의 손이 오염되고 그 음식을 섭취한 경우, 구토물, 침 같은 분비물이 묻은 손으로 음식을 먹은 경우, 설사 증세를 보이는 유아의 기저귀를 만진 경우 등 주로 오염된 식품, 식수, 환자 접촉 등을 통해 발생한다.
　　㉢ 노로바이러스의 평균 잠복기는 24~48시간이다.
　　㉣ 노로바이러스 식중독의 증상은 복통, 오심, 구토, 설사, 근육통, 권태, 두통, 고열 등으로 특별한 치료법은 없으며, 증상이 심한 경우 탈수를 치료해야 한다.

73 수산가공품의 품질검사 방법이 아닌 것은?

① 관능 검사
② 원산지 검사
③ 영양성분 검사
④ 위생안전성 검사

(해설) 원산지 검사는 해당되지 않는다.

74 식품위생법에서 수산물 중 허용기준치가 설정되어 있지 않은 것은?

① 납
② 불소
③ 메틸수은
④ 카드뮴

(해설) 납, 주석, 메틸수은, 카드뮴 등은 수산물 허용기준치가 설정되어 있다.

정답　**72** ③　**73** ②　**74** ②

75 마비성 패류독소의 (ㄱ)독성 성분과 (ㄴ)허용기준치로 옳은 것은?

① ㄱ. Domoic acid,   ㄴ. 0.2mg/kg 이하
② ㄱ. Okadaic acid,   ㄴ. 0.8mg/kg 이하
③ ㄱ. Venerupin,   ㄴ. 0.2mg/kg 이하
④ ㄱ. Saxitoxin,   ㄴ. 0.8mg/kg 이하

해설 삭시톡신은 마비성 패류독소이다.

제4과목 **수산일반**

76 수산업의 산업적 특성으로 옳지 않은 것은?

① 생산의 확실성
② 생산물의 강부패성
③ 노동 및 자본의 비유동성
④ 수산자원 및 어장의 공유재산적 성격

해설 수산업의 생산은 기상 등 자연환경의 변화 등에 따라 매년 일정하지 않고 생산의 불확실성이 강하다.

77 다음에서 설명하는 수산업 정보 시스템은?

> 지리 공간 데이터를 분석·가공하여 교통·통신 등과 같은 지형 관련 분야에 활용할 수 있는 시스템이다.

① USN
② SMS
③ GIS
④ RFID

해설 ① USN: 유비쿼터스 센서 네트워크(Ubiquitous Sensor Network)는 첨단 유비쿼터스 환경을 구현하기 위한 근간으로, 각종 센서에서 수집한 정보를 무선으로 수집할 수 있도록 구성한 네트워크를 말한다. 유비쿼터스(Ubiquitous)는 "어디에나 있다"라는 뜻으로 라틴어에서 유래한 영어이다.
② SMS: 단문 메시지 서비스(Short Message Service)의 약어로 휴대전화를 이용하는 사람들이 별도의 다른 장비를 사용하지 않고 휴대전화로 짧은 메시지를 주고받을 수 있는 서비스를 말한다. 흔히 문자 메시지라고 한다.
③ GIS: 지리정보시스템(Geographic Information System)이다. 전 국토의 지리공간정보를 디지털화하여 수치지도(digital map)로 작성하고 다양한 정보통신기술을 통해 재해·환경·시설물·국토공간 관리와 행정서비스에 활용하고자 하는 시스템이다.
④ RFID: 무선인식이라고도 하며, 반도체 칩이 내장된 태그(Tag), 라벨(Label), 카드(Card) 등의 저장된 데이터를 무선 주파수(RF, Radio Frequency)를 이용하여 물건이나 사람 등과 같은 대상을 식별(IDentification)하는 인식시스템이다.

정답 75 ④ 76 ① 77 ③

78 수산 자원 관리에서 가입관리에 해당되는 요소는?

① 시비   ② 수초 제거   ③ 망목 제한   ④ 먹이 증강

해설 가입량 관리에는 어획개체의 크기, 성별 제한, 망 어구의 규격 제한(망목 제한) 등이 있다.

정리 러셀 방정식(Russell's equation)

자원의 증가 요인인 성장, 가입과 감소 요인인 자연 사망, 어획 사망을 고려해 자원 변동을 계산하는 방정식이다. 어느 해 초기의 자원량 S_1과 다음 해 초기의 자원량을 S_2라 한다면 $S_2 = S_1 + R$(가입량) $+$ G(성장에 따른 증량) $- D$(자연사망량) $- Y$(어획량)로 나타낼 수 있다.

따라서 자원량의 관리는 가입량 관리, 성장에 따른 증량 관리, 자연사망량 관리, 어획량 관리에 의해 결정된다.

⑴ 가입량 관리의 대표적인 것은 인공수정란 방류, 인공부화 방류, 자어기(난황의 흡수를 끝내고 외부환경으로부터 영양을 섭취하는 시기)와 치어기(빠르게 성장하여 성어의 형태를 닮아 가는 시기)의 생존 개체수 관리 등이다. 이를 위한 가입관리의 법적수단으로는 어획개체의 크기, 성별 제한, 망 어구의 규격 제한(망목 제한 ⒆ 그물코의 크기 제한) 등이 있다.

⑵ 성장에 따른 증량 관리로는 성장에 적합한 환경 제공, 시비, 수초 제거, 먹이 증강 등이 대표적이다.

⑶ 천적에 대한 인위적 대책은 자연사망량 관리에 해당한다.

⑷ 어구, 어법, 어장, 어획량에 대한 제한은 어획량 관리에 해당한다.

79 우리나라의 종자 배양장에서 인공 종자를 생산하여 방류하고 있는 품종을 모두 고른 것은?

| ㄱ. 넙치 | ㄴ. 전복 | ㄷ. 연어 | ㄹ. 보리새우 |

① ㄱ, ㄴ   ② ㄱ, ㄷ   ③ ㄴ, ㄷ, ㄹ   ④ ㄱ, ㄴ, ㄷ, ㄹ

해설 해양수산부 지침에 의한 품종 외에 연어 육성을 위해 동해안과 남해안의 하천에서 연어의 치어를 방류하고 있다.

정리 수산종자 방류지침(해양수산부, 2022년)

방류품종(제3조제2항, 제3조제4항, 제5조 관련)

구분	방류품종
합계	67종
해면 (53종)	• 전해역 공통: 전복, 넙치, 자주복, 해삼, 쥐노래미, 쥐치, 말쥐치, 볼락, 황점볼락, 조피볼락, 개볼락, 붉은쏨뱅이, 쏨뱅이, 돌돔, 참돔, 감성돔, 문치가자미, 돌가자미, 농어, 점농어, 능성어, 대구, 비단가리비, 개조개, 주꾸미, 가리맛조개, <u>참문어, 소라</u> • 동해안: 참가리비, 강도다리, 개량조개, 북방대합, 뚝지, 물렁가시붉은새우, 명태 • 서해안: 황복, 대하, 보리새우, 가숭어, 민어, 꽃게, 참조기, 꼬막, 민꽃게, 바윗털갯지렁이, 짱뚱어, 백합, 박대

구분	방류품종
해면 (53종)	• 남해안: 보리새우, 꽃게, 왕우럭, 꼬막, 참조기, 민어, 대하, 민꽃게, 왕밤송이게(털게), 바윗 　　털갯지렁이, 짱뚱어, 백합 • 제주해역: 자바리, 오분자기, 참조기 ＊ 시범방류 품종은 5년간 시행 후 방류품종으로 최종 반영 여부 결정 　〈시범방류품종〉 　– 2019년 시범방류 품종: 주꾸미, 명태, 박대, 가리맛조개 　– <u>2020년 시범방류 품종: 참문어, 소라</u> 　– <u>2021년 시범방류 품종: 말백합, 미유기</u>
내수면 (16종)	• 참게, 잉어, 동자개, 붕어, 메기, 쏘가리, 꺽지, 뱀장어, 자라, 은어, 다슬기, 대농갱이, 동남 　참게, 미꾸라지(미꾸리), 기수재첩 　– 다만, 뱀장어, 메기, 쏘가리, 꺽지, <u>미유기</u>는 기존에 서식이 확인된 장소에만 방류

※ 참게(동남참게)는 하천 및 호수에 방류하고, 다슬기 품종에 대해서는 어미확보 수계와 동일한 수계에
방류하여야 하며, 수계는 한강권(임진강 포함), 낙동강권(동해안 포함), 금강권(서해안 포함), 섬진강·
영산강권으로 구분한다. 다만, 수계구분이 어려운 경우는 공공용수면관리자 또는 시·도 내수면연구
소와 방류품종의 적정성, 생태계에 미치는 영향 등에 대하여 의견을 협의하여 방류한다.

80 수산 생물의 생태적 분류가 아닌 것은?

① 저서 생물　　　　　　　　　　② 편형 생물
③ 유영 생물　　　　　　　　　　④ 부유 생물

(해설) 편형 생물은 형태적 분류이다.

(정리) 수산 생물의 생태적 분류는 부유 생물(유영능력이 없거나 미약하여 물의 흐름에 따라 생활), 유영 생물(스
스로 유영하는 생물), 저서 생물(바닥에 살고 있는 생물) 등으로 분류한다.

81 다음에서 설명하는 계군 분석 방법은?

> • 계군의 이동 상태를 직접 파악할 수 있어 매우 좋은 계군 식별 방법이다.
> • 두 해역 사이에 어군이 교류하고 있다는 것을 추정할 수 있다.

① 표지 방류법　　　　　　　　　② 생태학적 방법
③ 형태학적 방법　　　　　　　　④ 어황의 분석에 의한 방법

정답　80 ②　81 ①

(정리) **계군 식별 방법**

    ⊙ 표지방류법
- 표지재포법(標識再捕法)이라고도 한다.
- 개체를 방류할 때 날짜·크기·연령·수량·위치 등을 기록해 두고, 재포한 위치·날짜·수량·크기·연령 등을 비교함으로써 그 동물의 계군(系群)·회유경로·회유속도·분포범위·성장도와 생존비율, 어획과 자연사망의 비율, 어획률 등의 자원 특성값 및 자원량의 추정, 산란횟수 등을 파악한다.
- 가다랭이·다랑어류 및 방어·가자미류를 비롯하여 게류·새우류·오징어류·해수류(海獸類)·고래류 등 바닷물고기, 연어·송어·쏘가리·잉어 등 민물고기에 적용한다.

    ⓛ 어황분석법
어획통계자료를 활용하여 어군의 이동과 계군을 추정하는 방법이다.

    ⓒ 생태학적 방법
생태(산란장, 분포, 회유상태, 기생충 종류 등)를 중심으로 계군을 구별한다.

    ⓔ 형태학적 방법
형질, 해부학적 형태 등을 중심으로 계군을 구별한다.

82 수산 자원량을 추정하는 방법 중 총량추정법이 아닌 것은?

① 어탐법
② 간접조사법
③ 상대지수 표시법
④ 잠재적 생산량 추정법

(정리) **수산자원 총량추정법**

(1) 직접조사법: 전수조사법, 표본 채취에 의한 부분조사법
(2) 간접조사법: 어군탐지기를 이용하는 방법, 표지방류 재포 결과를 이용하는 방법, 잠재적 생산량 추정 (총 산란량을 측정하여 친어 자원량을 추정하는 방법)

83 어선 설비 중 항해 설비가 아닌 것은?

① 컴퍼스
② 양묘기
③ 레이더
④ 측심의

84 끌그물 어법이 아닌 것은?

① 트롤
② 봉수망
③ 기선저인망
④ 기선권현망

(정답) 82 ③ 83 ② 84 ②

정리　**끌어구류(引網類, Dragged gear)**

주머니 모양으로 된 어구를 수평방향으로 임의시간동안 끌어 대상 생물을 잡는 것을 말한다. 다른 어법에 비하여 적극적인 어법으로 매우 중요한 어업 중 하나이며 어구전개장치, 어로장비, 어군탐색장비 등이 매우 발달된 어업이다. 우리나라에서는 각종 조개류를 대상으로 하는 형망과 저서어족을 대상으로 하는 저층트롤 및 쌍끌이 기선저인망, 중층회유성 어종을 대상으로 하는 중층트롤 등이 있다.

85 가장 먼 거리를 나타내는 도량형 단위는?

① 1미터

② 1야드

③ 1해리

④ 1마일

해설　1해리 = 1,852km, 1마일 = 1.609344km, 1야드 = 0.9144km

86 유기물을 박테리아에 의해 산화시키는데 필요한 산소량을 측정하여 오염의 정도를 나타내는 수질오염 지표는?

① COD

② BOD

③ DO

④ SS

해설　① COD(화학적 산소요구량, Chemical Oxygen Demand): 물의 오염도를 표시하는 지표의 하나로 수중의 유기물 등 오염원이 되는 물질을 포함하는 시료에 산화제를 반응시켜 소비되는 산화제의 양을 산소량으로 환산한 수치이다. 화학적 산소요구량이 많으면 수중에 유기물이 많다는 의미이다.

② BOD(생화학적 산소요구량, Biochemical Oxygen Demand): 물이 오염된 정도를 나타내는 지표로서 호기성(好氣性) 박테리아가 일정 기간(보통 섭씨 20℃에서 5일간) 동안 수중의 유기물을 산화·분해시켜 정화하는 데 소요되는 산소량을 ppm(백만분율)으로 나타낸 것이다. 물의 오염이 많이 진행될수록 유기물의 양이 많기 때문에 BOD가 높다. 1ℓ의 물에 1mg의 산소가 필요한 것을 1ppm이라 하는데 일반적인 하천에서는 5ppm이 되면 자정(自淨)능력을 상실하며 10ppm을 넘으면 악취가 난다.

③ DO(용존산소량, Dissolved Oxygen): 물속에 포함되어 있는 산소량을 나타내며 수질 오염의 지표로 사용된다. 하천 오염의 가장 일반적인 형태는 유기물에 의한 부패이며, 이로 인하여 물속의 미생물이 과다 번식하여 용존 산소가 부족해지면 어패류가 생존을 위협받는다.

④ SS(부유물질량, Suspend Solid): 일정한 양의 물속에 부유하고 있는 물질의 양이며, 수질조사에 활용된다.

87 다음에서 설명하는 양식생물은?

> • 주로 동해와 남해에 서식한다.
> • 알에서 부화한 유생은 척삭 또는 척색을 지닌다.
> • 신티올(cynthiol)로 인해 특유의 맛을 낸다.

① 참굴　　　　　　② 해삼　　　　　　③ 참전복　　　　　　④ 우렁쉥이

(해설) 우렁쉥이(멍게)는 척삭동물(문)에 속하며, 남해안의 거제, 통영지역에서 동해안 주문진에 이르는 해역에서 연승수하식으로 양식되고 있다. 신티올, 옥타놀 등이 다량으로 함유되어 있어 독특한 향미를 낸다.

88 양식 어류의 세균성 질병이 아닌 것은?

① 비브리오병　　　　　　　　　② 에드워드병
③ 에로모나스병　　　　　　　　④ 림포시스티스병

(해설) 림포시스티스병은 바이러스성 질병이다.

89 인공 종자 생산을 위한 먹이 생물이 아닌 것은?

① 로티퍼　　　　　　　　　　② 아르테미아
③ 케토세로스　　　　　　　　④ 렙토세파르스

(해설) 렙토세파르스는 뱀장어의 유생이다.

(정리) 로티퍼는 해산어와 담수어 뿐만 아니라 식용어와 관상어에 이르기까지 모든 어류의 인공 종묘 생산 과정에서 초기 먹이 생물로 이용되고 있는 중요한 동물 플랑크톤이다. 로티퍼를 초기 자어(알에서 부화하여 먹이를 먹기 시작하기 전 단계의 어린 물고기)의 첫 먹이로 사용하는 것을 시작으로 하여 알테미아, 코페포다, 케토세로스(규조류) 또는 초미립자 사료 등으로 사용하는 어류 인공종묘 생산 과정에서의 먹이 계열이 확립되어 있다.

90 양식 대상종 중 새끼를 낳는 난태생인 것은?

① 넙치　　　　　　② 참돔　　　　　　③ 조피볼락　　　　　　④ 참다랑어

(해설) 조피볼락(우럭)은 난태생 어류이다. 난태생(卵胎生)은 체내 수정을 수반하며, 태생과는 다르게 태반 형성이 되질 않고 수정란의 난황으로부터 영양을 공급 받아 성장한 후에 부화 시에 어미 몸으로부터 분리되어 나온다. 해양 생물의 난태생은 보통 상어류나 홍어류의 연골 어류에서 발견되며 경골 어류인 조피볼락, 구피 등도 난태생으로 번식한다.

정답　87 ④　88 ④　89 ④　90 ③

91 수온이 연중 20℃ 이상 유지되는 중남미의 태평양 연안이 원산지인 광염성 새우는?

① 대하　　　　　② 보리새우　　　　　③ 징거미새우　　　　　④ 흰다리새우

해설　① 대하: 보리새우과의 갑각류이다. 먹이와 산란을 위해 연안과 깊은 바다를 오가며 생활하는 몸집(길이
약 20cm 내외)이 큰 대형 새우로 수명은 약 1년이다. 꼬리부분이 푸른 색이다. 식재료로 많이 알려져
있는 고급 새우이다. 우리나라와 중국의 온대, 아열대 지역에 분포한다.
② 보리새우: 보리새우과의 갑각류이다. 탄력 있는 식감과 진한 단맛이 일품인 보리새우는 칼슘이 풍부
해 골다공증에 좋다. 여름에 깊이 10~20m의 바다에서 많이 잡히는데 한국, 일본 등지에 분포한다.
③ 징거미새우: 징거미새우과의 갑각류이다. 몸집에 비해 상당히 커다란 집게발을 갖고 있는 것이 특징
이다. 바닥이 진흙이나 모래로 덮인 민물에 살지만, 산란기에는 알을 낳기 위해 바닷물이 섞여 있는
강 하구로 이동하는 습성이 있다. 한국, 중국, 일본, 타이완 등에 분포한다.
④ 흰다리새우: 보리새우과에 속한 새우로, 대서양 동쪽의 멕시코 내안에서부터 페루 북쪽이 원산지이
다. 국내에서는 양식을 통해 대하의 대용으로 널리 소비된다. 꼬리부분이 붉은 빛이 난다. 필수아미노
산과 칼슘이 풍부한 흰다리새우는 어린이들의 골격 성장과 여성들의 골다공증 예방에 좋다.

92 양식 어류 중 육식성이 아닌 것은?

① 방어　　　　　② 초어　　　　　③ 뱀장어　　　　　④ 무지개송어

해설　초어는 잉어과 어족 중 가장 크게 자라는 어류로서 초식성(풀)이다.

93 해조류 양식 방법이 아닌 것은?

① 말목식　　　　　② 밧줄식　　　　　③ 흘림발식　　　　　④ 순환여과식

해설　순환여과식은 어류 양식의 방법이다.

정리　**해조류의 양식**
⑴ 해조류 양식은 미역·다시마 등의 해조류를 키우는 밧줄부착 양식과 김을 양식하는 발 양식으로 나눌
수 있다.
⑵ 밧줄부착 양식은 별도로 채묘(採苗)한 씨줄을 밧줄(어미줄)에 끼우거나 감아서 수면 아래 일정한 깊이
에 설치하여 양식하는 방법이다. 밧줄부착 양식법은 밧줄에 5~6m 간격으로 뜸통을 다는데, 뜸과 밧
줄 사이는 뜸줄로 연결하고 뜸줄의 길이에 의하여 밧줄의 깊이를 수면 아래 1m 정도 되게 조절한다.
미역·다시마의 양식에 많이 이용된다.
⑶ 발 양식은 합성섬유로 만든 그물발을 바다에 치고 거기에 김의 종묘를 붙여서 자라게 하는 방법이다.
예전에는 대쪽으로 만든 발을 많이 사용하였으나 지금은 모두 그물발을 쓴다. 그물발은 부피가 적어
취급이 간편하고 종묘를 붙인 후 냉동보관하였다가 이용할 수 있을 뿐 아니라 기계를 이용한 수확이
가능하다.
⑷ 말목식 수하 양식은 연안의 깊이가 얕은 곳에서 두 줄의 말목(말뚝)을 박고 말목 위에 옆으로 나무를
걸쳐서 이 나무에 수하연을 늘어뜨려 양식하는 방법으로, 주로 굴의 종묘(種苗) 생산과 양성에 이용
된다. 말목식은 해조류의 양식에도 이용된다.

정답　91 ④　92 ②　93 ④

94 수산 양식에서 담수의 일반적인 염분 농도 기준은?

① 0.5psu 이하 　　② 1.0psu 이하 　　③ 1.5psu 이하 　　④ 2.0psu 이하

해설 담수 양식의 염분 농도 기준은 1담수 1ℓ당 500mg 이하이다.

정리 psu(practical salinity unit, 실용염분단위)
전도도로 측정한 해수의 염분을 나타내는 단위이다. 해수 중에 포함되어 있는 염분의 양에 따라 전기전도도가 다르게 나타나는 성질을 이용한 것이다. 해수 1kg에 들어 있는 총 염분의 g으로 표시한다. 1ℓ당 500mg을 psu로 표시하면, 1ℓ는 1kg이며, 500mg은 0.5g이므로 0.5psu이다.

95 서로 다른 2개의 해류가 접하고 있는 경계에서 주로 형성되는 어장은?

① 조경 어장 　　② 용승 어장 　　③ 와류 어장 　　④ 대륙붕 어장

해설 ① 조경 어장(전선어장): 성질이 다른 해류 혹은 수괴가 접하는 불연속대(전선) 주변의 생물 분포 밀도가 높은 고기잡이 해역이다.
② 용승 어장(湧昇漁場): 하층의 물이 표면으로 올라오는 현상을 용승이라 하는데, 이러한 용승류가 존재하는 수역에 형성되는 어장을 말한다. 영양염류를 끌어올려 식물성 플랑크톤의 번식을 촉진하기 때문에 좋은 어장을 형성한다. 페루해안, 캘리포니아 해역 등이 그 예이다.
때로는 극단적으로 산소가 부족한 물이 용승할 경우가 있어 어류의 대량 폐사가 일어나기도 한다.
③ 와류 어장: 물이 소용돌이치는 곳에서 형성되는 어장으로, 만(灣)이나 섬의 뒤 또는 해안선의 굴곡이 심한 곳 따위에서 형성된다.
④ 대륙붕 어장: 대륙붕은 대륙 주변을 둘러싸고 있는 수심 약 200m의 경사가 완만한 해저지형이다. 대륙붕에는 좋은 어장이 많고 석탄·석유·천연가스 등의 자원이 풍부하며 주석·철·금 등의 표사광상(漂砂鑛床)도 발견되어 세계 각국이 대륙붕의 광물자원 개발에 관심을 가지고 있다.

96 다음은 수산업법상 허가어업에 관한 설명이다. ( )에 들어갈 내용으로 옳은 것은?

> 총톤수 (ㄱ) 이상의 동력어선 또는 수산자원을 보호하고 어업조정을 하기 위하여 특히 필요하여 (ㄴ)으로 정하는 총톤수 (ㄱ) 미만의 동력어선을 사용하는 어업을 하려는 자의 어선 또는 어구가 대상이다.

① ㄱ: 8톤, ㄴ: 대통령령 　　　　　② ㄱ: 8톤, ㄴ: 해양수산부령
③ ㄱ: 10톤, ㄴ: 대통령령 　　　　④ ㄱ: 10톤, ㄴ: 해양수산부령

해설 수산업법(2023.1.12. 시행) 제40조(허가어업)
① 총톤수 10톤 이상의 동력어선(動力漁船) 또는 수산자원을 보호하고 어업조정을 하기 위하여 특히 필요하여 대통령령으로 정하는 총톤수 10톤 미만의 동력어선을 사용하는 어업(이하 "근해어업"이라 한다)을 하려는 자는 어선 또는 어구마다 해양수산부장관의 허가를 받아야 한다.

정답 94 ① 95 ① 96 ③

97 다음에서 설명하는 어업은?

> 조류가 빠른 곳에서 어구를 고정하여 설치해 두고, 강한 조류에 의하여 물고기가 강제로 어구 속으로 들어가도록 하는 강제 함정 어법이다.

① 안강망 어업　　　　　　　　　② 근해선망 어업
③ 기선권현망 어업　　　　　　　④ 꽁치걸그물 어업

(해설) 안강망 어업은 강제함정 어업에 해당된다.

(정리) **함정 어법**
　㉠ 유도함정: 어군의 통로를 차단하여 일정한 위치로 유도하는 어법이다(정치망).
　㉡ 유인함정: 어획대상을 어구 속으로 유인하여 어획하는 방법이다(통발).
　㉢ 강제함정: 어류를 강한 조류나 해류 등의 외력에 밀려가게 하여 강제로 자루그물에 들어가도록 해서 잡는 방법이다. 그물의 설치위치가 오랜 기간 고정되는 것과 이동이 가능한 것이 있는데, 앞의 것에는 죽방렴(대나무로 만듦)·낭장망(긴자루 모양)·주목망(긴원추형의 그물) 등이 있고, 뒤의 것에는 안강망(긴 주머니 모양의 통그물)이 있다.

98 수산자원관리와 관련된 용어와 명칭의 연결이 옳은 것은?

① MSY － 최대순경제생산량　　　② MEY － 최대지속적생산량
③ OY － 최대생산량　　　　　　　④ ABC － 생물학적허용어획량

(해설) ① MSY(Maximum Sustainable Yield, 최대지속적생산): 어업관리에 있어서 가장 중요한 관심사는 수산자원을 어떠한 수준으로 유지하면서 어느 정도의 어획수준을 유지할 것인가 하는 것이다. MSY는 적정수준의 어획노력(OM)을 투하하여 자원의 고갈로 인한 남획현상을 초래함 없이 영속적으로 올릴 수 있는 최대 생산을 말한다.
② MEY(Maximun Net Economic Yield, 최대경제적생산): MSY와 마찬가지로 어업관리 기준의 하나이다. MSY는 비용요인을 고려하고 있지 않지만, MEY 개념은 비용을 고려한다. MEY 개념을 처음으로 도입한 캐나다의 경제학자 고오든(H Scott Grodon)은 상업적 어업의 경제적 목적은 최대순경제적생산의 달성이라는 것을 강조하면서 어업생산 활동도 결국 하나의 경제적 활동이므로 그 목표는 경제적 수익의 최대화에 두어져야 한다는 것을 강조하였다.
③ OY는 최적 어획량을 말한다.
④ ABC는 생물학적 관점에서 추정하는 어획 가능량을 말한다.

정답　97 ① 　98 ④

99 수산업법령상 신고 어업인 것은?

① 잠수기 어업
② 나잠 어업
③ 연안선망 어업
④ 근해자망 어업

(해설) 나잠 어업과 맨손 어업이 신고 어업에 해당한다.

(정리) **수산업법 시행령(2021.12.21. 시행) 제29조(신고 어업)**

① 법 제47조제1항에 따른 신고 어업의 종류는 다음 각 호와 같다.

1. 나잠 어업(裸潛漁業): 산소공급장치 없이 잠수한 후 낫・호미・칼 등을 사용하여 패류, 해조류, 그 밖의 정착성 수산동물을 포획・채취하는 어업
2. 맨손 어업: 손으로 낫・호미・해조틀이 및 갈고리류 등을 사용하여 수산동식물을 포획・채취하는 어업
3. 삭제 〈2015. 2. 26.〉

100 국제해양법상 배타적 경제수역(EEZ)의 어족 관리를 위한 어족과 어종의 연결이 옳지 않은 것은?

① 정착성 – 조피볼락
② 강하성 – 뱀장어
③ 소하성 – 연어
④ 고도 회유성 – 가다랑어

(해설) 정착성 어족(定着性魚族)은 일정한 수역 안에서 머물러 살면서 먼 곳으로 가지 아니하는 어족이며, 가자미, 명태, 가오리, 문어 등이 있다.

(정리) (1) 배타적 경제수역 排他的經濟水域 / EEZ(Exclusive Economic Zone)이란 영해에 접속된 200해리 이내의 수역으로 연안국이 당해수역의 상부수역, 해저 및 하층토에 있는 천연자원의 탐사・개발 및 보존에 관한 주권적 권리와 당해수역에서의 인공섬, 시설물의 설치・사용, 해양환경의 보호. 보존 및 과학적 조사의 규제에 대한 배타적 관할권을 행사하는 수역이다.

(2) 배타적 경제수역의 어족관리

① 강하성 어족

담수에서 생활하다가 산란을 위해 하천을 따라 내려가서 바다로 들어가는 어류를 말하며, 대표적인 어종은 뱀장어이며, 강하성 어종이 그 생존기간의 대부분을 보내는 수역의 연안국이 이 어종의 관리에 책임을 지도록 규정하고 있다.

② 고도회유성 어족

유엔해양법협약 제1부속서에서는 참치류, 새치류, 고래류 등 17개 어종을 고도회유성 어종으로 분류하고, 고도회유성 어종은 관련 국가간 직접 협력 또는 적절한 국제기구를 통하여 협력하도록 규정하고 있다.

③ 소하성 어족

주로 바다에서 생활하다가 산란을 위해 산란기 이전에 바다에서 하천으로 거슬러 오는 어종으로 연어, 송어가 대표적인 어종이다. 소하성 어족이 기원하는 하천의 국가가 이 어족에 대한 일차적 이익과 책임을 지도록 하고 있으며, 공해에서 소하성 어족에 대한 어업을 금지하고 있다.

(출처: 해양수산부, 해양수산용어사전)

정답 ▶ 99 ② 100 ①

2020년 제6회 수산물품질관리사 1차 시험 기출문제

제1과목 수산물품질관리 관련법령

01 농수산물 품질관리법 제2조(정의)의 일부 규정이다. ( )에 들어갈 내용이 순서대로 옳은 것은?

> "지리적표시"란 농수산물 또는 제13호에 따른 농수산가공품의 ( )·( ), 그 밖의 특징이 본질적으로 특정 지역의 ( )에 기인하는 경우 해당 농수산물 또는 농수산가공품이 그 특정 지역에서 생산·제조 및 가공되었음을 나타내는 표시를 말한다.

① 명성, 품질, 지리적 특성
② 명성, 품질, 생산자 인지도
③ 유명도, 안전성, 지리적 특성
④ 유명도, 안전성, 생산자 인지도

(해설) **법 제2조(정의)**
"지리적표시"란 농수산물 또는 제13호에 따른 농수산가공품의 명성·품질, 그 밖의 특징이 본질적으로 특정 지역의 지리적 특성에 기인하는 경우 해당 농수산물 또는 농수산가공품이 그 특정 지역에서 생산·제조 및 가공되었음을 나타내는 표시를 말한다.

02 농수산물 품질관리법상 농수산물품질관리심의회의 심의사항으로 명시되지 않은 것은?

① 수산물품질인증에 관한 사항
② 수산물의 안전성조사에 관한 사항
③ 유기식품등의 인증에 관한 사항
④ 수산가공품의 검사에 관한 사항

(해설) **법 제4조(심의회의 직무)**
1. 표준규격 및 물류표준화에 관한 사항
2. 농산물우수관리·수산물품질인증 및 이력추적관리에 관한 사항
3. 지리적표시에 관한 사항
4. 유전자변형농수산물의 표시에 관한 사항
5. 농수산물(축산물은 제외한다)의 안전성조사 및 그 결과에 대한 조치에 관한 사항
6. 농수산물(축산물은 제외한다) 및 수산가공품의 검사에 관한 사항

정답 01 ① 02 ③

7. 농수산물의 안전 및 품질관리에 관한 정보의 제공에 관하여 총리령, 농림축산식품부령 또는 해양수산 부령으로 정하는 사항
8. 제69조에 따른 수산물의 생산·가공시설 및 해역(海域)의 위생관리기준에 관한 사항
9. 수산물 및 수산가공품의 제70조에 따른 위해요소중점관리기준에 관한 사항
10. 지정해역의 지정에 관한 사항
11. 다른 법령에서 심의회의 심의사항으로 정하고 있는 사항
12. 그 밖에 농수산물 및 수산가공품의 품질관리 등에 관하여 위원장이 심의에 부치는 사항

03 농수산물 품질관리법령상 수산물 품질인증의 기준이 아닌 것은?

① 해당 수산물의 생산·출하 과정에서의 자체 품질관리체제와 유통 과정에서의 사후 관리체제를 갖추고 있을 것
② 해당 수산물의 품질 수준 확보 및 유지를 위한 생산기술과 시설·자재를 갖추고 있을 것
③ 해당 수산물이 그 산지의 유명도가 높거나 상품으로서의 차별화가 인정되는 것일 것
④ 해당 수산물이 그 산지에 주소를 둔 사람이 생산하였을 것

(해설) **시행규칙 제29조(품질인증의 기준)**
① 품질인증을 받기 위해서는 다음 각 호의 기준을 모두 충족해야 한다.
 1. 해당 수산물이 그 산지의 유명도가 높거나 상품으로서의 차별화가 인정되는 것일 것
 2. 해당 수산물의 품질 수준 확보 및 유지를 위한 생산기술과 시설·자재를 갖추고 있을 것
 3. 해당 수산물의 생산·출하 과정에서의 자체 품질관리체제와 유통 과정에서의 사후관리체제를 갖추고 있을 것
② 제1항에 따른 기준의 세부적인 사항은 국립수산물품질관리원장이 정하여 고시한다.

04 농수산물 품질관리법상 수산물 품질인증기관의 지정 등에 관한 내용이다. ( )에 들어갈 내용으로 옳은 것은?

> 품질인증기관으로 지정받은 A기관은 그 대표자가 변경되어 해양수산부장관에게 변경신고를 하였다. 이때 해양수산부장관은 변경신고를 받은 날부터 ( ) 이내에 신고수리 여부를 A기관에게 통지하여야 한다.

① 10일
② 14일
③ 15일
④ 1개월

법 제17조(품질인증기관의 지정 등)

① 해양수산부장관은 수산물의 생산조건, 품질 및 안전성에 대한 심사·인증을 업무로 하는 법인 또는 단체로서 해양수산부장관의 지정을 받은 자(이하 "품질인증기관"이라 한다)로 하여금 제14조부터 제16조까지의 규정에 따른 품질인증에 관한 업무를 대행하게 할 수 있다.

② 해양수산부장관, 특별시장·광역시장·도지사·특별자치도지사(이하 "시·도지사"라 한다) 또는 시장·군수·구청장(자치구의 구청장을 말한다. 이하 같다)은 어업인 스스로 수산물의 품질을 향상시키고 체계적으로 품질관리를 할 수 있도록 하기 위하여 제1항에 따라 품질인증기관으로 지정받은 다음 각 호의 단체 등에 대하여 자금을 지원할 수 있다.

1. 수산물 생산자단체(어업인 단체만을 말한다)

2. 수산가공품을 생산하는 사업과 관련된 법인(「민법」 제32조에 따른 법인만을 말한다)

③ 품질인증기관으로 지정을 받으려는 자는 품질인증 업무에 필요한 시설과 인력을 갖추어 해양수산부장관에게 신청하여야 하며, 품질인증기관으로 지정받은 후 해양수산부령으로 정하는 중요 사항이 변경되었을 때에는 변경신고를 하여야 한다. 다만, 제18조에 따라 품질인증기관의 지정이 취소된 후 2년이 지나지 아니한 경우에는 신청할 수 없다.

④ 해양수산부장관은 제3항 본문에 따른 변경신고를 받은 날부터 10일 이내에 신고수리 여부를 신고인에게 통지하여야 한다.

⑤ 해양수산부장관이 제4항에서 정한 기간 내에 신고수리 여부 또는 민원 처리 관련 법령에 따른 처리기간의 연장을 신고인에게 통지하지 아니하면 그 기간(민원 처리 관련 법령에 따라 처리기간이 연장 또는 재연장된 경우에는 해당 처리기간을 말한다)이 끝난 날의 다음 날에 신고를 수리한 것으로 본다.

⑥ 품질인증기관의 지정 기준, 절차 및 품질인증 업무의 범위 등에 필요한 사항은 해양수산부령으로 정한다.

05 농수산물 품질관리법상 해양수산부장관이 지리적표시품의 품질수준 유지와 소비자 보호를 위하여 관계 공무원에게 지시할 수 있는 사항으로 명시되지 않은 것은?

① 지리적표시품의 등록기준에의 적합성 조사

② 지리적표시품 판매계획서의 적합성 조사

③ 지리적표시품 소유자의 관계 장부의 열람

④ 지리적표시품의 시료를 수거하여 조사

법 제39조(지리적표시품의 사후관리)

① 농림축산식품부장관 또는 해양수산부장관은 지리적표시품의 품질수준 유지와 소비자 보호를 위하여 관계 공무원에게 다음 각 호의 사항을 지시할 수 있다.

1. 지리적표시품의 등록기준에의 적합성 조사

2. 지리적표시품의 소유자·점유자 또는 관리인 등의 관계 장부 또는 서류의 열람

3. 지리적표시품의 시료를 수거하여 조사하거나 전문시험기관 등에 시험 의뢰

② 제1항에 따른 조사·열람 또는 수거에 관하여는 제13조제2항 및 제3항을 준용한다.

③ 제1항에 따라 조사·열람 또는 수거를 하는 관계 공무원에 관하여는 제13조제4항을 준용한다.

정답 05 ②

06 농수산물 품질관리법령상 시·도지사가 지정해역을 지정받기 위해 해양수산부장관에게 요청하는 경우, 갖추어야 하는 서류를 모두 고른 것은?

> ㄱ. 지정받으려는 해역 및 그 부근의 도면
> ㄴ. 지정받으려는 해역의 생산품종 및 생산계획서
> ㄷ. 지정받으려는 해역의 오염 방지 및 수질 보존을 위한 지정해역 위생관리계획서
> ㄹ. 지정받으려는 해역의 위생조사 결과서 및 지정해역 지정의 타당성에 대한 국립수산과
>   학원장의 의견서

① ㄱ, ㄴ   ② ㄴ, ㄹ

③ ㄱ, ㄷ, ㄹ   ④ ㄱ, ㄴ, ㄷ, ㄹ

[해설] 시행규칙 제86조(지정해역의 지정 등)

① 국립수산물품질관리원장이 법 제71조제1항에 따라 지정해역으로 지정할 수 있는 경우는 다음 각 호와 같다.

   1. 지정해역 지정을 위한 위생조사·점검계획을 수립한 후 해역에 대하여 조사·점검을 한 결과 법 제69조에 따라 국립수산물품질관리원장이 정하여 고시한 해역의 위생관리기준(이하 "지정해역위 생관리기준"이라 한다)에 적합하다고 인정하는 경우

   2. 시·도지사가 요청한 해역이 지정해역위생관리기준에 적합하다고 인정하는 경우

② 시·도지사는 제1항제2호에 따라 지정해역을 지정받으려는 경우에는 다음 각 호의 서류를 갖추어 국 립수산물품질관리원장에게 요청해야 한다.

   1. 지정받으려는 해역 및 그 부근의 도면

   2. 지정받으려는 해역의 위생조사 결과서 및 지정해역 지정의 타당성에 대한 국립수산과학원장의 의 견서

   3. 지정받으려는 해역의 오염 방지 및 수질 보존을 위한 지정해역 위생관리계획서

③ 시·도지사는 국립수산과학원장에게 제2항제2호에 따른 의견서를 요청할 때에는 해당 해역의 수산 자원과 폐기물처리시설·분뇨시설·축산폐수·농업폐수·생활폐기물 및 그 밖의 오염원에 대한 조 사자료를 제출해야 한다.

④ 국립수산물품질관리원장은 제1항에 따라 지정해역을 지정하는 경우 다음 각 호의 구분에 따라 지정할 수 있으며, 이를 지정한 경우에는 그 사실을 고시해야 한다.

   1. 잠정지정해역: 1년 이상의 기간 동안 매월 1회 이상 위생에 관한 조사를 하여 그 결과가 지정해역위 생관리기준에 부합하는 경우

   2. 일반지정해역: 2년 6개월 이상의 기간 동안 매월 1회 이상 위생에 관한 조사를 하여 그 결과가 지정해역위생관리기준에 부합하는 경우

07 농수산물 품질관리법상 식품의약품안전처장이 수산물의 품질 향상과 안전한 수산물의 생산·공급을 위해 수립하는 안전관리계획에 포함하여야 하는 사항으로 명시되지 않은 것은?

① 위험평가
② 안전성조사
③ 어업인에 대한 교육
④ 수산물검사기관의 지정

> **해설** 법 제60조(안전관리계획)
> ① 식품의약품안전처장은 농수산물(축산물은 제외한다. 이하 이 장에서 같다)의 품질 향상과 안전한 농수산물의 생산·공급을 위한 안전관리계획을 매년 수립·시행하여야 한다.
> ② 시·도지사 및 시장·군수·구청장은 관할 지역에서 생산·유통되는 농수산물의 안전성을 확보하기 위한 세부추진계획을 수립·시행하여야 한다.
> ③ 제1항에 따른 안전관리계획 및 제2항에 따른 세부추진계획에는 제61조에 따른 <u>안전성조사, 제68조에 따른 위험평가 및 잔류조사, 농어업인에 대한 교육</u>, 그 밖에 총리령으로 정하는 사항을 포함하여야 한다.
> ④ 삭제 〈2013. 3. 23.〉
> ⑤ 식품의약품안전처장은 시·도지사 및 시장·군수·구청장에게 제2항에 따른 세부추진계획 및 그 시행 결과를 보고하게 할 수 있다.
>
> **시행규칙 제5조(안전관리계획 등)**
> 법 제60조제3항에서 "총리령으로 정하는 사항"이란 다음 각 호를 말한다.
> 1. 소비자 교육·홍보·교류 등
> 2. 안전성 확보를 위한 조사·연구
> 3. 그 밖에 식품의약품안전처장이 농수산물의 안전성 확보를 위하여 필요하다고 인정하는 사항

08 농수산물 품질관리법령상 수산물 및 수산가공품에 대한 검사 중 관능검사의 대상이 아닌 것은?

① 정부에서 수매하는 수산물
② 정부에서 비축하는 수산가공품
③ 국내에서 소비하는 수산가공품
④ 검사신청인이 위생증명서를 요구하는 비식용수산물

> **해설** 법 제88조(수산물 등에 대한 검사)
> ① 다음 각 호의 어느 하나에 해당하는 수산물 및 수산가공품은 품질 및 규격이 맞는지와 유해물질이 섞여 들어오는지 등에 관하여 해양수산부장관의 검사를 받아야 한다.
> 1. 정부에서 수매·비축하는 수산물 및 수산가공품
> 2. 외국과의 협약이나 수출 상대국의 요청에 따라 검사가 필요한 경우로서 해양수산부장관이 정하여 고시하는 수산물 및 수산가공품

09 농수산물 품질관리법상 수산물품질관리사의 직무로 명시되지 않은 것은?

① 수산물의 등급 판정
② 수산물우수관리인증시설의 위생 지도
③ 수산물의 생산 및 수확 후 품질관리기술 지도
④ 수산물의 출하 시기 조절, 품질관리기술에 관한 조언

> (해설) 법 제106조(농산물품질관리사 또는 수산물품질관리사의 직무)
> 수산물품질관리사는 다음 각 호의 직무를 수행한다.
> 1. 수산물의 등급 판정
> 2. 수산물의 생산 및 수확 후 품질관리기술 지도
> 3. 수산물의 출하 시기 조절, 품질관리기술에 관한 조언
> 4. 그 밖에 수산물의 품질 향상과 유통 효율화에 필요한 업무로서 해양수산부령으로 정하는 업무

10 농수산물 품질관리법상 벌칙 기준이 '3년 이하의 징역 또는 3천만 원 이하의 벌금'에 해당하지 않는 자는?

① 품질인증품의 표시를 한 수산물에 품질인증품이 아닌 수산물을 혼합하여 판매하는 행위를 한 자
② 지리적표시품이 아닌 수산물 또는 수산가공품의 포장·용기·선전물 및 관련 서류에 지리적표시를 한 자
③ 수산물품질관리사의 명의를 사용하게 하거나 그 자격증을 빌려준 자
④ 검사를 받아야 하는 수산물 및 수산가공품에 대하여 검사를 받지 아니한 자

> (해설) ③ 1년 이하의 징역 또는 1천만 원 이하의 벌금
> (정리) 법 제119조(벌칙) 3년 이하의 징역 또는 3천만 원 이하의 벌금
> 1. 제29조제1항제1호를 위반하여 우수표시품이 아닌 농수산물(우수관리인증농산물이 아닌 농산물의 경우에는 제7조제4항에 따른 승인을 받지 아니한 농산물을 포함한다) 또는 농수산가공품에 우수표시품의 표시를 하거나 이와 비슷한 표시를 한 자
> 1의2. 제29조제1항제2호를 위반하여 우수표시품이 아닌 농수산물(우수관리인증농산물이 아닌 농산물의 경우에는 제7조제4항에 따른 승인을 받지 아니한 농산물을 포함한다) 또는 농수산가공품을 우수표시품으로 광고하거나 우수표시품으로 잘못 인식할 수 있도록 광고한 자
> 2. 제29조제2항을 위반하여 다음 각 목의 어느 하나에 해당하는 행위를 한 자
>   가. 제5조제2항에 따라 표준규격품의 표시를 한 농수산물에 표준규격품이 아닌 농수산물 또는 농수산가공품을 혼합하여 판매하거나 혼합하여 판매할 목적으로 보관하거나 진열하는 행위
>   나. 제6조제6항에 따라 우수관리인증의 표시를 한 농산물에 우수관리인증농산물이 아닌 농산물(제7조제4항에 따른 승인을 받지 아니한 농산물을 포함한다) 또는 농산가공품을 혼합하여 판매하거나 혼합하여 판매할 목적으로 보관하거나 진열하는 행위

정답 09 ② 10 ③

다. 제14조제3항에 따라 품질인증품의 표시를 한 수산물에 품질인증품이 아닌 수산물을 혼합하여 판매하거나 혼합하여 판매할 목적으로 보관 또는 진열하는 행위

라. 삭제 〈2012. 6. 1.〉

마. 제24조제6항에 따라 이력추적관리의 표시를 한 농산물에 이력추적관리의 등록을 하지 아니한 농산물 또는 농산가공품을 혼합하여 판매하거나 혼합하여 판매할 목적으로 보관하거나 진열하는 행위

3. 제38조제1항을 위반하여 지리적표시품이 아닌 농수산물 또는 농수산가공품의 포장·용기·선전물 및 관련 서류에 지리적표시나 이와 비슷한 표시를 한 자

4. 제38조제2항을 위반하여 지리적표시품에 지리적표시품이 아닌 농수산물 또는 농수산가공품을 혼합하여 판매하거나 혼합하여 판매할 목적으로 보관 또는 진열한 자

5. 제73조제1항제1호 또는 제2호를 위반하여 「해양환경관리법」 제2조제4호에 따른 폐기물, 같은 조 제7호에 따른 유해액체물질 또는 같은 조 제8호에 따른 포장유해물질을 배출한 자

6. 제101조제1호를 위반하여 거짓이나 그 밖의 부정한 방법으로 제79조에 따른 농산물의 검사, 제85조에 따른 농산물의 재검사, 제88조에 따른 수산물 및 수산가공품의 검사, 제96조에 따른 수산물 및 수산가공품의 재검사 및 제98조에 따른 검정을 받은 자

7. 제101조제2호를 위반하여 검사를 받아야 하는 수산물 및 수산가공품에 대하여 검사를 받지 아니한 자

8. 제101조제3호를 위반하여 검사 및 검정 결과의 표시, 검사증명서 및 검정증명서를 위조하거나 변조한 자

9. 제101조제5호를 위반하여 검정 결과에 대하여 거짓광고나 과대광고를 한 자

11 농수산물 유통 및 가격안정에 관한 법령상 중앙도매시장이 아닌 것은?

① 울산광역시 농수산물도매시장
② 대전광역시 오정 농수산물도매시장
③ 대구광역시 북부 농수산물도매시장
④ 서울특별시 강서 농수산물도매시장

(해설) **시행규칙 제3조(중앙도매시장)**

법 제2조제3호에서 "농수산물도매시장으로서 농림축산식품부령 또는 해양수산부령으로 정하는 것"이란 다음 각 호의 농수산물도매시장을 말한다.

1. 서울특별시 가락동 농수산물도매시장
2. 서울특별시 노량진 수산물도매시장
3. 부산광역시 엄궁동 농산물도매시장
4. 부산광역시 국제 수산물도매시장
5. 대구광역시 북부 농수산물도매시장
6. 인천광역시 구월동 농산물도매시장
7. 인천광역시 삼산 농산물도매시장
8. 광주광역시 각화동 농산물도매시장
9. 대전광역시 오정 농수산물도매시장
10. 대전광역시 노은 농산물도매시장
11. 울산광역시 농수산물도매시장

정답 11 ④

12 농수산물 유통 및 가격안정에 관한 법률상 도매시장 개설자가 거래관계자의 편익과 소비자 보호를 위하여 이행하여야 하는 사항으로 명시되지 않은 것은?

① 도매시장 시설의 정비·개선과 합리적인 관리
② 경쟁 촉진과 공정한 거래질서의 확립 및 환경 개선
③ 상품성 향상을 위한 규격화, 포장 개선 및 선도(鮮度) 유지의 촉진
④ 유통명령 위반자에 대한 제재 등 필요한 조치

> (해설) 법 제20조(도매시장 개설자의 의무)
>   ① 도매시장 개설자는 거래 관계자의 편익과 소비자 보호를 위하여 다음 각 호의 사항을 이행하여야 한다.
>   1. 도매시장 시설의 정비·개선과 합리적인 관리
>   2. 경쟁 촉진과 공정한 거래질서의 확립 및 환경 개선
>   3. 상품성 향상을 위한 규격화, 포장 개선 및 선도(鮮度) 유지의 촉진

13 농수산물 유통 및 가격안정에 관한 법률 제44조(공판장의 거래 관계자) 제1항 규정이다.
(   )에 들어갈 내용으로 옳지 않은 것은?

> 공판장에는 (   ), (   ), (   ) 및 경매사를 둘 수 있다.

① 산지유통인   ② 시장도매인   ③ 중도매인   ④ 매매참가인

> (해설) 법 제44조(공판장의 거래 관계자)
>   ① 공판장에는 중도매인, 매매참가인, 산지유통인 및 경매사를 둘 수 있다.

14 농수산물 유통 및 가격안정에 관한 법령상 주요 농수산물의 생산지역이나 생산수면(이하 "주산지"라 한다)의 지정 및 해제 등에 관한 내용으로 옳지 않은 것은?

① 시·도지사는 농수산물의 경쟁력 제고를 위해 주산지에서 주요 농수산물을 판매하는 자에게 자금의 융자 등 필요한 지원을 하여야 한다.
② 시·도지사는 주산지를 지정하였을 때에는 이를 고시하고 농림축산식품부장관 또는 해양수산부장관에게 통지하여야 한다.
③ 시·도지사는 지정된 주산지가 지정요건에 적합하지 아니하게 되었을 때에는 그 지정을 변경하거나 해제할 수 있다.
④ 주산지의 지정은 읍·면·동 또는 시·군·구 단위로 한다.

정답 12 ④ 13 ② 14 ①

법 제4조(주산지의 지정 및 해제 등)

① 시·도지사는 농수산물의 경쟁력 제고 또는 수급(需給)을 조절하기 위하여 생산 및 출하를 촉진 또는 조절할 필요가 있다고 인정할 때에는 주요 농수산물의 생산지역이나 생산수면(이하 "주산지"라 한다)을 지정하고 그 주산지에서 주요 농수산물을 생산하는 자에 대하여 생산자금의 융자 및 기술지도 등 필요한 지원을 할 수 있다.

② 제1항에 따른 주요 농수산물은 국내 농수산물의 생산에서 차지하는 비중이 크거나 생산·출하의 조절이 필요한 것으로서 농림축산식품부장관 또는 해양수산부장관이 지정하는 품목으로 한다.

③ 주산지는 다음 각 호의 요건을 갖춘 지역 또는 수면(水面) 중에서 구역을 정하여 지정한다.

　　1. 주요 농수산물의 재배면적 또는 양식면적이 농림축산식품부장관 또는 해양수산부장관이 고시하는 면적 이상일 것

　　2. 주요 농수산물의 출하량이 농림축산식품부장관 또는 해양수산부장관이 고시하는 수량 이상일 것

④ 시·도지사는 제1항에 따라 지정된 주산지가 제3항에 따른 지정요건에 적합하지 아니하게 되었을 때에는 그 지정을 변경하거나 해제할 수 있다.

⑤ 제1항에 따른 주산지의 지정, 제2항에 따른 주요 농수산물 품목의 지정 및 제4항에 따른 주산지의 변경·해제에 필요한 사항은 대통령령으로 정한다.

시행령 제4조(주산지의 지정·변경 및 해제)

① 법 제4조제1항에 따른 주요 농수산물의 생산지역이나 생산수면(이하 "주산지"라 한다)의 지정은 읍·면·동 또는 시·군·구 단위로 한다.

② 특별시장·광역시장·특별자치시장·도지사 또는 특별자치도지사(이하 "시·도지사"라 한다)는 제1항에 따라 주산지를 지정하였을 때에는 이를 고시하고 농림축산식품부장관 또는 해양수산부장관에게 통지하여야 한다.

③ 법 제4조제4항에 따른 주산지 지정의 변경 또는 해제에 관하여는 제1항 및 제2항을 준용한다.

15 농수산물 유통 및 가격안정에 관한 법령상 유통자회사가 유통의 효율화를 도모하기 위해 수행하는 "그 밖의 유통사업"의 범위에 해당하는 것을 모두 고른 것은?

　ㄱ. 농림수협등이 설치한 농수산물직판장 등 소비지유통사업
　ㄴ. 농수산물의 상품화 촉진을 위한 규격화 및 포장 개선사업
　ㄷ. 농수산물의 운송·저장사업 등 농수산물 유통의 효율화를 위한 사업

① ㄱ, ㄴ　　　　② ㄱ, ㄷ　　　　③ ㄴ, ㄷ　　　　④ ㄱ, ㄴ, ㄷ

시행규칙 제48조(유통자회사의 사업범위)

법 제70조제1항에 따라 유통자회사가 수행하는 "그 밖의 유통사업"의 범위는 다음 각 호와 같다.

1. 농림수협등이 설치한 농수산물직판장 등 소비지유통사업
2. 농수산물의 상품화 촉진을 위한 규격화 및 포장 개선사업
3. 그 밖에 농수산물의 운송·저장사업 등 농수산물 유통의 효율화를 위한 사업

정답　15 ④

16 농수산물의 원산지 표시에 관한 법령상 대통령령으로 정하는 집단급식소를 설치·운영하는 자가 수산물을 조리하여 제공하는 경우, 그 원산지를 표시하여야 하는 것을 모두 고른 것은?

> ㄱ. 아귀   ㄴ. 북어   ㄷ. 꽃게
> ㄹ. 주꾸미   ㅁ. 다랑어

① ㄱ, ㄴ, ㄹ   ② ㄴ, ㄷ, ㅁ   ③ ㄱ, ㄷ, ㄹ, ㅁ   ④ ㄴ, ㄷ, ㄹ, ㅁ

〔해설〕 시행령 제3조(수산물 원산지 표시대상)
넙치, 조피볼락, 참돔, 미꾸라지, 뱀장어, 낙지, 명태(황태, 북어 등 건조한 것은 제외한다. 이하 같다), 고등어, 갈치, 오징어, 꽃게, 참조기, 다랑어, 아귀 및 주꾸미

17 농수산물의 원산지 표시에 관한 법령상 포장재에 원산지를 표시할 수 있는 경우, 수산물의 원산지 표시방법에 관한 내용으로 옳지 않은 것은?

① 위치는 소비자가 쉽게 알아볼 수 있는 곳에 표시한다.
② 포장 표면적이 3,000cm^2 이상이면 글자 크기는 12포인트 이상으로 한다.
③ 글자색은 포장재의 바탕색 또는 내용물의 색깔과 다른 색깔로 선명하게 표시한다.
④ 문자는 한글로 하되, 필요한 경우에는 한글 옆에 한문 또는 영문 등으로 추가하여 표시할 수 있다.

〔해설〕 시행규칙 제3조 [별표1]
글자 크기
가) 포장 표면적이 3,000cm2 이상인 경우: 20포인트 이상
나) 포장 표면적이 50cm^2 이상 3,000cm^2 미만인 경우: 12포인트 이상
다) 포장 표면적이 50cm^2 미만인 경우: 8포인트 이상. 다만, 8포인트 이상의 크기로 표시하기 곤란한 경우에는 다른 표시사항의 글자 크기와 같은 크기로 표시할 수 있다.

18 농수산물의 원산지 표시에 관한 법률상 수산물의 원산지 표시 위반에 대한 과징금의 부과 및 징수에 관한 내용이다. ( )에 들어갈 숫자가 순서대로 옳은 것은?

> 해양수산부장관은 원산지 표시를 혼동하게 할 목적으로 그 표시를 손상·변경하는 행위를 ( )년 이내에 2회 이상 위반한 자에게 그 위반금액의 ( )배 이하에 해당하는 금액을 과징금으로 부과·징수할 수 있다.

① 2, 5   ② 2, 10   ③ 3, 20   ④ 3, 30

정답   16 ③   17 ②   18 ①

해설 법 제6조의2(과징금)
① 농림축산식품부장관, 해양수산부장관, 관세청장, 특별시장·광역시장·특별자치시장·도지사·특별
자치도지사(이하 "시·도지사"라 한다) 또는 시장·군수·구청장(자치구의 구청장을 말한다. 이하 같
다)은 제6조제1항 또는 제2항을 2년 이내에 2회 이상 위반한 자에게 그 위반금액의 5배 이하에 해당
하는 금액을 과징금으로 부과·징수할 수 있다. 이 경우 제6조제1항을 위반한 횟수와 같은 조 제2항
을 위반한 횟수는 합산한다.

19 농수산물의 원산지 표시에 관한 법령상 A업소에 부과될 과태료는? (단, 과태료의 감경 사유는
고려하지 않음)

> 단속공무원이 A업소에 대해 수산물 원산지 표시 이행 여부를 단속한 결과, 판매할 목적으
> 로 수족관에 보관중인 활참돔 8마리의 원산지가 표시되어 있지 않았다. 단속에 적발된 활
> 참돔 8마리의 당일 A업소의 판매가격은 1마리당 동일하게 5만 원이었다.

① 30만 원   ② 40만 원   ③ 60만 원   ④ 100만 원

해설 시행령 [별표2] 살아있는 수산물의 과태료 부과기준
과태료 부과금액은 원산지 표시를 하지 않은 물량(판매를 목적으로 보관 또는 진열하고 있는 물량을 포
함한다)에 적발 당일 해당 업소의 판매가격을 곱한 금액으로 한다.

20 농수산물의 원산지 표시에 관한 법률상 원산지 표시를 거짓으로 한 자에 대하여 위반 수산물의
판매 행위 금지의 처분을 할 수 있는 자에 해당하지 않는 것은?

① 해양수산부장관   ② 관세청장   ③ 국세청장   ④ 시·도지사

해설 법 제9조(원산지 표시 등의 위반에 대한 처분 등)
① 농림축산식품부장관, 해양수산부장관, 관세청장, 시·도지사 또는 시장·군수·구청장은 제5조나 제
6조를 위반한 자에 대하여 다음 각 호의 처분을 할 수 있다. 다만, 제5조제3항을 위반한 자에 대한
처분은 제1호에 한정한다.
1. 표시의 이행·변경·삭제 등 시정명령
2. 위반 농수산물이나 그 가공품의 판매 등 거래행위 금지

정답 19 ② 20 ③

21 친환경농어업 육성 및 유기식품 등의 관리·지원에 관한 법령상 해양수산부장관이 어업자원·환경 및 친환경어업 등에 관한 실태조사·평가를 하게 할 수 있는 자를 모두 고른 것은?

ㄱ. 국립환경과학원　　　　ㄴ. 한국농어촌공사　　　　ㄷ. 한국해양수산개발원

① ㄱ, ㄴ　　　　② ㄱ, ㄷ　　　　③ ㄴ, ㄷ　　　　④ ㄱ, ㄴ, ㄷ

해설 시행규칙 제6조(실태조사·평가기관)

해양수산부장관은 법 제11조제2항에 따라 해양수산부 소속 기관의 장 또는 다음 각 호의 자에게 법 제11조제1항 각 호의 사항을 조사·평가하게 할 수 있다.
1. 국립환경과학원
2. 「한국농어촌공사 및 농지관리기금법」에 따른 <u>한국농어촌공사</u>
3. 「정부출연연구기관 등의 설립·운영 및 육성에 관한 법률」에 따른 <u>한국해양수산개발원</u>
4. 그 밖에 해양수산부장관이 정하여 고시하는 친환경어업 관련 단체·연구기관 또는 조사전문업체

22 친환경농어업 육성 및 유기식품 등의 관리·지원에 관한 법령상 무항생제수산물등의 인증에 관한 내용으로 옳지 않은 것은?

① 인증을 받으려는 자는 인증신청서에 필요 서류를 첨부하여 국립수산물품질관리원장 또는 지정받은 인증기관의 장에게 제출하여야 한다.

② 활성처리제 비사용 수산물을 생산하는 자는 인증대상에 포함되지 않는다.

③ 인증기준에 관한 세부 사항은 국립수산물품질관리원장이 정하여 고시한다.

④ 인증기관의 인증 종류에 따른 인증업무의 범위는 무항생제수산물등을 생산하는 자 및 취급하는 자에 대한 인증이다.

해설 시행규칙 제38조(무항생제수산물등의 인증대상)

① 법 제34조제2항에 따른 무항생제수산물등의 인증대상은 다음 각 호와 같다.
　1. 다음 각 목의 어느 하나에 해당하는 자
　　가. <u>무항생제수산물을 생산하는 자</u>. 다만, 양식수산물 중 해조류를 제외한 수산물을 생산하는 경우만 해당한다.
　　나. <u>활성처리제 비사용 수산물을 생산하는 자</u>. 다만, 양식수산물 중 해조류를 생산하는 경우(해조류를 식품첨가물이나 다른 원료를 사용하지 아니하고 단순히 자르거나, 말리거나, 소금에 절이거나, 숙성하거나, 가열하는 등의 단순 가공과정을 거친 경우를 포함한다)만 해당한다.
　2. 제1호 각 목의 어느 하나에 해당하는 품목을 취급하는 자
② 제1항에 따른 <u>인증대상에 관한 세부 사항은 국립수산물품질관리원장이 정하여 고시한다.</u>

23 수산물 유통의 관리 및 지원에 관한 법령상 수산물을 생산하는 자가 수산물 이력추적관리를 받기 위해 등록하여야 하는 사항에 해당하지 않는 것은?

① 생산계획량
② 생산자의 성명, 주소 및 전화번호
③ 유통자의 명칭, 주소 및 전화번호
④ 양식수산물 및 천일염의 경우 양식장 및 염전의 위치

해설 법 제25조(이력추적관리의 대상품목 및 등록사항)
　　② 법 제27조제1항 및 제2항에 따라 이력추적관리를 받으려는 자는 다음 각 호의 구분에 따른 사항을 등록하여야 한다.
　　　1. 생산자(염장, 건조 등 단순처리를 하는 자를 포함한다)
　　　　가. 생산자의 성명, 주소 및 전화번호
　　　　나. 이력추적관리 대상품목명
　　　　다. 양식수산물의 경우 양식장 면적, 천일염의 경우 염전 면적
　　　　라. 생산계획량
　　　　마. 양식수산물 및 천일염의 경우 양식장 및 염전의 위치, 그 밖의 어획물의 경우 위판장의 주소 또는 어획장소

24 수산물 유통의 관리 및 지원에 관한 법률상 위판장의 수산물 매매방법 및 대금 결제에 관한 내용으로 옳은 것은?

① 대금의 지급방법에 관하여 위판장개설자와 출하자 사이에 특약이 있는 경우에는 그 특약에 따른다.
② 출하자가 서면으로 거래 성립 최저가격을 제시한 경우, 위판장개설자의 동의를 얻어 그 가격 미만으로 판매 할 수 있다.
③ 경매 또는 입찰의 방법은 거수수지식(擧手手指式)을 원칙으로 한다.
④ 대금결제에 관한 구체적인 절차와 방법, 수수료 징수에 관하여 필요한 사항은 대통령령으로 정한다.

25 수산물 유통의 관리 및 지원에 관한 법률 제41조(비축사업 등) 제1항 규정이다. (   )에 들어갈
내용이 순서대로 옳은 것은?

> 해양수산부장관은 수산물의 (   )과 (   )을 위하여 필요한 경우에는 수산발전기금으로
> 수산물을 비축하거나 수산물의 출하를 약정하는 생산자에게 그 대금의 일부를 미리 지급하
> 여 출하를 조절할 수 있다.

① 수급조절, 가격안정   ② 수급조절, 소비촉진
③ 품질향상, 가격안정   ④ 품질향상, 소비촉진

정답 25 ①

26 국내 수산물 유통에서 통용되고 있는 거래관행이 아닌 것은?

① 선물거래제   ② 전도금제   ③ 경매·입찰제   ④ 위탁판매제

> **해설** **선물거래**
> 선물(futures)거래란 장래 일정 시점에 미리 정한 가격으로 매매할 것을 현재 시점에서 약정하는 거래로, 미래의 가치를 사고파는 것이다. 수산물은 국내 선물거래 상품이 아니다.
>
> **전도금제**
> 유통업자가 생산자에게 선급금을 주고 물량을 우선 확보하는 제도

27 수산물 유통 특징 중 가격변동성의 원인에 해당되지 않는 것은?

① 생산의 불확실성   ② 어획물의 다양성
③ 높은 부패성   ④ 계획적 판매의 용이성

> **해설** 수산물 유통은 ① 생산의 불확실성, ② 어획물의 다양성, ③ 높은 부패성 등의 이유로 계획적 판매가 어렵다.

28 강화군의 A영어법인이 봄철에 어획한 꽃게를 저장하였다가 가을철에 노량진 수산물도매시장에 판매하였을 때, 수산물 유통의 기능으로 옳지 않은 것은? (단, 주어진 정보로만 판단함)

① 운송기능   ② 선별기능   ③ 보관기능   ④ 거래기능

> **해설** ① 강화에서 노량진으로 운송: 운송기능
> ③ 저장: 보관기능
> ④ 판매: 거래기능

29 수산물 유통의 상적유통기능은?

① 운송기능   ② 보관기능   ③ 구매기능   ④ 가공기능

> **해설** **상적유통기능**
> 소유권 이전 기능이며, 사고파는 구매기능이다.

정답 26 ① 27 ④ 28 ② 29 ③

30 다음 중 공영도매시장에 관해 옳게 말한 사람을 모두 고른 것은?

> A: 법적으로 출하대금을 정산해야 할 의무가 있어.
> B: 도매시장법인과 시장도매인을 동시에 둘 수 있어.
> C: 시장에 들어오는 수산물은 원칙적으로 수탁을 거부할 수 없어.

① A, B   ② A, C   ③ B, C   ④ A, B, C

(해설) **공영도매시장**
- A: 정산소가 운영되고 경매 후 즉시 정산이 의무화되어 있다.
- B: 시장법인은 도매시장법인과 시장도매인이 있다.
- C: 원칙적으로 수탁을 거부할 수 없으며, 예외적인 수탁거부는 가능하다.

31 수산물 산지위판장에 관한 설명으로 옳지 않은 것은?

① 주로 연안에 위치한다.   ② 수의거래를 위주로 한다.
③ 양륙과 배열 기능을 수행한다.   ④ 판매 및 대금결제 기능을 수행한다.

(해설) 산지위판장 거래: 경매가 원칙

32 소비지 공영도매시장의 경매 진행절차이다. ( )에 들어갈 내용으로 옳은 것은?

> 하차 → 선별 → (ㄱ) → (ㄴ) → 경매 → 정산서 발급

① ㄱ: 판매원표 작성, ㄴ: 수탁증 발부
② ㄱ: 판매원표 작성, ㄴ: 송품장 발부
③ ㄱ: 수탁증 발부, ㄴ: 판매원표 작성
④ ㄱ: 수탁증 발부, ㄴ: 송품장 발부

(해설) **공영도매시장의 경매 절차**
하차 → 선별 → 수탁증 발부 → 판매원장 작성 → 경매 → 정산서 발급

33 다음에서 (ㄱ)총 계통 출하량과 (ㄴ)총 비계통 출하량으로 옳은 것은? (단, 주어진 정보로만 판단함)

> • 통영지역 참돔 100kg이 (주)수산유통을 통해 광주로 유통되었다.
> • 제주지역 갈치 500kg이 한림수협을 거쳐 서울로 유통되었다.
> • 부산지역 고등어 3,000kg이 대형선망수협을 거쳐 대전으로 유통되었다.

① ㄱ: 100kg, ㄴ: 3,500kg
② ㄱ: 500kg, ㄴ: 3,100kg
③ ㄱ: 3,000kg, ㄴ: 600kg
④ ㄱ: 3,500kg, ㄴ: 100kg

(해설) 계통 출하: 수협조합의 연계된 조직을 통한 유통

34 다음 그림은 국내 양식 어류의 생산량(톤, 2018년)을 나타낸 것이다. (   )에 들어갈 어종은?

참돔
숭어
(   )
넙치

① 민어
② 조피볼락
③ 방어
④ 고등어

(해설) 2018년 국내 양식 어류의 생산량 순서
돌돔 < 참돔 < 숭어 < 조피볼락 < 넙치

35 선어 유통에 관한 설명으로 옳은 것을 모두 고른 것은?

> ㄱ. 활어에 비해 계통 출하 비중이 높다.
> ㄴ. 선도 유지를 위해 빙장이 필요하다.
> ㄷ. 산지위판장에서는 일반적으로 경매 후 양륙 및 배열한다.
> ㄹ. 고등어 유통량이 가장 많다.

① ㄱ, ㄴ
② ㄱ, ㄷ
③ ㄱ, ㄴ, ㄹ
④ ㄴ, ㄷ, ㄹ

(해설) ㄷ. 산지위판장에서는 일반적으로 양륙 및 배열 후 경매한다.

정답 33 ④ 34 ② 35 ③

36 최근 국내 수입 연어류에 관한 설명으로 옳은 것을 모두 고른 것은?

> ㄱ. 수입량은 선어보다 냉동이 많다.　　ㄴ. 주로 양식산이다.
> ㄷ. 유통량은 양식 조피볼락보다 많다.　　ㄹ. 대부분 노르웨이산이다.

① ㄱ, ㄴ　　　　② ㄱ, ㄷ　　　　③ ㄱ, ㄴ, ㄹ　　　④ ㄴ, ㄷ, ㄹ

(해설) 수입 연어는 선어 상태에서 수입된다.

37 냉동 수산물 유통에 관한 설명으로 옳은 것은?

① 산지위판장을 경유하는 유통이 대부분이다.
② 유통 과정에서의 부패 위험도가 높다.
③ 연근해수산물이 대다수를 차지한다.
④ 냉동창고와 냉동탑차를 주로 이용한다.

(해설) ① 냉동 수산물은 일반적으로 산지위판장 경매를 통한 유통을 하지 않는다.
　　　② 18℃ 이하의 냉동상태로 유통되므로 부패위험도는 낮다.
　　　③ 원양수산물(참치 등)이 대부분이다.

38 수산가공품 유통의 장점이 아닌 것은?

① 수송이 편리하다.
② 수산물 본연의 맛과 질감을 유지할 수 있다.
③ 저장성이 높아 장기보관이 가능하다.
④ 제품의 규격화가 용이하다.

(해설) 수산가공품은 가공과정에서 독특한 맛과 질감을 첨가할 수 있다.

39 양식 넙치의 유통에 관한 설명으로 옳지 않은 것은?

① 국내 양식 어류 생산량 중 가장 많다.
② 주로 횟감용으로 소비되며, 대부분 활어로 유통된다.
③ 공영도매시장보다 유사도매시장을 경유하는 경우가 많다.
④ 최대 수출대상국은 미국이며, 대부분 활어로 수출되고 있다.

(해설) 2019년 물량 기준으로 넙치의 수출국은 중국, 일본, 미국, 베트남 순이다.

정답　36 ④　37 ④　38 ②　39 ④

40 다음 ( )에 들어갈 옳은 내용은?

> 수산물의 공동판매는 (ㄱ) 간에 공동의 이익을 위한 활동을 의미하며, (ㄴ)을 통해 주로 이루어진다.

① ㄱ: 생산자, ㄴ: 산지위판장 　② ㄱ: 유통자, ㄴ: 공영도매시장
③ ㄱ: 유통자, ㄴ: 유사도매시장 ④ ㄱ: 생산자, ㄴ: 전통시장

(해설) 공동판매: 생산자 간의 연대 협력을 통한 공동판매를 실시한다.

41 수산물 전자상거래에 관한 설명으로 옳지 않은 것은?
① 유통경로가 상대적으로 짧아진다. ② 구매자 정보를 획득하기 어렵다.
③ 거래 시간·공간의 제약이 없다. ④ 무점포 운영이 가능하다.

(해설) 전자상거래는 구매자가 자기정보를 제공한 후 구매를 하므로 구매자 정보획득이 쉽다.

42 다음 (ㄱ)~(ㄹ) 중 옳지 않은 것은?

> 패류의 공동판매는 (ㄱ)가공 확대 및 (ㄴ)출하 조정을 할 수 있으며, (ㄷ)유통비용 절감과 (ㄹ)수취가격 제고에 기여할 수 있다.

① ㄱ　　②ㄱ, ㄴ　　③ ㄴ, ㄷ, ㄹ　　④ ㄱ, ㄴ, ㄷ, ㄹ

(해설) 공동판매는 생산자 간의 연대이지 가공유통업체가 관여하는 것이 아니다.

43 국내 수산물 가격 폭락의 원인이 아닌 것은?
① 생산량 급증 　② 수산물 안전성 문제 발생
③ 수입량 급증 　④ 국제 유류가격 급등

(해설) 가격의 하락은 공급량의 증대와 수요량의 감소에서 기인한다. 국제유가가 급등하면 가공업체의 운영비가 급등하고, 생산업체의 생산비가 오르면 공급량이 감소하므로 가격이 폭등할 수 있는 요인이다.

정답　40 ①　41 ②　42 ①　43 ④

44 수산물 산지단계에서 중도매인이 부담하는 비용은?

① 상차비　　　　② 양륙비　　　　③ 위판수수료　　　　④ 배열비

(해설) • 상차비: 경매가 완료된 후(중도매인이 소유권을 이전 받은 후)의 비용으로 중도매인이 부담한다.
　　　• 양륙비, 위판수수료, 배열비는 생산자가 부담한다.

45 올해 2월 제주산 넙치 산지가격은 코로나19 영향으로 kg당 9,000원이었으나, 드라이브스루 등 다양한 소비촉진 활동의 영향으로 7월 현재는 12,000원으로 올랐다. 그러나 소비지 횟집에서는 1년 전부터 kg당 30,000원에 판매되고 있다. 그렇다면 현재 제주산 넙치의 유통마진율(%)은 2월보다 얼마만큼 감소했는가?

① 3%포인트　　　　② 5%포인트　　　　③ 10%포인트　　　　④ 20%포인트

(해설) 산지 매출가격: 9,000원에서 12,000원으로 인상
　　　소비지(횟집) 매출가격: 30,000원 그대로
　　　• 1년 전 유통마진: (30,000 – 9,000) / 30,000원 = 70%
　　　• 현재 유통마진: (30,000 – 12,000) / 30,000원 = 60%

46 오징어 1상자(10kg) 가격과 비용구조가 다음과 같다. 판매자의 (ㄱ)가격결정방식과 그에 해당하는 (ㄴ)가격은?

• 구입원가: 20,000원	• 시장평균가격: 23,000원
• 인건비 및 점포운영비: 2,000원	• 소비자 지각 가치: 21,500원
• 희망이윤: 2,000원	

① ㄱ: 원가중심 가격결정,　　ㄴ: 22,000원
② ㄱ: 가치 가격결정,　　　　ㄴ: 23,500원
③ ㄱ: 약탈적 가격결정,　　　ㄴ: 25,000원
④ ㄱ: 경쟁자 기준 가격결정,　ㄴ: 23,000원

(해설) ① 원가중심 가격결정: 24,000원
　　　② 가치 가격결정: 21,500원
　　　③ 약탈적 가격결정: 24,000원 이하
　　　④ 경쟁자 기준 가격결정(시장가격): 23,000원

(정리) **약탈적 가격결정**
약탈적 가격결정
시장에서 지배적 지위를 갖는 기업이 다른 기업에게 경제적 손실을 입히거나 이 시장으로의 신규진입을 억제하기 위하여 비용 이하의 낮은 가격으로 제품을 공급하고 잉여생산시설을 구축하는 등의 전략이다.

정답　44 ①　45 ③　46 ④

47 경품이나 할인쿠폰 등을 제공하는 수산물 판매촉진활동의 효과는?

① 장기적으로 매출을 증대시킬 수 있다.

② 신상품 홍보와 잠재고객을 확보할 수 있다.

③ 고급브랜드의 이미지를 구축할 수 있다.

④ PR에 비해 비용이 저렴하다.

(해설) 경품 등의 판촉물 제공은 시장초기 진입시 유통업체가 선택하는 단기적 마케팅 정책이다.

48 전복의 수요변화에 관한 내용이다. ( )에 들어갈 옳은 내용은?

> 가격이 20% 하락하였는데 판매량은 30% 늘어났다. 수요의 가격탄력성은 (ㄱ)이므로
> 전복은 수요 (ㄴ)이라고 말할 수 있다.

① ㄱ: 0.75, ㄴ: 비탄력적　　② ㄱ: 1.0, ㄴ: 단위탄력적

③ ㄱ: 1.5, ㄴ: 탄력적　　④ ㄱ: 1.75, ㄴ: 탄력적

(해설) 수요의 가격탄력성 = 판매량의 변화액 / 가격의 변화액 = 30% / 20% = 1.5(1보다 커서 탄력적)

49 수산식품 안전성 확보 제도와 관련이 없는 것은?

① 총허용어획량제도(TAC)　　② 수산물원산지표시제도

③ 친환경수산물인증제도　　④ 수산물이력제도

(해설) **총허용어획량제도(TAC)**
하나의 단위자원(종)에 대한 어획량 허용치를 설정하여 생산자에게 배분하고, 어획량이 목표치에 이르면
어업을 종료시키는 제도이다. 자원보전을 위한 국제적 협력제도

50 수산물 유통정보의 조건이 아닌 것은?

① 신속성　　② 정확성

③ 주관성　　④ 적절성

(해설) 유통정보는 객관성을 가져야 한다.

51 수산물의 품질관리를 위한 물리 · 화학적 및 관능적 항목에 해당하지 않는 것은?

① 노로바이러스

② 히스타민

③ 2mm 이상의 금속성 이물

④ 고유의 색택과 이미 · 이취

(해설) ①은 세균적 항목, ②는 화학적 항목, ③은 물리적 항목, ④는 관능적 항목이다.

52 혈합육과 보통육의 비교에 관한 설명으로 옳지 않은 것은?

① 혈합육은 보통육보다 미오글로빈이나 헤모글로빈 등 헴(heme)을 가지는 색소단백질이 많다.

② 혈합육은 보통육보다 조단백질 함량이 적다.

③ 혈합육은 보통육보다 지질 함량이 많다.

④ 혈합육은 보통육보다 철, 황, 구리의 함량이 적다.

(해설) **붉은 살 어류와 흰 살 어류**

(1) 붉은 살 어류

① 보통육보다 혈압육이 많아 붉은 색을 띤다.

② 미오글로빈이 다량으로 함유되어 있다.

③ 혈압육은 보통육에 비해 지방, 타우린, 무기질의 함량이 풍부하여 영양가가 높다. 그러나 보통육에 비해 신선도의 저하가 빠르게 나타난다.

④ 흰 살 어류에 비해 비린내가 심하다.

⑤ 지방의 함량이 많기 때문에 익히지 않은 상태에서는 살이 연하지만 가열하면 단단해지므로 구이용이나 조림용으로 적합하다.

⑥ 참치, 방어, 꽁치, 전어 등이 이에 해당된다.

(2) 흰 살 어류

① 살이 단단하다.

② 지방 함량이 적어 소화가 잘 된다.

③ 맛이 담백하다.

④ 단백질 함량이 많다.

⑤ 광어, 대구, 명태, 도미, 가자미, 민어, 조기, 갈치, 우럭 등이 이에 해당된다.

정답 51 ① 52 ④

53 어패류가 육상동물육에 비해 변질되기 쉬운 원인으로 옳지 않은 것은?

① 효소활성이 강하다.

② 지질 중 고도불포화지방산의 비율이 낮다.

③ 근육 조직이 약하다.

④ 어획 시 상처 등으로 세균 오염의 기회가 많다.

해설 고도불포화지방산은 불포화도가 높은 지방산의 총칭으로서 주로 수생동물 유지성분으로서 발견되지만 육상동물이나 해초류, 균류에도 존재한다.

54 어는점에 관한 설명으로 옳지 않은 것은?

① 수산물의 어는점은 0℃보다 낮다.

② 냉장 굴비가 생조기보다 높다.

③ 명태 연육이 순수 명태 페이스트보다 낮다.

④ 얼기 시작하는 온도를 말한다.

해설 생조기보다 냉장 굴비가 빙점이 낮다.

55 냉동어를 1~4℃ 물에 수초 동안 담근 후 어체 표면에 얼음옷을 입혀 공기를 차단시킴으로써 제품의 건조 및 산화를 방지하는 방법은?

① 글레이징 ② 진공포장 ③ 기체치환포장 ④ 송풍식 냉동

해설 글레이징은 얼음 입히기로서 수산물의 건조 및 산화를 방지한다.

56 수산물의 이상수축현상 중 냉각수축의 주요 원인은?

① pH 저하

② 근육 중 ATP 분해

③ 근육 중 글리코겐 분해

④ 근소포체나 미토콘드리아에서 칼슘이온의 방출

해설 사후경직이 끝나지 않은 상태에서 냉각하면 수축하는 현상은 칼슘이온을 흡수하고 있는 근소포체나 미토콘드리아가 저온에서 기능이 저하되어 칼슘이온이 방출됨으로써 발생한다.

정답 53 ② 54 ② 55 ① 56 ④

57 명태 필렛(fillet)을 다음의 조건 하에 저장하였을 때 시간-온도 허용한도(T.T.T.)에 의한 품질변화가 가장 많이 진행된 경우는? (단, 품질유지기한은 −30℃에서 250일, −22℃에서 140일, −20℃에서 120일, −18℃에서 90일로 계산한다.)

① −30℃에서 125일

② −22℃에서 85일

③ −20℃에서 50일

④ −18℃에서 30일

(해설) 품질변화정도는 ① 50%, ② 60.7%, ③ 41.7%, ④ 33.3% 이다.

58 수산물 표준규격에서 정하는 수산물 종류별 등급규격 중 냉동오징어의 '상' 등급규격에 해당하지 않는 것은?

① 1마리의 무게가 270g 이상일 것

② 다른 크기의 것의 혼입률이 10% 이하일 것

③ 세균수가 1,000,000/g 이하일 것

④ 색택·선도가 양호할 것

(해설) 수산물 표준규격 Ⅱ-6. 냉동오징어

가. 등급규격

항목	특	상	보통
1마리의 무게(g)	320 이상	270 이상	230 이상
다른 크기의 것의 혼입률(%)	0	10 이하	30 이하
색택	우량	양호	보통
선도	우량	양호	보통
형태	우량	양호	보통
공통규격	• 크기가 균일하고 배열이 바르게 되어야 한다. • 부패한 냄새 및 기타 다른 냄새가 없어야 한다. • 보관온도는 −18℃ 이하이어야 한다.		

59 참치통조림의 제조에서 원료 참치의 자숙을 위한 선별항목은?

① 크기

② 세균수

③ 맛

④ 색

(해설) 자숙하기 전 처리는 원어의 배를 갈라 내장을 제거하고 크기별로 분류하는 것이다.

순서	공정명	상세설명
1	원어 하역 및 운반	운반선 냉동고에 −60℃에서 보관된 원어를 하역하여 공장으로 운반하는 과정
2	냉동보관	입고된 원어는 −18℃ 냉동창고에서 보관
3	해동	생산 전일 사용물량을 염수해동
4	1차 세척	해동된 원어는 표면의 이물질에 물을 분사하여 제거
5	전처리	원어의 배를 갈라 내장을 제거하고 크기별로 분류
6	2차 세척	핏물을 제거
7	자숙	레토르트 챔버에 전처리가 끝난 원어를 투입하여 100℃ 증기로 익힘
8	방냉	자숙이 완료된 원료를 가공하기 쉬운 온도로 낮추는 공정
9	1차 크리닝	삶아진 원어는 껍질, 머리, 중심뼈, 꼬리를 제거
10	2차 크리닝	1차 크리닝된 원료는 가시뼈, 혈합육을 제거하며 이때 원료를 로인이라 함
11	금속 검출	로인 내 금속 이물을 검사
12	충전	로인을 팩커에 투입하여 캔에 자동 투입
13	1차 이물 검출	X−Ray 이물검출기를 통한 이물 검사
14	주액	오일과 액즙을 투입
15	권체	뚜껑을 덮어 밀봉
16	세관	캔 외부에 기름기 등의 오염을 제거 후 카트에 적재
17	멸균	레토르트 챔버에 적재된 카트를 115℃에 고압고온 멸균하여 미생물 사멸
18	2차 이물 검출	X−Ray 이물검출기를 통한 이물 검사
19	포장	완제품을 박스에 포장
20	출하	유통업체 및 대리점에 납품

(출처: 나무위키 – 참치 통조림)

60 방수 골판지 상자 중 장시간 침수된 경우에도 강도가 약해지지 않도록 가공한 것은?

① 발수(拔水) 골판지 상자
② 차수(遮水) 골판지 상자
③ 강화(强化) 골판지 상자
④ 내수(耐水) 골판지 상자

해설 장시간 침수시켜도 강도가 떨어지지 않도록 가공된 골판지는 내수 골판지이다.

정리 방수 골판지
• 발수 골판지: 단시간 물과 접촉하여도 물이 침투하지 않고 표면으로 흘러내리게 함
• 차수 골판지: 장시간 물과 접촉하여도 전혀 참투하지 않도록 특수가공함
• 내수 골판지: 장시간 침수시켜도 강도가 떨어지지 않도록 가공된 골판지

정답 60 ④

61 수산가공품의 묶음 단위로 옳지 않은 것은?

① 마른김 1첩 - 10장
② 마른김 1속 - 100장
③ 굴비 1톳 - 20마리
④ 마른오징어 1축 - 20마리

62 다음과 같이 처리하는 훈연방법은?

> 훈연실에 전선을 배선하여 이 전선에 원료육을 고리에 걸어 달고, 밑에서 연기를 발생시킨 후, 전선에 고전압의 전기를 흘려 코로나 방전을 일으켜 연기성분이 원료육에 효율적으로 붙도록 하는 훈연방식

① 온훈법
② 냉훈법
③ 전훈법
④ 액훈법

63 어육시료 25g(어육시료의 총 수분함량 15g)을 취하여 원심분리 방법에 의해 분리된 육즙의 양이 5mL이었다면 보수력은? (단, 육즙 중 수분비는 0.951로 계산한다.)

① 53.3%
② 58.3%
③ 63.3%
④ 68.3%

64 적색육, 뼈, 껍질 등을 분리·제거하고 백색육을 주원료로 살쟁임하여 제조하는 어류 통조림은?

① 고등어 보일드 통조림
② 꽁치 보일드 통조림
③ 정어리 가미 통조림
④ 참치 기름담금 통조림

참치 기름담금 통조림은 다랑어 정육(뼈가 없는 고기)을 관 길이에 맞추어 절단, 플레이크(부순 살)로 살 쟁임한 것이다.

정리 통조림

(1) 통조림은 식품을 가열, 살균하여 밀봉한 용기에 넣어 오래도록 저장할 수 있게 한 것이다.

(2) 수산물 통조림에는 보일드 통조림(삶거나 쪄서 조리하여 살균 밀봉한 것), 기름담금 통조림(어체를 삶은 후 식염과 식물유를 같이 넣어 만든 통조림), 조미 통조림(설탕, 간장 등의 조미액을 사용한 통조림) 등이 있다.

(3) 참치 기름담금 통조림
한국산업규격(KS)에서는 다음과 같이 4종류로 분류하여 정의하고 있다.

① 스탠더드 팩(standard pack): 다랑어 정육(뼈가 없는 고기)을 관 길이에 맞추어 절단, 플레이크(부순 살) 함량 20% 이하로 살쟁임한 것을 말한다.

② 솔리드 팩(solid pack): 다랑어 정육을 관 길이에 맞추어 절단, 플레이크 함량 12% 이하로 살쟁임한 것을 말한다.

③ 청크 팩(chunk pack): 다랑어 정육을 적당하게 절단(한입에 먹을 정도), 플레이크 함량 40% 미만으로 살쟁임한 것을 말한다.

④ 플레이크 팩(flake pack): 다랑어 정육의 플레이크를 40% 이상 살쟁임한 것을 말한다.

(출처: 식품과학기술대사전)

65 망목(網目)모양으로 작은 구멍이 뚫려 있는 회전원반 위에 어체를 얹고, 이 회전원반에 대해서 수직상하운동을 하는 압착반으로 어체를 압착하여 채육(採肉)하는 방식은?

① 롤식   ② 스탬프식   ③ 스크루식   ④ 플레이트식

해설 어체의 근육과 껍질, 뼈 등을 분리하는 기계를 채육기라고 한다. 로울식, 스탬프식, 2중압축식 등이 있으나 원리는 거의 같다. 다수의 채육 구멍이 뚫어진 망목로울 또는 원반 위에 어육 필레를 얹어, 이것을 누르면 어육만이 채육 구멍을 통하여 압축되게 되어 있다.

66 고등어 보일드 통조림의 제조를 위해 사용되는 기계를 모두 고른 것은?

> ㄱ. 레토르트(retort)   ㄴ. 탈기함(exhaust box)
> ㄷ. 시이머(seamer)   ㄹ. 스크루 압착기(screw press)

① ㄱ, ㄴ   ② ㄷ, ㄹ

③ ㄱ, ㄴ, ㄷ   ④ ㄱ, ㄴ, ㄷ, ㄹ

해설 탈기(탈기함), 밀봉(시이머), 살균(레토르트)과정에서 사용한다.

정답 65 ②   66 ③

통조림의 제조공정은 원료의 종류에 따라 조리공정이 약간씩 다를 뿐 그 외는 별 차이가 없으며, 일반적으로 다음과 같은 공정에 의하여 제조된다.

(1) 재료를 선택한다.

(2) 재료에 묻어 있는 이물질(異物質)·세균 등을 제거하기 위하여 철저한 세정을 하고 먹을 수 없는 부분을 제거하여 적당한 크기와 모양으로 절단한다. 생선은 머리·꼬리·비늘·뼈·내장·혈액 등을 제거하고 캔에 담기 좋도록 절단하는데, 이들 공정에는 여러 가지의 자동기계 장치가 개발되어 실용화되고 있다.

(3) 조리한다.

(4) 조리가 끝난 것은 캔에 담기 전에 큰 것과 작은 것을 선별하고 이물·협잡물 등을 제거한 다음, 캔에 넣고 필요에 따라 조미액(소금물·설탕물·간장 등)으로 채운다.

(5) 캔 안의 공기를 제거하기 위하여, 수증기로 가열한 탈기장치(脫氣裝置) 속으로 통과시킨 다음, 밀봉하거나 또는 진공밀봉기(캔 안의 공기를 흡인(吸引)하면서 밀봉)를 사용하여 탈기와 밀봉을 동시에 행한다.

① 밀봉은 살균과 아울러 통조림 제조에 있어서 가장 중요한 공정으로서 캔 속에 미생물·공기·수분 등이 침입되는 것을 완전히 막아 제품의 변질이나 변패를 방지함으로써 장기간의 저장을 가능하게 하는 것이다.

② 밀봉에는 이중밀봉기를 사용하는데, 우선 제1밀봉롤이 캔 몸체의 가장자리와 뚜껑의 가장자리를 겹치게 접는다. 그런 다음, 제2밀봉롤로 압착하여 뚜껑의 가장자리 안쪽에 칠한 실링 콤파운드(천연고무를 주원료로 한 패킹)의 접착으로 밀봉한다.

③ 통조림통의 밀봉기계에는 홈시머, 세미트로시머, 진공시머 등이 있다.

㉠ 홈시머(home seamer): 가정용 또는 실험용 밀봉기로서 그 구조가 가장 간단하며, 1분간에 2개 정도 밀봉할 수 있다.

㉡ 세미트로시머(semitro seamer): 반자동식으로서 값이 싸므로 소규모 통조림 제조에 흔히 쓰이고 있는데 능률은 1분에 15개 내외이다.

㉢ 진공시머(vacuum seamer): 진공함 속에서 공기를 빼면서 밀봉하게 되어 있으므로 별도의 탈기 공정없이 통조림 제조가 가능하다.

(6) 밀봉이 끝나면 내용물에 붙어 있는 세균·곰팡이·효모 등의 미생물을 가열에 의하여 사멸시켜 변패를 막고 장기간의 저장성을 유지시킨다. 생선조개류 등은 세균의 번식이 왕성하고 특히 내열성 세균이 발육할 수 있으므로 이들을 사멸시키려면 105~115℃ 정도의 고온에서 장시간 가열살균해야 한다. 100℃ 이상으로 레토르트(retort, 가압 포화 수증기로 100℃ 이상으로 가열할 수 있는 장치)를 사용한다.

(7) 살균이 끝나면 곧 냉각시켜 품질의 변화와 캔 내면의 부식을 방지한다. 그런 다음, 타검(打檢: 금속제 막대로 깡통을 두들겨 소리와 진동에 의하여 품질을 확인하는 방법)으로 검사하여 상자에 넣고 포장하면 공정이 끝난다.

67 다음은 어떤 수산물 가공기계를 설명하는 것인가?

> • 어육페이스트 가공제품 등을 만들기 위해 미리 잘게 절단된 어육을 다시 세절시켜 다지는 기계이다.
> • 수평으로 되어 있는 둥근 접시가 회전하면서 어육을 커터 쪽으로 보내주고 커터는 저속 또는 고속으로 회전하면서 어육을 세절한다.
> • 어육과 커터와의 접촉열에 의한 육질변화를 최소화하기 위해 쇄빙이나 냉수를 첨가한다.

① 탈수기(dehydrator)　　　　　　② 육만기(meat chopper)
③ 육정제기(meat refiner)　　　　　④ 사일런트 커터(silent cutter)

해설 사일런트 커터(silent cutter)는 잘게 절단된 어육을 다시 세절시켜 다지는 기계이다.

68 증기 압축식 냉동기가 냉동품을 제조하기 위하여 냉동사이클을 수행할 때 작동되는 순서가 옳게 나열된 것은?

① 압축기 – 응축기 – 팽창밸브 – 증발기
② 압축기 – 팽창밸브 – 응축기 – 증발기
③ 팽창밸브 – 압축기 – 증발기 – 응축기
④ 응축기 – 증발기 – 압축기 – 팽창밸브

해설 냉매는 압축기 → 응축기 → 팽창밸브 → 증발기 → 압축기 순으로 순환한다.

정리 **냉동사이클**
　㉠ 냉동사이클 장치에는 압축기, 응축기, 팽창밸브, 증발기가 있다. 냉매는 압축기 → 응축기 → 팽창밸브→ 증발기 → 압축기 순으로 순환한다.
　㉡ 압축기는 고온·저압의 상태인 냉매를 압축한다. 냉매는 압축기에서 압축되면 고온·고압의 상태가 된다.
　㉢ 압축기를 나온 고온·고압의 냉매는 응축기가 차갑게 식혀주어 액체 상태의 냉매가 된다.
　㉣ 응축기에서 나온 냉매는 고압이므로 끓는점이 높아 기체로 변하기 어렵다. 팽창밸브를 통해 압력을 낮추어 주게 되면 실온에서도 증발이 일어난다.
　㉤ 팽창밸브를 나온 저온·저압의 냉매는 증발기로 들어가 기화된다. 즉, 주변으로부터 열을 빼앗으며 증발하여 기체가 된다. 이에 따라 저장고 내부의 온도가 저온이 유지된다.
　㉥ 기체가 된 냉매는 압축기로 되돌아간다.

정답 67 ④ 68 ①

69 HACCP에 관한 설명으로 옳지 않은 것은?

① 사전에 위해요소를 확인·평가하여 생산과정 등을 중점 관리하는 기준이다.

② 어육소시지는 HACCP 의무적용품목이다.

③ 정부주도형 사후 위생관리제도이다.

④ 위해요소 분석과 중요관리점으로 구성된다.

해설 생산자의 자율적인 사전 위생관리제도이다.

정리 위해요소 중점관리제도(HACCP)의 효과
  (1) 생산자 측면
    ① 자율적이고 체계적인 위생관리 시스템의 확립이 가능하다.
    ② 안전성이 확보된 식품의 생산이 가능하다.
    ③ 위해가 발생할 수 있는 단계를 사전에 집중적으로 관리함으로써 위생관리시스템의 효율성을 높인다.
    ④ 소비자 불만, 반품, 폐기량의 감소로 경제적 이익을 도모할 수 있다.
  (2) 소비자 측면
    ① 안전성과 위생이 보장된 식품을 제공받을 수 있다.
    ② 제품에 표시된 HACCP 마크를 확인하여 소비자 스스로 안전한 식품을 선택할 수 있다.

70 육상어류 양식장이 준수하여야 하는 HACCP 선행요건에 해당하는 것을 모두 고른 것은?

ㄱ. 양식장 위생안전관리	ㄴ. 중요관리점 결정
ㄷ. 양식장 시설 및 설비관리	ㄹ. 동물용의약품 및 사료관리

① ㄱ, ㄴ   ② ㄴ, ㄷ   ③ ㄱ, ㄷ, ㄹ   ④ ㄴ, ㄷ, ㄹ

해설 위해요소 분석(HA)과 중점관리점(CCP)은 위해요소 중점관리제도(HACCP)의 구성요소이다.

71 어묵 제조의 성형 공정에서 이물 불검출을 기준으로 설정하는 것은 HACCP의 7원칙 중 어느 단계에 해당하는가?

① 중요관리점의 한계기준 결정   ② 중요관리점별 모니터링 체계 확립

③ 잠재적 위해요소 분석   ④ 공정흐름도 현장 확인

해설 한계기준이란 중요관리점에서 관리되어야 할 생물학적, 화학적 또는 물리적 위해요소를 예방, 제거 또는 허용 가능한 안전한 수준까지 감소시킬 수 있는 최대치 또는 최소치를 말한다.

72 장염비브리오균(Vibrio parahaemolyticus)에 관한 설명으로 옳지 않은 것은?

① 독소형 식중독균으로 치사율이 높다.

② 어패류를 충분히 가열하지 않고 섭취하는 경우에 감염될 수 있다.

③ 주요 증상은 설사와 복통이며, 환자 중 일부는 발열·두통·오심이 나타난다.

④ 호염균으로 바닷가 연안의 해수, 해초, 플랑크톤 등에 분포한다.

해설 장염비브리오균은 감염형 식중독균이다.

정리 **장염비브리오균**

(1) 세균성 식중독은 인간의 장관 내에서 식중독세균이 감염 증식하여 발증하는 감염형 식중독과 세균이 증식하는 과정에서 식품 중에 만들어지는 독소를 섭식하여 발증하는 독소형 식중독으로 대별된다. 장염비브리오나 살모넬라 식중독은 전자의 예이고 보툴리누스균이나 황색포도구균에 의한 것이 후자의 예이다. 일반적으로 독소형 식중독이 감염형 식중독에 비하여 잠복까지의 시간이 짧다.

(2) 장염비브리오균은 염분이 높은 환경에서 잘 자라며, 연안 해수에 있는 세균으로 섭씨 20~37℃에서 빠르게 증식하기 때문에 바닷물 온도가 올라가는 6~10월 여름철에 주로 발생한다.

73 수산물로부터 감염되는 기생충에 해당하지 않는 것은?

① 간흡충(간디스토마)   ② 폐흡충(폐디스토마)

③ 고래회충(아니사키스)   ④ 무구조충(민촌충)

해설 무구조충은 조충과의 기생충으로서 납작하며 흰 띠 모양이며 머리에 갈고리가 없고 네 개의 빨판이 있다. 소를 중간 숙주로 하여 사람의 장 안에 기생한다.

정리 **수산물 기생충**

㉠ 간흡충: 오염된 물, 잉어, 붕어 등의 민물고기를 통해 감염된다.
㉡ 폐흡충: 오염된 물, 가재, 민물 게 등을 통해 감염된다.
㉢ 장흡충: 은어 등의 민물고기를 통해 감염된다.
㉣ 고래회충: 생선회를 통해 감염된다.

74 독소보유생물과 독소의 연결이 옳지 않은 것은?

① 포도상구균 − enterotoxin   ② 뱀장어 − saxitoxin

③ 보툴리누스균 − neurotoxin   ④ 복어 − tetrodotoxin

해설 saxitoxin은 유독한 홍합(Mytilus), 대합조개(Saxidomus) 및 플랑크톤(Gonyyaulax)에서 얻어지는 독소이다. 이 독은 마비성패중독의 원인독의 하나로서 복어독과 비슷하고 청산나트륨의 1,000배에 해당한다.

정답 **72** ① **73** ④ **74** ②

75 유해 중금속에 의한 식중독에 관한 설명으로 옳지 않은 것은?

① 식품공전에는 수산물 중 연체류에 대해 수은, 납, 카드뮴 기준이 설정되어 있다.

② 수은 중독 시 사지마비, 언어장애 등을 유발하며, 임산부의 경우 기형아 출산의 원인이 된다.

③ 납 중독 시 신장장애를 유발하며, "미나마타병"이라고도 한다.

④ 카드뮴 중독 시 관절 통증을 유발하며, "이타이이타이병"이라고도 한다.

해설 미나마타병은 수은 중독으로 인한 것이다.

정리 (1) 납 중독

① 납은 호흡기로 들어오거나 먹으면 혈류로 들어와 뼈 같은 몸의 여러 조직에 저장된다. 이렇게 납이 몸속에 쌓이게 된 경우를 납 중독이라고 하며 연독(鉛毒)이라고도 한다.

② 납을 한 번에 대량으로 흡수하면 급성 납 중독이 나타나는데, 이때는 위장염의 증상을 보인다. 하지만 이런 급성 납 중독은 드물게 나타나며 실제로 문제가 되는 것은 하루에 1mg 이하인 소량의 납을 장기간 지속적으로 섭취해 발생하는 만성 납 중독이다.

③ 납 중독 초기에는 식욕부진, 변비 등이 나타나며 납 중독이 진행되면 복부에 발작적인 통증이 나타나고 두통, 불면증, 권태감, 빈혈, 구토 등의 증상도 함께 생긴다. 또 얼굴이 창백해지며 잇몸에 납이 청회백색으로 착색되는 것을 볼 수도 있다. 납 중독은 신경계에도 영향을 미쳐 흥분과 정신착란과 같은 정신이상과 경련, 발작, 마비를 일으키기도 한다.

(2) 미나마타병

① 미나마타병은 수은 중독으로 인해 발생하는 다양한 신경학적 증상과 징후를 특징으로 하는 증후군이다.

② 1956년 일본의 구마모토현 미나마타시에서 메틸수은이 포함된 조개 및 어류를 먹은 주민들에게서 집단적으로 발생하면서 사회적으로 큰 문제가 되었다.

③ 증상은 신경계통에서 더욱 뚜렷하며, 사지, 혀, 입술의 떨림, 혼돈, 그리고 진행성 보행 실조, 발음장애 등이 나타날 수 있다.

76 수산자원관리법상 용어에 관한 정의로 옳지 않은 것은?

① "수산자원"이란 수중에 서식하는 수산동식물로서 국민경제 및 국민생활에 유용한 자원을 말한다.

② "수산자원관리"란 수산자원의 보호·회복 및 조성 등의 행위를 말한다.

③ "총허용어획량"이란 포획·채취할 수 있는 수산동물의 종별 연간 어획량의 최고한도를 말한다.

④ "바다숲"이란 수산자원을 조성한 후 체계적으로 관리하여 이를 포획·채취하는 장소를 말한다.

해설 "바다숲"이란 갯녹음(백화현상) 등으로 해조류가 사라졌거나 사라질 우려가 있는 해역에 연안생태계 복원 및 어업생산성 향상을 위하여 해조류 등 수산종자를 이식하여 복원 및 관리하는 장소를 말한다[해중림(海中林)을 포함한다].

정리 수산자원관리법

[시행 2021. 2. 19.] [법률 제17052호, 2020. 2. 18., 타법개정]

제1장 총칙

제1조(목적) 이 법은 수산자원관리를 위한 계획을 수립하고, 수산자원의 보호·회복 및 조성 등에 필요한 사항을 규정하여 수산자원을 효율적으로 관리함으로써 어업의 지속적 발전과 어업인의 소득증대에 기여함을 목적으로 한다.

제2조(정의) ① 이 법에서 사용하는 용어의 뜻은 다음과 같다. 〈개정 2013. 8. 13., 2015. 6. 22.〉

1. "수산자원"이란 수중에 서식하는 수산동식물로서 국민경제 및 국민생활에 유용한 자원을 말한다.
2. "수산자원관리"란 수산자원의 보호·회복 및 조성 등의 행위를 말한다.
3. "총허용어획량"이란 포획·채취할 수 있는 수산동물의 종별 연간 어획량의 최고한도를 말한다.
4. "수산자원조성"이란 일정한 수역에 어초(魚礁)·해조장(海藻場) 등 수산생물의 번식에 유리한 시설을 설치하거나 수산종자를 풀어놓는 행위 등 인공적으로 수산자원을 풍부하게 만드는 행위를 말한다.
5. "바다목장"이란 일정한 해역에 수산자원조성을 위한 시설을 종합적으로 설치하고 수산종자를 방류하는 등 수산자원을 조성한 후 체계적으로 관리하여 이를 포획·채취하는 장소를 말한다.
6. "바다숲"이란 갯녹음(백화현상) 등으로 해조류가 사라졌거나 사라질 우려가 있는 해역에 연안생태계 복원 및 어업생산성 향상을 위하여 해조류 등 수산종자를 이식하여 복원 및 관리하는 장소를 말한다[해중림(海中林)을 포함한다].

② 이 법에서 따로 정의되지 아니한 용어는 「수산업법」 또는 「양식산업발전법」에서 정하는 바에 따른다.

정답 **76** ④

77 다음에서 설명하는 어업은?

> • 끌그물 어법에 속하며 한 척의 어선으로 조업한다.
> • 어구의 입구를 수평방향으로 벌리게 하는 전개판(otter board)을 사용한다.

① 선망　　　　　② 자망　　　　　③ 봉수망　　　　　④ 트롤

해설 설문은 트롤 어업에 대한 설명이다.

정리 **끌그물 어법의 어구[끌어구류(引網類, Dragged gear)]**
주머니 모양으로 된 어구를 수평방향으로 임의시간동안 끌어 대상생물을 잡는 것을 말한다. 다른 어법에 비하여 적극적인 어법으로 매우 중요한 어업 중 하나이며 어구전개장치, 어로장비, 어군탐색장비 등이 매우 발달된 어업이다. 우리나라에서는 각종 조개류를 대상으로 하는 형망과 저서어족을 대상으로 하는 저층트롤 및 쌍끌이 기선저인망, 중층회유성 어종을 대상으로 하는 중층트롤 등이 있다.

(출처: 국립수산과학원)

78 자원관리형 어업과 관련된 내용으로 옳지 않은 것은?

① 대상 생물의 생태를 파악한다.
② 지속가능한 어업을 영위한다.
③ 어선 및 어구의 규모와 수를 증가시킨다.
④ 자원을 합리적으로 이용한다.

해설 어선 및 어구의 규모와 수를 적정수준으로 유지한다.

정리 자원관리형 어업은 지속가능한 어업의 영위를 위하여 대상 자원의 생태를 파악하고 어선 및 어구의 규모와 수를 적정수준으로 유지한다.

79 2019년도 우리나라 수산물 생산량이 많은 것부터 적은 순으로 옳게 나열된 것은?

① 원양어업 > 천해양식어업 > 내수면어업 > 일반해면어업
② 원양어업 > 내수면어업 > 천해양식어업 > 일반해면어업
③ 천해양식어업 > 원양어업 > 일반해면어업 > 내수면어업
④ 천해양식어업 > 일반해면어업 > 원양어업 > 내수면어업

해설 천해양식 > 일반해면 > 원양 > 내수면의 순이다.

정답　77 ④　78 ③　79 ④

(단위: M/T)

	2019년	2020년	2021년
일반해면	911,852	933,880	941,069
천해양식	2,410,040	2,308,407	2,397,490
내수면	35,282	33,968	42,663
원양	503,795	436,617	438,825
합계	3,860,969	3,712,873	3,820,048

80 수산업의 발달에 관한 내용으로 옳은 것은?

① 수산물을 가공한 가장 원시적인 형태는 훈제품이다.

② 유엔해양법 협약에 따라 연안국들은 경제수역 200해리 내에서 자원의 주권적인 권리를 행사할 수 있게 되었다.

③ 1960년대 우리나라는 연안국 어업규제 등으로 수산업의 성장이 둔화되기 시작하였다.

④ 우리나라 양식업이 대규모로 발전한 시기는 가두리식 김 양식이 시작된 후부터이다.

해설 ① 수산가공업의 발달사를 보면 인류는 원시시대부터 건조·염장·훈제·젓갈 등의 식품저장방법을 이용하여 왔는데, 이것이 수산물 가공의 시초라 할 수 있다. 이 단계에서는 소비자가 직접 생산하여 자가소비를 하던 소규모 방식에서 벗어나지 못하였으나, 그 후 과학기술의 발전에 힘입어 여러 기술이 개발되고 생산체제도 대량 생산체제로 전환되면서 크게 발전하고 있다.

과학적 의미의 수산가공업의 발달은 1804년 프랑스인 N.F.아페르에 의하여 통조림이 개발되었고, 그것이 제1차 세계대전 때에 크게 각광을 받았다. 그러다가 1973년 암모니아 냉동기가 개발되어 수산물의 장기저장에 혁신을 가져왔으며, 근년에는 가공기술이 혁신되어 각종 농축 어단백분, 인스턴트 식품 등이 다양하게 개발되었으며, 제품의 품질도 고도로 발달하고 있다.

(출처: 두산백과)

③ 1960년대 우리나라는 연안국 어업규제 등으로 수산업의 성장이 촉진되었다.

④ 바다 양식은 1960년부터 수하식 굴 양식으로 시작되었으며, 그 후 멍게·홍합·피조개·전복 등의 연체동물, 김·미역·다시마 등의 해조류, 돔·방어·넙치 등의 어류, 새우 등의 갑각류 등 종류가 다양해졌다.

81 현재 국내 새우류 중 양식 생산량이 가장 많은 것은?

① 대하 　　　② 젓새우 　　　③ 보리새우 　　　④ 흰다리새우

해설 국내 새우류 중 양식 생산량의 대부분은 흰다리새우이다. 대하, 젓새우, 보리새우 등은 바이러스에 취약하여 양식보다는 자연자원에 의존하고 있다.

정답 80 ② 81 ④

82 경골어류에 해당하지 않는 것은?

① 고등어 ② 참돔

③ 전어 ④ 홍어

───────────────────────────

(해설) 홍어는 연골어류이다.

(정리) **연골어류와 경골어류**

(1) 연골어류: 연골어강에 속하는 대표적인 것은 가오리목, 홍어목, 상어목 등이다.

(2) 경골어류

① 경골어류(硬骨魚類)라 함은 단단한 뼈 골격(bone skeleton)을 가진 물고기를 말한다. 경골어류는 뼈대가 연골로 된 연골어류(cartilaginous fishes)와 대칭이 되는 말이다. 물고기들의 대부분은 경골어류이며 45개 목(目 order)에 과(family; 科)의 수가 435개를 넘으며 28,000종 이상이 존재한다. 지상의 모든 척추동물 중에서 가장 큰 무리가 경골어류이다.

② 경골어류는 지느러미가 조기(부채 살 같은 줄기구조의 지느러미)형인 조기어류와 지느러미가 육질 덩어리 성분으로 된 육기어류로 나뉘어진다.

③ 조기어류

조기어강에 속하는 대표적인 것은 농어목, 연어목, 숭어목, 가자미목, 고등어목, 대구목, 메기목, 뱀장어목, 철갑상어목, 청어목, 잉어목, 복어목 등이다.

④ 육기어류

현생 육기어강에는 폐어 6종과 실러캔스 2종이 존재한다.

83 어류의 체형과 종류의 연결이 옳지 않은 것은?

① 방추형 - 방어 ② 측편형 - 감성돔

③ 구형 - 개복치 ④ 편평형 - 아귀

───────────────────────────

(해설) 개복치는 타원형이다.

84 연체동물(문)이 아닌 것은?

① 전복 ② 피조개

③ 해삼 ④ 굴

───────────────────────────

(해설) 해삼, 성게, 불가사리 등은 극피동물(문)이다.

85 수산자원의 계군을 식별하는데 형태학적 방법으로 이용되는 것을 모두 고른 것은?

> ㄱ. 체장 ㄴ. 두장 ㄷ. 체고
> ㄹ. 비만도 ㅁ. 포란수

① ㄱ, ㄴ, ㄷ
② ㄱ, ㄷ, ㅁ
③ ㄴ, ㄹ, ㅁ
④ ㄷ, ㄹ, ㅁ

(해설) 형태학적 방법은 형질, 해부학적 형태 등을 중심으로 계군을 구별한다.

(정리) **계군 식별 방법**
　　㉠ 표지방류법
　　　• 표지재포법(標識再捕法)이라고도 한다.
　　　• 개체를 방류할 때 날짜·크기·연령·위치 등을 기록해 두고, 재포한 위치·날짜·수량·크기·
　　　　연령 등을 비교함으로써 그 동물의 계군(系群)·회유경로·회유속도·분포범위·성장도와 생존비
　　　　율, 어획과 자연사망의 비율, 어획률 등의 자원 특성값 및 자원량의 추정, 산란횟수 등을 파악한다.
　　　• 가다랭이·다랑어류 및 방어·가자미류를 비롯하여 게류·새우류·오징어류·해수류(海獸類)·
　　　　고래류 등 바닷물고기, 연어·송어·쏘가리·잉어 등 민물고기에 적용한다.
　　㉡ 어황분석법
　　　어획통계자료를 활용하여 어군의 이동과 계군을 추정하는 방법이다.
　　㉢ 생태학적 방법
　　　생태(산란장, 분포, 회유상태, 기생충 종류 등)를 중심으로 계군을 구별한다.
　　㉣ 형태학적 방법
　　　형질, 해부학적 형태 등을 중심으로 계군을 구별한다.

86 함정 어구·어법에 해당하지 않는 것은?

① 쌍끌이 기선저인망
② 통발
③ 정치망
④ 안강망

(해설) 쌍끌이 기선저인망 어법은 두 척의 어선으로 끌줄을 끌어서 조업하는 방법이다.

(정리) **함정 어법**
　　㉠ 유도함정: 어군의 통로를 차단하여 일정한 위치로 유도하는 어법이다(정치망).
　　㉡ 유인함정: 어획대상을 어구 속으로 유인하여 어획하는 방법이다(통발).
　　㉢ 강제함정: 어류를 강한 조류나 해류 등의 외력에 밀려가게 하여 강제로 자루그물에 들어가도록 해서
　　　잡는 방법이다. 그물의 설치위치가 고정되는 것과 이동이 가능한 것이 있는데, 고정되는 것으로는 죽
　　　방렴(대나무로 만듦)·낭장망(긴자루 모양)·주목망(긴원추형의 그물) 등이 있고, 이동 가능한 것에는
　　　안강망(긴 주머니 모양의 통그물)이 있다.

(정답) 85 ① 86 ①

87 우리나라 동해안의 주요 어업을 모두 고른 것은?

> ㄱ. 붉은대게 통발 어업　　　　　　ㄴ. 조기 안강망 어업
> ㄷ. 대게 자망 어업　　　　　　　　ㄹ. 꽃게 자망 어업

① ㄱ, ㄴ　　　　　② ㄱ, ㄷ　　　　　③ ㄴ, ㄷ　　　　　④ ㄴ, ㄹ

해설) 조기 안강망 어업은 제주 서부해역에서 서해 남부해역에 걸쳐 이루어지며, 꽃게 자망 어업은 서해안의 주요 어업이다.

88 다음은 멸치에 관한 설명이다. (　　)에 들어갈 내용을 순서대로 옳게 나열한 것은?

> 우리나라에서 멸치는 건제품이나 젓갈 등으로 가공되며, 주 산란기는 (　　)이고, 주 산란장은 (　　) 일대이며, (　　)으로 가장 많이 어획된다.

① 봄, 동해안, 정치망　　　　　　② 봄, 남해안, 기선권현망
③ 여름, 남해안, 죽방렴　　　　　④ 여름, 동해안, 안강망

해설) 우리나라 멸치의 주 산란기는 봄이며, 주 산란장은 남해안이다. 기선권현망 어업은 대형 그물을 두 척의 배가 양쪽에서 끌면서 멸치를 자루그물로 유도한 뒤 어획하는 어법이다.

89 다음에서 설명하는 어장의 물리적 환경요인은?

> • 해양의 기초 생산력을 높이는데 일익을 담당한다.
> • 수산 생물의 성적인 성숙을 촉진시킨다.
> • 어군의 연직운동에 영향을 미친다.

① 빛　　　　　　② 영양염류　　　　　③ 용존산소　　　　　④ 수소이온농도

해설) 영양염류, 용존산소, 수소이온농도는 화학적 요인이다.

정리) **어장의 환경요인**
　　　㉠ 물리적 요인: 해수의 유동, 광선, 수온, 투명도, 지형, 지질
　　　㉡ 화학적 요인: 수소이온농도, 영양염류, 용존산소, 염분, 이산화탄소, 암모니아, 황화수소

정답 87 ② 88 ② 89 ①

90 양식장의 환경 특성에 관한 설명으로 옳지 않은 것은?

① 개방적 양식장은 인위적으로 환경요인을 조절하기 쉽다.

② 개방적 양식장은 외부 수질환경과 자유로이 소통한다.

③ 폐쇄적 양식장은 지리적 위치에 상관없이 특정 수산생물 양식이 가능하다.

④ 폐쇄적 양식장은 외부환경과 분리된 공간에서 인위적으로 환경요인의 조절이 가능하다.

해설 개방식 양식장은 바다나 큰 호수의 일부에서 굴이나 어류를 양식하는 것과 같이 양식장의 환경이 주위의 자연환경에 크게 지배되며 환경의 인공적인 관리가 불가능하다.

정리 양식장의 구분

(1) 개방식 양식장
① 개방식 양식장은 바다나 큰 호수의 일부에서 굴이나 어류를 양식하는 것과 같이 양식장의 환경이 주위의 자연환경에 크게 지배되며 환경의 인공적인 관리가 불가능하다.
② 개방식 양식장은 환경에 알맞은 생물을 선택하여 기르고, 환경을 오염시키거나 악화시키지 않도록 주의해야 한다.
③ 환경에 알맞은 생물을 택하기 위해서는 조개류와 같이 바닥에서 기르는 생물일 경우는 바닥의 지질에 대해 알아야 하고 수심, 간만(干滿)의 차, 물의 흐름, 수질, 수온 등을 잘 파악하여 거기에 알맞은 생물을 선택해야 한다.

(2) 폐쇄식 양식장
① 폐쇄식 양식장은 탱크나 비교적 작은 못을 만들어 외부 환경과는 완전히 분리시켜 환경을 인공적으로 조절하면서 양식하는 것이다.
② 폐쇄식 양식장의 수질환경은 주로 그 속에 사는 양식생물의 배설물과 같은 오물의 양에 지배된다. 특히 생물의 밀도가 높고 먹이를 많이 줄 때는 그로 인해 생기는 배설물과 먹이찌꺼기의 양이 많아져서 수질을 빨리 악화시킨다.
③ 순환여과식 양식장은 폐쇄식 양식장 중 고도로 발달한 것이라고 할 수 있다.

91 전복을 증식 또는 양식하는 방법으로 옳지 않은 것은?

① 바닥식

② 밧줄식

③ 해상가두리식

④ 육상수조식

해설 밧줄식은 수면 아래 일정한 깊이에 밧줄을 설치하여 양식하는 것으로 미역, 다시마, 모자반, 톳 등의 양식에 이용된다.

정리 양식 방법
㉠ 바닥식: 얕은 바다의 모래바닥이나 바위에 붙어 생활하는 포복동물의 양식(전복, 해삼, 소라, 대합)
㉡ 밧줄식: 수면 아래 일정한 깊이에 밧줄을 설치하여 양식(미역, 다시마, 모자반, 톳)
㉢ 해상가두리식: 해산에 그물 등을 이용한 가두리시설을 하여 양식(방어, 숭어, 전복)
㉣ 육상수조식: 육상에 수조 등의 시설을 설치하여 바닷물 또는 담수를 끌어 올려 양식(전복, 새우, 넙치)

정답 90 ① 91 ②

92 양식과정에서 각포자와 과포자를 관찰할 수 있는 해조류는?

① 김   ② 미역

③ 파래   ④ 다시마

> **해설** 각포자나 과포자는 홍조류에서 볼 수 있는 생식세포의 일종이다. 김은 홍조류, 미역, 다시마는 갈조류, 파래는 녹조류이다.

93 우리나라에서 가장 오래된 양식 역사를 가지며 사료를 하루에 여러 번 나누어 주는 어류는?

① 잉어   ② 넙치

③ 참돔   ④ 방어

> **해설** 잉어는 위가 없고 창자만 있기 때문에 한 번에 많은 양을 먹지 못한다. 잉어 양식 시 사료를 하루에 여러 번 나누어 주어야 한다.

94 양식생물이 다음과 같은 상황과 증상일 때 올바른 진단은?

> 주로 수온 20℃ 이하일 때 어류의 두부와 꼬리 부분에 솜 모양의 균사체가 붙어 있는 것이 특징이며, 세심한 주의가 부족할 때 산란된 알에도 자주 발생한다.

① 물이(Argulus) 기생   ② 바이러스 질병 감염

③ 백점충 기생   ④ 물곰팡이 감염

> **해설** 봄에 어류 및 알에 기생하여 균사가 표면에 솜뭉치처럼 붙어 있는 모양을 보이는 것은 물곰팡이(수생균) 감염으로 진단할 수 있다.
>
> **정리** **물곰팡이(수생균)**
> ㉠ 봄에 어류 및 알에 기생하여 균사가 표면에 솜뭉치처럼 붙어 있는 모양을 보인다.
> ㉡ 알 등에 용이하게 기생하므로 종묘 생산 시 특히 주의하여야 한다.
> ㉢ 수온이 10~15℃ 일 때 가장 많이 발생하며, 수온이 20℃ 이상이면 번식력이 저하되어 자연 치유된다.

95 양식생물에 기생하여 피해를 주는 기생충이 아닌 것은?

① 점액포자충   ② 아가미흡충

③ 케토세로스   ④ 닻벌레

정답   92 ①   93 ①   94 ④   95 ③

해설 케토세로스(규조류)는 적조 발생의 원인이다.

정리 **양식생물의 질병**

1. 기생충, 미생물 등에 의한 질병
    (1) 물곰팡이
        ① 봄에 어류 및 알에 기생하여 균사가 표면에 솜뭉치처럼 붙어 있는 모양을 보인다.
        ② 알 등에 용이하게 기생하므로 종묘 생산 시 특히 주의하여야 한다.
    (2) 포자충, 아가미 흡충, 트리코디나충, 피부 흡충, 백점충, 닻벌레 등이 기생하면 체표가 광택이 없어지고 뿌옇게 변한다.
    (3) 기생충, 미생물 등에 의한 질병에 걸린 어류의 증상은 다음과 같다.
        ① 아가미나 지느러미가 결손된다.
        ② 힘없이 헤엄친다.
        ③ 가장자리에 가만히 있다.
        ④ 몸을 다른 물체에 비빈다.
        ⑤ 안구가 돌출한다.
        ⑥ 표피에 회색 분미물이 분비되기도 한다.
        ⑦ 피부에 출혈이 있다.
        ⑧ 몸 빛깔이 퇴색되거나 검게 변한다.
2. 환경요인에 따른 질병
    (1) 산소가 부족하면 성장이 나쁘고 폐사할 수 있다.
    (2) 수중 질소포화도가 115% 이상이 되면 기포병이 발생하며 기포병이 발생하면 피하 조직에 방울이 생기고 안구가 돌출한다.
    (3) 배설물 또는 먹이 찌꺼기 등의 유기물이 분해될 때 암모니아나 아질산이 생성되어 아가미에 혈액이 괴고 호흡곤란을 유발하기도 한다.

96 다음 설명에서 공통으로 해당하는 양식 방법은?

> • 사육수를 정화하여 다시 사용한다.
> • 고밀도로 사육할 수 있다.
> • 물이 귀한 곳에서도 양식할 수 있다.

① 지수식 양식 　　　　　　　② 유수식 양식
③ 가두리식 양식 　　　　　　④ 순환여과식 양식

해설 순환여과식 양식은 수조 속의 같은 물을 계속 순환여과시킴으로써 수중의 유해한 오염물질을 제거함과 동시에 용존산소를 많게 하여 적은 수량(水量)으로 많은 수산동물을 양식하는 방법이다.

정답 96 ④

(1) 못 양식

　① 못 양식은 지수식 또는 정수식(瀞水式) 양식이라고도 하며 못둑이 흙으로 된 상태 그대로 쓰기도 하나 콘크리트나 돌담으로 못둑을 튼튼하게 하기도 한다.

　② 못 양식에서는 배설물 등의 정화가 자체 정화능력에만 의존하므로 좁은 면적에 물고기를 너무 많이 넣으면 산소가 부족해지고, 배설물이 정화되지 못하여 못 바닥과 수질이 오염된다. 따라서 기르는 밀도가 낮고 면적당 생산량이 적다.

(2) 유수식(流水式) 양식

　① 유수식(流水式) 양식은 못에 물이 계속 흘러들어가고 나가도록 하면서 양식하는 방법이다.

　② 흘러들어가는 물의 산소를 이용하고, 나가는 물에 따라 배설물이 나가므로 많은 물고기를 넣어서 기를 수 있다.

　③ 유수식(流水式) 양식은 연어·송어 등 냉수성 어류에 주로 사용된다.

(3) 가두리 양식

　① 가두리 양식은 그물로 만든 가두리를 수중에 띄워 놓고 그 속에서 어류를 양식하는 방법이다.

　② 그물코가 클수록 물의 교환이 잘 되어 산소 공급이나 배설물 처리에 유리하지만 어린 것을 기를 때는 그물코가 작은 것을 사용해야 하는데, 이때 그물코에 이끼가 잘 끼고 막히는 일이 많으므로 사육 결과가 좋지 않을 때가 많다.

　③ 잉어·송어·넙치·조피볼락 등 여러 어류의 양식에 이용된다.

(4) 순환여과식 양식

　① 순환여과식 양식은 수조 속의 같은 물을 계속 순환여과시킴으로써 수중의 유해한 오염물질을 제거함과 동시에 용존산소를 많게 하여 적은 수량으로 많은 수산동물을 양식하는 방법이다.

　② 원래 수족관이나 가정에서 관상용 어류를 기르는 데 많이 쓰이던 방법을 대규모화한 것이라 할 수 있다.

　③ 양식생물이 배설하는 암모니아나 유기물은 수중이나 여과층에 서식하는 세균의 작용으로 무기물로 분해되고, 어류에 해로운 암모니아·아질산 등은 독성이 약한 질산염으로 변환된다.

　④ 소규모의 관상용 수조의 경우 물속의 먼지·배설물·먹이찌꺼기 등을 수조 내에서 모래·자갈층으로 여과시키는 경우도 있지만, 대규모 양식 시설에서는 이들을 침전·분리시켜서 뽑아내어 여과조와는 별도로 처리한다.

　⑤ 물의 순환은 펌프에 의하며, 유기물의 분해를 촉진하기 위해서는 산소를 공급해 주어야 하므로 펌프로 포기(曝氣:aeration)를 해준다.

(5) 방류 재포 양식

　① 연어와 같은 회귀성을 가진 어류는 바다에서 성장한 후 산란하기 위하여 자기가 태어난 하천으로 되돌아온다. 이 성질을 이용하여 어린 종묘(種苗)를 방류한 다음, 돌아오는 성어를 잡는 방법이다.

　② 이때 자연상태로서는 산란·부화나 치어의 생존율이 낮으므로 성어 중 일부에서 알과 정자를 채취하여 인공적으로 수정·부화시켜 종묘를 만들어 방류하기도 한다(이 과정을 인공부화방류라 한다).

　③ 방류 재포 양식은 종묘 생산에 필요한 시설과 사료만 필요하고 성장은 자연 수계에서 이루어지므로 시설비·사료비·유지비가 적게 들지만 성어의 회귀율(回歸率)이 관건이다.

97 패류 인공종자를 생산할 때 유생에 많이 공급하는 먹이생물은?

① 아이소크리시스(Isochrysis)　　② 아르테미아(Artemia)

③ 니트로박터(Nitrobacter)　　　④ 로티퍼(Rotifer)

(해설) 패류의 유생 단계에는 아이소크리시스, 모노크리시스, 키토세로스 등의 먹이생물을 혼합하여 공급한다.

98 면허어업에 해당하는 것은?

① 나잠어업　　　　　　　　　　② 정치망어업

③ 연안자망어업　　　　　　　　④ 대형저인망어업

(해설) 정치망어업(定置網漁業)과 마을어업은 면허어업에 해당한다.

(정리) **수산업법(2023.1.12. 시행) 제7조(면허어업)**
　① 다음 각 호의 어느 하나에 해당하는 어업을 하려는 자는 시장·군수·구청장의 면허를 받아야 한다.
　　1. 정치망어업(定置網漁業): 일정한 수면을 구획하여 대통령령으로 정하는 어구를 일정한 장소에 설치하여 수산동물을 포획하는 어업
　　2. 마을어업: 일정한 지역에 거주하는 어업인이 해안에 연접(連接)한 일정 수심 이내의 수면을 구획하여 패류·해조류 또는 정착성(定着性) 수산동물을 관리·조성하여 포획·채취하는 어업

99 수산업법령상 어업과 관리제도가 옳게 연결된 것은?

① 맨손어업 – 허가어업　　　　② 마을어업 – 신고어업

③ 구획어업 – 허가어업　　　　④ 연안어업 – 신고어업

(해설) 맨손어업은 신고어업에 해당하고, 구획어업·연안어업은 허가어업에 해당하며, 마을어업은 면허어업에 해당한다.

100 어류의 생활사 중 해수와 담수를 왕래하는 어종의 관리를 위하여 설립된 국제수산관리 기구는?

① 전미열대다랑어위원회(IATTC)　　② 태평양연어어업위원회(PSC)

③ 국제포경위원회(IWC)　　　　　　④ 태평양넙치위원회(IPHC)

(해설) 태평양연어어업위원회는 태평양 연어의 과도한 조업을 방지하고, 연어 자원을 유지하는 것을 목적으로 한다.

(정리) 해수와 담수를 왕래하는 산란회유는 소하성회유와 강하성회유로 구분된다. 소하성어류는 생애의 대부분을 바다에서 생활하고 번식기가 되면 알을 낳기 위하여 본디 태어났던 하천으로 돌아오는 물고기를 말하며 연어, 은어, 송어, 빙어, 뱅어, 황복 등이 있고, 강하성어류는 강이나 못 같은 민물에 살다가 알을 낳기 위하여 바다로 가는 물고기로서 뱀장어, 숭어, 무태장어, 황어 등이 있다.

정답　97 ①　98 ②　99 ③　100 ②

2019년 제 05회 수산물품질관리사 1차 시험 기출문제

제1과목 수산물품질관리 관련법령

01 농수산물 품질관리법상 '이력추적관리' 용어의 정의이다. (   )에 들어갈 내용을 순서대로 옳게 나열한 것은?

> 수산물의 (   ) 등에 문제가 발생할 경우 해당 수산물을 추적하여 원인을 규명하고 필요한 조치를 할 수 있도록 수산물의 (   )단계부터 (   )단계까지 각 단계별로 정보를 기록·관리하는 것을 말한다.

① 경제성, 생산, 판매

② 경제성, 유통, 소비

③ 안전성, 생산, 판매

④ 안전성, 생산, 소비

해설 법 제2조(정의)

"이력추적관리"란 농수산물(축산물은 제외한다. 이하 이 호에서 같다)의 안전성 등에 문제가 발생할 경우 해당 농수산물을 추적하여 원인을 규명하고 필요한 조치를 할 수 있도록 농수산물의 생산단계부터 판매 단계까지 각 단계별로 정보를 기록·관리하는 것을 말한다.

02 농수산물 품질관리법상 생산단계 수산물 안전기준을 위반한 경우에 해당 수산물을 생산한 자에게 (A)<u>처분할 수 있는 사항</u>과 그 (B)<u>권한을 가진 자</u>로 옳은 것을 모두 고른 것은?

> ㄱ. 출하 연기   ㄴ. 용도 전환   ㄷ. 폐기   ㄹ. 수출금지

① A: ㄱ, ㄴ   B: 해양수산부장관

② A: ㄷ, ㄹ   B: 국립수산물품질관리원장

③ A: ㄱ, ㄴ, ㄷ   B: 시·도지사

④ A: ㄴ, ㄷ, ㄹ   B: 국립수산과학원장

정답 01 ③ 02 ③

해설 법 제63조(안전성조사 결과에 따른 조치)

① 식품의약품안전처장이나 시·도지사는 생산과정에 있는 농수산물 또는 농수산물의 생산을 위하여 이용·사용하는 농지·어장·용수·자재 등에 대하여 안전성조사를 한 결과 생산단계 안전기준을 위반하였거나 유해물질에 오염되어 인체의 건강을 해칠 우려가 있는 경우에는 해당 농수산물을 생산한 자 또는 소유한 자에게 다음 각 호의 조치를 하게 할 수 있다.

1. 해당 농수산물의 폐기, 용도 전환, 출하 연기 등의 처리
2. 해당 농수산물의 생산에 이용·사용한 농지·어장·용수·자재 등의 개량 또는 이용·사용의 금지
2의2. 해당 양식장의 수산물에 대한 일시적 출하 정지 등의 처리
3. 그 밖에 총리령으로 정하는 조치

03 농수산물 품질관리법령상 지리적표시품에 관한 내용이다. (   )에 들어갈 내용을 순서대로 옳게 나열한 것은?

해양수산부장관은 지리적표시품의 사후관리와 관련하여 품질수준 유지와 소비자 보호를 위하여 관계 공무원에게 다음 사항을 지시할 수 있다.
1. 지리적표시품의 (   )에의 적합성 조사
2. 지리적표시품의 (   )·점유자 또는 관리인 등의 관계 장부 또는 서류의 열람
3. 지리적표시품의 시료를 수거하여 조사하거나 전문시험기관 등에 시험 의뢰

① 허가기준, 판매자　　　　　　　　② 등록기준, 소유자
③ 허가기준, 생산자　　　　　　　　④ 등록기준, 수입자

해설 제39조(지리적표시품의 사후관리)

① 농림축산식품부장관 또는 해양수산부장관은 지리적표시품의 품질수준 유지와 소비자 보호를 위하여 관계 공무원에게 다음 각 호의 사항을 지시할 수 있다.

1. 지리적표시품의 등록기준에의 적합성 조사
2. 지리적표시품의 소유자·점유자 또는 관리인 등의 관계 장부 또는 서류의 열람
3. 지리적표시품의 시료를 수거하여 조사하거나 전문시험기관 등에 시험 의뢰

정답　03 ②

04 농수산물 품질관리법상 수산물 및 수산가공품에 유해물질이 섞여 들여오는지 등에 대하여 해양수산부장관의 검사를 받아야 하는 것으로 옳지 않은 것은?

① 수출 상대국에서 검사 항목의 전부 생략을 요청하는 경우의 수산물

② 외국과의 협약에 따라 검사가 필요한 경우로서 해양수산부장관이 정하여 고시하는 수산물

③ 수출 상대국의 요청에 따라 검사가 필요한 경우로서 해양수산부장관이 정하여 고시하는 수산가공품

④ 정부에서 수매·비축하는 수산물

> **해설** 제88조(수산물 등에 대한 검사)
> ① 다음 각 호의 어느 하나에 해당하는 수산물 및 수산가공품은 품질 및 규격이 맞는지와 유해물질이 섞여 들어오는지 등에 관하여 해양수산부장관의 검사를 받아야 한다.
> 1. 정부에서 수매·비축하는 수산물 및 수산가공품
> 2. 외국과의 협약이나 수출 상대국의 요청에 따라 검사가 필요한 경우로서 해양수산부장관이 정하여 고시하는 수산물 및 수산가공품

05 농수산물 품질관리법령상 수산물의 생산·가공시설의 등록을 하려는 자가 생산·가공시설 등록신청서를 제출하여야 하는 기관의 장은?

① 해양수산부장관
② 국립수산물품질관리원장
③ 국립수산과학원장
④ 지방자치단체의 장

> **해설** 시행규칙 제88조(수산물의 생산·가공시설 등의 등록신청 등)
> ① 법 제74조제1항에 따라 수산물의 생산·가공시설(이하 "생산·가공시설"이라 한다)을 등록하려는 자는 별지 제45호서식의 생산·가공시설 등록신청서에 다음 각 호의 서류를 첨부하여 국립수산물품질관리원장에게 제출해야 한다. 다만, 양식시설의 경우에는 제7호의 서류만 제출한다.
> 1. 생산·가공시설의 구조 및 설비에 관한 도면
> 2. 생산·가공시설에서 생산·가공되는 제품의 제조공정도
> 3. 생산·가공시설의 용수배관 배치도
> 4. 위해요소중점관리기준의 이행계획서(외국과의 협약에 규정되어 있거나 수출상대국에서 정하여 요청하는 경우만 해당한다)
> 5. 다음 각 목의 구분에 따른 생산·가공용수에 대한 수질검사성적서(생산·가공시설 중 선박 또는 보관시설은 제외한다)
>   가. 유럽연합에 등록하게 되는 생산·가공시설: 법 제69조에 따른 수산물 생산·가공시설의 위생관리기준(이하 "시설위생관리기준"이라 한다)의 수질검사항목이 포함된 수질검사성적서
>   나. 그 밖의 생산·가공시설: 「먹는물수질기준 및 검사 등에 관한 규칙」 제3조제2항에 따른 수질검사성적서

정답 04 ① 05 ②

6. 선박의 시설배치도(유럽연합에 등록하게 되는 생산·가공시설 중 선박만 해당한다)
7. 어업의 면허·허가·신고, 수산물가공업의 등록·신고, 「식품위생법」에 따른 영업의 허가·신고, 공판장·도매시장 등의 개설 허가 등에 관한 증명서류(면허·허가·등록·신고의 대상이 아닌 생산·가공시설은 제외한다)

06 농수산물 품질관리법상 검사나 재검사를 받은 수산물 또는 수산물가공품의 검사판정취소에 관한 설명으로 옳지 않은 것은?

① 검사증명서의 식별이 곤란할 정도로 훼손되었거나 분실된 경우 취소할 수 있다.
② 재검사 결과의 표시 또는 검사증명서를 위조한 사실이 확인된 경우 취소할 수 있다.
③ 검사를 받은 수산물의 포장이나 내용물을 바꾼 사실이 확인된 경우 취소할 수 있다.
④ 거짓이나 부정한 방법으로 검사를 받은 사실이 확인된 경우 취소할 수 있다.

해설 법 제97조(검사판정의 취소)
해양수산부장관은 제88조에 따른 검사나 제96조에 따른 재검사를 받은 수산물 또는 수산가공품이 다음 각 호의 어느 하나에 해당하면 검사판정을 취소할 수 있다. 다만, 제1호에 해당하면 검사판정을 취소하여야 한다.
1. 거짓이나 그 밖의 부정한 방법으로 검사를 받은 사실이 확인된 경우
2. 검사 또는 재검사 결과의 표시 또는 검사증명서를 위조하거나 변조한 사실이 확인된 경우
3. 검사 또는 재검사를 받은 수산물 또는 수산가공품의 포장이나 내용물을 바꾼 사실이 확인된 경우

07 농수산물 품질관리법령상 품질인증 유효기간 연장에 관한 내용이다. (   )에 들어갈 내용을 순서대로 옳게 나열한 것은?

> 수산물 및 수산특산물의 품질인증 유효기간을 연장받으려는 자는 해당 품질인증을 한 기관의 장에게 수산물·수산특산물 품질인증 (연장)신청서에 (   )을 첨부하여 그 유효기간이 끝나기 (   ) 전까지 제출하여야 한다.

① 품질인증 지정서 원본, 1개월   ② 품질인증서 원본, 1개월
③ 품질인증 지정서 사본, 2개월   ④ 품질인증서 사본, 2개월

정답 06 ① 07 ②

08 농수산물 품질관리법상 유전자변형수산물의 표시를 거짓으로 하거나 이를 혼동하게 할 우려가 있는 표시를 한 유전자변형수산물 표시의무자에 대한 벌칙기준은?

① 1년 이하의 징역 또는 1천만 원 이하의 벌금
② 3년 이하의 징역 또는 3천만 원 이하의 벌금, 징역과 벌금 병과 가능
③ 5년 이하의 징역 또는 5천만 원 이하의 벌금, 징역과 벌금 병과 가능
④ 7년 이하의 징역 또는 1억 원 이하의 벌금, 징역과 벌금 병과 가능

09 농수산물 품질관리법령상 수산물품질관리사의 업무로 옳지 않은 것은?

① 무항생제수산물 생산 지도 및 인증
② 포장수산물의 표시사항 준수에 관한 지도
③ 수산물의 선별·저장 및 포장시설 등의 운용·관리
④ 수산물의 생산 및 수확 후의 품질관리기술 지도

정답 **08** ④ **09** ①

해설 법 제106조(농산물품질관리사 또는 수산물품질관리사의 직무)
　② 수산물품질관리사는 다음 각 호의 직무를 수행한다.
　　1. 수산물의 등급 판정
　　2. 수산물의 생산 및 수확 후 품질관리기술 지도
　　3. 수산물의 출하 시기 조절, 품질관리기술에 관한 조언
　　4. 그 밖에 수산물의 품질 향상과 유통 효율화에 필요한 업무로서 해양수산부령으로 정하는 업무

시행규칙 제134조의2(수산물품질관리사의 업무)
법 제106조제2항제4호에서 "해양수산부령으로 정하는 업무"란 다음 각 호의 업무를 말한다.
1. 수산물의 생산 및 수확 후의 품관리기술 지도
2. 수산물의 선별·저장 및 포장 시설 등의 운용·관리
3. 수산물의 선별·포장 및 브랜드 개발 등 상품성 향상 지도
4. 포장수산물의 표시사항 준수에 관한 지도
5. 수산물의 규격출하 지도

10 농수산물 품질관리법상 지정해역의 보존·관리를 위한 지정해약 위생관리대책의 수립·시행 권자는?

① 해양수산부장관　　　　　　　　② 국립수산과학원장
③ 식품의약품안전처장　　　　　　④ 국립수산물품질관리원장

해설 법 제72조(지정해역 위생관리종합대책)
　① 해양수산부장관은 지정해역의 보존·관리를 위한 지정해역 위생관리종합대책(이하 "종합대책"이라 한다)을 수립·시행하여야 한다.

11 농수산물 유통 및 가격안정에 관한 법률상 민영도매시장에 관한 설명으로 옳지 않은 것은?

① 시·도지사는 민영도매시장 개설자가 승인 없이 민영도매시장의 업무규정을 변경한 경우에는 개설허가를 취소할 수 있다.
② 민영도매시장의 개설자는 중도매인, 매매참가인, 산지유통인 및 경매사를 두어 직접 운영하여야 하며 이외의 자를 두어 운영하게 할 수 없다.
③ 민영도매시장의 중도매인은 민영도매시장의 개설자가 지정한다.
④ 민영도매시장의 경매사는 민영도매시장의 개설자가 임면한다.

법 제48조(민영도매시장의 운영 등)

① 민영도매시장의 개설자는 중도매인, 매매참가인, 산지유통인 및 경매사를 두어 직접 운영하거나 시장도매인을 두어 이를 운영하게 할 수 있다.

② 민영도매시장의 중도매인은 민영도매시장의 개설자가 지정한다. 이 경우 중도매인의 지정 등에 관하여는 제25조제3항 및 제4항을 준용한다.

③ 농수산물을 수집하여 민영도매시장에 출하하려는 자는 민영도매시장의 개설자에게 산지유통인으로 등록하여야 한다. 이 경우 산지유통인의 등록 등에 관하여는 제29조제1항 단서 및 같은 조 제3항부터 제6항까지의 규정을 준용한다.

④ 민영도매시장의 경매사는 민영도매시장의 개설자가 임면한다. 이 경우 경매사의 자격기준 및 업무 등에 관하여는 제27조제2항부터 제4항까지 및 제28조를 준용한다.

⑤ 민영도매시장의 시장도매인은 민영도매시장의 개설자가 지정한다. 이 경우 시장도매인의 지정 및 영업 등에 관하여는 제36조제2항부터 제4항까지, 제37조, 제38조, 제39조, 제41조 및 제42조를 준용한다.

⑥ 민영도매시장의 개설자가 중도매인, 매매참가인, 산지유통인 및 경매사를 두어 직접 운영하는 경우 그 운영 및 거래방법 등에 관하여는 제31조부터 제34조까지, 제38조, 제39조부터 제41조까지 및 제42조를 준용한다. 다만, 민영도매시장의 규모·거래물량 등에 비추어 해당 규정을 준용하는 것이 적합하지 아니한 민영도매시장의 경우에는 그 개설자가 합리적이라고 인정되는 범위에서 업무규정으로 정하는 바에 따라 그 운영 및 거래방법 등을 달리 정할 수 있다.

법 제82조(허가 취소 등)

① 시·도지사는 지방도매시장 개설자(시가 개설자인 경우만 해당한다)나 민영도매시장 개설자가 다음 각 호의 어느 하나에 해당하는 경우에는 개설허가를 취소하거나 해당 시설을 폐쇄하거나 그 밖에 필요한 조치를 할 수 있다.

1. 제17조제1항 단서 및 같은 조 제5항, 제47조제1항 및 제3항에 따른 허가나 승인 없이 지방도매시장 또는 민영도매시장을 개설하였거나 업무규정을 변경한 경우

2. 제17조제3항, 제47조제2항에 따라 제출된 업무규정 및 운영관리계획서와 다르게 지방도매시장 또는 민영도매시장을 운영한 경우

3. 제40조제3항 또는 제81조제1항에 따른 명령을 위반한 경우

12 농수산물 유통 및 가격안정에 관한 법령상 '생산자 관련 단체'에 해당하는 것은?

① 영어조합법인

② 도매시장법인

③ 산지유통인

④ 시장도매인

생산자관련단체: 영어조합법인, 어업회사법인 등

13 농수산물 유통 및 가격안정에 관한 법률상 '유통조절명령'에 관한 A수산물품질관리사의 판단은?

> ㄱ. 해양수산부장관은 부패하거나 변질되기 쉬운 수산물을 대상으로 생산자등 또는 생산자단체의 요청에 관계없이 유통조절명령을 할 수 있다.
>
> ㄴ. 해양수산부장관은 유통명령을 이행한 생산자등이 유통명령을 이행함에 따라 발생한 손실에 대하여 그 손실을 보전하게 할 수 있다.

① ㄱ: 옳음, ㄴ: 옳음　　　　② ㄱ: 틀림, ㄴ: 옳음
③ ㄱ: 옳음, ㄴ: 틀림　　　　④ ㄱ: 틀림, ㄴ: 틀림

해설 **법 제10조(유통협약 및 유통조절명령)**
② 농림축산식품부장관 또는 해양수산부장관은 부패하거나 변질되기 쉬운 농수산물로서 농림축산식품부령 또는 해양수산부령으로 정하는 농수산물에 대하여 현저한 수급 불안정을 해소하기 위하여 특히 필요하다고 인정되고 농림축산식품부령 또는 해양수산부령으로 정하는 <u>생산자등 또는 생산자단체가 요청</u>할 때에는 공정거래위원회와 협의를 거쳐 일정 기간 동안 일정 지역의 해당 농수산물의 생산자등에게 생산조정 또는 출하조절을 하도록 하는 유통조절명령(이하 "유통명령"이라 한다)을 할 수 있다.

법 제12조(유통명령 이행자에 대한 지원 등)
① 농림축산식품부장관 또는 해양수산부장관은 유통협약 또는 유통명령을 이행한 생산자등이 <u>그 유통협약이나 유통명령을 이행함에 따라 발생하는 손실</u>에 대하여는 제54조에 따른 농산물가격안정기금 또는 「수산업·어촌 발전 기본법」 제46조에 따른 <u>수산발전기금으로 그 손실을 보전(補塡)하게 할 수 있다.</u>

14 농수산물 유통 및 가격안정에 관한 법률상 과태료 부과 대상자는?
① 도매시장법인의 지정 유효기간이 지난 후 도매시장법인의 업무를 한 자
② 정당한 사유 없이 집단적으로 경매 또는 입찰에 불참한 자
③ 도매시장의 출입제한 등의 조치를 거부하거나 방해한 자
④ 표준하역비의 부담을 이행하지 아니한 자

해설 ① 2년 이하의 징역 또는 2천만 원 이하의 벌금
② 1년 이하의 징역 또는 1천만 원 이하의 벌금
③ 100만 원 이하의 과태료
④ 1년 이하의 징역 또는 1천만 원 이하의 벌금

정답 13 ② 14 ③

정리 법 제90조(과태료)

③ 다음 각 호의 어느 하나에 해당하는 자에게는 <u>100만 원 이하의 과태료</u>를 부과한다.

   1. 제27조제4항을 위반하여 경매사 임면 신고를 하지 아니한 자

   2. 제29조제5항(제46조제3항에 따라 준용되는 경우를 포함한다)에 따른 도매시장 또는 도매시장공판장의 출입제한 등의 조치를 거부하거나 방해한 자

   3. 제38조의2제2항에 따른 출하 제한을 위반하여 출하(타인명의로 출하하는 경우를 포함한다)한 자

   3의2. 제53조제1항을 위반하여 포전매매의 계약을 서면에 의한 방식으로 하지 아니한 매도인

   4. 제74조제1항 전단을 위반하여 도매시장에서의 정상적인 거래와 시설물의 사용기준을 위반하거나 적절한 위생·환경의 유지를 저해한 자(도매시장법인, 시장도매인, 도매시장공판장의 개설자 및 중도매인은 제외한다)

   4의2. 제75조제2항을 위반하여 교육훈련을 이수하지 아니한 도매시장법인 또는 공판장의 개설자가 임명한 경매사

   5. 제79조제2항에 따른 보고(공판장 및 민영도매시장의 개설자에 대한 보고는 제외한다)를 하지 아니하거나 거짓된 보고를 한 자

   6. 제81조제3항에 따른 명령을 위반한 자

15 농수산물 유통 및 가격안정에 관한 법률상 다음 ( )에 들어갈 내용은?

> ㄱ. A영어조합법인이 공판장을 개설하려면 ( )의 허가를 받아야 한다.
> ㄴ. 수산물을 수집하여 공판장에 출하하려는 A영어조합법인은 공판장의 개설자에게 ( )으로 등록하여야 한다.

① ㄱ: 시·도지사, ㄴ: 시장도매인   ② ㄱ: 시·도지사, ㄴ: 산지유통인
③ ㄱ: 수협중앙회장, ㄴ: 도매시장법인   ④ ㄱ: 수협중앙회장, ㄴ: 중도매인

해설 법 제43조(공판장의 개설)

① 농림수협등, 생산자단체 또는 공익법인이 공판장을 개설하려면 시·도지사의 승인을 받아야 한다.

법 제29조(산지유통인의 등록)

① 농수산물을 수집하여 도매시장에 출하하려는 자는 농림축산식품부령 또는 해양수산부령으로 정하는 바에 따라 부류별로 도매시장 개설자에게 등록하여야 한다.

16 농수산물의 원산지 표시에 관한 법령상 원산지 표시를 하여야 할 자가 아닌 것은?

① 휴게음식점영업소 설치·운영자   ② 위탁급식영업소 설치·운영자
③ 수산물가공단지 설치·운영자   ④ 일반음식점영업소 설치·운영자

정답   15 ②   16 ③

시행령 제4조(원산지 표시를 하여야 할 자)

법 제5조제3항에서 "대통령령으로 정하는 영업소나 집단급식소를 설치·운영하는 자"란 「식품위생법 시행령」 제21조제8호가목의 휴게음식점영업, 같은 호 나목의 일반음식점영업 또는 같은 호 마목의 위탁급식영업을 하는 영업소나 같은 법 시행령 제2조의 집단급식소를 설치·운영하는 자를 말한다.

17 농수산물의 원산지 표시에 관한 법률상의 설명으로 밑줄 친 부분이 옳지 않은 것은 몇 개인가?

> 수산물이나 그 가공품 등에 대하여 적정하고 합리적인 원산지 표시를 하도록 하여 <u>생산자의 알 권리</u>를 보장하고, 공정한 거래를 유도함으로써 생산자와 소비자를 보호하는 것을 목적으로 한다. 해양수산부장관은 수산물 <u>명예감시원</u>에게 수산물이나 그 가공품의 원산지 표시를 지도·홍보·계몽과 <u>위반사항의 신고</u>를 하게 할 수 있다.

① 1개 　　　　② 2개 　　　　③ 3개 　　　　④ 4개

법 제1조(목적)

이 법은 농산물·수산물과 그 가공품 등에 대하여 적정하고 합리적인 원산지 표시와 유통이력 관리를 하도록 함으로써 공정한 거래를 유도하고 <u>소비자의 알 권리</u>를 보장하여 생산자와 소비자를 보호하는 것을 목적으로 한다.

법 제11조(명예감시원)

① 농림축산식품부장관, <u>해양수산부장관</u>, 시·도지사 또는 시장·군수·구청장은 「농수산물 품질관리법」 제104조의 농수산물 <u>명예감시원</u>에게 농수산물이나 그 가공품의 원산지 표시를 지도·홍보·계몽하거나 <u>위반사항을 신고</u>하게 할 수 있다.

18 농수산물의 원산지 표시에 관한 법률을 위반하여 7년 이하의 징역이나 1억 원 이하의 벌금에 해당하는 것을 모두 고른 것은? (단, 병과는 고려하지 않음)

> ㄱ. 원산지 표시를 거짓으로 하거나 이를 혼동하게 할 우려가 있는 표시를 하는 행위
> ㄴ. 원산지 표시를 혼동하게 할 목적으로 그 표시를 손상·변경하는 행위
> ㄷ. 원산지 표시를 한 농수산물이나 그 가공품에 원산지가 다른 동일 농수산물이나 그 가공품을 혼합하여 조리·판매·제공하는 행위

① ㄱ, ㄴ 　　　　　　　　　② ㄱ, ㄷ
③ ㄴ, ㄷ 　　　　　　　　　④ ㄱ, ㄴ, ㄷ

법 제14조(벌칙)

① 제6조제1항 또는 제2항을 위반한 자는 7년 이하의 징역이나 1억 원 이하의 벌금에 처하거나 이를 병과(倂科)할 수 있다.

법 제6조(거짓 표시 등의 금지)

① 누구든지 다음 각 호의 행위를 하여서는 아니 된다.

1. 원산지 표시를 거짓으로 하거나 이를 혼동하게 할 우려가 있는 표시를 하는 행위
2. 원산지 표시를 혼동하게 할 목적으로 그 표시를 손상·변경하는 행위
3. 원산지를 위장하여 판매하거나, 원산지 표시를 한 농수산물이나 그 가공품에 다른 농수산물이나 가공품을 혼합하여 판매하거나 판매할 목적으로 보관이나 진열하는 행위

② 농수산물이나 그 가공품을 조리하여 판매·제공하는 자는 다음 각 호의 행위를 하여서는 아니 된다.

1. 원산지 표시를 거짓으로 하거나 이를 혼동하게 할 우려가 있는 표시를 하는 행위
2. 원산지를 위장하여 조리·판매·제공하거나, 조리하여 판매·제공할 목적으로 농수산물이나 그 가공품의 원산지 표시를 손상·변경하여 보관·진열하는 행위
3. 원산지 표시를 한 농수산물이나 그 가공품에 원산지가 다른 동일 농수산물이나 그 가공품을 혼합하여 조리·판매·제공하는 행위

19 농수산물의 원산지 표시에 관한 법령상 부과될 과태료는? (단, B업소는 1차 단속에 적발 및 감경사유를 고려하지 않음)

> A단속공무원이 B업소의 원산지 표시를 하지 않은 냉동조기 10상자가 판매를 목적으로 진열되어 있는 것을 확인했고, B업소 내 저장고에 보관중인 판매용 냉동조기 10상자에 대해 원산지 미표시 위반을 추가로 발견하였다. 이 중에서 당일 B업소에서 판매하다 적발된 냉동조기는 1상자에 10만 원이었다.

① 100만 원　　　② 200만 원　　　③ 500만 원　　　④ 1,000만 원

20상자 × 10만 원 = 200만 원

시행규칙 [별표2] 과태료 부과기준

원산지 표시를 하지 않은 경우의 세부 부과기준

과태료 부과금액은 원산지 표시를 하지 않은 물량(판매를 목적으로 보관 또는 진열하고 있는 물량을 포함한다)에 적발 당일 해당 업소의 판매가격을 곱한 금액으로 한다.

20 농수산물의 원산지 표시에 관한 법령상 식품접객업을 운영하는 자가 농수산물이나, 그 가공품을 조리하여 판매·제공하는 경우로써 원산지를 표시하여야 하는 대상품목이 아닌 것은?

① 참돔　　　② 넙치　　　③ 황태　　　④ 고등어

21 농수산물의 원산지 표시에 관한 법령상 국내에서 K어묵을 제조하여 대형할인마트에서 판매하고자 한다. 이 경우 포장지에 표시하여야 할 원산지 표시는?

〈K어묵의 성분 구성〉

• 명태연육: 51%   • 강달어: 47%   • 전분: 1%
• 소금: 0.8%   • MSG: 0.2%
※ 명태연육은 러시아산, 소금은 중국산, 이외 모두 국산임

① 어묵(명태연육: 러시아산)

② 어묵(강달어: 국산)

③ 어묵(명태연육: 러시아산, 소금: 중국산, MSG: 국산)

④ 어묵(명태연육: 러시아산, 강달어: 국산)

22 친환경농어업 육성 및 유기식품 등의 관리 · 지원에 관한 법률상 무항생제수산물등의 인증을 할 수 있는 권한을 가진 자는?

① 지방자치단체의 장   ② 국립수산물품질관리원장

③ 국립수산과학원장   ④ 해양수산부장관

정답 21 ④ 22 ④

23 친환경농어업 육성 및 유기식품 등의 관리 · 지원에 관한 법령상 유기식품등의 인증기관의 지정 갱신은 유효기간 만료 및 몇 개월 전까지 신청서를 제출하여야 하는가?

① 1개월   ② 2개월   ③ 3개월   ④ 4개월

> **해설** 시행규칙 제30조(인증기관의 지정 갱신 절차)
> ① 법 제26조제3항에 따라 인증기관의 지정을 갱신하려는 인증기관은 <u>인증기관 지정의 유효기간 만료 3개월 전까지</u> 별지 제11호서식의 인증기관 지정 갱신 신청서에 다음 각 호의 서류를 첨부하여 국립수산물품질관리원장에게 제출해야 한다.
> 1. 인증업무의 범위 등을 적은 사업계획서
> 2. 제27조에 따른 인증기관의 지정기준을 갖추었음을 증명할 수 있는 서류
> 3. 인증기관 지정서

24 수산물 유통의 관리 및 지원에 관한 법률상 수산물의 처리물량을 규모화하고 상품의 부가가치를 높일 목적으로 수산물을 수집 · 가공하여 판매하기 위한 수산물 유통 시설은?

① 수산물직거래촉진센터   ② 수산물소비지분산물류센터
③ 수산물산지거점유통센터   ④ 수산물유통가공협회

> **해설** 법 제49조(수산물산지거점유통센터의 설치)
> ① 국가나 지방자치단체는 수산물의 처리물량을 <u>규모화하고 상품의 부가가치를 높일 목적으로 수산물을 수집 · 가공하여 판매하기 위하여 수산물산지거점유통센터를 설치하려는 자에게 부지 확보 또는 시설</u>물 설치 등에 필요한 지원을 할 수 있다.

25 수산물 유통의 관리 및 지원에 관한 법률상 수산물유통발전 기본계획에 포함되지 않는 것은?

① 수산물 수급관리에 관한 사항
② 수산물 품질 · 검역 관리에 관한 사항
③ 수산물 유통구조 개선 및 발전기반 조성에 관한 사항
④ 수산물유통산업 관련 전문인력의 양성 및 정보화에 관한 사항

> **해설** 법 제5조(기본계획의 수립 · 시행)
> ① 해양수산부장관은 수산물유통산업의 발전을 위하여 5년마다 수산물 유통발전 기본계획(이하 "기본계획"이라 한다)을 관계 중앙행정기관의 장과 협의를 거쳐 수립 · 시행하여야 한다.
> ② 기본계획에는 다음 각 호의 사항이 포함되어야 한다.
> 1. 수산물유통산업 발전을 위한 정책의 기본방향
> 2. 수산물유통산업의 여건 변화와 전망
> 3. 수산물 품질관리
> 4. <u>수산물 수급관리</u>

정답 23 ③ 24 ③ 25 ②

5. 수산물 유통구조 개선 및 발전기반 조성
6. 수산물유통산업 관련 기술의 연구개발 및 보급
7. 수산물유통산업 관련 전문인력의 양성 및 정보화
8. 그 밖에 수산물유통산업의 발전을 촉진하기 위하여 해양수산부장관이 필요하다고 인정하는 사항

26 정부의 수산물 유통정책의 주요 목적으로 옳지 않은 것은?

① 유통경로 효율화 촉진

② 적절한 수급조절

③ 식품 안전성 확보

④ 유통업체 이익 확대

> **해설** 수산물 유통의 관리 및 지원에 관한 법률
>
> **제1조(목적)**
>
> 이 법은 수산물 유통체계의 효율화와 수산물유통산업의 경쟁력 강화에 관하여 규정함으로써 원활하고 안전한 수산물의 유통체계를 확립하여 생산자와 소비자를 보호하고 국민경제의 발전에 이바지함을 목적으로 한다.

27 수산물 유통활동에 관한 설명으로 옳은 것은?

① 상적 유통활동과 물적 유통활동의 두 가지 유형이 있다.

② 물적 유통활동은 상거래활동, 유통금융활동 등으로 세분화할 수 있다.

③ 상적 유통활동은 운송활동, 보관활동 등으로 세분화할 수 있다.

④ 소유권 이전에 관한 활동은 물적 유통활동이다.

해설	
소유권 이전기능 (상적 유통활동)	구매기능(수집), 판매기능(분배)
물적 유통활동	• 장소적 효용창조(수송기능) • 시간적 효용창조(저장기능): 수요와 공급의 시간적 조절 – 저장의 종류: 운영적 저장/계절적 저장/비축적 저장/투기적 저장 • 형태적 효용창조(가공기능): 생산의 계절성이나 저장 약점의 극복대안 • 수산물 가공은 수송 및 저장기능과 밀접하게 연결되어 있으며 계절성의 특수성 극복과 농산물의 부패방지, 부피성의 대안이 된다.
유통조성기능	• 표준화 및 등급화 기능 / 유통금융기능 • 위험부담기능(물적/경제적 위험의 전가) / 시장정보기능

정답 26 ④   27 ①

28 수산물 유통기구에 관한 설명으로 옳지 않은 것은?

① 생산자와 소비자 사이에 유통기구가 개입하는 간접적 유통이 일반적이다.
② 간접적 유통기구는 수집, 분산, 수집·분산연결 기구의 세 가지 유형이 있다.
③ 산지위판장이나 산지 수집도매상은 분산기구이다.
④ 노량진수산물도매시장은 수집·분산연결 기구이다.

(해설) 산지위판장, 산지 수집도매상: 수집기구

29 수산물 유통의 특성으로 옳은 것을 모두 고른 것은?

> ㄱ. 유통경로가 복잡하고 다양하다.
> ㄴ. 생산의 불확실성, 부패성으로 인해 가격의 변동성이 크다.
> ㄷ. 동일 어종이라도 다양한 크기와 선도를 가지고 있다.

① ㄱ   ② ㄱ, ㄴ   ③ ㄴ, ㄷ   ④ ㄱ, ㄴ, ㄷ

(해설) **수산물 유통의 특성**
수산물 유통상에서 문제가 되는 것은 수산물 <u>그 자체가 부패성이 강하여</u> 상품성이 극히 낮다는 것과, 공산품과는 달리 직접 추출하는 소재중심형(素材中心型) 생산물이기 때문에 <u>등급화·규격화·표준화가 어렵고</u>, 또한 계절적·지역적 생산의 특수성으로 인하여 <u>수급조절이</u> 곤란하며, 생산규모의 영세성과 생산의 분산으로 말미암아 유통활동이 저하되는 현상 등이다. 특히 수산물은 <u>가격 및 소득에 대한 탄력성이 낮아 공급량에 의한 가격결정이 불가능하다는</u> 사실이다. 일반적으로 흉어시의 가격 등귀율(騰貴率)은 풍어시의 가격폭락을 메워주지 못할 뿐만 아니라, 수량·시간·공급조절능력의 결여 때문에 어가(魚價)의 심한 계절 변동은 생산자의 소득을 불안정하게 하는 중요 원인이 되고 있다.
수산물 유통경로상 다양한 유통기구가 개입되어 있어서 <u>유통경로가 복잡하고 다양하며 길다.</u>

30 수산물 유통구조의 특징으로 옳지 않은 것은?

① 최종 소비지 시장이 집중되어 있다.
② 유통업체는 대부분 규모가 작고 영세하다.
③ 유통이 다단계로 이루어져 있다.
④ 동일 어종인 경우에도 연근해·원양·수입 수산물에 따라 유통방법이 다르다.

(해설) 최종 소비지 시장은 전국적으로 분산되어 있다.

정답 ▶ 28 ③ 29 ④ 30 ①

31 수산물 도매시장의 시장도매인 제도에 관한 설명으로 옳지 않은 것은?

① 도매시장의 개설자로부터 지정을 받고 수산물을 매수 또는 위탁받아 도매하거나 매매를 중개하는 영업을 하는 법인을 말한다.

② 시장도매인은 해당 도매시장의 도매시장법인·중도매인에게 수산물을 판매하지 못한다.

③ 현재 부산공동어시장, 노량진수산물도매시장, 대구북부수산물도매시장 등에서 운영 중이다.

④ 도매운영주체에 따라 도매시장법인만 두는 시장, 시장도매인만 두는 시장, 도매시장 법인과 시장도매인을 함께 두는 시장으로 구분할 수 있다.

해설 ② 원칙적인 입장에서는 ②이 옳지만, 예외적인 경우가 있으므로 정답을 ②③으로 처리한다.

정리 법 제37조(시장도매인의 영업)

① 시장도매인은 도매시장에서 농수산물을 매수 또는 위탁받아 도매하거나 매매를 중개할 수 있다. 다만, 도매시장 개설자는 거래질서의 유지를 위하여 필요하다고 인정하는 경우 등 농림축산식품부령 또는 해양수산부령으로 정하는 경우에는 품목과 기간을 정하여 시장도매인이 농수산물을 위탁받아 도매하는 것을 제한 또는 금지할 수 있다.

② <u>시장도매인은 해당 도매시장의 도매시장법인·중도매인에게 농수산물을 판매하지 못한다.</u>

법 제22조(도매시장의 운영 등)

도매시장 개설자는 도매시장에 그 시설규모·거래액 등을 고려하여 적정 수의 도매시장법인·시장도매인 또는 중도매인을 두어 이를 운영하게 하여야 한다. 다만, 중앙도매시장의 개설자는 농림축산식품부령 또는 해양수산부령으로 정하는 부류에 대하여는 도매시장법인을 두어야 한다.

32 우리나라 수산물 소비의 동향 및 특징으로 옳지 않은 것은?

① 대중 선호어종은 고등어, 갈치, 오징어 등이다.

② 소득이 높아짐에 따라 질보다는 양을 중시하게 된다.

③ 수산물 안전성 문제가 소비자의 관심사로 부각되고 있다.

④ 1인가구의 증가 등으로 가정간편식(HMR)이 많이 출시되고 있다.

해설 소득이 높아질수록 양보다 질 우선 중심으로 이동한다.

33 유통업자가 안정적으로 수산물을 확보하기 위해 활용하고 있는 거래관행은?

① 전도금제　　② 위탁판매제　　③ 외상거래제　　④ 경매·입찰제

해설 전도금제: 유통업자가 선불금을 생산자에게 지급하고 수산물을 확보하는 계약수단

정답 31 ②③ 32 ② 33 ①

34 수산물 전자상거래의 장점으로 옳지 않은 것은?

① 운영비가 절감된다.

② 유통경로가 짧아진다.

③ 시간·공간적으로 제약이 있다.

④ 소비자와 생산자 간의 양방향 소통이 가능하다.

(해설) 시간·공간적으로 제약이 없다.

35 수산물 공동판매의 장점으로 옳지 않은 것은?

① 출하량 조절이 용이하다.

② 운송비를 절감할 수 있다.

③ 가격 교섭력을 높일 수 있다.

④ 유통업자 간의 판매시기와 장소를 조정하는 방법이다.

(해설) 유통업자간 유통방법이 아니고, 생산자들의 카르텔이다.

36 수산물 가격이 폭등하는 경우 정부의 정책수단으로 옳은 것을 모두 고른 것은?

ㄱ. 수입확대	ㄴ. 수매확대	ㄷ. 비축물량 방출

① ㄱ   ② ㄱ, ㄷ   ③ ㄴ, ㄷ   ④ ㄱ, ㄴ, ㄷ

(해설) 정부 수매확대로 시장 공급물량이 감소하게 되면 가격이 상승된다.

37 20kg 고등어 한 상자의 각 유통경로별 가격을 나타낸 것이다. 이때 소매점의 유통마진율(%)은?

• 생산가격 30,000원	• 수산물위판장 32,000원
• 도매상 36,000원	• 소매점 40,000원

① 10   ② 15   ③ 20   ④ 25

(해설) 소매점의 유통마진율 = $\dfrac{\text{소매가격 } 40{,}000 - \text{도매가격 } 36{,}000}{\text{소매가격 } 40{,}000} \times 100 = 10\%$

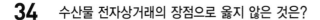
정답 34 ③ 35 ④ 36 ② 37 ①

38 수산물 소비지 도매시장의 기능으로 옳지 않은 것은?

① 유통분산기능
② 양륙진열기능
③ 가격형성기능
④ 수집집하기능

(해설) 양륙진열기능은 항만에 위치한 위판장 시장기능이다.

39 수산물 도매상에 관한 설명으로 옳은 것은?

① 최종 소비자의 기호 변화를 즉시 반영한다.
② 주로 최종 소비자에게 수산물을 판매한다.
③ 수집시장과 분산시장을 연결하는 역할을 한다.
④ 전통시장 등의 오프라인과 소셜커머스와 같은 온라인도 해당된다.

(해설) ①, ③, ④ 소매상 역할

40 유용한 통계정보를 얻기 위한 바람직한 수산물의 유통경로는?

① 생산자 → 산지위판장 → 소비자
② 생산자 → 객주 → 소비자
③ 생산자 → 수집상 → 도매인 → 소비자
④ 생산자 → 횟집 → 소비자

(해설) 수산물의 일반적 유통경로
생산자 → 산지위판장 → 소비자

41 활꽃게의 유통에 관한 설명으로 옳지 않은 것은?

① 산지 유통과 소비지 유통으로 구분된다.
② 일반적으로 계통 출하보다 비계통 출하의 비중이 높다.
③ 활광어와 비교하여 산소발생기 등 유통기술이 적게 요구된다.
④ 근해자망, 연안자망, 연안개량안강망, 연안통발 등에 의해 공급된다.

(해설) 활꽃게 유통: 계통 출하(수협 단위조직을 활용한) 중심

정답 38 ② 39 ③ 40 ① 41 ②

42 갈치 선어의 유통에 관한 설명으로 옳지 않은 것은?

① 유통에는 빙장이 필요하다.

② 대부분 산지위판장을 통해 출하된다.

③ 선도 유지를 위해 신속한 유통이 필요하다.

④ 주로 어가경영인 대형기선저인망어업에 의해 공급된다.

(해설) • 갈치잡이는 전통적으로 배에서 잡는 채낚기와, 일제강점기에 도입된 안강망, 기선저인망, 선망, 트롤이 있고, 일정한 수역에 어장을 설치하여 잡는 낭장망과 정치망이 있다.
• 멸치잡이: 대형기선저인망어업

43 냉동오징어의 유통특성에 관한 설명으로 옳은 것을 모두 고른 것은?

> ㄱ. 대부분 산지위판장을 통해 유통된다.
> ㄴ. 유통과정상 냉동시설이 필요하다.
> ㄷ. 활어에 비해 가격이 낮다.
> ㄹ. 수산가공품 원료 등으로도 이용된다.

① ㄱ, ㄴ   ② ㄴ, ㄷ

③ ㄱ, ㄴ, ㄹ   ④ ㄴ, ㄷ, ㄹ

(해설) 산지위판장을 통해 유통되는 것은 활오징어이다.

44 수산가공품의 유통이 가지는 특성이 아닌 것은?

① 일반식품의 유통경로와 유사하다.

② 소비자의 다양한 기호를 만족시킬 수 있다.

③ 수송은 용이하나 공급조절에는 한계를 지닌다.

④ 냉동품, 자건품, 한천, 수산피혁 등 다양하다.

(해설) 수산가공품은 가공된 상태로 연중 저장과 공급조절이 가능하다.

45 마른멸치의 유통과정에 관한 설명으로 옳지 않은 것은?

① 자숙가공을 통해 유통된다.

② 주로 기선권현망어업에 의해 공급된다.

③ 대부분 산지 수집상을 통해 소비자에게 유통된다.

④ 생산자로부터 소비자에게 직접 유통되기도 한다.

> 해설 산지 수집상에 의한 유통은 일부이고, 대부분 계통 출하를 통해 유통이 이루어지고 있다.

46 수산물 수출입 과정에서 분쟁이 발생할 경우 심의하는 국제기구는?

① FTA　　　　② FAO　　　　③ WTO　　　　④ WHO

> 해설 WTO(세계무역기구)는 각국의 무역 장벽을 낮추고 무역 협상의 기반을 제공함으로써 원활하고 자유로운 무역을 지원하는 데에 목적을 두고 있다. 또한 회원국들 사이의 분쟁 조정을 담당한다.

47 수산물 소비자의 정보를 수집하여 취향 조사, 만족도 조사, 분석, 관리, 적절한 대응 등에 활용하는 방법은?

① POS(Point Of Sales)

② CS(Consumer Satisfaction)

③ SCM(Supply Chain Management)

④ CRM(Customer Relationship Management)

> 해설 CS(Consumer Satisfaction): 고객만족
> CRM(Customer Relationship Management, 고객관계관리) 고객과 관련된 기업의 내·외부 자료를 분석, 통합하여 고객 특성에 기초한 마케팅 활동을 계획하고, 지원하며, 평가하는 과정을 말한다.

48 수산물 유통체계의 효율화와 수산물 유통산업의 경쟁력 강화에 관하여 규정하고 있는 법률은?

① 수산업법　　　　　　　　　　　② 수산자원관리법

③ 공유수면관리 및 매립에 관한 법률　④ 수산물 유통의 관리 및 지원에 관한 법률

> 해설 수산물 유통의 관리 및 지원에 관한 법률
> 제1조(목적) 이 법은 수산물 유통체계의 효율화와 수산물 유통산업의 경쟁력 강화에 관하여 규정함으로써 원활하고 안전한 수산물의 유통체계를 확립하여 생산자와 소비자를 보호하고 국민경제의 발전에 이바지함을 목적으로 한다.

정답　45 ③　46 ③　47 ②　48 ④

49 유통과정에서 선어와 비교하여 냉동 수산물이 갖는 장점으로 모두 고른 것은?

> ㄱ. 연중 소비　　　　　ㄴ. 낮은 가격　　　　　ㄷ. 선도 향상

① ㄱ　　　　　② ㄱ, ㄴ　　　　　③ ㄴ, ㄷ　　　　　④ ㄱ, ㄴ, ㄷ

(해설) 냉동품은 선도를 유지하기 어렵다. 선어에 비하여 상품의 품질이 낮지만 냉동저장을 통해 연중소비가 가능하다.

50 수산물 선물시장에 관한 설명으로 옳지 않은 것은?

① 위험관리기능을 제공한다.
② 계약이행보증을 위한 증거금제도가 있다.
③ 미래의 현물가격에 대한 예시기능을 수행한다.
④ 현물 및 선물 가격 간의 차이를 스왑(swap)이라고 한다.

(해설) • 베이시스: 현물과 선물 가격 간의 차이
　　　 • 스왑거래란 미래의 특정일 또는 특정기간 동안 어떤 상품 또는 금융자산(부채)을 상대방의 상품이나 금융자산과 교환하는 거래를 말한다.
　　　 • 교환대상이 상품인 경우를 상품(commodity)스왑이라 하고 금융자산 또는 부채인 경우를 금융 (financial)스왑이라 한다. 상품스왑의 대표적 거래상품으로는 원유, 벙커-C油, 곡물 등이 있고, 금융스 왑 대상으로는 외환·채권 등이 있다.

제3과목 　**수확 후 품질관리론**

51 휘발성염기질소(VBN) 측정법으로 선도를 판정할 수 없는 수산물은?

① 연어　　　　　　　　　② 고등어
③ 상어　　　　　　　　　④ 오징어

(해설) 휘발성염기질소(VBN) 측정법
　　　 ㉠ 암모니아, 트리메틸아민, 디메틸아민 등과 같은 휘발성염기질소는 신선도가 저하될수록 많이 발생한다.
　　　 ㉡ 휘발성염기질소 측정에 의한 신선도 판정은 다른 판정법과 병행하여 사용하거나 단독으로 사용하기 도 한다.

정답　49 ②　50 ④　51 ③

ⓒ 트리메틸아민(TMA)의 측정에 의한 신선도 판정법은 단독 판정법으로서 많이 활용되고 있다. 다만 민물고기의 어육에는 TMA의 생성이 너무 적고, 상어와 가오리, 홍어는 암모니아와 TMA의 생성이 지나치게 많아 VBN 측정법으로 선도를 판정할 수 없다.

ⓔ 휘발성염기질소의 기준

신선도	휘발성염기질소
신선	5~10mg%
보통	15~25mg%
초기 부패	30~40mg%
부패	50mg% 이상

52 어류의 근육 조직에서 적색육과 백색육을 비교하는 설명으로 옳은 것은?

① 적색육은 백색육에 비하여 지방 함량이 적다.

② 백색육은 적색육에 비하여 단백질 함량이 많다.

③ 백색육은 적색육에 비하여 각종 효소의 활성이 강하다.

④ 적색육은 백색육에 비하여 신선도 저하가 느리다.

해설 ① 적색육은 백색육보다 지방 함량이 많다.
③ 적색육은 백색육보다 효소의 활성이 강하다.
④ 적색육은 백색육보다 신선도 저하가 빠르다.

정리 (1) 붉은 살 어류
① 보통육보다 혈압육이 많아 붉은 색을 띤다.
② 미오글로빈이 다량으로 함유되어 있다.
③ 혈압육은 보통육에 비해 지방, 타우린, 무기질의 함량이 풍부하여 영양가가 높다. 그러나 보통육에 비해 신선도의 저하가 빠르게 나타난다.
④ 흰 살 어류에 비해 비린내가 심하다.
⑤ 지방의 함량이 많기 때문에 익히지 않은 상태에서는 살이 연하지만 가열하면 단단해지므로 구이용이나 조림용으로 적합하다.
⑥ 참치, 방어, 꽁치, 전어 등이 이에 해당된다.

(2) 흰 살 어류
① 살이 단단하다.
② 지방 함량이 적어 소화가 잘 된다.
③ 맛이 담백하다.
④ 단백질 함량이 많다.
⑤ 광어, 대구, 명태, 도미, 가자미, 민어, 조기, 갈치, 우럭 등이 이에 해당된다.

정답 52 ②

53 수산 식품업체 B사는 −20℃에서 실용 저장기간(PSL)이 200일인 신선한 고등어를 구입하여 동일 온도의 냉동고에서 150일간 저장하였다. 이 냉동 고등어의 실용 저장기간과 품질 저하율에 관한 설명으로 옳은 것은?

① 실용 저장기간이 25% 남아 있다.
② 실용 저장기간이 75% 남아 있다.
③ 품질 저하율이 25%이다.
④ 품질 저하율이 50%이다.

(해설) 200일 중 150일이 경과되었으므로 실용 저장기간은 25% 남아 있고, 품질 저하율은 75%이다.

54 우리나라 전통 젓갈과 저염 젓갈의 차이점에 관한 설명으로 옳지 않은 것은?

① 전통 젓갈의 제조원리는 식염의 방부작용과 자가소화 효소의 작용이다.
② 저염 젓갈은 첨가물을 사용하여 보존성을 부여한 기호성 위주의 제품이다.
③ 전통 젓갈은 20% 이상의 식염을 첨가하여 숙성 발효시킨다.
④ 저염 젓갈은 15%의 식염을 첨가하여 숙성 발효시킨다.

(해설) • 전통 젓갈의 염 농도가 너무 높으며, 예컨대 새우젓 및 멸치젓의 경우 20% 이상이다.
• 저염 젓갈은 10% 이하, 바람직하게는 5%에서 7% 수준의 염 농도를 유지하고자 한다.

55 동결저장 중에 발생하는 수산물의 변질현상에 해당하지 않는 것은?

① 갈변(Browning)
② 허니콤(Honey comb)
③ 스펀지화(Sponge)
④ 스트루바이트(Struvite)

(해설) 스트루바이트(Struvite)는 어패류 통조림에서 유리조각처럼 보이는 결정체를 말한다.
어패류 통조림은 고온 살균 과정에서 단백질과 무기질 성분이 결합해 녹아 있다가 냉각 과정에서 '스트루바이트'라는 결정이 생길 수 있다.

(정리) **동결저장 중의 수산물의 변질현상**
㉠ 동결저장은 −18℃ 이하에서 장기간 저장하는 방법이다. 어패류를 동결한 상태에서 저장하면 미생물 및 효소에 의한 변패나 지방 산패 등이 억제되기 때문에 장기간 저장이 가능하며, 저장기간은 어종에 따라 다르지만 대체로 6개월에서 1년 정도 신선도를 유지할 수 있다.
㉡ 수산물은 동결저장 중에 갈변, 허니콤(Honey comb), 스펀지화 등이 발생할 수 있다.

정답 53 ① 54 ④ 55 ④

56 마른멸치를 가공할 때 자숙의 기능에 해당하지 않는 것은?

① 부착세균을 사멸시킨다.　　　　　② 단백질을 응고시켜 건조를 쉽게 한다.

③ 엑스성분의 유출을 방지한다.　　　④ 자가소화 효소를 불활성화시킨다.

(해설) 자숙은 살짝 데치는 것을 말하는데 자숙하여 건조시킨 가공품이 자건품이다. 멸치, 새우, 해삼 등이 대표적이다. 자숙을 하는 이유는 끓는 물에 미생물을 죽이고, 남아 있는 지방질을 빼 냄으로써 효소의 작용을 정지시키며, 단백질을 응고시켜 건조를 쉽게 하기 위함이다.

57 수산물의 염장법 중 개량물간법에 관한 설명으로 옳은 것은?

① 소금의 침투가 불균일하다.

② 제품의 외관과 수율이 양호하다.

③ 지방 산화가 일어나 변색될 우려가 있다.

④ 염장 초기에 부패하기 쉽다.

(해설) 개량물간법은 마른간법과 물간법을 혼합한 방식이다.

(정리) **염장**

(1) 염장이란 소금에 절여 저장한다는 의미이다.

(2) 소금 농도가 15% 이상이 되면 세균의 번식이 억제된다.

(3) 소금의 삼투압으로 수분 활성도가 낮아지고 저장성이 좋아진다.

(4) 염장의 방법
　① 마른간법: 마른간법은 수산물의 표면이나 복강 내에 소금을 살포하는 방법이다. 염장속도가 빠른 대신 염장이 균일하게 이루어지지 못한다.
　② 물간법: 물간법은 수산물을 식염수에 침지하는 방법이다.
　③ 개량물간법: 마른간법과 물간법을 혼합한 방식이다.

(5) 수산염장품에는 대구, 연어, 참치, 명태알, 연어알, 청어알, 염장 미역 등이 있다.

58 통조림의 품질 검사 중 일반 검사 항목으로 옳은 것을 모두 고른 것은?

| ㄱ. 타관 검사　　　ㄴ. 진공도 검사　　　ㄷ. 밀봉부위 검사 |
| ㄹ. 세균 검사　　　ㅁ. 가온 검사 |

① ㄱ, ㄹ　　　　　　　　　　　② ㄱ, ㄴ, ㅁ

③ ㄴ, ㄷ, ㄹ　　　　　　　　　④ ㄱ, ㄴ, ㄷ, ㅁ

(해설) 통조림의 품질 검사 중 일반 검사 항목은 외관 검사, 가온 검사, 타관 검사, 진공도 검사, 개관 검사이다.

(정답) 56 ③　57 ②　58 ②

정리 **통조림의 일반 검사**

(1) 외관 검사

① 팽창관

통조림통이 부풀어 오르는 것을 팽창관이라 하며, 팽창 정도에 따라 플리퍼(Flipper), 스프링어 (Springer), 스웰(Swell) 등이 있다.

- 플리퍼: 관의 뚜껑과 밑바닥은 거의 편평하나 한쪽 면이 약간 부풀어 있어, 이것을 손끝으로 누르 면 소리를 내며 원 상태로 되돌아갈 정도의 변패관을 말한다. 플리퍼가 생기는 원인은 가스를 형성하지 않는 세균에 의한 산패, 내용물의 과다 주입, 탈기 불충분 등이다.
- 스프링어: 관의 뚜껑과 밑바닥 중 어느 한쪽이 플리퍼의 경우보다 더욱 심하게 팽창되어 있어, 이것을 손끝으로 누르면 팽창하지 않은 반대쪽이 소리를 내며 튀어나오는 정도의 변화관을 말한 다. 스프링어가 생기는 원인은 플리퍼의 경우와 같다.
- 스웰: 관의 상하 양면이 모두 부풀어 있는 경우이며, 연팽창(Soft Swell)과 경팽창(Hard Swell)으 로 나눈다. 연팽창은 손끝으로 누르면 약간 안으로 들어가는 감이 있고, 경팽창은 손끝으로 눌러 도 반응이 없는 단단한 상태의 것을 말한다. 스웰이 생기는 원인은 살균 부족에 의한 클로스트리 듐 속(屬)의 세균 번식과 밀봉 불량에 의한 호기성 세균의 번식의 번식 등이다.

② 리킹(Leeking): 통조림통의 녹슨 구멍으로 즙액이 새는 현상이다.

(2) 가온 검사

① 통조림을 만든 후 관내가 무균 상태인가 아닌가를 검사하는 것이다. 미생물이 발육하기 좋은 온도 에 통조림을 두면 변패가 발생할 수 있는데 변패가 발생한 관을 검출해 내는 방법이다.

② 통조림의 종류에 따라 다르지만 대개 1~3주간 30~37℃로 유지시키면서 관찰한다. 만약, 통조림 안에 미생물이 존재하면 가스의 발생으로 관이 팽창하게 된다.

(3) 타관 검사

① 타검봉으로 통조림의 윗부분을 두드렸을 때 나는 음향과 손에 전달되는 촉감에 의해 내용물의 상 태를 판정하는 방식이다.

② 진공도가 높을수록 타검 음이 맑고 여음은 짧다.

(4) 진공도 검사

① 비교적 간단한 방법이며, 통조림 진공계(Vaccum Can Tester)를 사용한다.

② 측정한 통조림의 진공도가 30.4~38cmHg의 범위에 들면, 탈기가 잘 된 정상적인 통조림이다. 탈 기가 잘 된 통조림일수록 통 내부의 압력이 낮아서 진공도가 높다.

(5) 개관 검사

통조림의 뚜껑을 열어서 냄새, 상부 공극, 통 내면의 부식, 즙액의 혼탁도, 내용물의 형태, 색도, 경도, 맛, 균일성, 협잡물 유무, pH, 내용물의 무게 등을 검사하는 방법이다.

59 기능성 수산가공품에는 고시형과 개별 인정형이 있다. 다음 중 개별 인정형에 해당되는 것은?

① 리프리놀 　　　　　　　　　② 글루코사민

③ 클로렐라 　　　　　　　　　④ 키토산

정답 59 ①

⊙ 고시형(식품의약품안전처에서 기능성을 인정하고 고시한 것)
글구코사민(관절 및 연골의 건강), N-아세틸글루코사민(피부보습, 관절, 연골 건강), 스쿠알렌(항산화 작용), 알콕시글리세롤 함유 상어간유(면역력 증진), 오메가3(혈중 중성 지질 개선 및 혈행 개선), 키토산(콜레스테롤 개선), 스피룰리나(피부건강, 항산화, 콜레스테롤 개선), 클로렐라(피부 건강, 항산화)
⊙ 개별 인정형(식품의약품안전처에 개인 또는 사업자가 특정원료의 기능성을 개별적으로 인정받은 것)
DHA 농축 유지(혈중 중성지질 감소, 혈행 개선), 연어 펩타이드(혈압 저하), 정어리 펩타이드(혈압 조절), 김 올리고 펩타이드(혈압 조절), 콜라겐 효소분해 펩타이드(피부보습), 분말한천(배변 활동), 리프리놀(관절 건강)

60 오징어, 새우 등 연체동물과 갑각류에 함유되어 단맛을 내는 염기성 물질은?

① 요소
② 트리메틸아민옥시드
③ 베타인
④ 뉴클레오티드

해설 베타인은 동식물계에 널리 분포하는 염기로서 시원한 단맛이 나는 물질이다. 어류의 근육에는 0.1% 이하로 존재하지만, 무척추동물인 오징어, 문어, 새우 등의 근육에는 이보다 많이 존재한다.

61 기체 조절을 이용하여 수산식품의 저장기간을 연장하는 방법은?

① 산화방지제 첨가
② 방사선 조사
③ 무균포장
④ 탈산소제 첨가

해설 탈산소제는 공기 중에 포함된 산소를 흡수하여 식품의 산화방지, 곰팡이 등 호기성 미생물의 번식을 방지함으로써 식품의 보존성을 높인다.

정리 수산식품 저장기간 연장 방법
⊙ 산화방지제 첨가: 지방질이나 지방질에 녹는 비타민 A, D 등을 함유한 식품은 시간이 경과하면 이들 성분이 산화되어 산패(酸敗)라는 변질현상을 유발하게 되는데 산화방지제를 사용하여 변질을 막을 수 있다. 산화방지제로는 아스코르브산·에리소르브산·다이뷰틸하이드록시톨루엔(BHT)·뷰틸하이드록시아니솔(BHA)·갈산프로필 등이 있다.
⊙ 방사선 조사: 방사선을 조사함으로써 변질 또는 부패를 유발하는 효소를 불활성화하고 미생물을 사멸시킴으로써 저장기간을 연장한다.
⊙ 무균포장
⊙ 탈산소제 첨가: 탈산소제는 공기 중에 포함된 산소를 흡수하여, 식품의 산화방지, 곰팡이 등 호기성 미생물의 번식을 방지한다. 탈산소제는 식품의 보존성을 높일 목적으로 밀봉식품의 보존에 사용된다. 탈산소제로는 일반적으로 정제철분이 사용된다.

정답 60 ③ 61 ④

62 수산식품업체 B사는 상온에서 유통 가능한 신제품을 개발하고 있다. 가열 살균온도 110℃에서 클로스트리듐 보툴리눔(Clostridium botulinum) 포자의 사멸에 필요한 시간은 70분이었다. 살균온도를 120℃로 올릴 경우 사멸에 필요한 예상 시간은?

① 7분 　　　　 ② 14분 　　　　 ③ 35분 　　　　 ④ 60분

(해설) 가열온도를 10℃ 높이면 가열시간은 1/10로 단축된다.

63 식품 포장용 유리 용기의 특성에 해당하지 않는 것은?

① 산, 알칼리, 기름 등에 불안정하여 녹거나 침식이 발생할 수 있다.
② 빛이 투과되어 내용물이 변질되기 쉽다.
③ 충격 및 열에 약하다.
④ 포장 및 수송 경비가 많이 든다.

(해설) 녹거나 침식이 발생하지 않는다.
(정리) **유리용기의 특징**
　㉠ 자연분해되는 비활성물질로서 환경친화적이다.
　㉡ 유리는 음식과 상호작용으로 인한 변질가능성이 낮다.
　㉢ 빛의 투과로 인한 내용물의 변질 가능성이 있다.
　㉣ 고온에서 멸균하고 저온에서 보관할 수 있다.
　㉤ 무겁기 때문에 운송비, 생산비가 많이 든다.

64 연제품의 탄력 보강제 또는 중량제로 사용되지 않는 것은?

① 달걀 흰자 　　　　　　　　　② 글루탐산나트륨
③ 타피오카 녹말 　　　　　　　④ 옥수수 전분

(해설) 글루탐산나트륨은 조미료이다.
(정리) **연제품**
　⑴ 어육에 2~3% 식염을 첨가하여 갈면 졸 형태의 고기풀(연육)이 된다. 여기에 여러 가지 부원료를 섞어 가열 냉각한 제품을 연제품이라 한다(어묵, 어육햄 등).
　⑵ 연제품의 생성 과정
　　① 채육
　　　㉠ 머리, 내장을 제거한 후 씻어 소형어는 그대로, 대형어는 두겹, 세겹 편뜨기를 하여 어육채취기로 채육한다.
　　　㉡ 원료는 탄력형성 등을 고려할 때 백색육 어류를 많이 사용한다.

（정답） 62 ① 　63 ① 　64 ②

② 수세 및 탈수
 ㉠ 물에 담가 교반하면서 수세한 후 탈수한다.
 ㉡ 수세는 어육에 섞여 있는 혈액, 지방 등을 제거하고, 특히 탄력을 강하게 한다.
③ 쇄육
 ㉠ 육세절기(chopper)에 넣어 결체조직, 근막 또는 작은 뼈 등을 잘게 끊어 준다.
 ㉡ 이 공정에서는 어육과 육세절기를 충분히 냉각하여 어육 단백질의 변성을 막아야 한다.
④ 고기갈이
 ㉠ 식염을 첨가하여 고기갈이를 함으로써 근원섬유 단백질을 용출시키고 충분히 수화시키는 것과 동시에 조미품 등의 부원료를 고루 혼화시킨다.
 ㉡ 식염 첨가량: 2.5~3%
 ㉢ 고기갈이 시간: 30~50분
⑤ 조미 및 탄력보강
 ㉠ 조미료, 광택제, 탄력보강제, 증량제 등의 각종 첨가물을 첨가한다.
 ㉡ 조미료: 설탕, 포도당, 청주, 글루탐산나트륨, 이노신산나트륨, 미림 등
 ㉢ 녹말: 탄력보강제, 증량제
 ㉣ 달걀흰자: 탄력보강제, 광택제
 ㉤ 축합인산염: 단백질의 보수성을 높이고, 제품의 탄력성을 강화한다.
 ㉥ 지방은 맛의 개선이나 증량을 목적으로 특히 어육 소시지에 많이 첨가한다.
⑥ 성형
 ㉠ 자연응고하기 전에 성형해야 한다.
 ㉡ 가열시 팽창에 의한 파열, 제품의 조직 손상 및 내부로부터 변패를 일으키는 기포는 성형이 들어가지 않도록 주의한다.
⑦ 가열
 ㉠ 가열을 통하여 탄력이 풍부한 겔(Gel)을 형성하게 하고, 고기풀에 함유된 세균을 사멸시킨다.
 ㉡ 가열 방법
  • 증자법: 수증기로 80~90℃를 유지시킨 찜통에서 가열(판붙이 어묵)
  • 배소법: 숯불, 가스, 전열 등에 의해 180~200℃ 화로나 철판에서 가열(붙들 어묵)
  • 탕자법: 80~90℃에서 삶는다(마어묵, 어육 소시지).
  • 튀김법: 150~170℃의 식용유에 튀긴다(튀김 어묵).
⑧ 냉각
 ㉠ 일반 연제품은 주로 공기냉각을 하며, 선풍기, 냉동순환식 냉각 장치 등을 사용한다.
 ㉡ 어육 소시지 등의 포장제품은 물속에 담가 냉각하여 냉각중의 증발을 억제하고 표면에 주름이 생기는 것을 방지한다.
⑨ 포장
(3) 연제품의 특성
 ① 맛의 조절이 용이하다.
 ② 즉시 섭취가 가능하다.
 ③ 소재가 다양하다.

65 동결 연육을 이용한 연제품의 가공공정을 옳게 나열한 것은?

① 고기갈이 → 성형 → 가열 → 냉각 → 포장

② 고기갈이 → 가열 → 냉각 → 성형 → 포장

③ 고기갈이 → 가열 → 탈기 → 포장 → 냉각

④ 고기갈이 → 성형 → 가열 → 탈기 → 포장

(해설) 고기갈이 → 조미 및 탄력보강 → 성형 → 가열 → 냉각 → 포장

66 카라기난의 성질에 관한 설명으로 옳은 것을 모두 고른 것은?

> ㄱ. 갈락토스와 안히드로갈락토스가 결합된 고분자 다당류이다.
> ㄴ. 단백질과 결합하여 단백질 겔을 형성한다.
> ㄷ. 70℃ 이상의 물에 완전히 용해된다.
> ㄹ. 2가의 금속 이온과 결합하면 겔을 만드는 성질을 가지고 있다.

① ㄱ, ㄴ   ② ㄷ, ㄹ   ③ ㄱ, ㄴ, ㄷ   ④ ㄴ, ㄷ, ㄹ

(해설) 카라기난은 돌사리과 또는 끈적살과에 속하는 다양한 홍조류로부터 추출하여 얻어지는 다당류 성분으로, 알칼리 조건에서 높은 점도를 나타내며 여러 가지 양이온과 쉽게 결합하여 겔을 만드는 특성이 있고, 주로 증점제, 겔화제 등의 식품첨가물로 사용되는 친수성 콜로이드 성분이다.

67 수산물 원료의 전처리를 위해 사용되는 기계가 아닌 것은?

① 어체 선별기   ② 필렛 가공기

③ 탈피기   ④ 사일런트 커터

(해설) 수산물 전처리에는 어체 선별기, 필렛(살만 잘라낸 긴 덩어리) 가공기, 탈피기(생선 껍질 벗기는 기계) 등이 사용된다. 사일런트 커터는 육류, 채소 등의 분쇄기이다.

68 동해안 특산물인 황태의 가공법으로 옳은 것은?

① 동건법   ② 자건법   ③ 염건법   ④ 소건법

(해설) 동건법은 수산물을 동결시킨 후에 건조시키는 것을 말한다. 예 황태, 한천 등

(1) 건제품은 수분을 감소시키기 위해 건조시킨 제품이다. 수산물의 건제품은 수분활성도가 낮고 미생물의 생육이 억제되며 독특한 풍미를 가진다.

(2) 건조하는 방법으로는 천일 건조, 드럼 건조, 분무 건조, 진공 건조, 진공 동결 건조, 열풍 건조 등이 있다.

(3) 건제품의 종류
① 염건품: 수산물을 소금에 절인 후에 건조시킨 것을 말한다. 예 굴비, 옥돔, 고등어 등
② 소건품: 수산물을 그대로 건조시킨 것을 말한다. 예 오징어, 한치, 김, 미역, 다시마 등
③ 자건품: 수산물을 삶은 후에 건조시킨 것을 말한다. 예 멸치, 해삼, 전복, 새우 등
④ 동건품: 수산물을 동결시킨 후에 건조시킨 것을 말한다. 예 황태, 한천 등
⑤ 자배건품: 수산물을 자숙(증기로 쪄서 익히는 것), 배건(불에 쬐어 말리는 것), 일건(볕에 건조시키는 것) 한 제품을 말한다. 예 가다랭어, 정어리 등

69 HACCP 7원칙 중 식품의 위해를 사전에 방지하고, 확인된 위해요소를 제거할 수 있는 단계는?

① 위해요소 분석
② 중점관리점 결정
③ 개선조치 방법 수립
④ 검정절차 및 방법 수립

해설 위해요소 분석이 끝나면 해당 제품의 원료나 공정에 존재하는 잠재적인 위해요소를 관리하기 위한 중요관리점을 결정해야 한다. 중요관리점이란 원칙 1에서 파악된 위해요소 및 예방조치에 관한 정보를 이용하여 해당 위해요소를 예방, 제거 또는 허용 가능한 수준까지 감소시킬 수 있는 최종 단계 또는 공정을 말한다.

정리 위해요소 중점관리제도(HACCP)의 7원칙

(1) 원칙1: 위해요소 분석
① HACCP 관리계획의 개발을 위한 첫 번째 원칙은 위해요소 분석을 수행하는 것이다. 위해요소(Hazard) 분석은 HACCP팀이 수행하여야 하며, 이는 제품설명서에서 파악된 원·부재료별로, 그리고 공정흐름도에서 파악된 공정 단계별로 구분하여 실시하여야 한다.
② 위해요소 분석은 다음과 같이 3단계로 실시될 수 있다.
㉠ 첫 번째 단계는 원료별·공정별로 생물학적·화학적·물리적 위해요소와 발생원인을 모두 파악하여 목록화하는 것으로, 이때 위해요소 분석을 위한 질문사항을 사용하면 도움이 된다.
㉡ 두 번째 단계는 파악된 잠재적 위해요소에 대한 위해도를 평가하는 것이다. 위해도(risk)는 심각성(severity)과 발생가능성(likelihood of occurrence)을 종합적으로 평가하여 결정한다. 위해도 평가는 위해도 평가기준을 이용하여 수행할 수 있다.
㉢ 마지막 단계는 파악된 잠재적 위해요소의 발생원인과 각 위해요소를 예방하거나 완전히 제거, 또는 허용 가능한 수준까지 감소시킬 수 있는 예방조치가 있는지를 확인하여 기재하는 것이다.
• 이러한 예방조치는 한 가지 이상의 방법이 사용될 수 있으며, 어떤 한 가지 예방조치로 여러 가지 위해요소가 통제될 수도 있다.
• 위해요소 분석 해당식품 관련 역학조사자료, 업소자체 오염실태 조사자료, 작업환경조건, 종업원 현장조사, 보존시험, 미생물시험, 관련규정, 관련 연구자료 등을 활용할 수 있으며, 기존의 작업공정에 대한 정보도 이용될 수 있다.

정답 69 ②

- 이러한 정보는 위해요소와 관련된 목록 작성뿐만 아니라 HACCP 계획의 특별검증(재평가), 한계기준 이탈시 개선조치방법 설정, 예측하지 못한 위해요소가 발생한 경우의 대처방법 모색 등에도 활용될 수 있다.
- 위해요소 분석은 해당식품 및 업소와 관련된 모든 다양한 기술적·과학적 전문자료를 필요로 하므로 상당히 어렵고 시간이 많이 걸리지만, 정확한 위해분석을 실시하지 못하면 효과적인 HACCP 계획을 수립할 수 없기 때문에 철저히 수행되어야 하는 중요한 과정이다.

⑵ 원칙2: 중요관리점 결정
  ① 위해요소 분석이 끝나면 해당 제품의 원료나 공정에 존재하는 잠재적인 위해요소를 관리하기 위한 중요관리점을 결정해야 한다.
  ② 중요관리점이란 원칙1에서 파악된 위해요소 및 예방조치에 관한 정보를 이용하여 해당 위해요소를 예방, 제거 또는 허용 가능한 수준까지 감소시킬 수 있는 최종 단계 또는 공정을 말한다.
  ③ 중요관리점(Critical Control Point, CCP)과 비교하여 관리점(Control Point, CP)이란 생물학적, 화학적 또는 물리적 요인이 관리되는 단계 또는 공정을 말한다. 주로 발생가능성이 낮거나 중간이고 심각성이 낮은 위해요소 관리에 적용된다.
  ④ 중요관리점을 결정하는 유용한 방법은 중요관리점 결정도를 이용하는 것이다. 원칙1에서 위해요소 분석을 실시한 결과 확인대상으로 결정된 각각의 위해요소에 대하여 중요관리점 결정도를 적용하고, 이 결과를 중요관리점 결정표에 기재하여 정리한다.

⑶ 원칙3: 중요관리점에 대한 한계기준 결정
  ① 세 번째 원칙은 HACCP팀이 각 중요관리점(CCP)에서 취해야 할 조치에 대한 한계기준을 설정하는 것이다.
  ② 한계기준이란 중요관리점에서 관리되어야 할 생물학적, 화학적 또는 물리적 위해요소를 예방, 제거 또는 허용 가능한 안전한 수준까지 감소시킬 수 있는 최대치 또는 최소치를 말한다.
  ③ 한계기준은 현장에서 쉽게 확인할 수 있도록 육안관찰이나 간단한 측정으로 확인할 수 있는 수치 또는 특정지표로 나타내어야 한다. 예를 들어 온도 및 시간, 습도, 수분활성도(Aw) 같은 제품 특성, 염소, 염분농도 같은 화학적 특성, pH, 금속검출기 감도, 관련서류 확인 등을 한계기준 항목으로 설정한다.
  ④ 한계기준은 안전성을 보장할 수 있는 과학적 근거에 기초하여 설정되어야 한다.
  ⑤ 한계기준을 결정할 때에는 법적 요구조건과 연구 논문이나 식품관련 전문서적, 전문가 조언, 생산공정의 기본자료 등 여러 가지 조건을 고려해야 한다. 예를 들면 제품 가열시 중심부의 최저온도, 특정온도까지 냉각시키는데 소요되는 최소시간, 제품에서 발견될 수 있는 금속조각(이물질)의 크기 등이 한계기준으로 설정될 수 있으며 이들 한계기준은 식품의 안전성을 보장할 수 있어야 한다.

⑷ 원칙4: 중요관리점 관리를 위한 모니터링 체계 확립
  ① 네 번째 원칙은 중요관리점을 효율적으로 관리하기 위한 모니터링 방법을 설정하는 것이다.
  ② 모니터링이란 중요관리점에 해당되는 공정이 한계기준을 벗어나지 않고 안정적으로 운영되도록 관리하기 위하여 종업원 또는 기계적인 방법으로 수행하는 일련의 관찰 또는 측정수단이다.

⑸ 원칙5: 개선조치 방법 설정
  ① HACCP 관리계획은 식품으로 인한 위해요소가 발생하기 이전에 문제점을 미리 파악하고 시정하는 예방체계이므로, 모니터링 결과 한계기준을 벗어날 경우 취해야 할 개선조치를 사전에 설정하여 신속한 대응조치가 이루어지도록 하여야 한다.
  ② 일반적으로 취해야 할 개선조치 사항에는 공정상태의 원상복귀, 한계기준 이탈에 의해 영향을 받은 관련식품에 대한 조치사항, 이탈에 대한 원인규명 및 재발방지 조치, HACCP 관리계획의 변경 등이 포함된다.

(6) 원칙6: 검증절차 및 방법 설정

① 여섯 번째 원칙은 HACCP 시스템이 적절하게 운영되고 있는지를 확인하기 위한 검증 방법을 설정하는 것이다.

② HACCP팀은 현재의 HACCP 시스템이 설정한 안전성 목표를 달성하는데 효과적인지, HACCP 관리계획대로 실행되는지, HACCP 관리계획의 변경 필요성이 있는지를 확인하기 위한 검증 방법을 설정하여야 한다.

③ HACCP팀은 전반적인 재평가를 위한 검증을 연 1회 이상 실시하여야 하며, HACCP 관리계획을 수립하여 최초로 현장에 적용할 때, 해당식품과 관련된 새로운 정보가 발생되거나 원료·제조공정 등의 변동에 의해 HACCP 관리계획이 변경될 때에도 실시하여야 한다.

(7) 원칙7: 문서 및 기록유지 방법 설정

① HACCP 체계를 문서화하는 효율적인 기록유지 및 문서관리 방법을 설정하는 것이다.

② 기록유지는 HACCP 체계의 필수적인 요소이며, 기록유지가 없는 HACCP 체계의 운영은 비효율적이며 운영근거를 확보할 수 없기 때문에 HACCP 관리계획의 운영에 대한 기록 및 문서의 개발과 유지가 요구된다.

③ 기록유지 방법 개발에 접근하는 방법 중 하나는 이전에 유지 관리하고 있는 기록을 검토하는 것이다.

④ 가장 좋은 기록유지 체계는 현재의 작업내용을 쉽게 통합한 가장 단순한 것이어야 한다. 예를 들어, 원재료와 관련된 기록에는 입고시 누가 기록을 작성하는가, 출고 전 누가 기록을 검토하는가, 기록을 보관할 기간은 얼마 동안인가, 기록 보관 장소는 어디인가 등의 내용을 포함하는 가장 단순한 서식을 가질 수 있도록 한다.

70 세균성 식중독 중에서 독소형인 것은?

① 장염비브리오균

② 예르시니아균

③ 살모넬라균

④ 보툴리누스균

해설 보툴리누스균이나 황색포도구균에 의한 것은 독소형 식중독이다.

정리 **세균성 식중독(bacterial food-poisoning)**

세균성 식중독은 식품 중에 대량 오염된 세균이나 그 독소를 섭식하는 것에 의해 야기되기 때문에, 세균 증식에 알맞은 여름에 많이 발생한다. 특히 어패류에 주로 발생하는 장염 Vibrio 식중독의 90% 이상은 7~9월에 집중하고 있다. 세균성 식중독은 인간의 장관 내에서 식중독 세균이 감염 증식하여 발증하는 감염형 식중독과 세균이 증식하는 과정에서 식품 중에 만들어지는 독소를 섭식하여 발증하는 독소형 식중독으로 대별된다. 장염비브리오나 살모넬라 식중독은 전자의 예이고, 보툴리누스균이나 황색포도구균에 의한 것이 후자의 예이다.

(출처: 식품과학기술대사전)

정답 70 ④

71 식품공전 상 자연독에 의한 식중독의 기준치가 설정되어 있지 않은 것은?

① 복어독(Tetrodotoxin)
② 설사성 패류독소(DSP)
③ 신경성 패류독소(NSP)
④ 마비성 패류독소(PSP)

(해설) ① 복어독 기준 ㉠ 육질: 10MU/g 이하, ㉡ 껍질: 10MU/g 이하
　　　② 패독소 기준
　　　　㉠ 마비성 패독

대상식품	기준(mg/kg)
패류	0.8 이하
피낭류(멍게, 미더덕, 오만둥이 등)	

　　　　㉡ 설사성 패독(Okadaic acid 및 Dinophysistoxin-1의 합계)

대상식품	기준(mg/kg)
이매패류	0.16 이하

　　　　㉢ 기억상실성 패독(도모익산)

대상식품	기준(mg/kg)
패류	20 이하
갑각류	

72 50대 B씨는 복어전문점에서 까치복을 먹고 난 후 입술과 손끝이 약간 저리고 두통, 복통이 발생하여 복어독에 대한 의심을 갖게 되었다. 복어독의 특성에 관한 설명으로 옳지 않은 것은?

① 독력은 청산나트륨(NaCN)보다 훨씬 치명적이다.
② 난소나 간에 많고, 근육에는 없거나 미량 검출된다.
③ 근육마비 증상 등을 일으키며 심하면 사망한다.
④ 산에 불안정하며 알칼리에 안정하다.

(해설) 테트로도톡신(tetrodotoxin)은 약산성에서 안정, 알칼리성에서 불안정하다.

(정리) **복어독(tetrodotoxin)**
　　　㉠ 복어독은 복어의 장기, 주로 난소 및 간에 많이 함유되어 있는 독소이다. 피부, 장 등에 독이 있는 것도 있으나 혈액은 거의 무독이다.
　　　㉡ 독 성분은 테트로도톡신(tetrodotoxin)으로 약산성에서 안정, 알칼리성에서 불안정하다.
　　　㉢ 테트로도톡신은 근육이완, 감각마비, 구토, 신경절 차단 작용(혈압하강), 호흡마비 등을 유발한다.

73 장염비브리오균에 관한 설명으로 옳지 않은 것은?

① 호염성 해양세균이며 그람 음성균이다.

② 우리나라 겨울철에 채취한 패류에서 많이 검출된다.

③ 어패류를 취급하는 조리 기구에 의해 교차오염이 가능하다.

④ 열에 약하므로 섭취 전 가열로 사멸이 가능하다.

(해설) 장염비브리오균은 겨울에는 해수 바닥에 있다가 여름에 위로 떠올라서 어패류를 오염시키고 이를 날로 먹는 사람에게 감염된다.

(정리) **장염비브리오균**

(1) 세균성 식중독은 인간의 장관 내에서 식중독세균이 감염 증식하여 발증하는 감염형 식중독과 세균이 증식하는 과정에서 식품 중에 만들어지는 독소를 섭식하여 발증하는 독소형 식중독으로 대별된다. 장염비브리오나 살모넬라 식중독은 전자의 예이고 보툴리누스균이나 황색포도구균에 의한 것이 후자의 예이다. 일반적으로 독소형 식중독이 감염형 식중독에 비하여 잠복까지의 시간이 짧다.

(2) 장염비브리오균은 염분이 높은 환경에서 잘 자라며, 연안 해수에 있는 세균으로 섭씨 20~37℃에서 빠르게 증식하기 때문에 바닷물 온도가 올라가는 6~10월 여름철에 주로 발생한다.

74 수산물의 가공공정 및 용수 중 위생 상태를 확인하는 오염지표 세균은?

① 살모넬라균   ② 대장균

③ 리스테리아균   ④ 황색포도상구균

(해설) 용수의 오염지표는 물속의 오염 정도를 쉽게 판단하기 위해 정해 놓은 오염물질 항목으로 대장균군 수 등을 중요 지표로 사용하고 있다.

75 HACCP 적용을 위한 식품제조가공업소의 주요 선행요건에 해당하지 않는 것은?

① 위생관리   ② 용수관리

③ 유통관리   ④ 회수 프로그램관리

(해설) 유통관리는 HACCP 선행요건이 아니다.

76 다음 중 수산업·어촌발전기본법에서 정의하는 수산업을 모두 고른 것은?

> ㄱ. 어업   ㄴ. 어획물운반업   ㄷ. 수산기자재업
> ㄹ. 수산물유통업   ㅁ. 연안여객선업   ㅂ. 수산물가공업

① ㄱ, ㄹ   ② ㄴ, ㄷ, ㅁ

③ ㄱ, ㄴ, ㄹ, ㅂ   ④ ㄱ, ㄷ, ㅁ, ㅂ

해설 "수산업"이란 「수산업·어촌 발전 기본법」 제3조제1호 각 목에 따른 어업·양식업·어획물운반업·수산물가공업 및 수산물유통업을 말한다.

정리 수산업법(2023.1.12. 시행)

제2조(정의) 이 법에서 사용하는 용어의 뜻은 다음과 같다.

1. "수산업"이란 「수산업·어촌 발전 기본법」 제3조제1호 각 목에 따른 어업·양식업·어획물운반업·수산물가공업 및 수산물유통업을 말한다.

수산업·어촌 발전 기본법

제3조(정의) 이 법에서 사용하는 용어의 뜻은 다음과 같다. 〈개정 2019. 8. 27.〉

1. "수산업"이란 다음 각 목의 산업 및 이들과 관련된 산업으로서 대통령령으로 정한 것을 말한다.
    가. 어업: 수산동식물을 포획(捕獲)·채취(採取)하는 산업, 염전에서 바닷물을 자연 증발시켜 소금을 생산하는 산업
    나. 어획물운반업: 어업현장에서 양륙지(揚陸地)까지 어획물이나 그 제품을 운반하는 산업
    다. 수산물가공업: 수산동식물 및 소금을 원료 또는 재료로 하여 식료품, 사료나 비료, 호료(糊料)·유지(油脂) 등을 포함한 다른 산업의 원료·재료나 소비재를 제조하거나 가공하는 산업
    라. 수산물유통업: 수산물의 도매·소매 및 이를 경영하기 위한 보관·배송·포장과 이와 관련된 정보·용역의 제공 등을 목적으로 하는 산업
    마. 양식업: 「양식산업발전법」 제2조제2호에 따라 수산동식물을 양식하는 산업

77 다음 어촌·어항법에서 정의하는 어항은?

> 이용 범위가 전국적인 어항 또는 섬, 외딴 곳에 있어 어장의 개발 및 어선의 대피에 필요한 어항

① 지방어항   ② 어촌정주어항

③ 국가어항   ④ 마을공동어항

정답 76 ③   77 ③

해설 국가어항은 이용 범위가 전국적인 어항 또는 섬, 외딴 곳에 있어 어장(「어장관리법」 제2조 제1호에 따른 어장을 말한다. 이하 같다)의 개발 및 어선의 대피에 필요한 어항이다.

정리 어촌·어항법[시행 2022. 1. 13.]

제2조(정의) 이 법에서 사용하는 용어의 뜻은 다음과 같다. 〈개정 2012. 5. 23., 2012. 10. 22., 2013. 3. 23., 2014. 3. 24., 2015. 6. 22., 2017. 11. 28., 2019. 8. 27., 2020. 3. 24.〉

3. "어항"이란 천연 또는 인공의 어항시설을 갖춘 수산업 근거지로서 제17조에 따라 지정·고시된 것을 말하며 그 종류는 다음과 같다.

　가. 국가어항: 이용 범위가 전국적인 어항 또는 섬, 외딴 곳에 있어 어장(「어장관리법」 제2조제1호에 따른 어장을 말한다. 이하 같다)의 개발 및 어선의 대피에 필요한 어항

　나. 지방어항: 이용 범위가 지역적이고 연안어업에 대한 지원의 근거지가 되는 어항

　다. 어촌정주어항(漁村定住漁港): 어촌의 생활 근거지가 되는 소규모 어항

　라. 마을공동어항: 어촌정주어항에 속하지 아니한 소규모 어항으로서 어업인들이 공동으로 이용하는 항포구

78 국내 수산물 중 최근 2년간(2017~2018) 수출액이 가장 많은 것은?

① 김　　　　　② 굴　　　　　③ 오징어　　　　　④ 갈치

해설 최근 2년의 통계로 정리한다.

정리 최근 2년간 수산물 수출액(금액단위: 천 달러) 1, 2, 3위 (자료: 해양수산부통계시스템)

년도	품목	수출액
2020년	김	600,421
	참치	527,971
	게	104,530
2019년	참치	571,645
	김	579,220
	게	133,207

79 수산업법에서 연안어업에 관한 설명으로 옳은 것은?

① 면허어업이며, 유효기간은 10년이다.

② 허가어업이며, 유효기간은 5년이다.

③ 신고어업이며, 유효기간은 5년이다.

④ 등록어업이며, 유효기간은 10년이다.

해설 연안어업은 허가어업이며, 어업허가의 유효기간은 5년으로 한다.

정리 **수산업법(2023.1.12. 시행) 제40조(허가어업)**
① 총톤수 10톤 이상의 동력어선(動力漁船) 또는 수산자원을 보호하고 어업조정을 하기 위하여 특히 필요하여 대통령령으로 정하는 총톤수 10톤 미만의 동력어선을 사용하는 어업(이하 "근해어업"이라 한다)을 하려는 자는 어선 또는 어구마다 해양수산부장관의 허가를 받아야 한다.
② 무동력어선, 총톤수 10톤 미만의 동력어선을 사용하는 어업으로서 근해어업 및 제3항에 따른 어업 외의 어업(이하 "연안어업"이라 한다)을 하려는 자는 어선 또는 어구마다 시·도지사의 허가를 받아야 한다.
③ 일정한 수역을 정하여 어구를 설치하거나 무동력어선, 총톤수 5톤 미만의 동력어선을 사용하는 어업(이하 "구획어업"이라 한다)을 하려는 자는 어선·어구 또는 시설마다 시장·군수·구청장의 허가를 받아야 한다. 다만, 해양수산부령으로 정하는 어업으로 시·도지사가 「수산자원관리법」 제36조 및 제38조에 따라 총허용어획량을 설정·관리하는 경우에는 총톤수 8톤 미만의 동력어선에 대하여 구획어업 허가를 할 수 있다.
④ 제1항부터 제3항까지의 규정에 따라 허가를 받아야 하는 어업별 어업의 종류와 포획·채취할 수 있는 수산동물의 종류에 관한 사항은 대통령령으로 정하며, 다음 각 호의 사항 및 그 밖에 허가와 관련하여 필요한 절차 등은 해양수산부령으로 정한다.
  1. 어업의 종류별 어선의 톤수, 기관의 마력, 어업허가의 제한사유·유예, 양륙항(揚陸港)의 지정, 조업해역의 구분 및 허가 어선의 대체
  2. 연안어업과 구획어업에 대한 허가의 정수(定數) 및 그 어업에 사용하는 어선의 부속선, 사용하는 어구의 종류
⑤ 행정관청은 제34조제1호·제3호·제4호 또는 제6호(제33조제1항제1호부터 제7호까지의 어느 하나에 해당하는 경우는 제외한다)에 해당하는 사유로 어업의 허가가 취소된 자와 그 어선 또는 어구에 대하여는 해양수산부령으로 정하는 바에 따라 그 허가를 취소한 날부터 2년의 범위에서 어업의 허가를 하여서는 아니 된다.
⑥ 제34조제1호·제3호·제4호 또는 제6호(제33조제1항제1호부터 제7호까지의 어느 하나에 해당하는 경우는 제외한다)에 해당하는 사유로 어업의 허가가 취소된 후 다시 어업의 허가를 신청하려는 자 또는 어업의 허가가 취소된 어선·어구에 대하여 다시 어업의 허가를 신청하려는 자는 해양수산부령으로 정하는 교육을 받아야 한다.

수산업법(2023.1.21. 시행) 제47조(어업허가 등의 유효기간)
① 제40조에 따른 어업허가의 유효기간은 5년으로 한다. 다만, 어업허가의 유효기간 중에 허가받은 어선·어구 또는 시설을 다른 어선·어구 또는 시설로 대체하거나 제45조에 따라 어업허가를 받은 자의 지위를 승계한 경우에는 종전 어업허가의 남은 기간으로 한다.
② 행정관청은 수산자원의 보호 및 어업조정과 그 밖에 공익상 필요한 경우로서 해양수산부령으로 정하는 경우에는 제1항의 유효기간을 단축하거나 5년의 범위에서 연장할 수 있다.

80 다음에서 A와 B에 들어갈 내용으로 옳게 연결된 것은?

> 수산업법의 목적은 수산업에 관한 기본제도를 정하여 (A) 및 수면을 종합적으로 이용하여 수산업의 (B)을 높임으로써 수산업의 발전과 어업의 민주화를 도모하는 것이다.

① A: 수산자원, B: 생산성　　　　② A: 어업자원, B: 경제성

③ A: 수산자원, B: 효율성　　　　④ A: 어업자원, B: 생산성

(해설) (2023.1.21. 시행)수산업법은 그 이전의 수산업법의 목적을 개정하였다.
[이전 법] 이 법은 수산업에 관한 기본제도를 정하여 수산자원 및 수면을 종합적으로 이용하여 수산업의 생산성을 높임으로써 수산업의 발전과 어업의 민주화를 도모하는 것을 목적으로 한다.

(정리) **수산업법(2023.1.21. 시행) 제1조(목적)**
이 법은 수산업에 관한 기본제도를 정함으로써 수산자원 및 수면의 종합적 이용과 지속가능한 수산업 발전을 도모하고 국민의 삶의 질 향상과 국가경제의 균형 있는 발전에 기여함을 목적으로 한다.

81 다음 ( )에 들어갈 내용으로 옳은 것은?

> 강원도 남대천에는 가을이 되면, 많은 연어들이 자기가 태어난 강에 산란하기 위하여 바다에서 남대천 상류 쪽으로 이동한다. 이와 같이 색이와 성장을 위하여 바다로 이동하였다가 산란을 위하여 바다에서 강으로 거슬러 올라가는 것을 ( )라고 한다.

① 강하성 회유　　　　　　　② 소하성 회유

③ 색이 회유　　　　　　　　④ 월동 회유

(해설) 산란 회유는 소하성 회유와 강하성 회유로 구분된다. 소하성 어류는 생애의 대부분을 바다에서 생활하고 번식기가 되면 알을 낳기 위하여 본디 태어났던 하천으로 돌아오는 물고기를 말하는데 연어, 은어, 송어, 빙어, 뱅어, 황복 등이 있으며, 강하성 어류는 강이나 못 같은 민물에 살다가 알을 낳기 위하여 바다로 가는 물고기로서 뱀장어, 숭어, 무태장어, 황어 등이 있다.

(정리) **어류의 회유**
　㉠ 회유(回遊, Fish migration)는 물고기 등이 한 서식지에서 다른 장소로 떼를 지어서 이동하는 것을 말한다.
　㉡ 물고기의 회유는 산란 회유·채식 회유·월동 회유 등이 있고, 그 밖에 가다랭이가 봄에 난류(쿠로시오 해류)를 타고 북상하는 등 계절과 관계가 있는 계절 회유도 있다.
　㉢ 산란 회유는 어류가 월동 장소나 채식 장소에서 산란 장소로 이동하는 일이다.
　㉣ 채식 회유는 산란 장소나 월동 장소에서 먹이를 찾아 이동하는 일이다. '생육 회유'라고도 한다.
　㉤ 월동 회유는 채식 장소에서 월동 장소로 이동하는 일이다. 예를 들면, 가자미류는 연안 수역에서 채식을 계속한 다음 겨울이 다가오면 깊은 바다로 이동하여 월동한다.

(정답) **80** ① **81** ②

ⓑ 고도회유성 어종은 회유성 어종 중에 비교적 먼 거리를 회유하는 어종을 지칭한다. 해양법에 관한 유엔 협약(United Nations Convention on the Law of the Sea, UNCLOS, 국제해양법) 제1 부속서에는 17종의 고도회유성 어종이 열거되어 있으며, 이들은 날개다랑어, 참다랑어, 눈다랑어, 가다랑어, 황다랑어, 검은지느러미다랑어, 작은다랑이류, 남부참다랭이, 물치다래류, 새다래류, 새치류, 돛새치류, 황새치, 꽁치류, 만새기류, 원양성 상어류, 고래류 등이다. 동 협약 제64조는 고도회유성 어종은 관련 국가 간 직접협력 또는 적절한 국제기구를 통하여 협력하도록 규정하고 있다.

82 어류 계군의 식별 방법 중 생태학적 방법으로 사용할 수 있는 것을 모두 고른 것은?

ㄱ. 산란장   ㄴ. 척추골수   ㄷ. 새파 형태
ㄹ. 비늘 휴지대   ㅁ. 기생충   ㅂ. 표지방류

① ㄱ, ㄹ   ② ㄱ, ㅁ   ③ ㄴ, ㄷ   ④ ㅁ, ㅂ

정리 **계군 식별 방법**

ⓐ 표지방류법
- 표지재포법(標識再捕法)이라고도 한다.
- 개체를 방류할 때 날짜·크기·연령·수량·위치 등을 기록해 두고, 재포한 위치·날짜·수량·크기·연령 등을 비교함으로써 그 동물의 계군(系群)·회유경로·회유속도·분포범위·성장도와 생존비율, 어획과 자연사망의 비율, 어획률 등의 자원 특성값 및 자원량의 추정, 산란횟수 등을 파악한다.
- 가다랭이·다랑어류 및 방어·가자미류를 비롯하여 게류·새우류·오징어류·해수류(海獸類)·고래류 등 바닷물고기, 연어·송어·쏘가리·잉어 등 민물고기에 적용한다.

ⓑ 어황분석법
어획통계자료를 활용하여 어군의 이동과 계군을 추정하는 방법이다.

ⓒ 생태학적 방법
생태(산란장, 분포, 회유상태, 기생충 종류 등)를 중심으로 계군을 구별한다.

ⓓ 형태학적 방법
형질, 해부학적 형태 등을 중심으로 계군을 구별한다.

83 어류의 발달과정을 순서대로 옳게 나열한 것은?

① 난기 → 자어기 → 치어기 → 미성어기 → 성어기
② 난기 → 치어기 → 자어기 → 미성어기 → 성어기
③ 난기 → 자어기 → 미성어기 → 치어기 → 성어기
④ 난기 → 치어기 → 미성어기 → 자어기 → 성어기

정답 82 ② 83 ①

정리 어류의 발달과정

ⓐ 난기: 수정란의 난막 속에서 발생하는 시기
ⓑ 자어기: 난황의 흡수를 끝내고 외부환경으로부터 영양을 섭취하는 시기
ⓒ 치어기: 빠르게 성장하여 성어의 형태를 닮아 가는 시기
ⓓ 미성어기: 형태는 성어와 동일하나 생식능력이 미숙한 시기
ⓔ 성어기: 완전히 성숙하여 생식능력을 갖는 시기

84 울산광역시 소재 고래연구센터에서는 우리나라에 서식하고 있는 해양포유동물의 생물학적·생태학적 조사 등에 관한 업무를 수행하고 있다. 동 센터에서 고래류의 자원량을 추정하기 위하여 사용하는 방법으로 옳은 것은?

① 트롤조사법   ② 목시조사법   ③ 난생산량법   ④ 자망조사법

해설 목시조사법(sighting survey)이란 눈으로 보고 관찰하는 방법이다. 즉, 선박에 승선하여 수면으로 부상하는 고래를 관찰함으로써 종류와 분포, 생태 등을 추정하는 방법이다.

85 어업자원의 남획 징후로 옳지 않은 것은?

① 어획량이 감소한다.
② 단위노력당어획량(CPUE)이 감소한다.
③ 어획물 중에서 미성어 비율이 감소한다.
④ 어획물의 각 연령군 평균체장이 증가한다.

해설 어획물에서 미성어의 비율이 증가한다.

정리 남획

(1) 남획(濫獲)은 자연 환경에 있는 야생 동물을 대량 포획하는 행위를 말한다. 상어 남획과 같은 일부 형태의 남획은 전체 해양 생태계를 혼란스럽게 만들고 있다.
(2) 2020년 유엔식량농업기구(FAO)의 보고에 따르면 전 세계 총 어획량 중 34%가 남획 어류로 분류되었다.
(3) 남획의 징후
   ① 총 어획량이 감소한다.
   ② 단위노동력당어획량이 감소한다.
   ③ 어획물에서 미성어의 비율이 증가한다.
   ④ 어획물의 평균연령이 낮아진다.
   ⑤ 어획물의 연령군 평균체장이 증가한다.
(4) 완화 옵션으로는 정부 규제, 보조금 철폐 등이 있다. 수산물 등은 일정기간 거주한 지역민을 제외한 나머지 외부인의 채집을 금하고 있다.

(출처: 위키백과)

정답 84 ② 85 ③

86 조류의 흐름이 빠른 곳에서 조업하기에 적합한 강제함정 어구를 모두 고른 것은?

> ㄱ. 채낚기　　　　　ㄴ. 죽방렴　　　　　ㄷ. 안강망
> ㄹ. 낭장망　　　　　ㅁ. 통발　　　　　　ㅂ. 자망

① ㄱ, ㄴ, ㄷ　　　② ㄴ, ㄷ, ㄹ　　　③ ㄷ, ㄹ, ㅂ　　　④ ㄹ, ㅁ, ㅂ

─────────────────────────────────────

해설 강제함정 어구에는 죽방렴(대나무로 만듦), 낭장망(긴자루 모양), 주목망(긴원추형의 그물), 안강망(긴 주머니 모양의 통그물) 등이 있다.

정리 어구

(1) 어구의 분류
　① 이동성에 따른 분류
　　㉠ 고정어구: 이동이 불가능한 어구 예 정치어구
　　㉡ 운용어구: 설치 위치를 옮길 수 있는 어구
　② 재료에 따른 분류
　　㉠ 그물어구: 그물로 된 어구
　　㉡ 낚기어구: 낚시줄에 낚시를 매단 어구
　　㉢ 잡어구: 그물어구, 낚기어구 이외의 재료로 만든 어구
　③ 기능에 따른 분류
　　㉠ 주어구: 직접 어획에 사용되는 어구 예 그물, 낚시
　　㉡ 부어구: 어구의 효율을 높이기 위한 어구 예 동력장치
　　㉢ 보조어구: 어획의 능률을 높이기 위한 보조적 기능을 하는 어구 예 어군탐지기, 집어등
(2) 어구의 재료
　① 낚시
　　㉠ 낚시의 크기는 어획대상물의 종류, 입의 크기, 몸집의 크기, 식성, 활동력 등에 따라 다르다.
　　㉡ 낚시줄의 규격은 길이 40m의 무게를 기준으로 하여 호수로 표시한다.
　　㉢ 낚시의 규격 표시는 굵은 낚시는 무게(g 수)로 표시하고, 보통의 것은 뻗친 길이(mm) 또는 mm의 1/3에 해당하는 숫자를 호칭으로 해서 표시한다.
　　㉣ 낚싯대는 탄력성이 좋아야 하고, 곧으면서 가벼워야 하며, 고르게 휘어져야 하고, 밑둥에서 끝까지 가늘기가 골라야 한다.
　② 그물
　　㉠ 그물은 과거에는 삼, 면사 등의 천연섬유를 많이 사용하였으나 오늘날은 비닐론, 나일론, 폴리에틸렌 등의 합성섬유를 많이 사용한다.
　　㉡ 그물은 썩지 않아야 하며, 마찰에 강해야 하고 질기면서도 굵기가 일정해야 하며, 탄력성이 좋아야 한다.

정답 86 ②

(3) 어법
  ① 낚기 어법
     낚시에 미끼를 꿰어서 물고기를 낚는 어획방법이다.
  ② 함정 어법
     ㉠ 유도함정: 어군의 통로를 차단하여 일정한 위치로 유도하는 어법이다(정치망).
     ㉡ 유인함정: 어획대상을 어구 속으로 유인하여 어획하는 방법이다(통발).
     ㉢ 강제함정: 어류를 강한 조류나 해류 등의 외력에 밀려가게 하여 강제로 자루그물에 들어가도록
        해서 잡는 방법이다. 그물의 설치위치가 고정되는 것과 이동이 가능한 것이 있는데, 고정되는
        것으로는 죽방렴(대나무로 만듦)・낭장망(긴자루 모양)・주목망(긴원추형의 그물) 등이 있고,
        이동가능한 것에는 안강망(긴 주머니 모양의 통그물)이 있다.
  ③ 두릿그물 어법
     표층 또는 중층에 모여 있는 어군을 긴 수건 모양의 그물로 둘러싸서 가둔 후에 그물의 포위망을
     점차적으로 좁혀서 어획하는 방법으로서 고등어, 전갱이 선망어업, 다랑어 선망어업 등에 많이 활
     용된다.
  ④ 걸그물 어법
     물속에서 어군이 헤엄쳐 다니는 곳에 수직으로 걸어서 지나가던 어류가 그물코에 꽂히게 하여 어
     획하는 방법이다. 그물코의 크기는 어획 대상 어류의 아가미의 둘레와 일치하여야 한다.
  ⑤ 후릿그물 어법
     자루의 양쪽에 길다란 날개를 달아 그 끝에 끌줄이 달린 그물을 멀리 투망해 놓은 후 육지나 또는
     선박 등에서 끌줄을 당겨 어획하는 방법이다.
  ⑥ 들그물 어법
     물 아래에 그물을 펼쳐 두고 어군을 그물 위로 유인한 다음 그물을 들어 올려서 어획하는 방법이
     다. 들그물 어법은 숭어 들망, 꽁치 봉수망, 자리 돔 들망, 멸치 들망 등에 사용된다.
  ⑦ 끌그물 어법
     ㉠ 한 척 또는 두 척의 어선이 어구를 끌어서 어획하는 방법이다.
     ㉡ 날개그물 및 자루그물로 구성되어 있다.
     ㉢ 트롤 어법은 끌그물 어법 중 가장 발달된 형태로서 그물어구의 입구를 수평으로 벌리게 하고
        전개판을 활용해서 한 척의 어선으로 조업하는 방법이다.
     ㉣ 쌍끌이 기선저인망 어법은 두 척의 어선으로 끌줄을 끌어서 조업하는 방법이다.

87 다음에서 설명하는 어업의 종류로 옳은 것은?

> 고등어를 주 어획대상으로 총톤수 50톤 이상인 1척의 동력선(본선)과 불배 2척, 운반선
> 2~3척, 총 5~6척으로 구성된 선단조업을 하며, 어획물은 운반선을 이용하여 대부분 부산
> 공동어시장에 위판하는 근해어업의 한 종류이다.

① 대형트롤어업   ② 대형선망어업
③ 근해통발어업   ④ 근해자망어업

선망어업은 긴 사각형의 그물로 어군을 둘러쳐 포위한 다음 발줄 전체에 있는 조임줄을 조여 어군이 그물 아래로 도피하지 못하도록 하고 포위 범위를 점차 좁혀 대상 생물을 어획하는 어업이다. 대형선망어업은 50톤 이상인 1척의 동력선과 불배 2척, 운반선 2~3척으로 총 5~6척으로 구성되어 선단조업을 하는 선망어업이다.

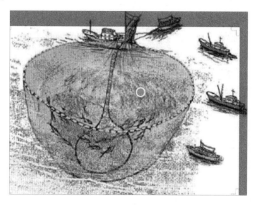

(출처: 국립수산과학원)

88 우리나라 해역별 대표 어종과 어업 종류가 올바르게 연결된 것은?

① 동해안 – 대게 – 근해안강망
② 서해안 – 조기 – 근해채낚기
③ 서해안 – 도루묵 – 근해자망
④ 남해안 – 멸치 – 기선권현망

(해설) 기선권현망어업은 대형 그물을 두 척의 배가 양쪽에서 끌면서 멸치를 자루그물로 유도한 뒤 어획하는 어법이다. 따라서 어군을 탐지하기 위한 어군탐지선 1척이 있으며, 그물을 끄는 어망선(그물배) 2척이 있다. 그리고 잡은 멸치를 삶아 건조장으로 실어 나를 가공·운반선 등 총 4척으로 한 선단을 이룬다.

(정리) • 동해의 주요 어종 – 오징어 – 채낚기어업
• 서해의 주요 어종 – 조기 – 안강망어업
• 남해의 주요 어종 – 멸치 – 기선권현망

89 대상어족을 미끼로 유인하여 잡는 함정 어구는?

① 통발
② 자망
③ 형망
④ 문어단지

(해설) 통발은 유인함정이다.

(정리) **통발어업**
통발은 미끼로 물고기를 유인하여 함정에 빠뜨려 잡는 어구이다. 통발 어구는 어구 분류상으로 함정 어구에 속한다. 또한 미끼를 사용하여 물고기를 유인한다는 점에서 유인함정 어구라고도 한다.
우리나라에서 사용하는 통발 어구는 대상 종에 따라 새우 통발, 게 통발, 장어 통발, 골뱅이 통발, 오징어 통발, 붉은 대게 통발, 꽃게 통발, 낙지 통발, 도다리 통발, 물메기 통발 등이 있다.

정답 88 ④ 89 ①

90 해삼의 유생 발달 과정에 속하지 않는 것은?

① 아우리쿨라리아(Auricularia)
② 태드포울(Tadpole)
③ 돌리올라리아(Doliolaria)
④ 포배기(Blastula)

(해설) 태드포울은 개구리 특유의 올챙이 모양의 유생이다.

(정리) 발생학적으로 수정란은 포배기, 양배기, 유생을 거쳐 성체가 된다. 포배기는 수정란이 여러 개의 세포로 쪼개지는 시기이고, 포배가 더 분열하여 세포 덩어리가 되는 시기가 낭배기이다. 해삼의 성장(변태)과정은 수정란 → 포배기, 양배기 → 아우리쿨라리아 유생 → 돌리올라리아 유생 → 메타돌리올라리아 유생 → 펜타크툴라 유생 → 성체라고 할 수 있다.

91 봄철 담수어류의 양식장에서 물곰팡이병이 많이 발생하는 수온 범위는?

① 0~5℃
② 10~15℃
③ 20~25℃
④ 30~35℃

(해설) 물곰팡이는 수온이 10~15℃일 때 가장 많이 발생하며, 수온이 20℃ 이상이면 번식력이 저하되어 자연 치유된다.

(정리) **물곰팡이(수생균)**

㉠ 봄에 어류 및 알에 기생하여 균사가 표면에 솜뭉치처럼 붙어 있는 모양을 보인다.
㉡ 알 등에 용이하게 기생하므로 종묘 생산 시 특히 주의하여야 한다.
㉢ 수온이 10~15℃일 때 가장 많이 발생하며, 수온이 20℃ 이상이면 번식력이 저하되어 자연 치유된다.

정답 90 ② 91 ②

92 해상 가두리 양식장의 환경 특성 중에서 물리적 요인을 모두 고른 것은?

> ㄱ. 해수 유동　　　　ㄴ. 수온　　　　ㄷ. 수소이온농도
> ㄹ. 영양염류　　　　ㅁ. 투명도　　　　ㅂ. 황화수소

① ㄱ, ㄴ, ㄹ　　　② ㄱ, ㄴ, ㅁ　　　③ ㄴ, ㄷ, ㅂ　　　④ ㄷ, ㄹ, ㅂ

[해설] 해상 가두리 양식장의 물리적 환경요인: 해수의 유동, 광선, 수온, 투명도, 지형, 지질

[정리] 가두리 양식
　　ⓐ 가두리 양식은 그물로 만든 가두리를 수중에 띄워 놓고 그 속에서 어류를 양식하는 방법이다.
　　ⓑ 그물코가 클수록 물의 교환이 잘 되어 산소 공급이나 배설물 처리에 유리하지만 어린 것을 기를 때는 그물코가 작은 것을 사용해야 하는데, 이때 그물코에 이끼가 끼고 막히는 일이 많으므로 사육 결과가 좋지 않을 수가 있다.
　　ⓒ 잉어·송어·넙치·조피볼락 등 어류의 양식에 이용된다.
　　ⓓ 해상 가두리 양식장의 환경특성
　　　• 물리적 요인: 해수의 유동, 광선, 수온, 투명도, 지형, 지질
　　　• 화학적 요인: 수소이온농도, 영양염류, 용존산소, 염분, 이산화탄소, 암모니아, 황화수소

93 대부분의 해조류는 무성세대인 포자체와 유성세대인 배우체가 세대교번을 한다. 다음 중 세대교번을 하지 않는 품종은?

① 김　　　　　② 다시마　　　　　③ 미역　　　　　④ 청각

[해설] 청각은 세대교번을 하지 않는다. 청각은 조체에서 감수분열에 의해 만들어진 자웅배우자가 합체하여 접합자가 생기고, 접합자가 발아하여 조체로 자란다.

94 양식 어류의 인공종자(종묘) 생산 시 동물성 먹이생물로 옳지 않은 것은?

① 물벼룩(Daphnia)　　　　　② 아르테미아(Artemia)
③ 클로렐라(Chlorella)　　　　④ 로티퍼(Rotifer)

[해설] 클로렐라(Chlorella)는 녹조식물(문)에 속하는 녹조류이다.

95 참돔 50kg을 해상 가두리에 입식한 후, 500kg의 사료를 공급하여 참돔 총 중량 300kg을 수확하였을 경우 사료계수는?

① 0.5　　　　　② 1.0　　　　　③ 1.5　　　　　④ 2.0

[해설] 사료계수 = 500 / 250 = 2

[정답] 92 ② 93 ④ 94 ③ 95 ④

정리 **사료계수**

  ⊙ 물고기가 1g 크는데 사료가 얼마나 필요한지에 대한 것이다. 다시 말하면 물고기 단위 무게가 증가하
    는데 필요한 사료의 무게를 말한다.
  ⓒ 사료계수 = 사료공급량 / 무게증가량
  ⓒ 사료효율(%) = (1/사료계수) × 100

96 강 하구에서 포획한 치어를 이용하여 양식하는 어종으로 옳은 것은?

① 잉어　　　　　② 뱀장어　　　　　③ 미꾸라지　　　　　④ 무지개송어

해설 뱀장어가 담수로 올라올 즈음에는 일명 실뱀장어라 불리는 치어인데, 이를 포획하여 양식한다.

정리 **뱀장어**

  ⊙ 뱀장어는 강하성 어류이다. 강하성 어류는 강이나 못 같은 민물에 살다가 알을 낳기 위하여 바다로
    가는 물고기로서 뱀장어, 숭어, 무태장어, 황어 등이 있다.
  ⓒ 뱀장어는 5~12년간 담수에서 성장하여 60cm 정도의 성어가 되면 산란을 하기 위해서 바다로 내려
    간다. 성어는 8~10월경에 높은 수온과 염분도를 가진 심해로 들어가 산란을 한 뒤 죽는다.
  ⓒ 부화된 새끼는 다시 담수로 올라오는데 그 시기는 지역에 따라 다르다. 제주도와 호남지방은 2~3월
    경부터 시작되고, 북쪽으로 갈수록 늦어져서 인천 근처는 5월경이 된다.
  ⓔ 뱀장어가 담수로 올라올 즈음에는 일명 실뱀장어라 불리는 치어인데, 이를 포획하여 양식한다.

97 양식 패류 중 굴의 양성 방법으로 적합하지 않은 것은?

① 수하식　　　　　② 나뭇가지식　　　　　③ 귀매달기식　　　　　④ 바닥식(투석식)

해설 귀매달기식 양성 방법은 5~7cm의 가리비의 앞쪽 귀에 드릴로 구멍을 뚫어서 나일론 실로 연결해서 수
중에 매달아 양식하는 방법을 말한다.

정리 **굴의 양성 방법**

  ⊙ 바닥식
    천해의 바닥으로 지반의 변동이 없고 종패 살포, 양성시 매몰되지 않는 바닥에서 양성한다.
  ⓒ 투석식
    지반이 연약한 곳에 부착기물인 돌을 사용, 치패를 부착시켜 양성하는 방법으로 이때 사용되는 돌로는
    산석이 좋으나 시멘트 블럭을 제작하여 사용하기도 한다(수확 후에는 돌의 상하 위치 바꾸기 실시).
  ⓒ 나뭇가지식(송지식)
    나뭇가지를 세워 치패를 부착시켜 양성하는 방법으로 이때 사용되는 나뭇가지는 조류 방향과 병행하
    여 세운다(길이 1.2~1.8m의 소나무, 참나무, 대나무 등 사용).
  ⓔ 연승 수하식
    천해의 수심 5m 이상 해면에 뜸을 띄우고 로프를 연결하여 양성하는 방법이다(뜸은 스티로폴제, 하이
    젝스제, PVC제 등 사용).
  ⓜ 뗏목 수하식
    뗏목에 뜸을 달아 수면에 뜨게 한 후 수하연을 매달아 양성하는 방법(뗏목 자재는 부력과 유연성이
    있어서 내파성이 있는 대나무인 맹종죽 사용)

정답 96 ② 97 ③

98 2018년 기준, 우리나라 총허용어획량(TAC)이 적용되는 어업종류와 어종을 바르게 연결한 것은?

① 근해안강망 – 오징어
② 근해자망 – 갈치
③ 기선권현망 – 꽃게
④ 근해통발 – 붉은대게

해설

▲ 출처: 해양수산부 공식 블로그 https://blog.naver.com/koreamof/222827775935

정답 98 ④

99 고래류의 자원관리를 하는 국제수산관리기구의 명칭은?

① 북서대서양수산위원회(NAFO)

② 중서부태평양수산위원회(WCPFC)

③ 남극해양생물자원보존위원회(CCAMLR)

④ 국제포경위원회(IWC)

정리 **국제수산기구(2017년 기준)**

	기구(회의)명	본부	협약목적
수산정책 · 규범	FAO 수산위원회	로마	수산관련 국제규범 수립
	UN(수산결의안, 해양법 결의 등)	뉴욕	어업관리 규범 마련
	OECD 수산위원회	파리	주요 수산이슈의 경제적 분석
	APEC 해양수산실무그룹	싱가포르	해양수산 자원관리 방안 논의
지역 수산 기구 — 참치 기구	대서양참치보존위원회(ICCAT)	마드리드	대서양 참치자원 보존 및 이용
	인도양참치위원회(IOTC)	세이셸	인도양 참치자원 보존 이용
	남방참다랑어보존위원회(CCSBT)	캔버라	남방참다랑어 자원 보존관리
	중서부태평양수산위원회(WCPFC)	미크로네시아	태평양수역 참치자원 보존관리
	전미열대다랑어위원회(IATTC)	라호야	동부태평양 참치자원 보존관리
지역 수산 기구 — 非 참치 기구	국제포경위원회(IWC)	캠브리지	고래자원 보존관리, 상업포경
	남극해양생물보존위(CCAMLR)	호바트	남극해양생물자원 보존관리
	중부베링공해명태협약(CCBSP)	시애틀	중부베링해 명태 보존관리
	북태평양소하성어류위(NPAFC)	밴쿠버	연어자원 보존관리
	북서대서양수산위(NAFO)	캐나다	북서대서양수역 수산자원 관리
	중동대서양수산기구(CECAF)	FAO	중동대서양수역 수산자원 관리
	중서대서양수산기구(WECAFC)	FAO	중서대서양수역 수산자원 관리
	남동대서양수산기구(SEAFO)	나미비아	남동대서양 수산자원 최적이용
	남태평양수산관리기구(SPRFMO)	뉴질랜드	저층어업 및 비참치어종 관리
	아시아 · 태평양수산위(APFIC)	방콕	수산정책 수립 및 이행지원
	북태평양 해양과학기구(PICES)	캐나다	해양생물 및 환경 과학적 연구
	남인도양수산협정(SIOFA)	미정	남인도양 수산자원 보존관리
	북태평양수산위원회(NPFC)	동경	저층어업 및 비참치어종 관리

(출처: 해양수산부)

정답 99 ④

100 다음에서 설명하는 것은?

> • 주어진 환경 하에서 하나의 수산자원으로부터 지속적으로 취할 수 있는 최대 어획량을 뜻한다.
> • 일반적이고 전통적인 수산자원관리의 기준치가 되고 있다.

① MSY   ② MEY   ③ ABC   ④ TAC

정리 **최대지속적생산(Maximum Sustainable Yield)**

ⓐ 어업관리에 있어서 가장 중요한 관심사는 수산자원을 어떠한 수준으로 유지하면서 어느 정도의 어획 수준을 유지할 것인가 하는 문제이다.

ⓑ MSY(Maximum Sustainable Yield)는 주어진 특정자원으로부터 물량적 생산을 최대 수준으로 지속 할 수 있는 생산수준이다.

ⓒ 수산자원은 자율적 갱신자원이므로 환경요인에 변화가 없을 때에는 적정수준의 어획노력을 투하하면 자원의 고갈을 초래함 없이 영속적으로 최대 생산을 올릴 수 있다.

수산물품질관리사 1차 시험 기출문제

제1과목　수산물품질관리 관련법령

01 농수산물 품질관리법 제1조(목적)에 관한 내용이다. (　)에 들어갈 내용을 순서대로 옳게 나열한 것은?

> 농수산물의 (　　)을 확보하고 상품성을 향상하며 공정하고 투명한 거래를 유도함으로써 (　　)의 소득증대와 (　　) 보호에 이바지하는 것을 목적으로 한다.

① 안전성, 농어업인, 소비자　　　　② 위생성, 농어업인, 판매자

③ 안전성, 생산자, 판매자　　　　④ 위생성, 생산자, 소비자

해설　법 제1조(목적)

이 법은 농수산물의 적절한 품질관리를 통하여 농수산물의 안전성을 확보하고 상품성을 향상하며 공정하고 투명한 거래를 유도함으로써 농어업인의 소득증대와 소비자 보호에 이바지하는 것을 목적으로 한다.

02 농수산물 품질관리법상 용어의 정의로 옳지 않은 것은?

① 수산물: 수산업·어촌 발전 기본법에 따른 어업활동으로부터 생산되는 산물

② 수산가공품: 수산물을 국립수산과학원장이 정하는 재료 등의 기준에 따라 가공한 제품

③ 지리적표시권: 등록된 지리적표시를 배타적으로 사용할 수 있는 지식재산권

④ 유해물질: 항생물질, 병원성 미생물, 곰팡이 독소 등 식품에 잔류하거나 오염되어 사람의 건강에 해를 끼칠 수 있는 물질로서 총리령으로 정하는 것

해설　법 제2조(정의)

수산가공품: 수산물을 대통령령으로 정하는 원료 또는 재료의 사용비율 또는 성분함량 등의 기준에 따라 가공한 제품

정답　01 ① 02 ②

03 농수산물 품질관리법령상 수산물품질관리사에 관한 설명으로 옳지 않은 것을 모두 고른 것은?

> ㄱ. 수산물품질관리사 제도는 수산물의 품질 향상과 유통의 효율화를 촉진하기 위해 도입
> 되었다.
> ㄴ. 수산물품질관리사는 수산물 등급 판정의 직무를 수행할 수 있다.
> ㄷ. 수산물품질관리사는 국립수산물품질관리원장이 지정하는 교육 실시기관에서 교육을 받
> 아야 한다.
> ㄹ. 다른 사람에게 수산물품질관리사의 자격증을 빌려준 자는 3년 이하의 징역 또는 3천만
> 원 이하의 벌금에 처한다.

① ㄱ, ㄴ   ② ㄱ, ㄷ   ③ ㄷ, ㄹ   ④ ㄴ, ㄷ, ㄹ

(해설) • ㄷ: 교육의무는 없다.
     • ㄹ: 1년 이하의 징역 또는 1천만 원 이하의 벌금에 처한다.

04 농수산물 품질관리법령상 수산물 품질인증에 관한 설명으로 옳은 것은?

① 품질인증의 유효기간은 인증을 받은 날부터 5년으로 한다.
② 품질인증 대상품목은 식용을 목적으로 생산한 수산물로 한다.
③ 품질인증을 받으려는 자는 관련서류를 첨부하여 국립수산과학원장에게 신청하여야 한다.
④ 거짓이나 그 밖의 부정한 방법으로 인증을 받은 경우 품질인증취소사유에는 해당되
지 않는다.

(해설) ① 2년
     ③ 품질인증을 받으려는 자는 해양수산부령으로 정하는 바에 따라 해양수산부장관에게 신청하여야 한다.
     ④ 취소사유에 해당한다.

05 농수산물 품질관리법령상 유전자변형수산물에 관한 설명으로 옳지 않은 것은?

① 인공적으로 유전자를 재조합하여 의도한 특성을 갖도록 한 수산물을 유전자변형수
산물이라 한다.
② 유전자변형수산물의 표시대상품목은 해양수산부장관이 정하여 고시한다.
③ 유전자변형수산물을 판매하기 위하여 보관하는 경우에는 해당 수산물이 유전자변형
수산물임을 표시하여야 한다.
④ 유전자변형수산물의 표시를 거짓으로 한 자는 7년 이하의 징역 또는 1억 원 이하의
벌금에 처한다.

해설 시행령 제19조(유전자변형농수산물의 표시대상품목)

법 제56조제1항에 따른 유전자변형농수산물의 표시대상품목은「식품위생법」제18조에 따른 안전성 평가 결과 식품의약품안전처장이 식용으로 적합하다고 인정하여 고시한 품목(해당 품목을 싹틔워 기른 농산물을 포함한다)으로 한다.

06 농수산물 품질관리법상 수산물 생산·가공시설의 등록·관리에 관한 내용이다. ( )에 들어갈 내용으로 옳은 것은?

> 해양수산부장관은 외국과의 협약을 이행하기 위하여 (ㄱ)을/를 목적으로 하는 수산물의 생산·가공시설의 (ㄴ)을 정하여 고시한다.

① ㄱ: 수출, ㄴ: 위생관리기준
② ㄱ: 수입, ㄴ: 검역기준
③ ㄱ: 판매, ㄴ: 검역기준
④ ㄱ: 유통, ㄴ: 위생관리기준

해설 법 제69조(위생관리기준)

① 해양수산부장관은 외국과의 협약을 이행하거나 외국의 일정한 위생관리기준을 지키도록 하기 위하여 수출을 목적으로 하는 수산물의 생산·가공시설 및 수산물을 생산하는 해역의 위생관리기준을 정하여 고시한다.

07 농수산물 품질관리법상 해양수산부장관으로부터 다음 기준으로 수산물 및 수산가공품의 검사를 받는 대상이 아닌 것은?

> • 수산물 및 수산가공품이 품질 및 규격에 맞을 것
> • 수산물 및 수산가공품에 유해물질이 섞여 들어 있지 않을 것

① 정부에서 수매하는 수산물
② 정부에서 비축하는 수산가공품
③ 검사기준이 없는 수산물
④ 수출 상대국의 요청에 따라 검사가 필요하며 해양수산부장관이 고시한 수산물

해설 법 제88조(수산물 등에 대한 검사)

① 다음 각 호의 어느 하나에 해당하는 수산물 및 수산가공품은 품질 및 규격이 맞는지와 유해물질이 섞여 들어오는지 등에 관하여 해양수산부장관의 검사를 받아야 한다.

1. 정부에서 수매·비축하는 수산물 및 수산가공품
2. 외국과의 협약이나 수출 상대국의 요청에 따라 검사가 필요한 경우로서 해양수산부장관이 정하여 고시하는 수산물 및 수산가공품

정답 06 ① 07 ③

08 농수산물 품질관리법상 생산단계 수산물 안전기준을 위반한 경우에 시·도지사가 해당 수산물을 생산한 자에게 처분할 수 있는 조치로 옳은 것을 모두 고른 것은?

> ㄱ. 해당 수산물의 폐기　　　　　　　ㄴ. 해당 수산물의 용도 전환
> ㄷ. 해당 수산물의 출하 연기

① ㄱ, ㄴ　　　　② ㄱ, ㄷ　　　　③ ㄴ, ㄷ　　　　④ ㄱ, ㄴ, ㄷ

해설 **법 제63조(안전성조사 결과에 따른 조치)**

① 식품의약품안전처장이나 시·도지사는 생산과정에 있는 농수산물 또는 농수산물의 생산을 위하여 이용·사용하는 농지·어장·용수·자재 등에 대하여 안전성조사를 한 결과 생산단계 안전기준을 위반하였거나 유해물질에 오염되어 인체의 건강을 해칠 우려가 있는 경우에는 해당 농수산물을 생산한 자 또는 소유한 자에게 다음 각 호의 조치를 하게 할 수 있다.
1. 해당 농수산물의 폐기, 용도 전환, 출하 연기 등의 처리
2. 해당 농수산물의 생산에 이용·사용한 농지·어장·용수·자재 등의 개량 또는 이용·사용의 금지
2의2. 해당 양식장의 수산물에 대한 일시적 출하 정지 등의 처리

---

09 농수산물 품질관리법상 지정해역의 보존·관리를 위하여 지정해역 위생관리종합대책을 수립·시행하는 기관은?

① 대통령　　　　　　　　　② 국무총리
③ 해양수산부장관　　　　　④ 식품의약품안전처장

해설 **법 제72조(지정해역 위생관리종합대책)**

① 해양수산부장관은 지정해역의 보존·관리를 위한 지정해역 위생관리종합대책(이하 "종합대책"이라 한다)을 수립·시행하여야 한다.
② 종합대책에는 다음 각 호의 사항이 포함되어야 한다.
1. 지정해역의 보존 및 관리(오염 방지에 관한 사항을 포함한다. 이하 이 조에서 같다)에 관한 기본방향
2. 지정해역의 보존 및 관리를 위한 구체적인 추진 대책
3. 그 밖에 해양수산부장관이 지정해역의 보존 및 관리에 필요하다고 인정하는 사항

---

10 농수산물 유통 및 가격 안정에 관한 법령상 '주산지'에 관한 시·도지사의 권한이 아닌 것은?

① 주산지의 변경·해제
② 주산지협의체의 설치
③ 주요 농수산물의 생산지역이나 생산수면의 지정
④ 주요 농수산물의 생산·출하 조절이 필요한 품목의 지정

정답　08 ④　09 ③　10 ④

법 제4조(주산지의 지정 및 해제 등)

① 시·도지사는 농수산물의 경쟁력 제고 또는 수급(需給)을 조절하기 위하여 생산 및 출하를 촉진 또는 조절할 필요가 있다고 인정할 때에는 주요 농수산물의 생산지역이나 생산수면(이하 "주산지"라 한다)을 지정하고 그 주산지에서 주요 농수산물을 생산하는 자에 대하여 생산자금의 융자 및 기술지도 등 필요한 지원을 할 수 있다.

② 제1항에 따른 주요 농수산물은 국내 농수산물의 생산에서 차지하는 비중이 크거나 생산·출하의 조절이 필요한 것으로서 농림축산식품부장관 또는 해양수산부장관이 지정하는 품목으로 한다.

③ 주산지는 다음 각 호의 요건을 갖춘 지역 또는 수면(水面) 중에서 구역을 정하여 지정한다.

  1. 주요 농수산물의 재배면적 또는 양식면적이 농림축산식품부장관 또는 해양수산부장관이 고시하는 면적 이상일 것

  2. 주요 농수산물의 출하량이 농림축산식품부장관 또는 해양수산부장관이 고시하는 수량 이상일 것

④ 시·도지사는 제1항에 따라 지정된 주산지가 제3항에 따른 지정요건에 적합하지 아니하게 되었을 때에는 그 지정을 변경하거나 해제할 수 있다.

⑤ 제1항에 따른 주산지의 지정, 제2항에 따른 주요 농수산물 품목의 지정 및 제4항에 따른 주산지의 변경·해제에 필요한 사항은 대통령령으로 정한다.

법 제4조의2(주산지협의체의 구성 등)

① 제4조제1항에 따라 지정된 주산지의 시·도지사는 주산지의 지정목적 달성 및 주요 농수산물 경영체 육성을 위하여 생산자 등으로 구성된 주산지협의체(이하 "협의체"라 한다)를 설치할 수 있다.

11 농수산물 유통 및 가격 안정에 관한 법령상 수산부류 거래품목이 아닌 것은?

① 염장어류　　　　　　　　② 젓갈류

③ 염건어류　　　　　　　　④ 조수육류

법 제2조(농수산물도매시장의 거래품목)

수산부류: 생선어류·건어류·염(鹽)건어류·염장어류(鹽藏魚類)·조개류·갑각류·해조류 및 젓갈류

12 농수산물 유통 및 가격 안정에 관한 법령상 '생산자 관련 단체'를 모두 고른 것은?

ㄱ. 영농조합법인	ㄴ. 산지유통인
ㄷ. 영어조합법인	ㄹ. 농협경제지주회사의 자회사

① ㄱ, ㄴ　　　　　　　　② ㄴ, ㄷ

③ ㄷ, ㄹ　　　　　　　　④ ㄱ, ㄷ, ㄹ

산지유통인은 생산자가 아니라 유통업자이다.

정답 11 ④ 12 ④

시행령 제3조(농수산물공판장의 개설자)

① 법 제2조제5호에서 "대통령령으로 정하는 생산자 관련 단체"란 다음 각 호의 단체를 말한다.

　1. 「농어업경영체 육성 및 지원에 관한 법률」 제16조에 따른 영농조합법인 및 영어조합법인과 같은 법 제19조에 따른 농업회사법인 및 어업회사법인

　2. 「농업협동조합법」 제161조의2에 따른 농협경제지주회사의 자회사

② 법 제2조제5호에서 "대통령령으로 정하는 법인"이란 「한국농수산식품유통공사법」에 따른 한국농수산식품유통공사(이하 "한국농수산식품유통공사"라 한다)를 말한다.

13 농수산물 유통 및 가격 안정에 관한 법령상 경매 또는 입찰의 방법에 관한 설명으로 옳지 않은 것은?

① 경매 또는 입찰의 방법은 전자식을 원칙으로 한다.

② 공개경매를 실현하기 위하여 도매시장 개설자는 도매시장별로 경매방식을 제한할 수 있다.

③ 도매시장 개설자는 해양수산부령으로 정하는 바에 따라 예약출하품 등을 우선적으로 판매하게 할 수 있다.

④ 출하자가 서면으로 거래성립 최저가격을 제시한 경우에는 도매시장법인은 그 가격 미만으로 판매할 수 있다.

(해설) 그 가격 이상으로 거래해야 한다.

(정리) **법 제33조(경매 또는 입찰의 방법)**

① 도매시장법인은 도매시장에 상장한 농수산물을 수탁된 순위에 따라 경매 또는 입찰의 방법으로 판매하는 경우에는 최고가격 제시자에게 판매하여야 한다. 다만, 출하자가 서면으로 거래 성립 최저가격을 제시한 경우에는 그 가격 미만으로 판매하여서는 아니 된다.

② 도매시장 개설자는 효율적인 유통을 위하여 필요한 경우에는 농림축산식품부령 또는 해양수산부령으로 정하는 바에 따라 대량 입하품, 표준규격품, 예약 출하품 등을 우선적으로 판매하게 할 수 있다.

③ 제1항에 따른 경매 또는 입찰의 방법은 전자식(電子式)을 원칙으로 하되 필요한 경우 농림축산식품부령 또는 해양수산부령으로 정하는 바에 따라 거수수지식(擧手手指式), 기록식, 서면입찰식 등의 방법으로 할 수 있다. 이 경우 공개경매를 실현하기 위하여 필요한 경우 농림축산식품부장관, 해양수산부장관 또는 도매시장 개설자는 품목별·도매시장별로 경매방식을 제한할 수 있다.

14 농수산물 유통 및 가격 안정에 관한 법령상 농수산물 공판장에 관한 설명으로 옳지 않은 것은?

① 생산자 단체가 공판장을 개설하려면 시·도지사의 승인을 받아야 한다.

② 공판장의 경매사는 공판장의 개설자가 임면한다.

③ 공판장에는 중도매인, 산지유통인 및 경매사를 둘 수 있다.

④ 공판장의 중도매인은 공판장 개설자의 허가를 받아야 한다.

정답　13 ④　14 ④

해설 공판장의 중도매인은 공판장의 개설자가 <u>지정</u>한다. 허가권을 가진 자는 행정주체이며 민간단체가 아니다.

정리 **법 제44조(공판장의 거래 관계자)**

① 공판장에는 중도매인, 매매참가인, 산지유통인 및 경매사를 둘 수 있다.

② 공판장의 중도매인은 공판장의 개설자가 지정한다. 이 경우 중도매인의 지정 등에 관하여는 제25조제3항 및 제4항을 준용한다.

③ 농수산물을 수집하여 공판장에 출하하려는 자는 공판장의 개설자에게 산지유통인으로 등록하여야 한다. 이 경우 산지유통인의 등록 등에 관하여는 제29조제1항 단서 및 같은 조 제3항부터 제6항까지의 규정을 준용한다.

④ 공판장의 경매사는 공판장의 개설자가 임면한다. 이 경우 경매사의 자격기준 및 업무 등에 관하여는 제27조제2항부터 제4항까지 및 제28조를 준용한다.

15 농수산물 유통 및 가격 안정에 관한 법령상 농수산물 전자거래소의 거래수수료에 관한 설명으로 옳지 않은 것은?

① 전자거래소는 구매자로부터 사용료를 징수한다.

② 거래수수료는 거래금액의 1천분의 70을 초과할 수 없다.

③ 전자거래소는 판매자로부터 사용료 및 판매수수료를 징수한다.

④ 거래계약이 체결된 경우에는 한국농수산식품유통공사가 구매자를 대신하여 그 거래대금을 판매자에게 직접 결제할 수 있다.

해설 **시행규칙 제49조(농수산물전자거래의 거래품목 및 거래수수료 등)**

① 법 제70조의2제3항에 따른 거래품목은 법 제2조제1호에 따른 농수산물로 한다.

② 법 제70조의2제3항에 따른 거래수수료는 농수산물 전자거래소를 이용하는 판매자와 구매자로부터 다음 각 호의 구분에 따라 징수하는 금전으로 한다.

   1. 판매자의 경우: 사용료 및 판매수수료

   2. 구매자의 경우: 사용료

③ 제2항에 따른 <u>거래수수료는 거래액의 1천분의 30을 초과할 수 없다.</u>

④ <u>농수산물 전자거래소를 통하여 거래계약이 체결된 경우에는 한국농수산식품유통공사가 구매자를 대신하여 그 거래대금을 판매자에게 직접 결제할 수 있다.</u> 이 경우 한국농수산식품유통공사는 구매자로부터 보증금, 담보 등 필요한 채권확보수단을 미리 마련하여야 한다.

⑤ 제1항부터 제4항까지에서 규정한 사항 외에 농수산물전자거래에 관하여 필요한 사항은 한국농수산식품유통공사의 장이 농림축산식품부장관 또는 해양수산부장관의 승인을 받아 정한다.

정답 15 ②

16 농수산물 유통 및 가격 안정에 관한 법령상 도매시장 개설자에게 '산지유통인 등록 예외'의 경우가 아닌 것은?

① 종합유통센터 · 수출업자 등이 남은 농수산물을 도매시장에 상장하는 경우
② 중도매인이 상장 농수산물을 매매하는 경우
③ 도매시장법인이 다른 도매시장법인으로부터 매수하여 판매하는 경우
④ 시장도매인이 도매시장법인으로부터 매수하여 판매하는 경우

> (해설) 제29조(산지유통인의 등록) 산지유통인 등록의 예외
> 1. 생산자단체가 구성원의 생산물을 출하하는 경우
> 2. 도매시장법인이 제31조제1항 단서에 따라 매수한 농수산물을 상장하는 경우
> 3. 중도매인이 제31조제2항 단서에 따라 비상장 농수산물을 매매하는 경우
> 4. 시장도매인이 제37조에 따라 매매하는 경우
> 5. 그 밖에 농림축산식품부령 또는 해양수산부령으로 정하는 경우

17 농수산물의 원산지 표시에 관한 법령상 용어의 정의로 옳지 않은 것은?

① 원산지: 농산물이나 수산물이 생산 · 채취 · 포획된 국가 · 지역이나 해역
② 식품접객업: 식품위생법에 따른 식품접객업
③ 집단급식소: 수산업 · 어촌 발전 기본법에 따른 집단급식소
④ 통신판매: 전자상거래 등에서의 소비자보호에 관한 법률에 따른 통신판매 중 우편, 전기통신 등을 이용한 판매

> (해설) "집단급식소"란 「식품위생법」 제2조제12호에 따른 집단급식소를 말한다.

18 농수산물의 원산지 표시에 관한 법령상 일반음식점에서 뱀장어, 대구, 명태, 꽁치를 조리하여 판매하는 중 원산지를 표시하지 않아 과태료를 부과받았다. 부과된 과태료의 총 합산금액은? (단, 모두 1차 위반이며, 경감은 고려하지 않는다.)

① 30만 원   ② 60만 원   ③ 90만 원   ④ 120만 원

> (해설) 시행령 [별표2] 과태료의 부과기준
> • 위반 품목별로 1차 위반 시 30만 원 과태료(위 지문에서 위반된 품목은 뱀장어, 명태임. 따라서 30만 원 곱하기 2는 60만 원
> • 과태료 품목별 대상: 넙치, 조피볼락, 참돔, 미꾸라지, 뱀장어, 낙지, 명태, 고등어, 갈치, 오징어, 꽃게 및 참조기의 원산지를 표시하지 않은 경우

19 농수산물의 원산지 표시에 관한 법령상 수산물 등의 원산지 표시방법에 관한 설명으로 옳지 않은 것은?

① 포장재의 원산지 표시 위치는 소비자가 쉽게 알아볼 수 있는 곳에 표시한다.

② 포장재의 원산지 표시 글자색은 포장재의 바탕색 또는 내용물의 색깔과 다른 색깔로 선명하게 표시한다.

③ 살아있는 수산물의 경우 원산지 표시 글자 크기는 30포인트 이상으로 한다.

④ 포장재의 원산지 표시 글자 크기는 포장면적이 3,000cm^2 이상인 경우는 10포인트 이상으로 한다.

해설 농수산물의 원산지 표시 등에 관한 법률 시행규칙 [별표 1] 〈개정 2019. 9. 10.〉

농수산물 등의 원산지 표시방법(제3조제1호 관련)

1. 적용대상

  가. 영 별표 1 제1호에 따른 농수산물

  나. 영 별표 1 제2호에 따른 수입 농수산물과 그 가공품 및 반입 농수산물과 그 가공품

2. 표시방법

  가. 포장재에 원산지를 표시할 수 있는 경우

    1) 위치: 소비자가 쉽게 알아볼 수 있는 곳에 표시한다.

    2) 문자: 한글로 하되, 필요한 경우에는 한글 옆에 한문 또는 영문 등으로 추가하여 표시할 수 있다.

    3) 글자 크기

      가) 포장 표면적이 3,000cm2 이상인 경우: 20포인트 이상

      나) 포장 표면적이 50cm^2 이상 3,000cm^2 미만인 경우: 12포인트 이상

      다) 포장 표면적이 50cm^2 미만인 경우: 8포인트 이상. 다만, 8포인트 이상의 크기로 표시하기 곤란한 경우에는 다른 표시사항의 글자 크기와 같은 크기로 표시할 수 있다.

      라) 가), 나) 및 다)의 포장 표면적은 포장재의 외형면적을 말한다. 다만, 「식품 등의 표시·광고에 관한 법률」 제4조에 따른 식품 등의 표시기준에 따른 통조림·병조림 및 병제품에 라벨이 인쇄된 경우에는 그 라벨의 면적으로 한다.

    4) 글자색: 포장재의 바탕색 또는 내용물의 색깔과 다른 색깔로 선명하게 표시한다.

    5) 그 밖의 사항

      가) 포장재에 직접 인쇄하는 것을 원칙으로 하되, 지워지지 아니하는 잉크·각인·소인 등을 사용하여 표시하거나 스티커(붙임딱지), 전자저울에 의한 라벨지 등으로도 표시할 수 있다.

      나) 그물망 포장을 사용하는 경우 또는 포장을 하지 않고 엮거나 묶은 상태인 경우에는 꼬리표, 안쪽 표지 등으로도 표시할 수 있다.

정답 19 ④

나. 포장재에 원산지를 표시하기 어려운 경우(다목의 경우는 제외한다)

    1) 푯말, 안내표시판, 일괄 안내표시판, 상품에 붙이는 스티커 등을 이용하여 다음의 기준에 따라 소비자가 쉽게 알아볼 수 있도록 표시한다. 다만, 원산지가 다른 동일 품목이 있는 경우에는 해당 품목의 원산지는 일괄 안내표시판에 표시하는 방법 외의 방법으로 표시하여야 한다.

      가) 푯말: 가로 8cm × 세로 5cm × 높이 5cm 이상

      나) 안내표시판

        (1) 진열대: 가로 7cm × 세로 5cm 이상

        (2) 판매장소: 가로 14cm × 세로 10cm 이상

        (3) 「축산물 위생관리법 시행령」 제21조제7호가목에 따른 식육판매업 또는 같은 조 제8호에 따른 식육즉석판매가공업의 영업자가 진열장에 진열하여 판매하는 식육에 대하여 식육판매표지판을 이용하여 원산지를 표시하는 경우의 세부 표시방법은 식품의약품안전처장이 정하여 고시하는 바에 따른다.

      다) 일괄 안내표시판

        (1) 위치: 소비자가 쉽게 알아볼 수 있는 곳에 설치하여야 한다.

        (2) 크기: 나)(2)에 따른 기준 이상으로 하되, 글자 크기는 20포인트 이상으로 한다.

      라) 상품에 붙이는 스티커: 가로 3cm × 세로 2cm 이상 또는 직경 2.5cm 이상이어야 한다.

    2) 문자: 한글로 하되, 필요한 경우에는 한글 옆에 한문 또는 영문 등으로 추가하여 표시할 수 있다.

    3) 원산지를 표시하는 글자(일괄 안내표시판의 글자는 제외한다)의 크기는 제품의 명칭 또는 가격을 표시한 글자 크기의 1/2 이상으로 하되, 최소 12포인트 이상으로 한다.

다. 살아있는 수산물의 경우

    1) 보관시설(수족관, 활어차량 등)에 원산지별로 섞이지 않도록 구획(동일 어종의 경우만 해당한다)하고, 푯말 또는 안내표시판 등으로 소비자가 쉽게 알아볼 수 있도록 표시한다.

    2) 글자 크기는 30포인트 이상으로 하되, 원산지가 같은 경우에는 일괄하여 표시할 수 있다.

    3) 문자는 한글로 하되, 필요한 경우에는 한글 옆에 한문 또는 영문 등으로 추가하여 표시할 수 있다.

20 농수산물의 원산지 표시에 관한 법률상 수산물의 원산지 표시를 혼동하게 할 목적으로 그 표시를 손상·변경하는 행위를 한 경우의 벌칙기준은?

① 3년 이하의 징역이나 5천만 원 이하의 벌금에 처하거나 이를 병과(倂科)할 수 있다.

② 5년 이하의 징역이나 1억 원 이하의 벌금에 처하거나 이를 병과(倂科)할 수 있다.

③ 7년 이하의 징역이나 1억 원 이하의 벌금에 처하거나 이를 병과(倂科)할 수 있다.

④ 10년 이하의 징역이나 1억5천만 원 이하의 벌금에 처하거나 이를 병과(倂科)할 수 있다.

정답　20 ③

법 제14조(벌칙)

① 제6조제1항 또는 제2항을 위반한 자는 7년 이하의 징역이나 1억 원 이하의 벌금에 처하거나 이를 병과(併科)할 수 있다.

② 제1항의 죄로 형을 선고받고 그 형이 확정된 후 5년 이내에 다시 제6조제1항 또는 제2항을 위반한 자는 1년 이상 10년 이하의 징역 또는 500만 원 이상 1억5천만 원 이하의 벌금에 처하거나 이를 병과할 수 있다.

법 제6조(거짓 표시 등의 금지)

① 누구든지 다음 각 호의 행위를 하여서는 아니 된다.

　1. 원산지 표시를 거짓으로 하거나 이를 혼동하게 할 우려가 있는 표시를 하는 행위

　2. 원산지 표시를 혼동하게 할 목적으로 그 표시를 손상·변경하는 행위

　3. 원산지를 위장하여 판매하거나, 원산지 표시를 한 농수산물이나 그 가공품에 다른 농수산물이나 가공품을 혼합하여 판매하거나 판매할 목적으로 보관이나 진열하는 행위

② 농수산물이나 그 가공품을 조리하여 판매·제공하는 자는 다음 각 호의 행위를 하여서는 아니 된다.

　1. 원산지 표시를 거짓으로 하거나 이를 혼동하게 할 우려가 있는 표시를 하는 행위

　2. 원산지를 위장하여 조리·판매·제공하거나, 조리하여 판매·제공할 목적으로 농수산물이나 그 가공품의 원산지 표시를 손상·변경하여 보관·진열하는 행위

　3. 원산지 표시를 한 농수산물이나 그 가공품에 원산지가 다른 동일 농수산물이나 그 가공품을 혼합하여 조리·판매·제공하는 행위

21 농수산물의 원산지 표시에 관한 법률상 수산물의 원산지 표시대상자가 원산지를 2회 이상 표시하지 않아 처분이 확정된 경우, 원산지 표시제도 교육 이수명령의 이행기간은?

① 교육 이수명령을 통지받은 날부터 최대 1개월 이내

② 교육 이수명령을 통지받은 날부터 최대 2개월 이내

③ 교육 이수명령을 통지받은 날부터 최대 4개월 이내

④ 교육 이수명령을 통지받은 날부터 최대 5개월 이내

법 제9조의2(원산지 표시 위반에 대한 교육)

① 농림축산식품부장관, 해양수산부장관, 관세청장, 시·도지사 또는 시장·군수·구청장은 제9조제2항 각 호의 자가 제5조 또는 제6조를 위반하여 제9조제1항에 따른 처분이 확정된 경우에는 농수산물 원산지 표시제도 교육을 이수하도록 명하여야 한다.

② 제1항에 따른 이수명령의 이행기간은 교육 이수명령을 통지받은 날부터 최대 4개월 이내로 정한다.

③ 농림축산식품부장관과 해양수산부장관은 제1항 및 제2항에 따른 농수산물 원산지 표시제도 교육을 위하여 교육시행지침을 마련하여 시행하여야 한다.

④ 제1항부터 제3항까지의 규정에 따른 교육내용, 교육대상, 교육기관, 교육기간 및 교육시행지침 등 필요한 사항은 대통령령으로 정한다.

22 농수산물의 원산지 표시에 관한 법률상 수산물의 원산지 표시의 정보제공에 관한 설명이다. (　)에 들어갈 내용으로 옳은 것은?

> 해양수산부장관은 수산물의 원산지 표시와 관련된 정보 중 (　)이 유출된 국가 또는 지역 등 국민이 알아야 할 필요가 있다고 인정되는 정보에 대하여 국민에게 제공하도록 노력하여야 한다.

① 방사성물질　　② 패류독소물질　　③ 항생물질　　④ 유기독성물질

─────────────────────

해설　법 제10조(농수산물의 원산지 표시에 관한 정보제공)
① 농림축산식품부장관 또는 해양수산부장관은 농수산물의 원산지 표시와 관련된 정보 중 방사성물질이 유출된 국가 또는 지역 등 국민이 알아야 할 필요가 있다고 인정되는 정보에 대하여는 「공공기관의 정보공개에 관한 법률」에서 허용하는 범위에서 이를 국민에게 제공하도록 노력하여야 한다.
② 제1항에 따라 정보를 제공하는 경우 제4조에 따른 심의회의 심의를 거칠 수 있다.
③ 농림축산식품부장관 또는 해양수산부장관은 제1항에 따라 국민에게 정보를 제공하고자 하는 경우 「농수산물 품질관리법」 제103조에 따른 농수산물안전정보시스템을 이용할 수 있다.

23 농수산물의 원산지 표시에 관한 법률상 원산지의 표시여부·표시사항과 표시방법 등의 적정성을 확인하기 위하여 관계 공무원으로 하여금 원산지 표시대상 수입 수산물에 대해 수거 또는 조사하게 할 수 있는 기관의 장이 아닌 것은?

① 해양수산부장관　　　　　　② 관세청장
③ 식품의약품안전처장　　　　④ 시·도지사

─────────────────────

해설　법 제7조(원산지 표시 등의 조사)
① 농림축산식품부장관, 해양수산부장관, 관세청장, 시·도지사 또는 시장·군수·구청장은 제5조에 따른 원산지의 표시 여부·표시사항과 표시방법 등의 적정성을 확인하기 위하여 대통령령으로 정하는 바에 따라 관계 공무원으로 하여금 원산지 표시대상 농수산물이나 그 가공품을 수거하거나 조사하게 하여야 한다. 이 경우 관세청장의 수거 또는 조사 업무는 제5조제1항의 원산지 표시 대상 중 수입하는 농수산물이나 농수산물 가공품(국내에서 가공한 가공품은 제외한다)에 한정한다.

24 친환경농어업 육성 및 유기식품 등의 관리·지원에 관한 법률상 유기수산물의 인증 유효기간은?

① 인증을 받은 날부터 1년　　　② 인증을 받은 날부터 2년
③ 인증을 받은 날부터 3년　　　④ 인증을 받은 날부터 4년

─────────────────────

해설　법 제21조(인증의 유효기간 등)
① 제20조에 따른 인증의 유효기간은 인증을 받은 날부터 1년으로 한다.

정답　22 ①　23 ③　24 ①

25 친환경농어업 육성 및 유기식품 등의 관리·지원에 관한 법률에 관한 설명으로 옳지 않은 것은?

① 유기식품에는 유기수산물, 유기가공식품, 비식용유기가공품이 있다.

② 친환경수산물에는 유기수산물, 무항생제수산물, 활성처리제 비사용 수산물이 있다.

③ 유기어업자재는 유기수산물을 생산하는 과정에서 사용할 수 있는 허용물질로 만든 제품을 말한다.

④ 친환경어업을 경영하는 사업자는 화학적으로 합성된 자재를 사용하지 아니하거나 그 사용을 최소화하도록 노력하여야 한다.

해설 **법 제2조(정의)**

"유기식품"이란 「농업·농촌 및 식품산업 기본법」 제3조제7호의 식품 중에서 유기적인 방법으로 생산된 유기농수산물과 유기가공식품(유기농수산물을 원료 또는 재료로 하여 제조·가공·유통되는 식품을 말한다.)을 말한다.

"친환경농수산물"이란 친환경농어업을 통하여 얻는 것으로 다음 각 목의 어느 하나에 해당하는 것을 말한다.

가. 유기농수산물

나. 무농약농산물

다. 무항생제수산물 및 활성처리제 비사용 수산물(이하 "무항생제수산물등"이라 한다)

"유기농어업자재"란 유기농수산물을 생산, 제조·가공 또는 취급하는 과정에서 사용할 수 있는 허용물질을 원료 또는 재료로 하여 만든 제품을 말한다.

법 제4조(사업자의 책무)

사업자는 화학적으로 합성된 자재를 사용하지 아니하거나 그 사용을 최소화하는 등 환경친화적인 생산, 제조·가공 또는 취급 활동을 통하여 환경오염을 최소화하면서 환경보전과 지속가능한 농어업의 경영이 가능하도록 노력하고, 다양한 친환경농수산물, 유기식품등, 무농약원료가공식품 또는 유기농어업자재를 생산·공급할 수 있도록 노력하여야 한다.

제2과목	수산물유통론

26 '선어'에 해당하는 것을 모두 고른 것은?

ㄱ. 생물고등어	ㄴ. 활돔	ㄷ. 신선갈치	ㄹ. 냉장조기

① ㄱ, ㄴ, ㄷ   ② ㄱ, ㄴ, ㄹ

③ ㄱ, ㄷ, ㄹ   ④ ㄴ, ㄷ, ㄹ

해설 선어(鮮魚): 살아있는 고기(활어)는 아니지만 신선함을 유지하고 있는 고기

정답 25 ① 26 ③

27 국내산 고등어 유통에 관한 설명으로 옳지 않은 것은?

① 주 생산 업종은 근해채낚기 어업이다.

② 총허용어획량(TAC) 대상 어종이다.

③ 대부분 산지수협 위판장을 통해 유통된다.

④ 크기에 따라 갈사, 갈고, 갈소고, 소소고, 소고, 중고, 대고 등으로 구분한다.

(해설) 고등어 잡이의 주된 어업은 선망 어업이다.

28 활어는 공영도매시장보다 유사도매시장에서 거래량이 많다. 이에 관한 설명으로 옳지 않은 것은?

① 유사도매시장은 부류별 전문도매상의 수집활동을 중심으로 운영된다.

② 유사도매시장은 생산자와 위탁을 중심으로 운영된다.

③ 유사도매시장은 주로 활어를 취급하기 때문에 넓은 공간(수조)을 갖추고 있다.

④ 유사도매시장은 활어차, 산소공급기, 온도조절기 등 전문 설비를 갖추고 있다.

(해설) 공영도매시장의 주된 운영방식은 생산자 위탁방식이다.

29 양식 넙치의 유통 특성에 관한 설명으로 옳은 것을 모두 고른 것은?

> ㄱ. 주로 산지수협 위판장을 통해 유통된다.
> ㄴ. 대부분 유사도매시장을 경유한다.
> ㄷ. 주산지는 제주와 완도이다.
> ㄹ. 최대 수출대상국은 미국이다.

① ㄱ   ② ㄱ, ㄹ   ③ ㄴ, ㄷ   ④ ㄴ, ㄷ, ㄹ

(해설) 양식 넙치 수출국 순위: 중국 > 일본 > 미국

30 수산물 공급의 직접적인 증감요인에 해당하는 것은?

① 생산기술(비용)   ② 인구 규모   ③ 소비자 선호도   ④ 소득 수준

(해설) • 수산물 공급요인 중 생산기술의 고도화(현대화)로 수산물 공급량이 증가한다.
     • 나머지 ②, ③, ④는 수요에 영향을 미치는 요인이다.

정답 27 ① 28 ② 29 ③ 30 ①

31 국내 수산물 가격이 폭등하는 원인에 해당하지 않는 것은?

① 수산식품 안전성 문제 발생　　　② 생산(어획)량 급감

③ 국제 수급문제로 수입 급감　　　④ 국제 유류가격 급등

(해설) 가격의 폭등 또는 폭락은 수요량 또는 공급량의 변화에 영향을 받는다. 수산물에 안전성 문제가 발생하게 되면 수요량의 급감으로 가격이 폭락하게 된다.

32 수산가공품의 장점이 아닌 것은?

① 장기저장이 가능하다.

② 수송이 편리하다.

③ 안전한 생산으로 상품성이 향상된다.

④ 수산물 본연의 맛과 질감을 유지할 수 있다.

(해설) 수산가공품은 활어 또는 선어에 비하여 수산물 본연의 맛과 질감을 유지할 수 없다.

33 냉동상태로 유통되는 비중이 가장 높은 수산물은?

① 명태　　　　　　　　　　　② 조피볼락

③ 고등어　　　　　　　　　　④ 전복

(해설) 명태 어업은 주로 원양 어업을 통하여 이루어지므로 냉동상태로 보관 후에 입항하게 된다.

34 최근 연어류 수입이 급증하고 있는데, 이에 관한 설명으로 옳은 것은?

① 국내에 수입되는 연어류는 대부분 일본산이다.

② 국내에 수입되는 연어류는 대부분 자연산이다.

③ 최근에는 냉동보다 신선냉장 연어류 수입이 많다.

④ 국내에서 연어류는 대부분 통조림으로 소비된다.

(해설) 수입 연어는 노르웨이산이 90% 이상이다. 대부분 양식산이다.

35 활오징어의 유통단계별 가격이 다음과 같을 때, 소비지 도매단계의 유통마진율(%)은 약 얼마인가? (단, 유통비용은 없는 것으로 가정한다.)

구 분	오징어 생산자	산지유통인	소비지 도매상	횟집
가격(원/마리)	7,000	7,400	8,400	12,000

① 12 ② 15 ③ 18 ④ 21

(해설) 소비지 도매단계 유통마진율 $= \dfrac{\text{소비지 도매상 수취가격} - \text{산지유통인 수취가격}}{\text{소비지 도매상 수취가격}} \times 100$

$= \dfrac{8,400 - 7,400}{8,400} = 11.9\%$

36 다음 사례에 나타난 수산물의 유통기능이 아닌 것은?

> 제주도 서귀포시에 있는 A영어조합법인이 가을철에 어획한 갈치를 냉동창고에 보관하였다가 이듬해 봄철에 수도권의 B유통업체에 전량 납품하였다.

① 장소효용 ② 소유효용
③ 시간효용 ④ 품질효용

(해설) • 시간효용: 가을철 어획물을 냉동창고에 보관 후 봄철에 납품
  • 소유효용: 어획물의 소유권이 A영어조합법인으로부터 B유통업체로 이전
  • 장소효용: 서귀포시에서 수도권으로 어획물이 이동

37 수산물 유통의 일반적 특성으로 옳은 것은?
① 생산 어종이 다양하지 않다. ② 공산품에 비해 물류비가 낮다.
③ 품질의 균질성이 낮다. ④ 계획 생산 및 판매가 용이하다.

(해설) ① 생산 어종이 다양하다.
  ② 공산품에 비해 물류비가 높다.
  ③ 품질의 균질성이 낮다.
  ④ 계획 생산 및 판매가 어렵다.

38 수산물 소매상에 관한 설명으로 옳은 것은?

① 브로커(broker)는 소매상에 속한다.

② 백화점과 대형마트는 의무휴무제 적용을 받는다.

③ 수산물 가공업체에 판매하는 것은 소매상이다.

④ 수산물 전문점의 품목은 제한적이나 상품 구성은 다양하다.

해설 ① 브로커(broker)는 중간상에 속한다.
   ② 대형마트는 의무휴무제 적용을 받지만 백화점은 아니다.
   ③ 수산물 가공업체에 판매하는 것은 중개상이다.
   ④ 수산물 전문점의 품목은 제한적이나 상품 구성은 다양하다.

39 수산물 전자상거래에 관한 설명으로 옳은 것을 모두 고른 것은?

> ㄱ. 거래방법을 다양하게 선택할 수 있다.
> ㄴ. 소비자 정보를 파악하기 어렵다.
> ㄷ. 소비자 의견을 반영하기 쉽다.
> ㄹ. 불공정한 거래의 피해자 구제가 쉽다.

① ㄱ, ㄴ   ② ㄱ, ㄷ   ③ ㄴ, ㄷ   ④ ㄷ, ㄹ

해설 • ㄴ: 소비자 정보를 파악하기 쉽다. 소비자가 전자적 방법으로 구매하기 위해서는 회원가입 등이 이뤄진
   후에 가능하므로 자기의 정보가 노출된다.
   • ㄹ: 불공정한 거래의 피해자 구제가 어렵다. 비대면 거래이므로 즉각적인 피해구제가 이뤄지기 어렵다.

40 수산물 소비자를 대상으로 하는 직접적인 판매촉진 활동이 아닌 것은?

① 시식 행사   ② 쿠폰 제공   ③ 경품 추첨   ④ PR

해설 PR(Public Relation)
   불특정 다수의 일반 대중을 대상으로 이미지의 제고나 제품의 홍보 등을 주목적으로 전개하는 커뮤니케
   이션 활동 등을 뜻한다.

41 수산물 공동판매의 장점이 아닌 것은?

① 출하조절이 용이하다.   ② 투입 노동력이 증가한다.

③ 시장교섭력이 향상된다.   ④ 운송비가 절감된다.

정답 38 ④ 39 ② 40 ④ 41 ②

(해설) **공동판매**

수산물 생산자간의 조합 등 결성을 통해 규모의 경제를 실현하여 유통비용의 절감, 시장교섭능력의 향상, 상품성 제고 등이 이뤄지게 된다.

42 심리적 가격전략에 해당하지 않는 것은?

① 단수가격　　　② 침투가격　　　③ 관습가격　　　④ 명성가격

(해설) **침투가격**

신제품의 출시 초기에 판매량을 늘리기 위해 상대적으로 제품의 가격을 낮게 설정하는 전략을 말한다. 재빨리 시장에 깊숙이 침투하기 위해 최초의 가격을 고가로 정하기보다는 낮게 설정하여 많은 수의 고객 을 빨리 확보하고, 시장 점유율을 확대하려는 가격정책이다.

43 국내 수산물 유통이 직면한 문제점이 아닌 것은?

① 표준화·등급화의 미흡　　　② 수산가공식품의 소비 증가
③ 복잡한 유통단계　　　④ 저온물류시설의 부족

(해설) 수산가공식품의 소비 증가가 유통의 문제점이라고 할 수는 없다.

44 공영도매시장의 수산물 거래방법 중 협의·조정하여 가격을 결정하는 것은?

① 경매　　　② 입찰　　　③ 수의매매　　　④ 정가매매

(해설) **수의매매**

도매시장법인이 농산물 출하자 및 구매자와 협의하여 가격과 수량, 기타 거래조건을 결정하는 방식으로 상대매매라고도 한다. 도매시장법인이 농산물 출하자 및 구매자와 협의하여 가격과 수량, 기타 거래조건 을 결정하는 방식으로 상대매매라고도 한다.

45 소비지 공영도매시장에서 수산물의 수집과 분산기능을 모두 수행할 수 있는 유통주체는?

① 산지유통인
② 매매참가인
③ 중도매인(단, 허가받은 비상장 수산물은 제외)
④ 시장도매인

(해설) 공영도매시장의 운영주체는 도매시장법인, 시장도매인이다.

정답　42 ②　43 ②　44 ③　45 ④

46 A는 중국에 수산물을 수출하기 위해 생산·가공시설을 부산광역시 남항에서 운영하고자 한다. 해당 생산·가공시설 등록신청서를 어느 기관에 제출하여야 하는가?

① 부산광역시장
② 국립수산과학원장
③ 국립수산물품질관리원장
④ 식품의약품안전처장

> **해설** 농수산물품질관리법 제88조(수산물의 생산·가공시설 등의 등록신청 등)
> 법 제74조제1항에 따라 수산물의 생산·가공시설(이하 "생산·가공시설"이라 한다)을 등록하려는 자는 별지 제45호서식의 생산·가공시설 등록신청서에 다음 각 호의 서류를 첨부하여 국립수산물품질관리원장에게 제출해야 한다. 다만, 양식시설의 경우에는 제7호의 서류만 제출한다.

47 최근 완도지역의 전복 산지가격이 kg당(10마리) 50,000원에서 30,000원으로 급락하자, 생산자단체에서는 전복 소비촉진 행사를 추진하였다. 이 사례에 해당되는 사업은?

① 유통협약사업
② 유통명령사업
③ 정부 수매비축사업
④ 수산물자조금사업

> **해설** 농수산자조금의 조성 및 운용에 관한 법률
> 제4조(자조금의 용도) 자조금은 다음 각 호의 사업에 사용하여야 한다.
> 1. 농수산물의 소비촉진 홍보
> 2. 농수산업자, 소비자, 제19조제3항에 따른 대납기관 및 제20조제1항에 따른 수납기관 등에 대한 교육 및 정보제공
> 3. 농수산물의 자율적 수급 안정, 유통구조 개선 및 수출활성화 사업
> 4. 농수산물의 소비촉진, 품질 및 생산성 향상, 안전성 제고 등을 위한 사업 및 이와 관련된 조사·연구
> 5. 자조금사업의 성과에 대한 평가
> 6. 자조금단체 가입율 제고를 위한 교육 및 홍보
> 7. 그 밖에 자조금의 설치 목적을 달성하기 위하여 제13조에 따른 의무자조금관리위원회 또는 제24조에 따른 임의자조금위원회가 필요하다고 인정하는 사업

48 수산물 산지 유통정보에 해당하지 않는 것은?

① 수산물 시장별정보(한국농수산식품유통공사)
② 어류양식동향조사(통계청)
③ 어업생산동향조사(통계청)
④ 어업경영조사(수협중앙회)

> **해설** 수산물 시장정보는 소비정보에 해당한다.

정답 46 ③ 47 ④ 48 ①

49 수산물의 상적 유통기관에 해당하는 것은?

① 운송업체　　　② 포장업체　　　③ 물류정보업체　　　④ 도매업체

(해설) **상적유통**
상적유통이란 수산물 소유권이 이동하는 거래, 매매를 말한다.

50 소비지 공영도매시장에 관한 설명으로 옳지 않은 것은?

① 다양한 품목의 대량 수집·분산이 용이하다.
② 콜드체인시스템이 완비되어 저온유통이 활발하다.
③ 공정한 가격을 형성하고 유통정보를 제공한다.
④ 원산지 표시 점검, 안전성 검사 등 소비자 식품 안전을 도모한다.

(해설) **공영도매시장의 기능**
• 상적유통기능: 농축수산물의 매매거래에 관한 기능으로 가격형성, 대금결제, 금융기능 및 위험부담 등
• 물적유통기능: 농산물의 이동에 관한 기능으로 집하, 분산, 저장, 보관, 하역, 운송 등
• 유통정보기능: 도매시장에서는 각종 유통 관련 자료들이 생성, 전달되기에 시장동향, 가격정보 등의 수집 및 전달 기능
• 수급조절기능: 도매시장법인 및 중도매인에 의한 물량반입, 반출, 저장, 보관 등을 통해서 농축수산물의 공급량을 조절하고, 가격변동을 통하여 수요량을 조절

제3과목　**수확 후 품질관리론**

51 다음은 어류의 사후경직 현상에 관한 설명으로 옳은 것을 모두 고른 것은?

> ㄱ. 근육이 강하게 수축되어 단단해진다.
> ㄴ. 어육의 투명도가 떨어진다.
> ㄷ. 물리적으로 탄성을 잃게 된다.
> ㄹ. 사후경직의 수축현상은 일반적으로 혈압육(적색육)이 보통육(백색육)에 비해 더 잘 일어난다.

① ㄱ, ㄹ　　　　　　　　　　　② ㄱ, ㄴ, ㄷ
③ ㄴ, ㄷ, ㄹ　　　　　　　　　④ ㄱ, ㄴ, ㄷ, ㄹ

어획 수산물의 사후(死後)에 일정 시간이 지나면 근육이 수축하여 딱딱하게 된다. 이를 사후경직(死後硬直)이라고 하며 사후경직 기간이 길수록 신선도가 오래 유지되고 부패가 늦어진다. 일반적으로 적색육이 백색육보다 더 잘 수축한다.

수확(어획) 후 수산물의 특징

⑴ 수확(어획)된 수산물은 수확(어획)된 이후에도 호흡을 계속하기 때문에 축적된 영양물질을 소모한다.

⑵ 수확(어획)된 수산물의 호흡과정에서 호흡열이 발생하며 이로 인하여 부패가 촉진되고 저장성이 떨어진다.

⑶ 따라서 호흡열을 줄이기 위해 외부환경요인을 조절하는 것이 수산물의 수확(어획) 후 관리기술의 핵심적 요소가 된다.

⑷ 어획 수산물의 사후(死後)변화

① 어획 수산물의 사후(死後)에는 호흡이 정지되며 산소공급이 이루어지지 않으므로 글리코겐이 분해되어 젖산이 생성되게 되는데 이를 해당작용(解糖作用)이라고 한다.

② 어획 수산물의 사후(死後)에 일정 시간이 지나면 근육이 수축하여 딱딱하게 된다. 이를 사후경직(死後硬直)이라고 하며 사후경직 기간이 길수록 신선도가 오래 유지되고 부패가 늦어진다. 일반적으로 적색육이 백색육보다 더 잘 수축한다.

③ 사후경직으로 수축된 근육은 시간이 지나면 풀리게 되는데 이를 해경(解硬)이라고 한다.

④ 수산물 근육의 주성분인 단백질, 글리코겐, 지방질 등은 근육에 존재하는 효소의 작용으로 분자량이 적은 화합물로 변하는데 이를 자가소화(自家消化)라고 한다.

⑤ 어획 수산물의 사후(死後) 시간이 많이 경과되면 부패된다. 부패란 미생물의 작용으로 수산물의 구성성분이 유익하지 못한 물질로 분해되면서 독성물질과 악취를 배출하는 현상이다.

52 수산물의 선도에 관한 설명으로 옳지 않은 것은?

① 휘발성염기질소(VBN)는 사후 직후부터 계속적으로 증가한다.

② K값은 ATP(adenosine triphosphate) 관련 물질 분해에 따라 사후 신속히 증가하다가 K값의 변화가 완료된다.

③ 수산물을 가공원료로 이용하는 경우에는 휘발성염기질소(VBN)가 적합한 선도지표이다.

④ 넙치를 선어용 횟감으로 이용하는 경우에는 K값이 적합한 선도지표이다.

어육류가 시간이 지나 신선도가 떨어지고 부패하면, 어육류 단백질이 분해되면서 암모니아, 트리메틸아민(TMA) 등 아민류가 점차 생성되게 된다. 아민류는 휘발성염기질소(VBN)로 전환한 뒤 측정가능하다.

정리 수확(어획) 후 수산물의 신선도 측정 방법

1. 관능적 방법

　(1) 관능적 방법은 시각, 후각, 촉각 등 인간의 오감을 사용하여 신선도를 파악하는 방법이다.

　(2) 관능적 선도 측정의 기준

　　① 외관

　　　㉠ 체표가 윤이 나고 광택이 있으며, 비늘의 탈락이 없으면 신선하다.

　　　㉡ 눈알이 혼탁하지 않고 혈액의 침출이 적으면 신선하다.

　　　㉢ 아가미가 신선한 선홍색을 띠면 신선하다.

　　　㉣ 복부가 갈라지지 않은 것이 신선하다.

　　② 냄새

　　　이취가 없으면 신선하다.

　　③ 탄력

　　　㉠ 등과 꼬리가 탄력이 있으면 신선하다.

　　　㉡ 복부의 내장이 단단하고 탄력이 있으면 신선하다.

2. 화학적 방법

　(1) 휘발성염기질소(VBN)의 측정을 통하여 신선도를 파악할 수 있다.

　　① 암모니아, 트리메틸아민, 디메틸아민 등과 같은 휘발성염기질소는 신선도가 저하될수록 많이 발생한다.

　　② 휘발성염기질소 측정에 의한 신선도 판정은 다른 판정법과 병행하여 사용하거나 단독으로 사용하기도 한다.

　　③ 트리메틸아민(TMA)의 측정에 의한 신선도 판정법은 단독 판정법으로서 많이 활용되고 있다. 다만 민물고기의 어육에는 TMA의 생성이 너무 적고, 상어와 가오리, 홍어는 암모니아와 TMA의 생성이 지나치게 많아 VBN 측정법으로 선도를 판정할 수 없다.

　　④ 휘발성염기질소의 기준

신선도	휘발성염기질소
신선	5~10mg%
보통	15~25mg%
초기 부패	30~40mg%
부패	50mg% 이상

　(2) pH의 측정을 통하여 신선도를 파악할 수 있다.

　　① 활어의 pH는 7.2~7.4 정도이다.

　　② 어류는 신선도가 떨어지면 젖산이 생성되면서 pH 값이 저하되는데 붉은 살 어류(적색육 어류)는 5.6~5.8, 흰 살 어류(백색육 어류)는 6.2~6.4 정도까지 저하된다. 이를 최저 도달 pH이라고 한다.

　　③ 일반적으로 적색육 어류는 pH 6.2~6.4, 백색육 어류는 pH 6.7~6.8일 때 초기부패라고 판정한다.

　　④ 최저 도달 pH 이후에 신선도가 더 떨어지면 암모니아, 트리메틸아민, 디메틸아민 등의 생성에 의해 pH는 다시 상승한다.

　(3) K값이 작을수록 신선하다.

　　① 체내의 ATP는 사후 분해되는 데 ATP의 분해 정도를 K값으로 산정하여 신선도를 판정한다.

　　② ATP의 분해과정은 ATP(아데노신3인산) ⇨ ADP(아데노신2인산) ⇨ AMP(아데노신1인산) ⇨ IMP(이노신1인산) ⇨ 이노신 ⇨ 히포크산틴으로 이루어지며 K값은 다음과 같이 산정한다.

$$K = \frac{(\text{이노신} + \text{히포크산틴})}{(ATP + ADP + AMP + IMP + \text{이노신} + \text{히포크산틴})} \times 100(\%)$$

③ K값이 20% 이내이면 신선어, 35% 이내는 선어로 판정한다.

3. 세균학적 방법

    ⑴ 어육 1g 중의 세균수로서 신선도를 판정한다.

    ⑵ 세균학적 신선도 판정 기준

신선도	1g 중의 세균수
신선	10^5 이하
초기 부패	$10^5 \sim 10^6$
부패	15×10^5 이상

53 어육단백질에 관한 설명으로 옳지 않은 것은?

① 근육단백질은 용매에 대한 용해성 차이에 따라 3종류로 구별된다.

② 혈압육(적색육)은 보통육(백색육)에 비해 근형질단백질이 적다.

③ 어육단백질은 근기질단백질이 적고 근원섬유단백질이 많아 축육에 비해 어육의 조
직이 연하다.

④ 콜라겐(collagen)은 근기질단백질에 해당된다.

해설 단백질 분류별로는 근형질단백질과 근기질단백질은 붉은 살 어류가 많고, 근원섬유단백질은 흰색 살 어류가 붉은 살 어류보다 많다.

정리 어패류의 성분

    ⑴ 어패류의 주요 성분은 수분, 단백질, 탄수화물, 지질 등이다.

    ⑵ 수분의 구성비중이 제일 크며, 어패류 성분의 약 60~90%가 수분이다.

    ⑶ 단백질의 함량은 어패류의 종류에 따라 다르다. 어류의 단백질 함량은 약 20%이며 붉은 살 어류가
흰 살 어류보다 단백질 함량이 풍부하다.

        ① 어류의 단백질은 용매에 대한 용해성 차이에 따라 근형질단백질, 근원섬유단백질, 근기질단백질로
구분된다. 즉, 수용성 단백질인 근형질단백질(sarcoplasmic protein: 혈액 등), 염용성 단백질인 근
원섬유단백질(myofibrillar protein: 생선살 등), 불용성 단백질인 근기질단백질(stroma protein: 콜
라겐 등)로 구분된다.

        ② 축육(畜肉)에 비해 근원섬유단백질이 차지하는 비율이 높고, 근기질단백질이 현저하게 적은 것이
어육단백질의 특징이다.

        ③ 어육의 근원섬유단백질은 축육에 비해 불안정하고 가열이나 냉동에 의하여 변성되기 쉽다. 특히
저수온수역에 사는 물고기의 근원섬유단백질은 변성되기 쉽다.

        ④ 어육은 축육에 비해 결합조직의 구성성분인 근기질단백질이 적으므로 축육에 비해 연하다.

        ⑤ 근형질단백질과 근기질단백질은 붉은 살 어류가 많고, 근원섬유단백질은 흰색 살 어류가 붉은 살
어류보다 많다.

    ⑷ 오징어와 조개류의 단백질 함량은 약 15% 정도이며, 굴, 해삼, 멍게 등은 약 5% 정도이다.

정답 53 ②

(5) 탄수화물은 에너지를 공급하는 물질로서 어패류에 함유되어 있는 탄수화물은 주로 다당류인 글리코겐이다.

(6) 어류 및 갑각류의 탄수화물 함량은 약 1% 정도이며, 패류의 탄수화물 함량은 약 1~8% 정도이다. 패류의 탄수화물 함량은 계절에 따라 다르며, 제철에서 제일 많다.

(7) 지질은 유기물질로서 적색 어류는 피하조직에 지질이 많이 함유되어 있고 백색 어류는 내장에 지질이 많이 함유되어 있다.

(8) 산란기에 지질이 풍부하여 영양가가 높고 맛이 좋다.

(9) 어패류의 함유 성분 중에서 단백질, 탄수화물, 지질, 색소 등을 제외한 수용성 물질을 통틀어서 엑스(extra-) 성분이라고 한다. 엑스(extra-) 성분의 함유량은 약 2% 정도되며 어패류의 맛을 결정하는 것은 엑스(extra-) 성분이다.

(10) 어패류 특유의 비린내 성분은 트리메탈아민이다. 트리메탈아민은 해산어패류에 함유되는 트리메탈아민 옥사이드(TMAO)가 사후에 주로 세균의 효소에 의해 환원되어 생성하는 물질이며, 어패류 특유의 비린내의 원인 물질이다.

(11) 어패류의 색소 성분
① 적색 색소인 미오글로빈은 붉은 살 어류에 많이 함유되어 있으며, 미오글로빈이 산소와 결합하면 옥시 미오글로빈이 되어 선홍색을 띄게 된다.
② 황색 색소인 카로티노이드는 가재, 게, 새우의 껍질에 많이 함유되어 있다. 카로티노이드는 가열하여도 쉽게 변하지 않는 특성이 있다.

(12) 기타 성분
① 정어리, 참치, 고등어, 꽁치, 청어, 가다랭이, 운동량이 많은 어류 등에는 불포화 지방산이 많이 함유되어 있다.
② DHA는 등 푸른 어류에 많이 함유되어 있으며 치매 예방, 염증성 질환의 예방과 머리를 좋게 하는 성분으로 알려져 있다.
③ 타우린은 문어, 오징어, 새우 등에 많이 함유되어 있으며 중추신경의 기능을 조절하는 물질로 알려져 있다.
④ EPA는 오메가 3 지방산으로서 음식물을 통해서만 섭취가 가능한 불포화지방산이다. EPA는 콜레스테롤 저하와 뇌 기능 촉진에 도움이 되는 것으로 알려져 있다.
⑤ 비타민 A와 비타민 D는 어류의 내장(간)에 많이 함유되어 있으며, 특히 비타민 D는 회유어에 많이 함유되어 있다.
⑥ 어패류는 나트륨(Na), 칼륨(K), 염소(Cl), 칼슘(Ca), 마그네슘(Mg), 인(P) 등과 같은 무기질을 함유하고 있다.

54 말린 오징어나 말린 전복의 표면에 형성되는 백색 분말의 주성분은?

① 티로신(tyrosine)
② 만니톨(mannitol)
③ MSG
④ 타우린(taurine)

해설 타우린은 문어, 오징어, 새우 등에 많이 함유되어 있으며, 중추신경의 기능을 조절하는 물질로 알려져 있다.

정답 54 ④

55 다음에서 시간−온도 허용한도(T.T.T.)에 의한 냉동오징어의 품질저하량은? (단, −18℃에서 품질유지기한은 100일로 한다.)

① 2.5　　　　　② 5　　　　　③ 7.5　　　　　④ 10

(해설) 500 / 100 = 5

(정리) **품질유지를 위한 시간−온도 허용한도(T.T.T, Time Temperature Tolerance)**
　　ⓐ 시간−온도 허용한도(T.T.T, Time Temperature Tolerance)는 동결식품의 품질과 저장시간 및 품온과의 관계를 나타낸다.
　　ⓑ 시간−온도 허용한도(T.T.T, Time Temperature Tolerance)의 값에 의한 품질저하량 추정은 품질유지 곡선으로부터 파악한 1일당 품질저하량에 저장일수를 곱한 변화량을 저장조건의 과정별로 모두 합산하여 그 값이 1보다 크면 클수록 품질이 많이 저하한 것으로 판단한다.

56 냉동기의 냉동능력을 나타내는 '1 냉동톤(ton of refrigeration)'의 정의는?

① 0℃의 물 1톤을 12시간에 0℃의 얼음으로 만드는 냉동능력을 말한다.
② 0℃의 물 1톤을 24시간에 0℃의 얼음으로 만드는 냉동능력을 말한다.
③ 0℃의 물 1톤을 12시간에 −4℃의 얼음으로 만드는 냉동능력을 말한다.
④ 0℃의 물 1톤을 24시간에 −4℃의 얼음으로 만드는 냉동능력을 말한다.

(해설) 1 냉동톤(Refrigerating ton: RT)이란 0℃의 물 1톤을 24시간 동안에 0℃의 얼음으로 만들 때 필요한 열량을 말하며, 3,320kcal/h이다.

(정리) 1RT = 1,000kg × 79.68kcal/kg　24h = 79,680kcal/24h = 3,320kcal/h

57 수산물의 냉동 및 해동에 관한 설명으로 옳지 않은 것은?

① 상온보다 낮은 온도로 낮추기 위한 냉각방법으로는 증발잠열을 이용하는 방법이 산업적으로 널리 이용된다.
② 수산물을 냉동할 경우 일반적으로 제품내부온도가 −1℃에서 −5℃ 사이의 온도범위에서 빙결정이 가장 많이 생성된다.
③ 냉동 수산물 해동 시 제품의 내부로 들어갈수록 평탄부의 형성없이 급속히 해동되는 경향이 있다.
④ 수산물 동결 시 빙결정 수가 적으면 빙결정의 크기가 커진다.

(정답) 55 ② 56 ② 57 ③

정리 냉동

(1) 냉동의 방법

① 기계식 냉동법

냉매(암모니아, 프레온 등)가 증발할 때 증발열을 흡수하는 원리를 이용한 것으로 압축기, 응축기 등을 탑재한 기계식 냉장고로 동결시키는 방법이다.

② 자연식 냉동법

㉠ 융해 잠열식: 얼음이 녹을 때 발생하는 칼로리의 열(융해 잠열)을 이용하여 동결시키는 방법이다.

㉡ 승화 잠열식: 드라이아이스가 승화할 때 발생하는 칼로리의 열(승화 잠열)을 이용하여 동결시키는 방법이다.

㉢ 증발 잠열식: 액화 질소나 액화 천연가스가 증발할 때 발생하는 칼로리의 열(증발 잠열)을 이용하여 동결시키는 방법이다.

(2) 동결곡선

① 동결과정을 온도와 시간과의 관계로 표시한 것을 동결곡선이라고 한다.

② 동결은 수산물의 표면에서 내부 중심으로 이동하면서 이루어진다.

③ 동결곡선상에서 수산물의 수분 80% 이상이 빙결정으로 만들어지는 구간을 최대빙결정생성대라고 한다.

④ 최대빙결정생성대를 빠르게 통과하는 동결이 수산물 동결품의 품질을 우수하게 만든다.

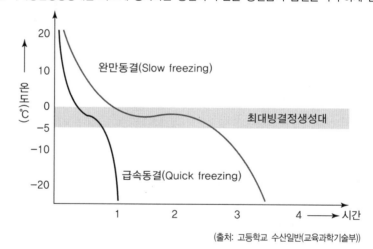

(출처: 고등학교 수산일반(교육과학기술부))

58 어육소시지와 같은 제품을 봉합·밀봉하는 방법으로 실, 끈 또는 알루미늄 재질을 사용하여 포장용기의 끝을 묶는 방법은?

① 기계적 밀봉법

② 접착제 사용법

③ 결속법

④ 고주파 접착법

해설 결속법이란 실, 알루미늄 재질 등으로 포장용기의 끝을 묶는 밀봉 방법이다.

정답 58 ③

59 수산물 표준규격 제3조(거래단위)에 따라 '기본으로 하는 수산물의 표준거래단위'에 해당되지 않는 것은?

① 5kg　　　　② 10kg　　　　③ 20kg　　　　④ 50kg

해설 수산물의 표준거래단위는 3kg, 5kg, 10kg, 15kg 및 20kg을 기본으로 한다.

정리 수산물 표준규격

[시행 2021. 5. 10.] [국립수산물품질관리원고시 제2021-29호, 2021. 5. 10., 일부개정]

제1조(목적) 이 고시는 「농수산물품질관리법」 제5조, 같은 법 시행령 제42조제6항제2호 및 같은 법 시행규칙 제5조부터 제7조까지에 따라 수산물의 포장규격과 등급규격에 관하여 필요한 세부사항을 규정함으로써 수산물의 상품성 제고와 유통능률 향상 및 공정한 거래 실현에 기여함을 목적으로 한다.

제2조(정의) 이 고시에서 사용하는 용어의 뜻은 다음과 같다.

1. "표준규격품"이란 이 고시에서 정한 포장규격 및 등급규격에 맞게 출하하는 수산물을 말한다. 다만, 등급규격이 제정되어 있지 않은 품목은 포장규격에 맞게 출하하는 수산물을 말한다.
2. "포장규격"이란 포장치수, 포장재료, 포장방법, 포장설계 및 표시사항 등을 말한다.
3. "등급규격"이란 수산물의 품종별 특성에 따라 형태, 크기, 색택, 신선도, 건조도 또는 선별상태 등 품질구분에 필요한 항목을 설정하여 특, 상, 보통으로 정한 것을 말한다.
4. "거래단위"란 수산물의 거래시 사용하는 거래단량의 무게 또는 마릿수를 말한다.
5. "포장치수"란 포장재 바깥쪽의 길이, 너비, 높이를 말한다.
6. "겉포장"이란 수산물의 수송을 주목적으로 한 포장을 말한다.
7. "속포장"이란 수산물의 품질을 유지하기 위해 사용한 겉포장 속에 들어 있는 포장을 말한다.
8. "포장재료"란 수산물을 포장하는데 사용하는 재료로써 식품위생법 등 관계 법령에 적합한 골판지, 그물망, PP, PE, PS, PPC 등을 말한다.

제3조(거래단위)

① 수산물의 표준거래단위는 3kg, 5kg, 10kg, 15kg 및 20kg을 기본으로 한다. 다만, 형태적 특성 및 시장 유통여건을 고려한 품목별 표준거래단위는 별표 1과 같다.
② 표준거래단위 이외의 거래단위는 거래 당사자간의 협의 또는 시장 유통여건에 따라 사용할 수 있다.

제4조(포장치수)

수산물의 포장치수는 별표 2에서 정하는 한국산업표준(KS M3808)의 발포 폴리스틸렌(PS) 상자 포장규격과 한국산업표준(KS T1002)에서 정한 수송포장계열치수 T-11형 파렛트(1,100mm×1,100mm) 및 T-12형 파렛트(1,200mm×1,000mm)의 평면 적재효율이 90% 이상인 것을 우선 적용하고, 높이는 해당 수산물의 포장이 가능한 적정높이로 한다.

제5조(포장치수의 허용범위)

① 골판지 상자, 발포 폴리스틸렌상자(PS)의 포장치수 중 길이, 너비의 허용범위는 ±2.5%로 한다.
② PP(폴리프로필렌) 또는 PE(폴리에틸렌), HDPE(고밀도폴리에틸렌)의 길이, 너비, 높이의 허용범위는 ±0.7%로 한다.
③ 그물망, 직물제포대(PP대), 폴리에틸렌대(PE대)의 포장치수의 허용범위는 길이의 ±10%, 너비의 ±10mm, 지대의 경우에는 각각 길이·너비의 ±5mm로 한다.
④ 속포장의 규격은 사용자가 적정하게 정하여 사용할 수 있다.

정답　59 ④

제6조(포장재료 및 포장재료의 시험방법)

① 포장재료 및 포장재료의 시험방법은 별표 3에서 정하는 기준에 따른다.

② 포장재료의 압축·인장강도 및 직조밀도 등에서 별표 3에서 정하는 기준과 동등 이상의 강도와 품질이 인정되는 경우 공인검정기관 성적서 제출 등을 통해 국립수산물품질관리원장의 확인을 받아 사용할 수 있다.

제7조(포장방법)

포장은 내용물이 흘러나오지 않도록 하여야 하며, 내용물이 보이도록 개방형으로 포장하는 경우에는 적재하는데 용이하여야 한다. 다만, 별표 5와 같이 포장방법이 달리 정해진 품목은 그 규정에 따른다.

제8조(포장설계)

① 골판지 상자의 포장설계는 KS T1006(골판지 상자 형식)에 따른다.

② 별표 5에서 정한 품목의 포장설계는 별지 그림에서 정한 바에 따른다.

제9조(표시방법) 표준규격품의 표시방법은 별표 4에 따른다.

제10조(등급규격)

① 수산물 종류별 등급규격은 별표 5와 같다.

② 등급규격이 정하여진 품목 중 발포 폴리스틸렌상자(PS) 포장이 가능한 품목은 별표 2에서 정한 포장규격을 사용할 수 있다.

제11조(표준규격의 특례)

① 포장규격 또는 등급규격이 제정되어 있지 않은 품목은 유사 품목의 포장규격 또는 등급규격을 적용할 수 있다.

② 북어, 굴비 등과 같은 수산가공품을 표준규격품으로 표시하여 출하할 경우에는 별표 5의 2.수산가공품(냉동품 포함)의 등급규격과 포장규격 및 표시사항을 적용할 수 있다.

제12조(재검토기한)

국립수산물품질관리원장은 「행정규제기본법」 및 「훈령·예규 등의 발령 및 관리에 관한 규정」에 따라 이 고시에 대하여 2021년 1월 1일 기준으로 매 3년이 되는 시점(매 3년째의 12월 31일까지를 말한다)마다 그 타당성을 검토하여 개선 등의 조치를 하여야 한다.

60 고밀도 폴리에틸렌 등을 이용한 적층 필름 주머니에 식품을 넣고 밀봉한 후 가열 살균한 식품은?

① 레토르트 파우치 식품

② 통조림 식품

③ 진공 포장한 건조식품

④ 저온 살균 우유

해설 수산식품 등을 넣고 압력과 열을 가하여 살균하는 진공 포장 용기를 레토르트 파우치라고 한다.

61 수산식품의 냉동·저장 시, 품질변화와 방지책의 연결로 옳지 않은 것은?

① 건조 - 포장

② 지질산화 - 글레이징(glazing)

③ 단백질 변성 - 동결변성방지제 첨가

④ 드립 발생 - 급속 동결 후 저장온도의 변동을 크게 함

정답 60 ① 61 ④

해설 급속 동결 후 저장온도의 변동을 작게 한다.

정리 **수산물 저온(냉장, 냉동)저장 시 품질변화**

(1) 물리적 변화

　① 수산물 표면의 수분승화에 의한 표면 건조

　　㉠ 중량 감소

　　㉡ 수축, 연화, 변색의 발생

　　㉢ 산화작용 진행

　② 동결화상(freezer burn)

　　㉠ 수산물 표면과 주위의 압력 차이로 수분 증발이 비가역적으로 내부 쪽으로 진행되어 다공질의 건조층이 형성되는 현상이다.

　　㉡ 냉동 수산물의 색, 조직, 향미, 휘발성 물질 등이 비가역적으로 변화되어 품질이 저하된다.

　③ 냉동저장 중에 얼음 결정의 크기가 증가하여 조직의 파괴가 나타난다.

　④ 드립(drip) 발생

　　㉠ 드립이란 동결된 생선이 해빙될 때 해빙수가 육질에 흡수되지 못하고 유출되는 액즙이다.

　　㉡ 드립 중에는 수용성 단백질, 염류, 비타민 등의 성분이 함께 유출된다.

　　㉢ 드립 중에는 엑스 성분이 함께 유출된다. 엑스 성분은 맛 성분이다.

　　㉣ 드립 중에는 영양분이 들어 있다.

　　㉤ 드립 중에는 섬유질이 들어 있다.

　　㉥ 드립 방제제로는 소금, 당류, 축합인산염 등이 사용된다.

　　㉦ 드립의 발생은 중량의 감소를 가져올 뿐만 아니라 단백질, 비타민, 무기물 등이 함유되어 있기 때문에 영양적 손실도 크다. 근육조직이 동결될 때 세포와 세포사이에는 빙결정이 형성되는 데 −1℃에서 −7℃를 통과하는 시간이 길수록 빙결정의 크기가 커지며 빙결정이 클수록 해동시 손실되는 육즙의 양은 많아지게 된다. 따라서 냉동시킬 경우 급속 동결을 해야 드립(drip) 발생을 줄일 수 있다.

　　㉧ 드립(drip)을 줄일 수 있는 해동 방법

　　　• 냉장육이 좋지만 보관상 어쩔 수 없이 냉동시킨 수산물은 요리하기 하루 전에 냉장실(0~5℃)로 옮겨놓고 천천히 해동하는 것이 좋다. 그래야만 수산물의 맛있는 육즙이 덜 빠져나오고 신선도가 유지된다. 급히 해동시킬수록 육즙 손실이 심하다.

　　　• 냉동과 해동이 반복될수록 조직이 파괴되고 다즙성과 풍미 등 육질이 떨어질 뿐만 아니라 산패가 쉽게 되므로 한번 해빙한 수산물은 다시 냉동하지 않는 것이 좋다.

(2) 화학적 변화

　① 지방의 산화가 발생한다. 이를 방지하는 방법으로 글레이징이 있다. 동결식품(凍結食品)을 냉수 중에 수초 동안 담구었다가 건져 올리면 부착한 수분이 곧 얼어붙어 표면에 얼음의 얇은 막이 생기는데 이것을 빙의(氷衣, glaze)라고 하고, 이 빙의를 입히는 작업을 글레이징(glazing)이라고 한다. 글레이징은 동결식품을 공기와 차단하여 건조나 산화(酸化)를 막기 위해 실시한다.

　② 효소적 갈변이 나타난다.

　③ 단백질의 불용화가 나타난다.

　　㉠ 용해성, 점도, gell 형성력이 감소한다.

　　㉡ −30℃ 이하에서 저장하거나 단당류, 이당류, 올리고당류, 당알코올 등을 첨가하면 예방할 수 있다.

　④ 녹말의 노화가 나타난다. 녹말의 노화는 주로 냉장온도의 범위(0~5℃)에서 촉진된다.

　⑤ 부분 냉동 수산물의 경우 비동결부위에서 용질의 농축으로 인한 효소 반응이 촉진된다.

62 수산식품을 냉동하여 빙결정을 승화·건조시키는 장치는?

① 열풍건조 장치　　　　　　　　② 분무건조 장치

③ 동결건조 장치　　　　　　　　④ 냉풍건조 장치

> **해설** 냉동하여 빙결정을 승화시켜 건조하는 것을 동결건조라고 한다.

> **정리** **동결건조(프리즈드라이)**
> ㉠ 동결건조란 식품을 동결한 상태에서 건조하는 것이다. 일반적인 건조가 액체에서 기화하는 것이라면 동결건조는 동결된 상태, 즉 고체에서 기체로 바뀌는 '승화' 형태로 이루어진다.
> ㉡ 기압이 낮을수록 비등점도 낮아진다. 동결건조는 동결하고 나서 진공펌프를 이용하여 감압한 후 건조시킨다고 해서, 진공동결건조라고도 한다.

63 훈제품 중 냉훈품의 저장성을 증가시키는 요인에 해당되지 않는 것은?

① 훈연 중 건조에 의한 수분의 감소　　② 가열에 의한 미생물의 사멸

③ 훈연 성분 중의 향균성 물질　　　　④ 첨가된 소금의 영향

> **해설** 냉훈품은 가열하지 않는다.

> **정리** **훈제품**
> ⑴ 훈제는 연기에 익혀 말린다는 의미이다.
> ⑵ 연기 속에는 알데히드류, 페놀류 등의 성분이 있어 훈제하면 독특한 풍미가 나고 보존성이 좋아진다.
> ⑶ 훈제의 방법
> 　① 냉훈법: 15~30℃에서 1~3주 동안 연기에 훈제하는 방법이다.
> 　② 온훈법: 30~80℃에서 3~5시간 동안 연기에 훈제하는 방법이다.
> 　③ 액훈법: 연기 중의 유효 성분을 녹인 액체로써 훈제하는 방법이다.

64 가다랑어 자배건품(가쓰오부시) 제조 시, 곰팡이를 붙이는 이유에 해당하지 않는 것은?

① 병원성 세균의 증가　　　　　　② 지방함량의 감소

③ 수분함량의 감소　　　　　　　④ 제품의 풍미 증가

> **해설** 가쓰오부시(가다랑어포)는 가다랑어를 훈제하여 말린 후 얇게 밀어 4달에서 5달 정도 발효시킨 포이다. 제조 중 풍미를 높이기 위해 푸른곰팡이가 투입된다.

> **정리** **건제품**
> ⑴ 건제품은 수분을 감소시키기 위해 건조시킨 제품이다. 수산물의 건제품은 수분활성도가 낮고 미생물의 생육이 억제되며 독특한 풍미를 가진다.
> ⑵ 건조하는 방법으로는 천일건조, 드럼건조, 분무건조, 진공건조, 진공동결건조, 열풍건조 등이 있다.

정답 62 ③　63 ②　64 ①

(3) 건제품의 종류

　① 염건품: 수산물을 소금에 절인 후에 건조시킨 것을 말한다. 예 굴비, 옥돔, 고등어 등

　② 소건품: 수산물을 그대로 건조시킨 것을 말한다. 예 오징어, 한치, 김, 미역, 다시마 등

　③ 자건품: 수산물을 삶은 후에 건조시킨 것을 말한다. 예 멸치, 해삼, 전복, 새우 등

　④ 동건품: 수산물을 동결시킨 후에 건조시킨 것을 말한다. 예 황태, 한천 등

　⑤ 자배건품: 수산물을 자숙(증기로 쪄서 익히는 것), 배건(불에 쬐어 말리는 것), 일건(양달에 건조시키는 것)한 제품을 말한다. 예 가다랭어, 정어리 등

---

65 수산가공품 중에서 건제품의 연결이 옳은 것은?

① 동건품 - 황태
② 소건품 - 마른멸치
③ 염건품 - 마른오징어
④ 자건품 - 굴비

해설 멸치는 자건품, 오징어는 소건품, 굴비는 염건품이다.

---

66 식품공전 상 액젓의 규격 항목에 해당하는 것을 모두 고른 것은?

| ㄱ. 총질소 | ㄴ. 타르색소 | ㄷ. 대장균군 | ㄹ. 세균수 |

① ㄱ, ㄹ
② ㄱ, ㄴ, ㄷ
③ ㄴ, ㄷ, ㄹ
④ ㄱ, ㄴ, ㄷ, ㄹ

해설 액젓의 규격 항목은 총질소(%), 대장균군, 타르색소, 보존료(g/kg), 대장균이다.

정리 **식품의약품안전처의 "식품공전" 중 액젓의 규격**

20-2 젓갈류

1. 정의

　젓갈류라 함은 어류, 갑각류, 연체류, 극피류 등에 식염을 가하여 발효 숙성한 것 또는 이를 분리한 여액에 식품 또는 식품첨가물을 가하여 가공한 젓갈, 양념젓갈, 액젓, 조미액젓을 말한다.

2. 원료 등의 구비요건

3. 제조 · 가공기준

　(1) 증량을 목적으로 물(식염수 포함)을 가하여서는 아니 된다(다만, 조미액젓은 제외한다).

　(2) 창난젓의 제조 시 훑기, 세척, 빛을 이용한 이물검사 공정을 반드시 거쳐야 한다.

　(3) 용구류는 위생적으로 처리되어 녹이 슬지 않도록 하여야 하며, 가능한 한 부식에 강한 소재이어야 한다.

4. 식품 유형
   (1) 젓갈
      어류, 갑각류, 연체류, 극피류 등의 전체 또는 일부분에 식염('식해'의 경우 식염 및 곡류 등)을 가하여 발효 숙성시킨 것(생물로 기준할 때 60% 이상)을 말한다.
   (2) 양념젓갈
      젓갈에 고춧가루, 조미료 등을 가하여 양념한 것을 말한다.
   (3) 액젓
      젓갈을 여과하거나 분리한 액 또는 이에 여과·분리하고 남은 것을 재발효 또는 숙성시킨 후 여과하거나 분리한 액을 혼합한 것을 말한다.
   (4) 조미액젓
      액젓에 염수 또는 조미료 등을 가한 것을 말한다.
5. 규격
   (1) 총질소(%): 액젓 1.0 이상(다만, 곤쟁이 액젓은 0.8 이상), 조미액젓 0.5 이상
   (2) 대장균군: n = 5, c = 1, m = 0, M = 10(액젓, 조미액젓에 한한다.)
   (3) 타르색소: 검출되어서는 아니 된다(다만, 명란젓은 제외한다).
   (4) 보존료(g/kg): 다음에서 정하는 것 이외의 보존료가 검출되어서는 아니 된다(다만, 식염함량이 8% 이하의 제품에 한한다).

   소브산, 소브산칼륨, 소브산칼슘 1.0 이하(소브산으로서)

   (5) 대장균: n = 5, c = 1, m = 0, M = 10(액젓, 조미액젓은 제외한다.)
6. 시험 방법
   (1) 총질소
      제8. 일반시험법 2. 식품성분시험법 2.1.3.1 총질소 및 조단백질에 따라 시험한다.
   (2) 대장균군
      제8. 일반시험법 4. 미생물시험법 4.7 대장균군에 따라 시험한다.
   (3) 타르색소
      제8. 일반시험법 3.4 착색료에 따라 시험한다.
   (4) 보존료
      제8. 일반시험법 3.1 보존료에 따라 시험한다.
   (5) 대장균
      제8. 일반시험법 4. 미생물시험법 4.8 대장균에 따라 시험한다.

67 꽁치 통조림의 진공도를 측정한 결과 진공도가 25.0cmHg일 때, 관의 내기압(cmHg)은? (단, 측정 당시 관의 외기압은 75.3cmHg로 한다.)

① 25.0

② 50.3

③ 75.3

④ 100.3

(해설) 75.3 − 25.0 = 50.3

(정리) **통조림의 일반 검사**

(1) 외관 검사

① 팽창관

통조림통이 부풀어 오르는 것을 팽창관이라 하며, 팽창 정도에 따라 플리퍼(Flipper), 스프링어(Springer), 스웰(Swell) 등이 있다.

- 플리퍼: 관의 뚜껑과 밑바닥은 거의 편평하나 한쪽 면이 약간 부풀어 있어, 이것을 손끝으로 누르면 소리를 내며 원 상태로 되돌아갈 정도의 변패관을 말한다. 플리퍼가 생기는 원인은 가스를 형성하지 않는 세균에 의한 산패, 내용물의 과다 주입, 탈기 불충분 등이다.
- 스프링어: 관의 뚜껑과 밑바닥 중 어느 한쪽이 플리퍼의 경우보다 더욱 심하게 팽창되어 있어, 이것을 손끝으로 누르면 팽창하지 않은 반대쪽이 소리를 내며 튀어나오는 정도의 변화관을 말한다. 스프링어가 생기는 원인은 플리퍼의 경우와 같다.
- 스웰: 관의 상하 양면이 모두 부풀어 있는 경우이며, 연팽창(Soft Swell)과 경팽창(Hard Swell)으로 나눈다. 연팽창은 손끝으로 누르면 약간 안으로 들어가는 감이 있고, 경팽창은 손끝으로 눌러도 반응이 없는 단단한 상태의 것을 말한다. 스웰이 생기는 원인은 살균 부족에 의한 클로스트리듐 속(屬)의 세균 번식과 밀봉 불량에 의한 호기성 세균의 번식의 번식 등이다.

② 리킹(Leeking): 통조림통의 녹슨 구멍으로 즙액이 새는 현상이다.

(2) 가온 검사

① 통조림을 만든 후 관내가 무균 상태인가 아닌가를 검사하는 것이다. 미생물이 발육하기 좋은 온도에 통조림을 두면 변패가 발생할 수 있는데 변패가 발생한 관을 검출해 내는 방법이다.

② 통조림의 종류에 따라 다르지만 대개 1~3주간 30~37℃로 유지시키면서 관찰한다. 만약, 통조림 안에 미생물이 존재하면 가스의 발생으로 관이 팽창하게 된다.

(3) 타관 검사

① 타검봉으로 통조림의 윗부분을 두드렸을 때 나는 음향과 손에 전달되는 촉감에 의해 내용물의 상태를 판정하는 방식이다.

② 진공도가 높을수록 타검 음이 맑고 여음은 짧다.

(4) 진공도 검사

① 비교적 간단한 방법이며, 통조림 진공계(Vaccum Can Tester)를 사용한다.

② 측정한 통조림의 진공도가 30.4~38cmHg의 범위에 들면, 탈기가 잘 된 정상적인 통조림이다. 탈기가 잘 된 통조림일수록 통 내부의 압력이 낮아서 진공도가 높다.

(5) 개관 검사

통조림의 뚜껑을 열어서 냄새, 상부 공극, 통 내면의 부식, 즙액의 혼탁도, 내용물의 형태, 색도, 경도, 맛, 균일성, 협잡물 유무, pH, 내용물의 무게 등을 검사하는 방법이다.

(정답) **67** ②

68 수산식품의 비효소적 갈변현상이 아닌 것은?

① 냉동 참치육의 갈변   ② 참치 통조림의 갈변

③ 동결 가리비 패주의 황변   ④ 새우의 흑변

(해설) 새우의 흑변은 효소적 갈변이다.

(정리) **효소적 갈변과 비효소적 갈변**

1. 효소적 갈변
   (1) 폴리페놀 산화효소에 의한 갈변
   ① 식물식품 중에 다량으로 존재하는 폴리페놀 화합물이 산소의 존재 하에서 산화효소의 작용으로 산화 중합하여 흑갈색의 멜라닌(melanin) 색소를 생성시키는 반응을 말한다.
   ② 이 반응은 과실이나 채소 등의 식물성 식품이 물리적으로 손상을 받아 공기와 접촉하였을 때 많이 발생하고, 수산식품에서 게, 새우 등의 가공 시에 발생하기도 한다.
   ③ 이 반응은 식품 품질이 저하되는 원인이 되는 경우가 많지만, 홍차, 코코아, 자두 등은 효소적 갈변을 효과적으로 이용하여 색깔을 형성시킨 것이라고 할 수 있다.
   ④ 폴리페놀 산화효소는 Fe과 Cu에 의해 활성이 커지며, pH가 낮을수록 활성이 억제되므로(폴리페놀 산화효소는 pH 3에서 활성 상실) 소금물에 담그면 억제된다.
   ⑤ 아스코르브산 등의 환원제(산소제거제)나 아황산으로 저지할 수 있다.
   (2) 티로시나아제에 의한 갈변
   ① 티로시나아제는 구리를 함유한 산화효소로서 감자 갈변에 주로 관여한다.
   ② 수용성 효소이므로 물 또는 소금물에 담그면 갈변이 방지된다.

2. 비효소적 갈변
   (1) 비효소적 갈변은 효소의 관여 없이 식품 성분의 화학적 반응에 의하여 갈색물질이 형성되는 것이다. 마이야르 반응(Maillard reaction), 캐러멜화 반응(caramelization), 아스코르브산 산화반응(ascorbic acid oxidation)에 의한 갈변이 있다.
   (2) 마이야르 반응(Maillard reaction = Amino-carbonyl 반응)
   ① 단백질의 아미노기와 당류의 카보닐기가 가열에 의하여 갈색물질을 생성하는 반응이다.
   ② 거의 대부분의 식품에서 발생하는 갈변 반응이다.
   ③ 마이야르 반응은 pH 3 이상에서 촉진되며, 온도가 높을수록 촉진되고, 10~15%의 수분함량에서 가장 촉진된다.
   (3) 캐러멜화 반응(caramelization)
   ① 당류만을 고온(180~200℃)으로 가열시켰을 때 산화 및 탈수분해산물의 중합으로 갈색물질이 생성되는 반응이다.
   ② 설탕이나 물엿을 주원료로 하는 과자, 빵, 비스켓 등의 갈색화는 주로 캐러멜화에 기인하며, 간장이나 된장의 착색에도 어느 정도 기여한다.
   ③ 캐러멜화 반응의 최적 pH는 6.5~8.2이다.
   (4) 아스코르브산 산화반응(ascorbic acid oxidation)
   ① 아스코르브산의 산화에 의한 갈변은 아미노산이 들어 있지 않은 감귤류 등의 과즙이 갈변되는 것이 대표적이다.
   ② 아스코르브산 산화반응은 pH가 낮을수록 현저하게 발생한다.

(정답) **68** ④

69 세균성 식중독을 예방하는 방법이 아닌 것은?

① 익혀먹기
② 냉동식품을 실온에서 장시간 해동하기
③ 청결 및 손 씻기
④ 교차오염방지

해설 실온에서 장시간 해동은 세균의 침투 가능성이 높다.

70 간 기능이 약한 60대 남자가 여름철에 조개류를 날것으로 먹은 후 발한·오한 증세가 있었고, 수일 후 패혈증으로 입원하였다. 가장 의심되는 원인세균은?

① 대장균(Escherichia coli)
② 캠필로박터 제주니(Campylobacter jejuni)
③ 살모넬라 엔테리티디스(Salmonella enteritidis)
④ 비브리오 불니피쿠스(Vibrio vulnificus)

해설 비브리오는 우리나라의 식중독의 대부분을 차지하는 어패류에 의해 식중독의 근원균이다.

정리 ㉠ 대장균: 대장균(大腸菌, Escherichia coli, E. coli)은 온혈동물의 창자(대장과 소장)에서 많이 볼 수 있는 박테리아이다. 대장균 자체는 인체에 해롭지 않다. 대부분의 대장균의 변종은 해롭지 않지만, 항원형 O157 등은 사람의 식중독을 일으키며, 가끔 대규모의 식품 리콜의 원인이 된다.
㉡ 캠필로박터: 캠피로박터 감염증은 소와 양의 불임, 유산 등의 번식장애를 일으키는 질병으로 사람과 동물에 있어서 세균성 설사증의 주요 원인체라는 것이 밝혀지고 있다.
㉢ 살모넬라: 이 균군은 장내세균과에 속해 여러 포유동물, 조류 등에 널리 분포한다. 사람의 식중독, 장염, 티푸스성질환의 원인균이다.
㉣ 비브리오: 우리나라의 식중독의 대부분을 차지하는 어패류에 의한 식중독의 근원균이다. 수중이나 해수중(海水中)에 존재하고 있다. 사람에게 병원성(病原性)이 있는 종(種)은 장염(腸炎)비브리오이다.
(출처: 위키백과)

71 식품안전관리인증기준(HACCP)의 7가지 원칙 중 다음 4개의 적용과정을 순서대로 나열한 것은?

ㄱ. 중요관리점(CCP)의 결정   ㄴ. 모든 잠재적 위해요소 분석
ㄷ. 각 CCP에서의 모니터링 체계 확립   ㄹ. 각 CCP에서 한계기준(CL) 결정

① ㄱ - ㄴ - ㄹ - ㄷ
② ㄱ - ㄹ - ㄷ - ㄴ
③ ㄴ - ㄱ - ㄷ - ㄹ
④ ㄴ - ㄱ - ㄹ - ㄷ

해설 위해요소 분석 → 중요관리점 결정 → 중요관리점에 대한 한계기준 결정 → 중요관리점 관리를 위한 모니터링 체계 확립의 순서이다.

정답 69 ② 70 ④ 71 ④

72 ( )에 들어갈 적합한 중금속의 종류는?

> • 1952년 일본 규슈 미나마타만 어촌바다에서 어패류를 먹은 주민들이 중추신경이상증세를 보였고, 그 원인은 아세트알데히드 제조공장에서 방류한 폐수 중 ( )에 의해 발생되었다.
>
> • ( )중독 증상은 사지마비, 언어장애, 정신장애 등이 나타나고, 임산부의 경우 자폐증, 기형아의 원인이 된다.

① 납   ② 구리   ③ 수은   ④ 비소

해설 수은은 인체에 유해한 중금속으로 최근 국제적으로 관심의 대상이 되는 환경오염물질이다. 수은의 위해성이 전 세계에 알려지고 주목 받기 시작한 것은 일본에서 발생하여 5천여 명의 사망자와 환자가 발생한 미나마타병 사건이 가장 큰 계기가 되었다.

73 수산식품 제조 · 가공업소가 HACCP 인증을 받기 위해 준수하여야 하는 선행요건이 아닌 것은?

① 우수인력 채용관리   ② 냉장 · 냉동설비관리
③ 영업장(작업장)관리   ④ 위생관리

해설 우수인력 채용관리는 인증을 받기 위한 전제조건은 아니다.

74 식품위생법상 판매 가능한 수산물은?

① 말라카이트그린이 검출된 메기
② 메틸 수은이 5.0mg/kg 검출된 새치
③ 마비성 패독이 0.3mg/kg 검출된 홍합
④ 복어독(tetrodotoxin)이 20MU/g 검출된 복어

해설 마비성 패독의 기준은 0.8mg/kg 이하이다.

정리 (1) 식품위생법 제4조(위해식품등의 판매 등 금지) 누구든지 다음 각 호의 어느 하나에 해당하는 식품등을 판매하거나 판매할 목적으로 채취 · 제조 · 수입 · 가공 · 사용 · 조리 · 저장 · 소분 · 운반 또는 진열하여서는 아니 된다. 〈개정 2013.3.23., 2015.2.3., 2016.2.3.〉
1. 썩거나 상하거나 설익어서 인체의 건강을 해칠 우려가 있는 것
2. 유독 · 유해물질이 들어 있거나 묻어 있는 것 또는 그러할 염려가 있는 것. 다만, 식품의약품안전처장이 인체의 건강을 해칠 우려가 없다고 인정하는 것은 제외한다.
3. 병(病)을 일으키는 미생물에 오염되었거나 그러할 염려가 있어 인체의 건강을 해칠 우려가 있는 것

정답 72 ③ 73 ① 74 ③

4. 불결하거나 다른 물질이 섞이거나 첨가된 것 또는 그 밖의 사유로 인체의 건강을 해칠 우려가 있는 것

5. 제18조에 따른 안전성 심사 대상인 농·축·수산물 등 가운데 안전성 심사를 받지 아니하였거나 안전성 심사에서 식용으로 부적합하다고 인정된 것

6. 수입이 금지된 것 또는 「수입식품안전관리 특별법」 제20조제1항에 따른 수입신고를 하지 아니하고 수입한 것

7. 영업자가 아닌 자가 제조·가공·소분한 것

(2) 말라카이트 그린(Malachite green)

① 양식생물, 특히 연어와 송어에서 물곰팡이류 및 기생충을 구제할 목적으로 사용된다.

② 1990년대 이후 발암성 물질로 알려져 여러 나라에서 식용어류에는 사용이 금지되었다.

③ 우리나라도 관상어류의 곰팡이성 질환의 치료 목적으로만 사용하며 식용어류에는 사용이 허가되지 않는다.

(3) 메틸수은

① 메틸수은을 섭취할 경우 신경계를 포함, 인체에 다양한 악영향을 줄 수 있다. 특히 어린이나 태아의 신경계는 어른에 비해 더 취약하기 때문에, 임산부 및 어린이들은 각별히 주의해야 한다.

② 메틸수은의 인체 발암성을 입증할 만한 근거는 아직 없지만 1993년 세계보건기구산하 국제 암연구소(IARC)에서는 메틸수은 화합물을 group 2B(인체 발암 가능물질)로 분류하고 있다.

③ 우리나라 수산식품 기준은 심해성 어류, 다량 어류 및 새치류에 메틸수은 1.0mg/kg 이하이어야 한다.

(4) 마비성 패독(Paralytic Shellfish Poison, PSP)

① 홍합, 참가리비 등의 이매패류는 때때로 독화하면서 마비를 주요 증상으로 하는 중독을 일으킨다. 그래서 이런 중독을 일으키는 독성분을 마비성 패독이라고 한다.

② 우리나라 수산식품 기준은 0.8mg/kg 이하이다.

(5) 복어독(tetrodotoxin)

복어의 생식선 속에 들어 있는 독소로서 독성이 강하여, 성인의 경우 0.5mg이 치사량으로, 청산나트륨의 1,000배에 달하는 독성이다. 중독증상은 입, 혀의 저림, 두통, 복통, 현기증, 구토, 운동불능, 지각마비, 언어장애, 호흡곤란, 혈압하강, 청색증(cyanosis), 반사의 소실, 의식의 소실, 호흡정지, 심한 경우 심장정지에 의해 사망한다. 자연독 중에서는 복어에 의한 사망이 가장 많다.

75 패류독소 식중독에 관한 설명으로 옳지 않은 것은?

① 패류독소는 주로 패류의 내장에 존재하며 조리 시 쉽게 열에 파괴된다.

② 마비성 패류독소 식중독(PSP) 증상은 섭취 후 30분 내지 3시간 이내에 마비, 언어장애, 오심, 구토 증상을 나타낸다.

③ 설사성 패류독소 식중독(DSP)은 설사가 주요 증상으로 나타나고 구토, 복통을 일으킬 수 있다.

④ 기억상실성 패류독소 식중독(ASP)은 기억상실이 주요 증상으로 나타나고 메스꺼움, 구토를 일으킬 수 있다.

정답 75 ①

해설 패류독소는 가열이나 냉동 등 조리 방법으로는 제거하거나 파괴할 수 없기 때문에, 패류독소의 위험이 있을 때에는 이매패류의 섭취를 중단하는 것이 좋다.

정리 **패류독소**
- ㉠ 홍합, 바지락, 키조개 등 플랑크톤을 먹고 사는 이매패류에 독성 플랑크톤의 독이 축적된 것이다. 패류독소를 섭취할 경우 독의 종류에 따라 마비성, 신경성, 기억상실성, 설사성 증세가 나타난다.
- ㉡ 해수 온도가 15~17℃일 때 가장 활발하며, 18℃ 이상으로 상승하면 플랑크톤이 자연 소멸되면서 패류독소도 약해진다.
- ㉢ 독의 종류에 따라 마비성, 신경성, 기억상실성, 설사성으로 나뉜다. 마비성 패류독소는 안면마비, 근육마비 등의 증세가 나타나며, 심한 경우 호흡곤란으로 사망할 수도 있다. 신경성 패류독소는 신경 계통에 증세를 일으켜 신경마비 등으로 정상적인 신체활동이 어렵게 된다. 기억상실성 패류독소는 기억상실, 뇌손상 등을 일으키며 심한 경우 사망할 수도 있다. 설사성 패류독소는 위장 활동에 문제를 일으켜 심한 설사 증세를 유발한다.
- ㉣ 패류독소는 가열이나 냉동 등 조리 방법으로는 제거하거나 파괴할 수 없기 때문에, 패류독소의 위험이 있을 때에는 이매패류의 섭취를 중단하는 것이 좋다.

제**4**과목 　수산일반

76 우리나라 수산업의 자연적 입지조건에 관한 설명으로 옳지 않은 것은?

① 동해의 하층에는 동해 고유수가 있다.
② 남해는 난류성 어족의 월동장이 된다.
③ 서해(황해) 연안에서는 강한 조류로 상·하층의 혼합이 잘 일어난다.
④ 서해(황해), 동해, 남해 중 가장 넓은 해역은 서해이다.

해설 동해가 가장 넓다.

정리 **우리나라수산업 환경**
1. 우리나라의 입지 여건
   (1) 우리나라는 북태평양에 접하여 입지하고 있으며 3면이 바다로 둘러싸인 반도이다.
   (2) 해안선의 총 길이는 14,962km(육지부 7,752km, 도서부 7,210km)에 이르고, 4,198개의 섬이 산재하고 있어 수산업이 발달하기에 좋은 입지여건을 가지고 있다.
   (3) 우리나라의 관할해역은 대한민국의 주권 및 주권적 권리가 미치는 영해와 배타적경제수역(EEZ), 대륙붕 등을 포함하는데, 전체 관할해역 면적(남한)은 약 43.8만㎢이며 국토면적(약 10만㎢)의 약 4.4배에 이른다.
   (4) 쿠로시오 해류, 쓰시마 난류, 리만 해류, 북한 한류 등이 만나고 있어 한류성 및 난류성의 수산자원이 다양하고 풍부하게 서식하고 있다.
2. 남해의 특징
   (1) 난류성 어족의 월동장이 되고, 봄, 여름에는 난류성 어족의 산란장이 된다.

정답 76 ④

⑵ 겨울에는 한류성 어족인 대구의 산란장이 된다.

⑶ 남해에는 수산자원의 종류가 다양하면서 풍부해서 좋은 어장이 형성될 수 있다.

⑷ 남해의 주요 어종: 멸치, 고등어, 전갱이, 삼치, 방어, 갈치, 도미, 숭어, 대구, 돌묵상어, 굴, 바지락, 소라, 전복, 대합, 김, 미역, 우뭇가사리, 해삼, 성게 등이 있다.

3. 서해의 특징

⑴ 서해에는 광활한 간석지가 발달되어 있다.

⑵ 서해는 계절에 따라 염분 및 수온의 차가 심하다.

⑶ 서해는 조석 간만의 차가 심하다.

⑷ 서해의 주요 어종: 조기, 민어, 고등어, 삼치, 준치, 홍어, 바지락, 대합, 전복, 굴, 오징어, 새우, 꽃게 등이 있다.

4. 동해의 특징

⑴ 수심이 깊고 해저가 급경사를 이룬다.

⑵ 동해 하층에는 수온이 0.1~0.3℃, 염분 3.4%의 동해 고유수가 존재하고 그 위로 따뜻한 해류가 흐른다.

⑶ 동해의 주요 어종: 고등어, 꽁치, 방어, 삼치, 상어, 대구, 명태, 도루묵, 왕게, 털게, 철모새우, 오징어, 문어, 소라, 전복, 미역, 다시마 등이 있다.

77 우리나라 수산업법에서 규정하고 있는 수산업에 해당하는 것을 모두 고른 것은?

ㄱ. 연안 낚시터를 조성하여 유어·수상레저를 제공하는 사업

ㄴ. 동해 연안에서 자망으로 대게를 잡는 활동

ㄷ. 어획물을 어업현장에서 양륙지까지 운반하는 사업

ㄹ. 노르웨이 연어를 수입하여 대형마트에 공급

ㅁ. 실뱀장어를 양식하여 판매

① ㄱ, ㄷ   ② ㄴ, ㄹ   ③ ㄴ, ㄷ, ㅁ   ④ ㄷ, ㄹ, ㅁ

(해설) "수산업"이란 「수산업·어촌 발전 기본법」 제3조제1호 각 목에 따른 어업·양식업·어획물운반업·수산물가공업 및 수산물유통업을 말한다. 참고로 수산업법이 개정됨에 따라 정답은 ㄴ, ㄷ, ㄹ, ㅁ 이다.

(정리) **수산업법(2023.1.12. 시행)**

제2조(정의) 이 법에서 사용하는 용어의 뜻은 다음과 같다.

1. "수산업"이란 「수산업·어촌 발전 기본법」 제3조제1호 각 목에 따른 어업·양식업·어획물운반업·수산물가공업 및 수산물유통업을 말한다.

2. "어업"이란 수산동식물을 포획·채취하는 사업과 염전에서 바닷물을 자연 증발시켜 소금을 생산하는 사업을 말한다.

3. "양식업"이란 「양식산업발전법」 제2조제2호에 따라 수산동식물을 양식하는 사업을 말한다.

4. "어획물운반업"이란 어업현장에서 양륙지(揚陸地)까지 어획물이나 그 제품을 운반하는 사업을 말한다.

5. "수산물가공업"이란 수산동식물을 직접 원료 또는 재료로 하여 식료·사료·비료·호료(糊料)·유지(油脂) 또는 가죽을 제조하거나 가공하는 사업을 말한다.

6. "어장(漁場)"이란 제7조에 따라 면허를 받아 어업을 하는 일정한 수면을 말한다.

정답 77 ③

7. "어업권"이란 제7조에 따라 면허를 받아 어업을 경영할 수 있는 권리를 말한다.

8. "입어(入漁)"란 입어자가 마을어업의 어장에서 수산동식물을 포획·채취하는 것을 말한다.

9. "입어자(入漁者)"란 제48조에 따라 어업신고를 한 자로서 마을어업권이 설정되기 전부터 해당 수면에서 계속하여 수산동식물을 포획·채취하여 온 사실이 대다수 사람들에게 인정되는 자 중 대통령령으로 정하는 바에 따라 어업권원부(漁業權原簿)에 등록된 자를 말한다.

10. "어업인"이란 어업자 및 어업종사자를 말하며, 「양식산업발전법」 제2조제12호의 양식업자와 같은 조 제13호의 양식업종사자를 포함한다.

11. "어업자"란 어업을 경영하는 자를 말한다.

12. "어업종사자"란 어업자를 위하여 수산동식물을 포획·채취하는 일에 종사하는 자와 염전에서 바닷물을 자연 증발시켜 소금을 생산하는 일에 종사하는 자를 말한다.

13. "어획물운반업자"란 어획물운반업을 경영하는 자를 말한다.

14. "어획물운반업종사자"란 어획물운반업자를 위하여 어업현장에서 양륙지까지 어획물이나 그 제품을 운반하는 일에 종사하는 자를 말한다.

15. "수산물가공업자"란 수산물가공업을 경영하는 자를 말한다.

16. "바닷가"란 「해양조사와 해양정보 활용에 관한 법률」 제8조제1항제3호에 따른 해안선으로부터 지적 공부(地籍公簿)에 등록된 지역까지의 사이를 말한다.

17. "유어(遊漁)"란 낚시 등을 이용하여 놀이를 목적으로 수산동식물을 포획·채취하는 행위를 말한다.

18. "어구(漁具)"란 수산동식물을 포획·채취하는 데 직접 사용되는 도구를 말한다.

19. "부속선"이란 허가받은 어선의 어업활동을 보조하기 위해 허가받은 어선 외에 부가하여 허가받은 운반선, 가공선, 등선(燈船), 어업보조선 등을 말한다.

20. "부표"란 어업인 또는 양식업자가 어구와 양식시설물 등을 「어장관리법」 제2조제1호에 따른 어장에 설치할 때 사용하는 어장부표를 말한다. 제2조(정의) 이 법에서 사용하는 용어의 뜻은 다음과 같다.

78 2010년 이후 우리나라 정부 수산통계에서 연간 양식 생산량이 가장 많은 것은?

① 해조류   ② 패류   ③ 어류   ④ 갑각류

(해설) 양식 생산량은 해조류, 패류, 어류, 갑각류의 순서이다.

(정리) **품목별 양식생산량**

(단위: M/T＝Metric Ton＝1,000kg＝1Ton)

구분 ( )는 제일 많은 품목	2017년	2018년	2019년	2020년
해조류(다시마)	1,761,526	1,709,825	1,842,701	1,761,475
패류(굴)	428,158	410,921	443,362	414,770
어류(넙치)	86,399	80,519	85,203	88,189
갑각류(흰다리 새우)	5,162	5,492	7,543	8,125

(출처: 해양수산부)

79 수산업의 특성에 관한 설명으로 옳은 것을 모두 고른 것은?

> ㄱ. 수산 생물자원은 주인이 명확하지 않다.
> ㄴ. 수산 생물자원은 관리만 잘 하면 재생성이 가능한 자원이다.
> ㄷ. 생산은 수역의 위치 및 해양 기상 등의 영향을 많이 받는다.
> ㄹ. 수산물의 생산량은 매년 일정하다.

① ㄱ   ② ㄴ, ㄷ   ③ ㄱ, ㄴ, ㄷ   ④ ㄴ, ㄷ, ㄹ

(해설) 수산물의 생산량은 매년 일정하지 않다.

80 식물플랑크톤에 관한 설명으로 옳지 않은 것은?

① 부영부(pelagic zone)에 서식한다.
② 다세포 식물도 포함된다.
③ 광합성 작용을 한다.
④ 규조류(돌말류)는 주요 식물플랑크톤이다.

(해설) 식물성 플랑크톤의 중요한 그룹에는 남조류, 규조류, 녹조류, 유색편모조류가 있으며 단세포이다.

(정리) **식물플랑크톤**
　　⊙ 식물성 플랑크톤은 광합성의 과정을 통해 에너지를 얻으므로 대양, 바다, 호수 또는 여러 수역의 빛
　　　이 잘 들어오는 표면층(유광층)에 살고 있으며 지구상 모든 광합성 활동의 약 절반을 차지한다.
　　ⓒ 식물성 플랑크톤의 중요한 그룹에는 남조류, 규조류, 녹조류, 유색편모조류가 있으며 단세포이다.
　　ⓒ 대부분의 식물성 플랑크톤은 너무 작아서 일일이 맨눈으로 볼 수 없다. 그러나 많은 수가 나타날 때
　　　에는 녹색 얼룩의 물이 나타날 수 있는데 이는 세포에 엽록소가 존재하기 때문이다.

81 미역에 관한 설명으로 옳지 않은 것은?

① 통로조직이 없다.
② 다세포 식물이다.
③ 몸은 뿌리, 줄기, 잎으로 나누어진다.
④ 물속의 영양염을 몸 표면에서 직접 흡수한다.

(해설) 미역은 잎·줄기·뿌리의 구별이 없는 엽상 식물이다.

정리 미역

ㄱ 최근 양식이 성해지자 자연산 미역은 거의 쇠퇴하게 되었다. 우리나라 전 연안에 분포하고 있으나 양식은 동해남부연안과 완도를 중심으로 하는 남해안에서 가장 성행하고 있다.

ㄴ 식이섬유와 칼륨, 칼슘, 요오드 등이 풍부하여 신진대사를 활발하게 하고 산후조리, 변비, 비만 예방, 철분·칼슘 보충에 탁월하며, 동의보감(東醫寶鑑)에서는 미역의 약성에 대하여 "성질이 차고 맛이 짜며 무독하다. 속열을 버리고 혹의 결기(結氣)를 다스리며 이뇨작용이 있다."고 하였다.

ㄷ 미역은 엽상 식물이다. 엽상 식물은 전체가 잎과 비슷하게 편평하여 잎·줄기·뿌리의 구별이 없는 식물로서 김·미역 등이 있다.

ㄹ 바위나 돌에 착생하고 저조선(低潮線: 조수가 다 빠졌을 때의 물높이 선) 아래에 산다. 미역은 갈조류 미역과의 한해살이 해초이며 가을에서 겨울 동안에 자라고 봄에서 초여름 동안에 유주자(游走子: 무성포자)를 내어서 번식한다.

ㅁ 겨울에서 봄에 걸쳐서 주로 채취되며 이 시기에 가장 맛이 좋다.

ㅂ 미역은 다세포 조류이다. 다세포 조류에는 크게 홍조류(김, 우뭇가사리), 녹조류(파래, 매생이), 갈조류(다시마, 미역)의 3가지가 있다.

82 몸은 좌우대칭이고 팔, 머리, 몸통으로 구분되며, 10개의 팔과 2개의 눈을 가진 두족류는?

① 문어 ② 낙지 ③ 주꾸미 ④ 갑오징어

해설 두족류(頭足類)는 연체동물이며, 좌우대칭형이고 몸통이 머리의 위에 붙어 있고 다리가 머리의 밑에 붙어 있다. 갑오징어와 꼴뚜기는 10개의 다리, 문어, 낙지, 주꾸미는 8개의 다리를 가지고 있다.

83 수산자원생물의 계군을 식별하기 위한 방법으로 옳은 것을 모두 고른 것은?

ㄱ. 산란기의 조사   ㄴ. 체장 조성 조사
ㄷ. 회유 경로 조사   ㄹ. 기생충의 종류 조사

① ㄴ ② ㄴ, ㄹ ③ ㄱ, ㄷ, ㄹ ④ ㄱ, ㄴ, ㄷ, ㄹ

해설 수산자원 생물의 계군의 구분은 표지방류법, 형태학적 방법, 생태학적 방법 등으로 접근할 수 있다. 회유 경로 조사, 체장(length) 조성 조사, 산란기의 조사, 기생충의 종류 조사 등이 활용된다.

정리 수산자원은 동일종이라도 형태적·생태적·유전적으로 다른 개체군으로 존재하는데 이것을 계군(系群)이라고 한다. 계군은 어획과 관리의 단위가 되기 때문에 계군의 성질을 파악하는 것이 어업관리상 중요하다. 계군의 구별 방법에는 형태학적 방법, 생태학적 방법, 어황학적(漁況學的) 방법·유전학적 방법 등이 있다. 형태학적 방법에는 해부학적 방법과 생물측정학적 방법이 있으며, 생물측정학적 방법은 어체의 각 부위를 측정한 수치를 통계처리하는 추계학(推計學)이 응용된다. 생태학적 방법으로는 어류에 표지를 달아서 방류하여 어류의 이동범위·경로·회유속도·성장속도·재포율(再捕率) 등을 조사하는 표지방류법(標識放流法)이 많이 활용된다.

84 자원량의 변동을 나타내는 러셀(Russell)의 방정식에서 '자연 증가량'을 결정하는 요소가 아닌 것은?

① 가입량 ② 성장량 ③ 어획 사망량 ④ 자연 사망량

(해설) 어획 사망량은 인위적 요인이며, 자연 증가량 결정요인이 아니다.

(정리) **러셀 방정식(Russell's equation)**

자원의 증가 요인인 성장, 가입과 감소 요인인 자연 사망, 어획 사망을 고려해 자원 변동을 계산하는 방정식이다. 어느 해 초기의 자원량을 S_1, 다음 해 초기의 자원량을 S_2라 한다면 $S_2 = S_1 + R$(가입량) $+ G$(성장에 따른 증량) $- D$(자연사망량) $- Y$(어획량)로 나타낼 수 있다.

85 다음 중 그물코 한 발의 길이가 가장 짧은 것은?

① 90경 여자 그물감
② 42절 라셀 그물감
③ 그물코 뻗친 길이가 35mm인 결절 그물감
④ 그물코 발의 길이가 15mm인 무결절 그물감

(정리) **그물코의 표시 방법**

(1) 그물코는 그물을 이루는 하나하나의 구멍이다.

(2) 그물코의 표시 방법

① 그물코의 뻗친 길이로 표시하는 방법(Stretched measurement): 그물감을 펼쳐 놓았을 때 1개의 그물코의 양쪽 끝 매듭의 중심 사이를 잰 길이로 단위는 mm로 나타낸다.

② 1개의 발의 길이로 표시하는 방법(Square measurement): 그물감을 펼쳐 놓았을 때 그물코 1개의 발의 양 끝에 있는 매듭의 중심사이를 잰 길이이며, ①번의 그물코의 뻗친 길이의 1/2이 되며, 주로 150mm 이상 되는 그물코를 표시할 때 사용한다.

③ 일정한 길이 안의 매듭의 수로 표시하는 방법: 그물감을 펼쳐 놓았을 때 길이 15.15cm 안의 매듭의 열의 수로 '몇 절'이라고 하며, 이 보다 한 단계 작은 단위는 '몇 모'라고 한다(1절 = 10모).

④ 일정한 폭 안의 씨줄의 수로 표시하는 방법: 여자망지 그물감의 경우에는 50cm 폭 안에 든 씨줄의 수로 '몇 경'이라 한다.

○ 참고

• 직망지는 매듭없이 모기장처럼 씨줄과 날줄을 교대로 교차시켜 가며 짠 것이며, 그물코가 잘 비뚤어지므로 보통의 어구에는 잘 쓰이지 않는다.
• 여자망지(씨날 그물감)는 씨줄과 날줄 2가닥씩을 꼬아 가면서 일정한 간격마다 서로 얽어 그물코가 직사각형이 되게 짠 것인데, 멸치 등 작은 고기를 잡는 데 많이 쓰인다.

⑤ 그물코의 안지름으로 표시하는 방법: 그물코를 형성하는 마름모꼴을 뻗쳐 놓았을 때의 내부의 길이를 재는 것이며, 자원보호의 목적상 그물코의 크기를 제한할 때 사용하는 방법이다.

(정답) 84 ③ 85 ②

⑥ '절'이라 함은 그물감의 길이 15.15cm 안에 있는 매듭의 열의 수를 말하며, '몇 절'이라고 한다. 보통 n절인 그물감을 미터법으로 환산한 그물코의 뻗친 길이 k = 303 / (n-1)로 계산한다.

　예 4절 망목의 크기는 미터법으로 303 / (4-1) = 101mm가 된다.

⑦ '경'이라 함은 여자 그물감의 50cm 폭 안에 든 씨줄의 수를 말하며, '몇 경'이라고 한다. 보통 m경인 그물감을 미터법으로 환산하는 계산식은 500 / (m-1) 이다.

　예 100경인 망목의 크기는 미터법으로 500 / (100-1) = 5.05mm가 된다.

⑶ 결절망지는 매듭이 있는 것, 무결절망지는 매듭이 없는 것이다. 직망지, 여자망지는 무결절망지이다.

(출처: 국립수산과학원)

86 서해의 주요 어업으로 옳은 것은?

① 오징어 채낚기 어업
② 대게 자망 어업
③ 붉은대게 통발 어업
④ 꽃게 자망 어업

해설 • 서해의 주요 어종: 조기, 민어, 고등어, 삼치, 준치, 홍어, 바지락, 대합, 전복, 굴, 오징어, 새우, 꽃게
• 꽃게는 서해(연평도, 백령도), 통발 또는 자망 어업, 오징어는 서해, 통발

87 과도한 어획 회피, 치어 및 산란 성어의 보호를 위한 어업 자원의 합리적 관리 수단은?

① 조업 자동화
② 어장 및 어기의 제한
③ 해외 어장 개척
④ 어구 사용량의 증대

해설 어장 및 어기를 제한함으로써 과도한 어획을 막고 산란 성어를 보호할 수 있다.

88 양식장 적지 선정을 위한 산업적 조건이 아닌 것은?

① 교통
② 인력
③ 관광산업
④ 해저의 지형

해설 해저의 지형은 지리적 조건이다.

89 활어차를 이용한 양식 어류의 활어 수송에 관한 설명으로 옳지 않은 것은?

① 운반 전에 굶겨서 운반하는 것이 바람직하다.
② 운반 중 산소 부족을 방지하기 위하여 산소 공급 장치를 이용하기도 한다.
③ 활어 수송차량으로 신속하게 운반하며, 외상이 생기지 않도록 한다.
④ 운반 수온은 사육 수온보다 높게 유지하여 수온 스트레스를 줄인다.

해설 운반 수온과 사육 수온의 온도차가 크면 수온 스트레스를 많이 받게 된다.

정답 86 ④ 87 ② 88 ④ 89 ④

90 다음 중 지수식 양어지에서 하루 중 용존산소량이 가장 낮은 시간대는?

① 오전 4~5시

② 오전 10~11시

③ 오후 2~3시

④ 오후 5~6시

해설 식물성 플랑크톤이나 수초 등의 광합성 작용으로 낮에는 수중의 용존산소량이 증가하지만, 밤에는 광합성 작용은 없고 호흡작용만 있기 때문에 수중의 용존산소량은 감소한다. 따라서 수중의 용존산소량이 가장 낮은 때는 해 뜨기 직전이라고 할 수 있다.

정리 **못 양식**

㉠ 못 양식은 정수식(瀞水式) 양식, 지수식 양식이라고도 하며 못둑이 흙으로 된 상태 그대로 쓰기도 하나 콘크리트나 돌담으로 못둑을 튼튼하게 하여 사용하기도 한다.

㉡ 못 양식에서는 배설물 등의 정화가 자체 정화능력에만 의존하므로 좁은 면적에 물고기를 너무 많이 넣으면 산소가 부족해지고, 배설물이 정화되지 못하여 못 바닥과 수질이 오염된다. 따라서 기르는 밀도가 낮고 면적당 생산량이 적다.

㉢ 식물성 플랑크톤이나 수초 등의 광합성 작용으로 낮에는 수중의 용존산소량이 증가하지만, 밤에는 광합성 작용은 없고 호흡작용만 있기 때문에 수중의 용존산소량은 감소한다.

---

91 양어 사료에 관한 설명으로 옳지 않은 것은?

① 양어 사료는 가축 사료보다 단백질 함량이 더 높다.

② 어류의 필수 아미노산은 24가지이다.

③ 잉어 사료는 뱀장어 사료보다 탄수화물 함량이 더 높다.

④ 어유(fish oil)는 필수 지방산의 중요한 공급원이다.

해설 필수 아미노산은 히스티딘, 이소루신, 루신, 리신, 메티오닌, 페닐알라닌, 트레오닌, 트립토판, 발린 등 9가지이다.

정리 **수산양식의 사료**

1. 조방적(粗放的) 양식과 집약적(集約的) 양식

(1) 조방적(粗放的) 양식은 자연에서 생산되는 천연사료를 먹여서 기르는 양식이며, 집약적(集約的) 양식은 인공사료를 먹여서 기르는 양식이다.

(2) 천연사료에 의존하는 조방적 양식은 양식동물의 영양에 결함이 생기는 경우가 없지만, 인공사료에만 의존하는 집약적 양식의 경우에는 이용될 수 있는 천연사료의 비율에 따라 영양 성분의 균형이 깨지기 쉽다.

2. 수산양식 사료

(1) 사료에 필요한 주요 성분은 단백질·탄수화물·지방·무기염류 및 각종 비타민류이다. 특히 비타민류는 양식동물의 종류에 따라 요구량이 알려져 있으므로 사료 중에 결함이 없도록 해야 한다.

(2) 단백질 사료로는 어분이 가장 널리 쓰이고 그 밖에 번데기·육분(肉粉)·생선류·깻묵·효모 등이 쓰인다. 탄수화물 원료로는 밀·보리 등의 곡류나 등겨가 주로 쓰이고, 지방 원료로는 각종 동식물의 유지(油脂)가 이용된다.

정답 **90** ① **91** ②

(3) 지방 원료는 산화되기 쉽기 때문에 항상 신선한 것을 주어야 하며, 지방 원료의 산화를 막기 위해 항산화제(抗酸化劑)를 첨가하여 진공상태로 보관하기도 한다.

(4) 수서환경에서 서식하는 어류는 육상환경에 있는 가축에 비해 탄수화물을 얻을 기회가 적기 때문에 단백질을 에너지원으로 사용하도록 특화되어 있다. 따라서 단백질 함량이 높은 사료가 필요하다.

(5) 뱀장어 사료는 잉어 사료보다 단백질의 함량은 더 높고, 탄수화물의 함량은 더 낮다.

92 양식생물과 채묘 시설이 옳게 연결된 것은?

① 굴: 말목식 채묘 시설
② 피조개: 완류식 채묘 시설
③ 바지락: 뗏목식 채묘 시설
④ 대합: 침설 수하식 채묘 시설

(해설) 굴은 고정식(말목식) 또는 이동식, 피조개는 침설수하식 또는 이동식, 바지락과 대합은 완류식으로 채묘한다.

93 어류 양식장에서 질병을 치료하는 방법 중 집단치료법이 아닌 것은?

① 주사법
② 약욕법
③ 침지법
④ 경구 투여법

(해설) 주사법은 집단치료가 되지 않는다.

94 (   )에 들어갈 유생의 명칭은?

> 보리새우의 유생은 노우플리우스, 조에아, (   ) 및 후기 유생의 4단계를 거쳐 성장한다.

① 메갈로파
② 담륜자
③ 미시스
④ 피면자

(해설) 새우의 성장(변태)과정: 알 → 노플리우스 유생 → 조에아 유생 → 미시스 유생 → 아성체 → 성체

95 부화 후 아우리쿨라리아(auricularia)와 돌리올라리아(dolioaria)로 변태 과정을 거쳐 저서 생활로 들어가는 양식생물은?

① 소라
② 해삼
③ 꽃게
④ 우렁쉥이(멍게)

(해설) 해삼의 성장(변태)과정: 알 → 아우리쿨라리아 유생 → 돌리올라리아 유생 → 메타돌리올라리아 유생 → 펜타크툴라 유생 → 성체

정답 92 ① 93 ① 94 ③ 95 ②

96 녹조류가 아닌 것은?

① 파래　　　　　　② 청각　　　　　　③ 모자반　　　　　　④ 매생이

(해설) 홍조류(김, 우뭇가사리), 녹조류(파래, 매생이, 청각), 갈조류(다시마, 미역, 모자반)

97 관상어류의 조건으로 옳지 않은 것은?

① 희귀한 어류　　　　　　　　　② 특이한 어류

③ 아름다운 어류　　　　　　　　④ 성장이 빠른 어류

(해설) 성장이 빠른 어류는 보면서 즐기는 어류인 관상어류로 적합하지 않다.

98 수산업법에 따른 어업 관리제도 중 면허 어업에 속하는 것은?

① 정치망 어업　　　　　　　　　② 근해 선망 어업

③ 근해 통발 어업　　　　　　　④ 연안 복합 어업

(해설) 정치망 어업, 마을 어업은 면허 어업에 해당된다.

(정리) 수산업법(2023.1.12. 시행) 제7조(면허 어업)

① 다음 각 호의 어느 하나에 해당하는 어업을 하려는 자는 시장·군수·구청장의 면허를 받아야 한다.

　1. 정치망 어업(定置網漁業): 일정한 수면을 구획하여 대통령령으로 정하는 어구를 일정한 장소에 설치하여 수산동물을 포획하는 어업

　2. 마을 어업: 일정한 지역에 거주하는 어업인이 해안에 연접(連接)한 일정 수심 이내의 수면을 구획하여 패류·해조류 또는 정착성(定着性) 수산동물을 관리·조성하여 포획·채취하는 어업

② 시장·군수·구청장은 제1항에 따른 어업면허를 할 때에는 개발계획의 범위에서 하여야 한다.

③ 제1항 각 호에 따른 어업의 종류와 마을 어업 어장의 수심 한계는 대통령령으로 정한다.

④ 다음 각 호에 필요한 사항은 해양수산부령으로 정한다.

　1. 어장의 수심(마을어업은 제외한다), 어장구역의 한계 및 어장 사이의 거리

　2. 어장의 시설방법 또는 포획방법·채취방법

　3. 어획물에 관한 사항

　4. 어선·어구 또는 그 사용에 관한 사항

　5. 해적생물(害敵生物) 구제도구의 종류와 사용방법 등에 관한 사항

　6. 그 밖에 어업면허에 필요한 사항

(정답) 96 ③　97 ④　98 ①

99 2017년 기준 우리나라 총허용어획량(TAC)이 적용되는 대상 수역과 관리 어종이 아닌 것은?

① 동해 연안에서 통발로 잡은 문어

② 연평도 연안에서 통발로 잡은 꽃게

③ 남해 근해에서 대형 선망으로 잡은 고등어

④ 동해 근해에서 근해 자망으로 잡은 대게

(해설) 2017년에도 문어는 대상이 아니며, 2022년 7월 1일~2023년 6월 30일에도 대상이 아니다.

100 (   )에 들어갈 숫자를 순서대로 옳게 나열한 것은?

> 국제해양법에서 영해의 폭은 영해 기선에서 (   )해리 수역 이내가 되어야 한다. 영해의 한계를 넘어서 관할권을 행사할 수 있는 접속 수역은 영해 밖의 12해리 폭으로 정할 수 있으며, 배타적 경계 수역은 영해 기선에서 (   )해리까지의 구역에 설정할 수 있다.

① 12, 176   ② 12, 200   ③ 24, 176   ④ 24, 200

(해설) 국제해양법상 영해의 폭은 기선에서 12해리 수역 이내가 되어야 한다. 그리고 배타적 경제 수역은 영해 기선에서 200해리까지의 구역에 설정할 수 있다.

수산물품질관리사 1차 시험 기출문제

제1과목 수산물품질관리 관련법령

01 농수산물 품질관리법령상 농수산물품질관리심의회의 직무사항이 아닌 것은?

① 지정해역의 지정에 관한 사항

② 수산물품질인증에 관한 사항

③ 수산물원산지표시 거짓표시에 관한 사항

④ 유전자변형농수산물의 표시에 관한 사항

(해설) 법 제4조(심의회의 직무)

1. 표준규격 및 물류표준화에 관한 사항
2. 농산물우수관리 · 수산물품질인증 및 이력추적관리에 관한 사항
3. 지리적표시에 관한 사항
4. 유전자변형농수산물의 표시에 관한 사항
5. 농수산물(축산물은 제외한다)의 안전성조사 및 그 결과에 대한 조치에 관한 사항
6. 농수산물(축산물은 제외한다) 및 수산가공품의 검사에 관한 사항
7. 농수산물의 안전 및 품질관리에 관한 정보의 제공에 관하여 총리령, 농림축산식품부령 또는 해양수산
   부령으로 정하는 사항
8. 제69조에 따른 수산물의 생산 · 가공시설 및 해역(海域)의 위생관리기준에 관한 사항
9. 수산물 및 수산가공품의 제70조에 따른 위해요소중점관리기준에 관한 사항
10. 지정해역의 지정에 관한 사항
11. 다른 법령에서 심의회의 심의사항으로 정하고 있는 사항
12. 그 밖에 농수산물 및 수산가공품의 품질관리 등에 관하여 위원장이 심의에 부치는 사항

02 농수산물 품질관리법령상 지리적표시의 등록이 결정된 품목에 대한 공고사항이 아닌 것은?

① 등록일 및 등록번호 ② 신청자의 성명, 주소 및 전화번호

③ 품질의 특성과 지리적 요인의 관계 ④ 지리적표시 대상 지역의 범위

정답 01 ③ 02 ②

시행규칙 제58조(지리적표시의 등록공고 등)

① 국립농산물품질관리원장, 국립수산물품질관리원장 또는 산림청장은 법 제32조제7항에 따라 지리적표시의 등록을 결정한 경우에는 다음 각 호의 사항을 공고하여야 한다.

1. 등록일 및 등록번호
2. 지리적표시 등록자의 성명, 주소(법인의 경우에는 그 명칭 및 영업소의 소재지를 말한다) 및 전화번호
3. 지리적표시 등록 대상품목 및 등록명칭
4. 지리적표시 대상지역의 범위
5. 품질의 특성과 지리적 요인의 관계
6. 등록자의 자체품질기준 및 품질관리계획서

03 농수산물 품질관리법령상 수산물과 수산특산물의 품질인증 유효기간의 연장신청에 관한 내용이다. (   )에 들어갈 내용으로 옳은 것은?

> 수산물 및 수산특산물의 품질인증 유효기간을 연장받으려는 자는 해당 품질인증을 한 기관의 장에게 별지 제12호서식의 수산물·수산특산물 품질인증 (연장)신청서에 품질인증서 원본을 첨부하여 그 유효기간이 끝나기 (   )개월 전까지 제출하여야 한다.

① 1   ② 3   ③ 5   ④ 6

(해설) **시행규칙 제35조(유효기간의 연장신청)**

① 법 제15조제2항에 따라 수산물의 품질인증 유효기간을 연장받으려는 자는 해당 품질인증을 한 기관의 장에게 별지 제12호서식의 수산물 품질인증 (연장)신청서에 품질인증서 원본을 첨부하여 그 유효기간이 끝나기 1개월 전까지 제출하여야 한다.

04 농수산물 품질관리법령상 수산물품질관리사의 직무 중 해양수산부령으로 따로 정한 업무가 아닌 것은?

① 포장수산물의 표시사항 준수에 관한 지도
② 수산물의 선별·포장 및 브랜드 개발 등 상품성 향상 지도
③ 수산물의 규격출하 지도
④ 수산물의 생산 및 불법 어획물 지도

(해설) **시행규칙 제134조의2(수산물품질관리사의 업무)**

법 제106조제2항제4호에서 "해양수산부령으로 정하는 업무"란 다음 각 호의 업무를 말한다.

1. 수산물의 생산 및 수확 후의 품질관리기술 지도
2. 수산물의 선별·저장 및 포장 시설 등의 운용·관리

정답   03 ①   04 ④

3. 수산물의 선별·포장 및 브랜드 개발 등 상품성 향상 지도

4. 포장수산물의 표시사항 준수에 관한 지도

5. 수산물의 규격출하 지도

05 농수산물 품질관리법상 수산물안전성 조사에 관한 설명으로 옳지 않은 것은?

① 수산물안전성 조사를 위하여 관계공무원은 해당 수산물을 생산·저장하는 자의 관계 장부나 서류를 열람할 수 있다.

② 해양수산부장관은 안전관리계획을 매년 수립·시행하여야 한다.

③ 시·도지사는 안전성조사가 필요한 경우 관계공무원에게 무상으로 시료수거를 하게 할 수 있다.

④ 식품의약품안전처장은 안전성검사기관을 지정하고 안전성조사와 시험분석업무를 대행하게 할 수 있다.

해설 법 제60조(안전관리계획)

① <u>식품의약품안전처장은</u> 농수산물(축산물은 제외한다. 이하 이 장에서 같다)의 품질 향상과 안전한 농수산물의 생산·공급을 위한 <u>안전관리계획을 매년 수립·시행하여야 한다.</u>

② 시·도지사 및 시장·군수·구청장은 관할 지역에서 생산·유통되는 농수산물의 안전성을 확보하기 위한 세부추진계획을 수립·시행하여야 한다.

법 제62조(출입·수거·조사 등)

① 식품의약품안전처장이나 시·도지사는 안전성조사, 제68조제1항에 따른 위험평가 또는 같은 조 제3항에 따른 잔류조사를 위하여 필요하면 관계 공무원에게 농수산물 생산시설(생산·저장소, 생산에 이용·사용되는 자재창고, 사무소, 판매소, 그 밖에 이와 유사한 장소를 말한다)에 출입하여 다음 각 호의 <u>시료 수거 및 조사 등을 하게 할 수 있다. 이 경우 무상으로 시료 수거를 하게 할 수 있다.</u>

1. 농수산물과 농수산물의 생산에 이용·사용되는 토양·용수·자재 등의 시료 수거 및 조사

2. 해당 농수산물을 생산, 저장, 운반 또는 판매(농산물만 해당한다)하는 자의 관계 장부나 서류의 열람

법 제64조(안전성검사기관의 지정 등)

① <u>식품의약품안전처장은</u> 안전성조사 업무의 일부와 시험분석 업무를 전문적·효율적으로 수행하기 위하여 <u>안전성검사기관을 지정하고 안전성조사와 시험분석 업무를 대행하게 할 수 있다.</u>

06 농수산물 품질관리법령상 수산물품질관리사의 교육 실시기관으로 지정할 수 없는 기관은?

① 한국농수산식품유통공사   ② 한국농어촌공사

③ 한국해양수산연수원   ④ 해양수산부 소속 교육기관

정답 05 ② 06 ②

07 농수산물 품질관리법령상 유전자변형 수산물 표시의무자의 금지행위를 모두 고른 것은?

> ㄱ. 표시를 혼동하게 표시를 하는 행위
> ㄴ. 표시를 한 수산물에 다른 수산물을 혼합하여 판매하는 행위
> ㄷ. 표시를 혼동하게 할 목적으로 그 표시를 손상·변경하는 행위
> ㄹ. 표시를 한 수산물에 다른 수산물을 혼합하여 보관 또는 진열하는 행위

① ㄱ, ㄴ, ㄷ   ② ㄱ, ㄷ, ㄹ
③ ㄴ, ㄷ, ㄹ   ④ ㄱ, ㄴ, ㄷ, ㄹ

08 농수산물 품질관리법령상 용어의 정의로 옳은 것을 모두 고른 것은?

> ㄱ. 수산특산물: 수산가공품 중 특정한 지역에서 생산되거나 특징적으로 생산한 수산물을
>   원료로 하여 제조·가공한 제품
> ㄴ. 물류표준화: 수산물의 운송·보관·하역·포장 등 물류의 각 단계에서 사용되는 기기
>   ·용기·정보 등을 규격화하여 호환성과 연계성을 원활하게 하는 것
> ㄷ. 동음이의어 지리적표시: 동일한 품목에 대한 지리적표시에 있어서 타인의 지리적표시,
>   발음 및 해당 지역이 같은 지리적표시

① ㄱ, ㄴ   ② ㄱ, ㄷ   ③ ㄴ, ㄷ   ④ ㄱ, ㄴ, ㄷ

정답 07 ④ 08 ①

해설 **법 제2조(정의)**

"동음이의어 지리적표시"란 동일한 품목에 대하여 지리적표시를 할 때 타인의 지리적표시와 발음은 같지만 해당 지역이 다른 지리적표시를 말한다.

09 농수산물 품질관리법령상 벌칙에 관한 설명으로 옳은 것을 모두 고른 것은?

> ㄱ. 우수표시품이 아닌 수산물에 우수표시품의 표시를 한 자 : 3년 이하 징역 또는 3천만 원 이하 벌금
> ㄴ. 수산물품질관리사의 명의를 사용하게 하거나 그 자격증을 빌려준 자 : 1년 이하 징역 또는 1천만 원 이하 벌금
> ㄷ. 수산물의 검정결과에 대하여 거짓광고를 한 자 : 3년 이하 징역 또는 3천만 원 이하 벌금

① ㄱ, ㄴ　　　② ㄱ, ㄷ　　　③ ㄴ, ㄷ　　　④ ㄱ, ㄴ, ㄷ

해설 **벌칙**

제119조(벌칙) 다음 각 호의 어느 하나에 해당하는 자는 3년 이하의 징역 또는 3천만 원 이하의 벌금에 처한다.

　1. 제29조제1항제1호를 위반하여 우수표시품이 아닌 농수산물(우수관리인증농산물이 아닌 농산물의 경우에는 제7조제4항에 따른 승인을 받지 아니한 농산물을 포함한다) 또는 농수산가공품에 우수표시품의 표시를 하거나 이와 비슷한 표시를 한 자

　1의2. 제29조제1항제2호를 위반하여 우수표시품이 아닌 농수산물(우수관리인증농산물이 아닌 농산물의 경우에는 제7조제4항에 따른 승인을 받지 아니한 농산물을 포함한다) 또는 농수산가공품을 우수표시품으로 광고하거나 우수표시품으로 잘못 인식할 수 있도록 광고한 자

　2. 제29조제2항을 위반하여 다음 각 목의 어느 하나에 해당하는 행위를 한 자

　　가. 제5조제2항에 따라 표준규격품의 표시를 한 농수산물에 표준규격품이 아닌 농수산물 또는 농수산가공품을 혼합하여 판매하거나 혼합하여 판매할 목적으로 보관하거나 진열하는 행위

　　나. 제6조제6항에 따라 우수관리인증의 표시를 한 농산물에 우수관리인증농산물이 아닌 농산물(제7조제4항에 따른 승인을 받지 아니한 농산물을 포함한다) 또는 농산가공품을 혼합하여 판매하거나 혼합하여 판매할 목적으로 보관하거나 진열하는 행위

　　다. 제14조제3항에 따라 품질인증품의 표시를 한 수산물에 품질인증품이 아닌 수산물을 혼합하여 판매하거나 혼합하여 판매할 목적으로 보관 또는 진열하는 행위

　　라. 삭제 〈2012. 6. 1.〉

　　마. 제24조제6항에 따라 이력추적관리의 표시를 한 농산물에 이력추적관리의 등록을 하지 아니한 농산물 또는 농산가공품을 혼합하여 판매하거나 혼합하여 판매할 목적으로 보관하거나 진열하는 행위

　3. 제38조제1항을 위반하여 지리적표시품이 아닌 농수산물 또는 농수산가공품의 포장·용기·선전물 및 관련 서류에 지리적표시나 이와 비슷한 표시를 한 자

정답 09 ④

4. 제38조제2항을 위반하여 지리적표시품에 지리적표시품이 아닌 농수산물 또는 농수산가공품을 혼합하여 판매하거나 혼합하여 판매할 목적으로 보관 또는 진열한 자

5. 제73조제1항제1호 또는 제2호를 위반하여 「해양환경관리법」 제2조제4호에 따른 폐기물, 같은 조 제7호에 따른 유해액체물질 또는 같은 조 제8호에 따른 포장유해물질을 배출한 자

6. 제101조제1호를 위반하여 거짓이나 그 밖의 부정한 방법으로 제79조에 따른 농산물의 검사, 제85조에 따른 농산물의 재검사, 제88조에 따른 수산물 및 수산가공품의 검사, 제96조에 따른 수산물 및 수산가공품의 재검사 및 제98조에 따른 검정을 받은 자

7. 제101조제2호를 위반하여 검사를 받아야 하는 수산물 및 수산가공품에 대하여 검사를 받지 아니한 자

8. 제101조제3호를 위반하여 검사 및 검정 결과의 표시, 검사증명서 및 검정증명서를 위조하거나 변조한 자

9. 제101조제5호를 위반하여 검정 결과에 대하여 거짓광고나 과대광고를 한 자

제120조(벌칙) 다음 각 호의 어느 하나에 해당하는 자는 1년 이하의 징역 또는 1천만 원 이하의 벌금에 처한다.

1. 제24조제2항을 위반하여 이력추적관리의 등록을 하지 아니한 자

2. 제31조제1항 또는 제40조에 따른 시정명령(제31조제1항제3호 또는 제40조제2호에 따른 표시방법에 대한 시정명령은 제외한다), 판매금지 또는 표시정지 처분에 따르지 아니한 자

3. 제31조제2항에 따른 판매금지 조치에 따르지 아니한 자

4. 제59조제1항에 따른 처분을 이행하지 아니한 자

5. 제59조제2항에 따른 공표명령을 이행하지 아니한 자

6. 제63조제1항에 따른 조치를 이행하지 아니한 자

7. 제73조제2항에 따른 동물용 의약품을 사용하는 행위를 제한하거나 금지하는 조치에 따르지 아니한 자

8. 제77조에 따른 지정해역에서 수산물의 생산제한 조치에 따르지 아니한 자

9. 제78조에 따른 생산·가공·출하 및 운반의 시정·제한·중지 명령을 위반하거나 생산·가공시설 등의 개선·보수 명령을 이행하지 아니한 자

9의2. 제98조의2제1항에 따른 조치를 이행하지 아니한 자

10. 제101조제2호를 위반하여 검사를 받아야 하는 농산물에 대하여 검사를 받지 아니한 자

11. 제101조제4호를 위반하여 검사를 받지 아니하고 해당 농수산물이나 수산가공품을 판매·수출하거나 판매·수출을 목적으로 보관 또는 진열한 자

12. 제82조제7항 또는 제108조제2항을 위반하여 다른 사람에게 농산물검사관, 농산물품질관리사 또는 수산물품질관리사의 명의를 사용하게 하거나 그 자격증을 빌려준 자

13. 제82조제8항 또는 제108조제3항을 위반하여 농산물검사관, 농산물품질관리사 또는 수산물품질관리사의 명의를 사용하거나 그 자격증을 대여받은 자 또는 명의의 사용이나 자격증의 대여를 알선한 자

10 농수산물 유통 및 가격안정에 관한 법령상 도매시장 개설자에 관한 설명으로 옳지 않은 것은?

① 도매시장법인이 다른 도매시장법인을 인수하는 경우에는 해당 도매시장 개설자의 승인을 받아야 한다.

② 도매시장 개설자는 도매시장법인이 판매업무를 할 수 없게 되었다고 인정되는 경우에는 그 업무를 직접 대행할 수 없고, 다른 도매시장법인으로 하여금 대행하게 할 수 있다.

③ 도매시장 개설자는 거래 관계자의 편익과 소비자 보호를 위하여 상품성 향상을 위한 규격화, 포장 개선 및 선도(鮮度) 유지의 촉진에 관한 사항을 이행하여야 한다.

④ 도매시장 개설자는 도매시장을 효율적으로 관리·운영하기 위하여 필요하다고 인정하는 경우에는 도매시장법인을 갈음하여 그 업무를 수행할 법인을 설립할 수 있다.

해설 법 제20조(도매시장 개설자의 의무)

① 도매시장 개설자는 거래 관계자의 편익과 소비자 보호를 위하여 다음 각 호의 사항을 이행하여야 한다.

　1. 도매시장 시설의 정비·개선과 합리적인 관리

　2. 경쟁 촉진과 공정한 거래질서의 확립 및 환경 개선

　3. 상품성 향상을 위한 규격화, 포장 개선 및 선도(鮮度) 유지의 촉진

법 제23조의2(도매시장법인의 인수·합병)

① 도매시장법인이 다른 도매시장법인을 인수하거나 합병하는 경우에는 해당 도매시장 개설자의 승인을 받아야 한다.

법 제24조(공공출자법인)

① 도매시장 개설자는 도매시장을 효율적으로 관리·운영하기 위하여 필요하다고 인정하는 경우에는 제22조에 따른 도매시장법인을 갈음하여 그 업무를 수행하게 할 법인(이하 "공공출자법인"이라 한다)을 설립할 수 있다.

---

11 농수산물 유통 및 가격안정에 관한 법령상 중도매인에 관한 설명으로 옳은 것은?

① 중도매인은 도매시장 개설자로부터 허가를 받은 수산물의 경우에는 도매시장법인이 상장한 수산물 이외의 수산물을 거래할 수 있다.

② 도매시장 개설자의 허가를 받은 중도매인은 도매시장에 설치된 공판장에서는 그 업무를 할 수 없다.

③ 도매시장 개설자가 법인이 아닌 중도매인에게 중도매업의 허가를 하는 경우 2년 이상 10년 이하의 범위에서 허가 유효기간을 설정할 수 있다.

④ 중도매인은 도매시장법인이 상장한 수산물을 연간 거래액의 제한없이 해당 도매시장의 다른 중도매인과 거래할 수 있다.

정답 10 ② 11 ①

법 제25조(중도매업의 허가)

⑥ 도매시장 개설자는 제1항에 따라 중도매업의 허가를 하는 경우 5년 이상 10년 이하의 범위에서 허가 유효기간을 설정할 수 있다. 다만, 법인이 아닌 중도매인은 3년 이상 10년 이하의 범위에서 허가 유효기간을 설정할 수 있다.

법 제26조(중도매인의 업무 범위 등의 특례)

제25조에 따라 허가를 받은 중도매인은 도매시장에 설치된 공판장(이하 "도매시장공판장"이라 한다)에서도 그 업무를 할 수 있다.

법 제31조(수탁판매의 원칙)

① 도매시장에서 도매시장법인이 하는 도매는 출하자로부터 위탁을 받아 하여야 한다. 다만, 농림축산식품부령 또는 해양수산부령으로 정하는 특별한 사유가 있는 경우에는 매수하여 도매할 수 있다.

② 중도매인은 도매시장법인이 상장한 농수산물 외의 농수산물은 거래할 수 없다. 다만, 농림축산식품부령 또는 해양수산부령으로 정하는 도매시장법인이 상장하기에 적합하지 아니한 농수산물과 그 밖에 이에 준하는 농수산물로서 그 품목과 기간을 정하여 도매시장 개설자로부터 허가를 받은 농수산물의 경우에는 그러하지 아니하다.

③ 제2항 단서에 따른 중도매인의 거래에 관하여는 제35조제1항, 제38조, 제39조, 제40조제2항·제4항, 제41조(제2항 단서는 제외한다), 제42조제1항제1호·제3호 및 제81조를 준용한다.

④ 중도매인이 제2항 단서에 해당하는 물품을 제70조의2제1항제1호에 따른 농수산물 전자거래소에서 거래하는 경우에는 그 물품을 도매시장으로 반입하지 아니할 수 있다.

⑤ 중도매인은 도매시장법인이 상장한 농수산물을 농림축산식품부령 또는 해양수산부령으로 정하는 연간 거래액의 범위에서 해당 도매시장의 다른 중도매인과 거래하는 경우를 제외하고는 다른 중도매인과 농수산물을 거래할 수 없다.

⑥ 제5항에 따른 중도매인 간 거래액은 제25조제3항제6호의 최저거래금액 산정 시 포함하지 아니한다.

⑦ 제5항에 따라 다른 중도매인과 농수산물을 거래한 중도매인은 농림축산식품부령 또는 해양수산부령으로 정하는 바에 따라 그 거래 내역을 도매시장 개설자에게 통보하여야 한다.

12 농수산물 유통 및 가격안정에 관한 법령상 도매시장 개설자가 시장관리자로 지정할 수 있는 자가 아닌 것은?

① 한국농수산식품유통공사

② 「지방공기업법」에 따른 지방공사

③ 도매시장 개설자가 도매시장법인을 갈음하여 그 업무를 수행하게 하기 위하여 설립한 공공출자법인

④ 한국수산자원관리공단

해설 법 제21조(도매시장의 관리)

① 도매시장 개설자는 소속 공무원으로 구성된 도매시장 관리사무소(이하 "관리사무소"라 한다)를 두거나 「지방공기업법」에 따른 지방공사(이하 "관리공사"라 한다), 제24조의 공공출자법인 또는 한국농수산식품유통공사 중에서 시장관리자를 지정할 수 있다.

② 도매시장 개설자는 관리사무소 또는 시장관리자로 하여금 시설물관리, 거래질서 유지, 유통 종사자에 대한 지도·감독 등에 관한 업무 범위를 정하여 해당 도매시장 또는 그 개설구역에 있는 도매시장의 관리업무를 수행하게 할 수 있다.

13 농수산물 유통 및 가격안정에 관한 법령상 경매사에 관한 설명으로 옳은 것은?

① 해당 도매시장의 산지유통인은 경매사로 임명될 수 있다.

② 도매시장법인이 경매사를 임면(任免)하고자 할 때에는 도매시장 개설자의 허가를 받아야 한다.

③ 도매시장법인이 확보해야 하는 경매사의 수는 3명 이상으로 하되, 도매시장법인별 연간 거래물량 등을 고려하여 업무규정으로 그 수를 정한다.

④ 민영도매시장의 경매사는 민영도매시장 개설자가 임면한다.

해설 법 제29조(산지유통인의 등록)

④ 산지유통인은 등록된 도매시장에서 농수산물의 출하업무 외의 판매·매수 또는 중개업무를 하여서는 아니 된다.

시행규칙 제20조(경매사의 임면)

① 법 제27조제1항에 따라 도매시장법인이 확보하여야 하는 경매사의 수는 2명 이상으로 하되, 도매시장법인별 연간 거래물량 등을 고려하여 업무규정으로 그 수를 정한다.

② 법 제27조제4항에 따라 도매시장법인이 경매사를 임면(任免)한 경우에는 별지 제3호서식에 따라 임면한 날부터 30일 이내에 도매시장 개설자에게 신고하여야 한다.

법 제48조(민영도매시장의 운영 등)

① 민영도매시장의 개설자는 중도매인, 매매참가인, 산지유통인 및 경매사를 두어 직접 운영하거나 시장도매인을 두어 이를 운영하게 할 수 있다.

② 민영도매시장의 중도매인은 민영도매시장의 개설자가 지정한다. 이 경우 중도매인의 지정 등에 관하여는 제25조제3항 및 제4항을 준용한다.

③ 농수산물을 수집하여 민영도매시장에 출하하려는 자는 민영도매시장의 개설자에게 산지유통인으로 등록하여야 한다. 이 경우 산지유통인의 등록 등에 관하여는 제29조제1항 단서 및 같은 조 제3항부터 제6항까지의 규정을 준용한다.

④ 민영도매시장의 경매사는 민영도매시장의 개설자가 임면한다.

정답 13 ④

14 농수산물 유통 및 가격안정에 관한 법령상 공판장에 관한 설명으로 옳지 않은 것은?

① 공판장에는 매매참가인을 둘 수 없다.

② 생산자단체와 공익법인이 공판장을 개설하려면 기준에 적합한 시설을 갖추고 시·도지사의 승인을 받아야 한다.

③ 공판장의 중도매인은 공판장의 개설자가 지정한다.

④ 수산물을 수집하여 공판장에 출하하려는 자는 공판장의 개설자에게 산지유통인으로 등록하여야 한다.

해설 법 제43조(공판장의 개설)

① 농림수협등, 생산자단체 또는 공익법인이 공판장을 개설하려면 <u>시·도지사의 승인을 받아야 한다.</u>

② 농림수협등, 생산자단체 또는 공익법인이 제1항에 따라 공판장의 개설승인을 받으려면 농림축산식품부령 또는 해양수산부령으로 정하는 바에 따라 공판장 개설승인 신청서에 업무규정과 운영관리계획서 등 승인에 필요한 서류를 첨부하여 시·도지사에게 제출하여야 한다.

③ 제2항에 따른 공판장의 업무규정 및 운영관리계획서에 정할 사항에 관하여는 제17조제5항 및 제7항을 준용한다.

④ 시·도지사는 제2항에 따른 신청이 다음 각 호의 어느 하나에 해당하는 경우를 제외하고는 승인을 하여야 한다.

1. 공판장을 개설하려는 장소가 교통체증을 유발할 수 있는 위치에 있는 경우
2. <u>공판장의 시설이 제67조제2항에 따른 기준에 적합하지 아니한 경우</u>
3. 제2항에 따른 운영관리계획서의 내용이 실현 가능하지 아니한 경우
4. 그 밖에 이 법 또는 다른 법령에 따른 제한에 위반되는 경우

법 제44조(공판장의 거래 관계자)

① 공판장에는 중도매인, 매매참가인, 산지유통인 및 경매사를 둘 수 있다.

② <u>공판장의 중도매인은 공판장의 개설자가 지정한다.</u>

③ 농수산물을 수집하여 공판장에 출하하려는 자는 <u>공판장의 개설자에게 산지유통인으로 등록하여야 한다.</u> 이 경우 산지유통인의 등록 등에 관하여는 제29조제1항 단서 및 같은 조 제3항부터 제6항까지의 규정을 준용한다.

④ 공판장의 경매사는 공판장의 개설자가 임면한다.

<u>정답</u> 14 ①

15 농수산물 유통 및 가격안정에 관한 법령상 민영도매시장에 관한 설명으로 옳지 않은 것은?

① 민간인등이 민영도매시장을 개설하려면 해양수산부장관의 허가를 받아야 한다.

② 민영도매시장 개설자는 중도매인 매매참가인, 산지유통인 및 경매사를 두어 직접 운영하거나 시장도매인을 두어 이를 운영하게 할 수 있다.

③ 민영도매시장의 중도매인은 민영도매시장의 개설자가 지정한다.

④ 민영도매시장의 시장도매인은 민영도매시장의 개설자가 지정한다.

해설 **법 제47조(민영도매시장의 개설)**

① 민간인등이 특별시·광역시·특별자치시·특별자치도 또는 시 지역에 민영도매시장을 개설하려면 <u>시·도지사의 허가를 받아야 한다.</u>

② 민간인등이 제1항에 따라 민영도매시장의 개설허가를 받으려면 농림축산식품부령 또는 해양수산부령으로 정하는 바에 따라 민영도매시장 개설허가 신청서에 업무규정과 운영관리계획서를 첨부하여 시·도지사에게 제출하여야 한다.

③ 제2항에 따른 업무규정 및 운영관리계획서에 관하여는 제17조제5항 및 제7항을 준용한다.

④ 시·도지사는 다음 각 호의 어느 하나에 해당하는 경우를 제외하고는 제1항에 따라 허가하여야 한다.
1. 민영도매시장을 개설하려는 장소가 교통체증을 유발할 수 있는 위치에 있는 경우
2. 민영도매시장의 시설이 제67조제2항에 따른 기준에 적합하지 아니한 경우
3. 운영관리계획서의 내용이 실현 가능하지 아니한 경우
4. 그 밖에 이 법 또는 다른 법령에 따른 제한에 위반되는 경우

법 제48조(민영도매시장의 운영 등)

① <u>민영도매시장의 개설자는 중도매인, 매매참가인, 산지유통인 및 경매사를 두어 직접 운영하거나 시장도매인을 두어 이를 운영하게 할 수 있다.</u>

② <u>민영도매시장의 중도매인은 민영도매시장의 개설자가 지정한다.</u> 이 경우 중도매인의 지정 등에 관하여는 제25조제3항 및 제4항을 준용한다.

③ 농수산물을 수집하여 민영도매시장에 출하하려는 자는 민영도매시장의 개설자에게 산지유통인으로 등록하여야 한다. 이 경우 산지유통인의 등록 등에 관하여는 제29조제1항 단서 및 같은 조 제3항부터 제6항까지의 규정을 준용한다.

④ 민영도매시장의 경매사는 민영도매시장의 개설자가 임면한다. 이 경우 경매사의 자격기준 및 업무 등에 관하여는 제27조제2항부터 제4항까지 및 제28조를 준용한다.

⑤ <u>민영도매시장의 시장도매인은 민영도매시장의 개설자가 지정한다.</u> 이 경우 시장도매인의 지정 및 영업 등에 관하여는 제36조제2항부터 제4항까지, 제37조, 제38조, 제39조, 제41조 및 제42조를 준용한다.

16 농수산물 유통 및 가격안정에 관한 법령상 도매시장의 개설 등에 관한 설명으로 옳은 것은?

① 시가 중앙도매시장을 개설하려면 도지사의 허가를 받아야 한다.

② 도매시장의 명칭에는 그 도매시장을 개설한 지방자치단체의 명칭이 포함되지 아니할 수 있다.

③ 도매시장의 개설구역은 도매시장이 개설되는 특별시·광역시·특별자치시·특별자치도 또는 시의 관할구역으로 한다.

④ 특별시·광역시·특별자치시 및 특별자치도가 도매시장을 폐쇄하는 경우에는 그 3개월 전에 해양수산부장관의 허가를 받아야 한다.

(해설) **법 제17조(도매시장의 개설 등)**

① 도매시장은 대통령령으로 정하는 바에 따라 부류(部類)별로 또는 둘 이상의 부류를 종합하여 중앙도매시장의 경우에는 특별시·광역시·특별자치시 또는 특별자치도가 개설하고, 지방도매시장의 경우에는 특별시·광역시·특별자치시·특별자치도 또는 시가 개설한다. 다만, <u>시가 지방도매시장을 개설하려면 도지사의 허가를 받아야 한다.</u>

② 삭제 〈2012. 2. 22.〉

③ 시가 제1항 단서에 따라 지방도매시장의 개설허가를 받으려면 농림축산식품부령 또는 해양수산부령으로 정하는 바에 따라 지방도매시장 개설허가 신청서에 업무규정과 운영관리계획서를 첨부하여 도지사에게 제출하여야 한다.

④ 특별시·광역시·특별자치시 또는 특별자치도가 제1항에 따라 도매시장을 개설하려면 미리 업무규정과 운영관리계획서를 작성하여야 하며, 중앙도매시장의 업무규정은 농림축산식품부장관 또는 해양수산부장관의 승인을 받아야 한다.

⑤ 중앙도매시장의 개설자가 업무규정을 변경하는 때에는 농림축산식품부장관 또는 해양수산부장관의 승인을 받아야 하며, 지방도매시장의 개설자(시가 개설자인 경우만 해당한다)가 업무규정을 변경하는 때에는 도지사의 승인을 받아야 한다.

⑥ <u>시가 지방도매시장을 폐쇄하려면 그 3개월 전에 도지사의 허가를 받아야 한다.</u> 다만, 특별시·광역시·특별자치시 및 특별자치도가 도매시장을 폐쇄하는 경우에는 그 3개월 전에 이를 공고하여야 한다.

⑦ 제3항 및 제4항에 따른 업무규정으로 정하여야 할 사항과 운영관리계획서의 작성 및 제출에 필요한 사항은 농림축산식품부령 또는 해양수산부령으로 정한다.

법 제18조(개설구역)

① <u>도매시장의 개설구역은 도매시장이 개설되는 특별시·광역시·특별자치시·특별자치도 또는 시의 관할구역으로 한다.</u>

② 농림축산식품부장관 또는 해양수산부장관은 해당 지역에서의 농수산물의 원활한 유통을 위하여 필요하다고 인정할 때에는 도매시장의 개설구역에 인접한 일정 구역을 그 도매시장의 개설구역으로 편입하게 할 수 있다. 다만, 시가 개설하는 지방도매시장의 개설구역에 인접한 구역으로서 그 지방도매시장이 속한 도의 일정 구역에 대하여는 해당 도지사가 그 지방도매시장의 개설구역으로 편입하게 할 수 있다.

17 농수산물의 원산지 표시에 관한 법령상 농수산물 또는 그 가공품에 있어 원산지 표시 대상을 모두 고른 것은?

> ㄱ. 사용된 원료의 배합 비율에서 한 가지 원료의 배합 비율이 98퍼센트 이상인 경우의 그 원료
> ㄴ. 사용된 원료의 배합 비율에서 두 가지 원료의 배합 비율의 합이 98퍼센트 이상인 원료가 있는 경우에는 배합 비율이 높은 순서의 2순위까지의 원료
> ㄷ. 농수산물 가공품에 포함된 물, 식품첨가물, 주정(酒精) 및 당류(당류를 주원료로 하여 가공한 당류가공품을 포함한다)

① ㄱ   ② ㄱ, ㄴ   ③ ㄴ, ㄷ   ④ ㄱ, ㄴ, ㄷ

해설 시행령 제3조(원산지의 표시대상)

① 법 제5조제1항 각 호 외의 부분에서 "대통령령으로 정하는 농수산물 또는 그 가공품"이란 다음 각 호의 농수산물 또는 그 가공품을 말한다.

  1. 유통질서의 확립과 소비자의 올바른 선택을 위하여 필요하다고 인정하여 농림축산식품부장관과 해양수산부장관이 공동으로 고시한 농수산물 또는 그 가공품

  2. 「대외무역법」 제33조에 따라 산업통상자원부장관이 공고한 수입 농수산물 또는 그 가공품. 다만, 「대외무역법 시행령」 제56조제2항에 따라 원산지 표시를 생략할 수 있는 수입 농수산물 또는 그 가공품은 제외한다.

② 법 제5조제1항제3호에 따른 농수산물 가공품의 원료에 대한 원산지 표시대상은 다음 각 호와 같다. <u>다만, 물, 식품첨가물, 주정(酒精) 및 당류(당류를 주원료로 하여 가공한 당류가공품을 포함한다)는 배합 비율의 순위와 표시대상에서 제외한다.</u>

  1. 원료 배합 비율에 따른 표시대상

    <u>가. 사용된 원료의 배합 비율에서 한 가지 원료의 배합 비율이 98퍼센트 이상인 경우에는 그 원료</u>

    <u>나. 사용된 원료의 배합 비율에서 두 가지 원료의 배합 비율의 합이 98퍼센트 이상인 원료가 있는 경우에는 배합 비율이 높은 순서의 2순위까지의 원료</u>

    다. 가목 및 나목 외의 경우에는 배합 비율이 높은 순서의 3순위까지의 원료

    라. 가목부터 다목까지의 규정에도 불구하고 김치류 및 절임류(소금으로 절이는 절임류에 한정한다)의 경우에는 다음의 구분에 따른 원료

---

18 농수산물의 원산지 표시에 관한 법령상 원산지 표시를 하여야 할 자에 해당하지 않는 것은?

① 휴게음식점영업소 설치·운영자   ② 수산물가공단지 설치·운영자
③ 위탁급식영업소 설치·운영자   ④ 일반음식점영업소 설치·운영자

해설 시행령 제4조(원산지 표시를 하여야 할 자)

법 제5조제3항에서 "대통령령으로 정하는 영업소나 집단급식소를 설치·운영하는 자"란 「식품위생법 시행령」 제21조제8호가목의 휴게음식점영업, 같은 호 나목의 일반음식점영업 또는 같은 호 마목의 위탁급식영업을 하는 영업소나 같은 법 시행령 제2조의 집단급식소를 설치·운영하는 자를 말한다.

정답 17 ② 18 ②

19 농수산물의 원산지 표시에 관한 법령상 거짓표시 등의 금지 행위에 해당하지 않는 것은?

① 원산지 표시를 거짓으로 하거나 이를 혼동하게 할 우려가 있는 표시를 하는 행위

② 원산지 표시를 혼동하게 할 목적으로 그 표시를 손상·변경하는 행위

③ 살아있는 수산물을 조리하여 판매·제공하기 위하여 수족관 등에 보관·진열하는 행위

④ 원산지 표시를 한 농수산물 그 가공품에 원산지가 다른 동일 농수산물이나 그 가공품을 혼합하여 조리·판매·제공하는 행위

해설 **제6조(거짓 표시 등의 금지)**

① 누구든지 다음 각 호의 행위를 하여서는 아니 된다.

   1. <u>원산지 표시를 거짓으로 하거나 이를 혼동하게 할 우려가 있는 표시를 하는 행위</u>

   2. <u>원산지 표시를 혼동하게 할 목적으로 그 표시를 손상·변경하는 행위</u>

   3. 원산지를 위장하여 판매하거나, 원산지 표시를 한 농수산물이나 그 가공품에 다른 농수산물이나 가공품을 혼합하여 판매하거나 판매할 목적으로 보관이나 진열하는 행위

② 농수산물이나 그 가공품을 조리하여 판매·제공하는 자는 다음 각 호의 행위를 하여서는 아니 된다.

   1. 원산지 표시를 거짓으로 하거나 이를 혼동하게 할 우려가 있는 표시를 하는 행위

   2. 원산지를 위장하여 조리·판매·제공하거나, 조리하여 판매·제공할 목적으로 농수산물이나 그 가공품의 원산지 표시를 손상·변경하여 보관·진열하는 행위

   3. <u>원산지 표시를 한 농수산물이나 그 가공품에 원산지가 다른 동일 농수산물이나 그 가공품을 혼합하여 조리·판매·제공하는 행위</u>

20 농수산물의 원산지 표시에 관한 법령상 원산지의 표시기준과 관련 없는 법은?

① 대외무역법   ② 원양산업발전법

③ 수산자원관리법   ④ 남북교류협력에 관한 법률

해설 **원산지표시기준**

① 수입 농수산물과 그 가공품(이하 "수입농수산물등"이라 한다)은 「대외무역법」에 따른 원산지를 표시한다.

② 「원양산업발전법」 제6조제1항에 따라 원양어업의 허가를 받은 어선이 해외수역에서 어획하여 국내에 반입한 수산물은 "원양산"으로 표시하거나 "원양산" 표시와 함께 "태평양", "대서양", "인도양", "남극해", "북극해"의 해역명을 표시한다.

④ 「남북교류협력에 관한 법률」에 따라 반입한 농수산물과 그 가공품(이하 "반입농수산물등"이라 한다)은 같은 법에 따른 원산지를 표시한다.

21 농수산물의 원산지 표시에 관한 법령상 해양수산부장관이 국립수산물품질관리원장에게 위임한 권한이 아닌 것은?

① 과징금의 부과·징수

② 원산지 표시 등의 위반에 대한 처분 및 공표

③ 원산지 표시에 대한 정보 제공

④ 명예감시원의 감독·운영 및 경비의 지급

해설 **시행령 제9조(권한의 위임)**

① 법 제13조에 따라 농림축산식품부장관은 농산물과 그 가공품에 관한 다음 각 호의 권한(제2호의3 및 제4호의2의 권한은 제외한다)을 국립농산물품질관리원장에게 위임하고, 해양수산부장관은 수산물과 그 가공품에 관한 다음 각 호의 권한(제2호의4 및 제7호의 권한은 제외한다)을 국립수산물품질관리원장에게 위임한다.

1. 법 제6조의2에 따른 과징금의 부과·징수

1의2. 법 제7조에 따른 원산지 표시대상 농수산물이나 그 가공품의 수거·조사, 자체 계획의 수립·시행, 자체 계획에 따른 추진 실적 등의 평가 및 이 영 제6조의2에 따른 원산지통합관리시스템의 구축·운영

2. 법 제9조(원산지 표시 등의 위반에 대한 처분 등)에 따른 처분 및 공표

2의2. 법 제9조의2에 따른 원산지 표시 위반에 대한 교육

2의3. 법 제10조에 따른 수산물 원산지 표시와 관련된 정보의 제공

2의4. 법 제10조의3에 따른 유통이력관리수입농산물등에 대한 사후관리

3. 법 제11조에 따른 명예감시원의 감독·운영 및 경비의 지급

4. 법 제12조에 따른 포상금의 지급

4의2. 법 제13조의2제2항에 따른 행정기관 등에 대한 전자정보처리 체계의 정보 이용 등에 대한 협조 요청

5. 법 제18조에 따른 과태료의 부과·징수

6. 제6조제2항에 따른 원산지 검정방법·세부기준 마련 및 그에 관한 고시

7. 제6조의2제2항에 따른 수입농산물등유통이력관리시스템의 구축·운영

22 농수산물의 원산지 표시에 관한 법령상 과징금 부과 및 징수에 관한 내용이다. ( )에 들어갈 내용이 순서대로 옳게 나열된 것은?

> 과징금의 납부 "통보를 받은 자는 납부 통지일부터 ( )일 이내에 과징금을 농림축산식품부장관, 해양수산부장관 또는 시·도지사가 정하는 수납기관에 내야 한다. 다만, 천재지변이나 그 밖의 부득이한 사유로 납부기한까지 과징금을 낼 수 없는 경우에는 그 사유가 없어진 날부터 ( )일 이내에 내야 한다."

① 30, 7

② 30, 10

③ 40, 7

④ 40, 10

정답 **21** ③ **22** ①

③ 제2항에 따라 통보를 받은 자는 납부 통지일부터 30일 이내에 과징금을 농림축산식품부장관, 해양수산부장관, 관세청장, 시·도지사나 시장·군수·구청장이 정하는 수납기관에 내야 한다. 다만, 천재지변이나 그 밖의 부득이한 사유로 납부기한까지 과징금을 낼 수 없는 경우에는 그 사유가 없어진 날부터 7일 이내에 내야 한다.

23 친환경농어업 육성 및 유기식품 등의 관리·지원에 관한 법령상 유기식품의 '유기표시기준'으로 옳지 않은 것은?

① 표시 도형 내부의 "유기식품"의 글자는 품목에 따라 "유기수산물" 또는 "유기가공식품"으로 표기할 수 있다.

② 표시 도형의 국문 및 영문 모두 글자의 활자체는 고딕체로 한다.

③ 표시 도형의 색상은 녹색을 기본 색상으로 하되, 포장재의 색깔 등을 고려하여 파란색, 빨간색 또는 검은색으로 할 수 있다.

④ 표시 도형의 위치는 포장재 주 표시면의 정면에 표시한다.

해설 농림축산식품부 소관 친환경농어업 육성 및 유기식품 등의 관리·지원에 관한 법률 시행규칙 [별표 6]

유기식품등의 유기표시기준(제21조제1항 관련)

1. 유기표시 도형
   가. 유기농산물, 유기축산물, 유기임산물, 유기가공식품 및 비식용유기가공품에 다음의 도형을 표시하되, 별표 4 제5호나목2)에 따른 유기 70퍼센트로 표시하는 제품에는 다음의 유기표시 도형을 사용할 수 없다.

   인증번호: Certification Number:

   나. 제1호가목의 표시 도형 내부의 "유기"의 글자는 품목에 따라 "유기식품", "유기농", "유기농산물", "유기축산물", "유기가공식품", "유기사료", "비식용유기가공품"으로 표기할 수 있다.
   다. 작도법
      1) 도형 표시 방법
         가) 표시 도형의 가로 길이(사각형의 왼쪽 끝과 오른쪽 끝의 폭: W)를 기준으로 세로 길이는 0.95×W의 비율로 한다.

정답 23 ④

나) 표시 도형의 흰색 모양과 바깥 테두리(좌우 및 상단부 부분으로 한정한다)의 간격은 0.1×W로 한다.

다) 표시 도형의 흰색 모양 하단부 왼쪽 태극의 시작점은 상단부에서 0.55×W 아래가 되는 지점으로 하고, 오른쪽 태극의 끝점은 상단부에서 0.75×W 아래가 되는 지점으로 한다.

2) 표시 도형의 국문 및 영문 모두 활자체는 고딕체로 하고, 글자 크기는 표시 도형의 크기에 따라 조정한다.

3) 표시 도형의 색상은 녹색을 기본 색상으로 하되, 포장재의 색깔 등을 고려하여 파란색, 빨간색 또는 검은색으로 할 수 있다.

4) 표시 도형 내부에 적힌 "유기", "(ORGANIC)", "ORGANIC"의 글자 색상은 표시 도형 색상과 같게 하고, 하단의 "농림축산식품부"와 "MAFRA KOREA"의 글자는 흰색으로 한다.

5) 배색 비율은 녹색 C80+Y100, 파란색 C100+M70, 빨간색 M100+Y100+K10, 검은색 C20+K100으로 한다.

6) 표시 도형의 크기는 포장재의 크기에 따라 조정할 수 있다.

7) 표시 도형의 위치는 포장재 주 표시면의 옆면에 표시하되, 포장재 구조상 옆면 표시가 어려운 경우에는 표시 위치를 변경할 수 있다.

8) 표시 도형 밑 또는 좌우 옆면에 인증번호를 표시한다.

2. 유기표시 글자

구 분	표시 글자
가. 유기농축산물	1) 유기, 유기농산물, 유기축산물, 유기임산물, 유기식품, 유기재배농산물 또는 유기농 2) 유기재배○○(○○은 농산물의 일반적 명칭으로 한다. 이하 이 표에서 같다), 유기축산○○, 유기○○ 또는 유기농○○
나. 유기가공식품	1) 유기가공식품, 유기농 또는 유기식품 2) 유기농○○ 또는 유기○○
다. 비식용유기가공품	1) 유기사료 또는 유기농 사료 2) 유기농○○ 또는 유기○○(○○은 사료의 일반적 명칭으로 한다). 다만, "식품"이 들어가는 단어는 사용할 수 없다.

3. 유기가공식품·비식용유기가공품 중 별표 4 제5호나목2)에 따라 비유기 원료를 사용한 제품의 표시기준

가. 원재료명 표시란에 유기농축산물의 총함량 또는 원료·재료별 함량을 백분율(%)로 표시한다.

나. 비유기 원료를 제품 명칭으로 사용할 수 없다.

다. 유기 70퍼센트로 표시하는 제품은 주 표시면에 "유기 70%" 또는 이와 같은 의미의 문구를 소비자가 알아보기 쉽게 표시해야 하며, 이 경우 제품명 또는 제품명의 일부에 유기 또는 이와 같은 의미의 글자를 표시할 수 없다.

4. 제1호부터 제3호까지의 규정에 따른 유기표시의 표시방법 및 세부 표시사항 등은 국립농산물품질관리원장이 정하여 고시한다.

24 친환경농어업 육성 및 유기식품 등의 관리 · 지원에 관한 법령상 양식장에 양식생물(수산동물)이 있는 경우, pH 조절에 한정하여 사용가능한 물질은?

① 가성소다
② 과산화초산
③ 석회석(탄산칼슘)
④ 차아염소산나트륨

(해설) **시행규칙 제3조(허용물질)**
① 「친환경농어업 육성 및 유기식품 등의 관리 · 지원에 관한 법률」(이하 "법"이라 한다) 제2조제7호에서 "농림축산식품부령으로 정하는 물질"이란 별표 1의 허용물질을 말한다.
② 국립농산물품질관리원장은 별표 1의 허용물질이 질적 · 양적으로 충분하지 않아 새로운 허용물질을 선정할 필요가 있는 경우에는 별표 2의 허용물질의 선정 기준 및 절차에 따라 허용물질을 추가로 선정할 수 있다. 이 경우 국립농산물품질관리원장은 추가로 선정한 허용물질을 고시해야 한다.

25 친환경농어업 육성 및 유기식품 등의 관리 · 지원에 관한 법령상 친환경농어업에 대한 기여도 평가 시 고려사항으로 옳지 않은 것은?

① 어업 환경의 유지 · 개선 실적
② 친환경어업 기술의 개발 · 보급 실적
③ 항생제수산물 및 활성처리제 사용 수산물 인증 실적
④ 친환경수산물 또는 유기어업자재의 생산 · 유통 · 수출 실적

(해설) 시행령 제2조(친환경농어업에 대한 기여도) 농림축산식품부장관 · 해양수산부장관 또는 지방자치단체의 장은 「친환경농어업 육성 및 유기식품 등의 관리 · 지원에 관한 법률」(이하 "법"이라 한다) 제16조제1항에 따른 친환경농어업에 대한 기여도를 평가하려는 경우에는 다음 각 호의 사항을 고려해야 한다.
1. 농업 환경의 유지 · 개선 실적
2. 유기식품 및 비식용유기가공품(이하 "유기식품등"이라 한다), 친환경농수산물 또는 유기농어업자재의 생산 · 유통 · 수출 실적
3. 유기식품등, 무농약농산물, 무농약원료가공식품, 무항생제수산물 및 활성처리제 비사용 수산물의 인증 실적 및 사후관리 실적
4. 친환경농어업 기술의 개발 · 보급 실적
5. 친환경농어업에 관한 교육 · 훈련 실적
6. 농약 · 비료 등 화학자재의 사용량 감축 실적
7. 축산분뇨를 퇴비 및 액체비료 등으로 자원화한 실적

정답 24 ③ 25 ③

26 선어에 비해 수산가공품의 유통상 장점을 모두 고른 것은?

> ㄱ. 장기간 저장 용이　　　ㄴ. 수송 용이　　　ㄷ. 선도 향상 가능

① ㄱ　　　　　② ㄱ, ㄴ　　　　　③ ㄴ, ㄷ　　　　　④ ㄱ, ㄴ, ㄷ

해설　선어란 경직 중 또는 해경이 얼마 되지 않은 신선한 어류를 말하는 것으로, 시장용어로서는 저온 하에서 보존되어 있는 미동결어를 가리키고 있다. 수산가공품의 예 참치 통조림

27 수산물 유통경로에 관한 설명으로 옳은 것은?

① 참치 통조림의 유통은 원료 조달단계와 상품 판매단계로 구분된다.
② 원양산 냉동 오징어는 모두 공영도매시장을 통해 유통된다.
③ 자연산 굴과 양식산 굴의 유통경로는 유사하다.
④ 갈치는 소비지 도매시장을 경유해야만 한다.

해설　원양산 냉동 수산물은 시장 외 거래가 일반적이다.

28 냉동 수산물 유통에 관한 설명으로 옳지 않은 것은?

① 원양 어획물과 수입 수산물이 대부분이다.
② 유통과정에서의 부패 위험도가 낮다.
③ 주로 산지위판장을 경유하여 유통된다.
④ 유통을 위해서 냉동창고, 냉동탑차를 이용한다.

해설　• 산지위판장의 수산물 거래가 많은 것은 선어이다.
　　　• 대형 원양어업 수확물의 유통은 냉동상태에서 이루어진다.

29 수산물 소매시장에 관한 설명으로 옳은 것은?

① 소비자에게 수산물을 판매하는 유통과정의 최종단계이다.
② 수산물의 수집, 가격 형성, 소비지로 분산하는 기능을 수행한다.
③ 수산물을 생산하여 1차 가격을 결정하는 시장이다.
④ 중도매인이 가격 결정을 주도한다.

정답　26 ②　27 ①　28 ③　29 ①

해설 ②, ④ 도매시장, ③ 산지위판장

30 양식 넙치 유통에 관한 설명으로 옳지 않은 것은?

① 횟감으로 이용되기 때문에 대부분 활어로 유통된다.

② 현재 주 생산지는 제주도와 완도이다.

③ 활어 유통기술이 개발되어 활어로 수출되고 있다.

④ 주로 산지위판장에서 거래되어 소비지로 출하된다.

해설 활어 유통은 비계통 출하 또는 시장 외 거래가 일반적이다.

31 선어 유통에 관한 설명으로 옳은 것은?

① 선어 유통에는 빙장이 필요 없다.

② 선어 유통은 비계통 출하 비중이 높다.

③ 선어 유통에서 명태의 유통량이 가장 많다.

④ 선어의 선도 유지를 위해 신속한 유통이 필요하다.

해설 선어 유통에서 고등어 유통량이 제일 많다.

32 자연산 참돔 활어 유통에 관한 설명으로 옳지 않은 것은?

① 소비지에서는 유사 도매시장을 경유하는 비중이 높다.

② 산지에서는 계통 출하로만 유통된다.

③ 유통과정에서 활어차와 수조가 이용된다.

④ 선어 유통보다 부가가치가 높다.

해설 활어는 비계통 출하의 비중이 더 높다.

33 수산물 전자상거래 활성화의 제약 요인이 아닌 것은?

① 수산물의 소비량이 적다.　　② 운송비 부담이 크다.

③ 생산 및 공급이 불안정하다.　　④ 반품처리가 어렵다.

정답 30 ④ 31 ④ 32 ② 33 ①

• 전자상거래: 재화 또는 용역의 거래에 있어서 그 전부 또는 일부가 전자문서에 의하여 처리되는 방법으로 이루어지는 상행위

• 전자문서란 컴퓨터 등 정보처리시스템에 의하여 전자적 형태로 작성, 송·수신 또는 저장된 정보를 말하고 주문, 결제, 이행단계 중 하나의 단계에서 전자문서가 활용될 경우 전자상거래가 성립한다. 전자상거래의 가장 큰 장점은 시간과 공간의 제약이 없으며, 기업의 입장에서 유통비용, 광고비용과 건물임대료 등 거래비용이 획기적으로 절감되며 소비자 입장에서는 쇼핑을 위해 번거롭게 이동할 필요가 없다는 점이다.

34 산지위판장에 고등어 100상자가 상장되면, 어떤 방식으로 가격이 결정되는가?

① 상향식 경매
② 하향식 경매
③ 최저가 입찰
④ 최고가 입찰

(해설) **영국식 경매방법(상향식)**

일반적으로 매수인측이 매수희망가격을 최저가격으로부터 점차 최고가격으로 제시하고, 경매사는 한 번 또는 여러 번 가격을 올려 부르게 되며, 구매자도 여러 번 가격을 올려 부를 수도 있다. 이 과정은 더 이상 받아들일 수 없을 정도로 호가가 이루어질 때까지 계속되어 최고가격에 이르렀을 때 경락되는 방법이다.

35 수산물 판매량을 늘리기 위해 중간상인에게 적용되는 촉진수단이 아닌 것은?

① 가격 인하
② 무료 제품 제공
③ 광고
④ 할인 쿠폰

(해설) **할인쿠폰**

쿠폰은 흔히 대기업의 브랜드 제품에도 사용되지만, 주변에서 빈번하게 접하는 쿠폰의 형태는 일반 리테일 매장이나 소규모 자영업자가 발행하는 지역 상권용 쿠폰이다. 이들은 자신의 매장이나 점포에 타깃 고객이나 불특정 다수 소비자를 유도하기 위해서 쿠폰을 대량으로 제작해 배포한다.

36 수산식품의 생산단계부터 판매단계까지의 정보를 소비자에게 전달하는 체계는?

① 지리적 표시제
② GAP
③ 수산물 이력제
④ QS−9000

(해설) "이력추적관리"란 농수산물의 안전성 등에 문제가 발생할 경우 해당 농수산물을 추적하여 원인을 규명하고 필요한 조치를 할 수 있도록 농수산물의 생산단계부터 판매단계까지 각 단계별로 정보를 기록·관리하는 것을 말한다.

정답 34 ① 35 ④ 36 ③

37 마트에서 생굴을 판매할 때, 판매정보수집에 이용되는 도구가 아닌 것은?

① POS 단말기　　　　　　　　　　② 바코드
③ 스토어 컨트롤러　　　　　　　　④ IC 카드

(해설) 스토어 컨트롤러(store controller): 매장의 재고나 정보를 제어하는 기계

38 갈치의 유통단계별 가격이 다음과 같다면 소비지 도매단계의 유통마진율(%)은 약 얼마인가?
(단, 유통비용은 없다고 가정한다.)

유통단계별 참여자	생산자	산지 수집상	소비지 도매상	소매상
참여자별 수취가격(마리당)	6,000원	6,500원	7,500원	8,000원

① 6　　　　　　② 8　　　　　　③ 13　　　　　　④ 25

(해설) 해당 유통단계 유통마진율 = (해당 유통단계 수취가격 – 전 단계 수취가격) / 해당 유통단계 수취가격
= (7,500 – 6,500) / 7,500 = 13.33%

39 고등어가 매월 500상자씩 판매되었으나 가격이 10% 인상됨에 따라 수요가 15% 감소하였다면 수요의 가격탄력성은?

① 0.5　　　　　② 0.7　　　　　③ 1.1　　　　　④ 1.5

(해설) 수요의 가격탄력성 = 수요량의 증감 / 수요가격의 증감 = 15% / 10% = 1.5

40 수산물 마케팅 환경요인 중 미시적 외부환경요인은?

① 종업원 역량　　② 수산물 공급자　　③ 해수온도　　　④ 어업기술

(해설) 미시적 요인: 유통단계에서 활동하는 유통기관(기구)
(예) 기업, 원료 공급자, 고객, 공공, 경쟁기업, 중간상 등

41 수산식품의 브랜드명이 'B 참치', 'B 어묵', 'B 젓갈' 등이라면, B 수산회사가 채택한 브랜드 구조는?

① 브랜드 위계 구조　　　　　　　② 개별 브랜드 구조
③ 기업 브랜드 구조　　　　　　　④ 혼합 브랜드 구조

(해설) 기업의 브랜드명을 상품 전면에 포진함으로써 기업 브랜드가 곧 상품의 신뢰성이나 가치를 보증하는 구조

정답　37 ④　38 ③　39 ④　40 ②　41 ③

42 다음에서 부산횟집이 넙치회 2kg을 37,000원에 판매하였다면, 적용된 가격결정 방식은?

넙치회 2kg 기준	넙치 구입원가: 25,000원	인근횟집 평균 가격: 50,000원
	총인건비: 5,000원	소비자 지각가치: 34,000원
	기타 점포운영비: 4,000원	희망 이윤액: 3,000원

① 가치 가격결정
② 원가중심 가격결정
③ 약탈적 가격결정
④ 경쟁자 기준 가격결정

해설 원가에 희망이윤을 붙여 37,000원이 결정되었으므로 원가중심 가격결정을 택했다.

43 수산물 유통의 사회경제적 역할이 아닌 것은?

① 사회적 불일치 해소
② 장소적 불일치 해소
③ 품질적 불일치 해소
④ 시간적 불일치 해소

해설 유통을 통해 품질의 불일치(→ 품질의 동질화)를 해소할 수는 없다.

44 일반적인 수산물의 상품적 특성으로 옳지 않은 것은?

① 품질과 크기가 균일하다.
② 생산이 특정한 시기에 편중되는 품목이 많다.
③ 가치에 비해 부피가 크고 무겁다.
④ 상품의 용도가 다양하며, 대체 가능한 품목이 많다.

해설 품질과 크기가 다양하다.

45 수산물 유통구조에 관한 설명으로 옳은 것은?

① 유통단계가 단순하다.
② 소비지에는 도매시장이 없다.
③ 다양한 유통경로가 존재한다.
④ 유통비용이 저렴하고, 유통마진이 작다.

해설 ① 유통단계가 복잡하다.
② 소비지에는 도매시장이 존재한다.
③ 다양한 유통경로가 존재한다.
④ 공산품에 비해 유통비용이 크고, 유통마진이 크다.

정답 42 ② 43 ③ 44 ① 45 ③

46 수산물 유통기능의 설명으로 옳은 것을 모두 고른 것은?

> ㄱ. 보관기능: 수산물 생산시점과 소비시점의 차이 문제를 해결한다.
> ㄴ. 정보전달기능: 수산물 생산지와 소비지의 차이 문제를 해결한다.
> ㄷ. 상품구색기능: 시장 수요의 다양성에 대응하기 위해 다양한 수산물을 수집하여 구색을 갖춘다.
> ㄹ. 선별기능: 대량으로 생산된 수산물을 각 시장의 규모에 맞추어 소량으로 분할한다.

① ㄱ, ㄴ   ② ㄱ, ㄷ   ③ ㄴ, ㄹ   ④ ㄷ, ㄹ

(해설) • 정보전달기능: 상품에 대한 정보를 제공한다.
       • 선별기능: 포장단위로 무게 또는 크기에 따라 선별하는 기능

47 산지위판장에 관한 설명으로 옳지 않은 것은?

① 전국적으로 동일한 위판수수료를 받는다.
② 수협 조합원의 생산물을 위탁판매한다.
③ 경매를 통해 가격을 결정한다.
④ 어장과 가까운 연안에 위치한다.

(해설) • 산지위판장: "수산물산지위판장"이란 「수산업협동조합법」에 따른 지구별 수산업협동조합, 업종별 수산업협동조합 및 수산물가공 수산업협동조합, 수산업협동조합중앙회, 그 밖에 대통령령으로 정하는 생산자단체와 생산자가 수산물을 도매하기 위하여 제10조에 따라 개설하는 시설을 말한다.
       • 위판수수료: 해당 산지위판장의 업무규정으로 정한다.

48 수산물 표준화 및 등급화에 관한 설명으로 옳지 않은 것은?

① 소비자의 상품신뢰도를 향상시킨다.
② 품질에 따른 가격차별화를 가능하게 한다.
③ 물류비용 절감으로 유통 효율성을 높일 수 있다.
④ 현재 수산물 표준화 및 등급화는 모든 생산자의 의무도입사항이다.

(해설) 표준화 및 등급화는 모든 생산자의 의무도입사항은 아니며 도매시장에 출하시 우선경매 등의 혜택을 주고 있다. 장관의 권장사항이다.

49 냉동 수산물의 단위화물 적재시스템(unit load system)에 관한 설명으로 옳지 않은 것은?

① 일정한 중량 또는 체적으로 단위화하여 수송하는 방법이다.

② 기계를 이용한 하역·수송·보관이 가능하다.

③ 저장 공간을 많이 차지하는 단점이 있다.

④ 포장비용을 절감하는 효과를 기대할 수 있다.

(해설) 단위화물을 적재하기 위해 펠릿이나 표준규격화된 포장을 사용하므로 저장공간을 효율적으로 사용할 수 있다.

50 수산물 공판장의 개설자에게 등록하고, 수산물을 수집하여 수산물 공판장에 출하하는 사람은?

① 매매참가인

② 산지유통인

③ 경매사

④ 객주

(해설) 농수산물 및 유통에 관한 법률

"산지유통인"(産地流通人)이란 제29조, 제44조, 제46조 또는 제48조에 따라 농수산물도매시장·농수산물공판장 또는 민영농수산물도매시장의 개설자에게 등록하고, 농수산물을 수집하여 농수산물도매시장·농수산물공판장 또는 민영농수산물도매시장에 출하(出荷)하는 영업을 하는 자(법인을 포함한다. 이하 같다)를 말한다.

제3과목 수확 후 품질관리론

51 연육(surimi)의 제조에 사용되는 원료어 중 냉수성 어종인 것은?

① 명태

② 갈치

③ 참조기

④ 실꼬리돔

(해설) 냉수성 어종으로는 산천어, 열목어, 대구, 명태, 연어 등이 있다.

52 어류의 선도 판정법이 아닌 것은?

① K값 측정

② 휘발성염기질소(VBN) 측정

③ 관능검사

④ 중금속 측정

(해설) 중금속 측정은 선도 판정법이 아니다.

정답 49 ③ 50 ② 51 ① 52 ④

정리 **수확(어획) 후 수산물의 신선도 측정 방법**

1. 관능적 방법
   (1) 관능적 방법은 시각, 후각, 촉각 등 인간의 오감을 사용하여 신선도를 파악하는 방법이다.
   (2) 관능적 선도 측정의 기준
      ① 외관
         ㉠ 체표가 윤이 나고 광택이 있으며, 비늘의 탈락이 없으면 신선하다.
         ㉡ 눈알이 혼탁하지 않고 혈액의 침출이 적으면 신선하다.
         ㉢ 아가미가 신선한 선홍색을 띠면 신선하다.
         ㉣ 복부가 갈라지지 않은 것이 신선하다.
      ② 냄새
         이취가 없으면 신선하다.
      ③ 탄력
         ㉠ 등과 꼬리가 탄력이 있으면 신선하다.
         ㉡ 복부의 내장이 단단하고 탄력이 있으면 신선하다.

2. 화학적 방법
   (1) 휘발성염기질소(VBN)의 측정을 통하여 신선도를 파악할 수 있다.
      ① 암모니아, 트리메틸아민, 디메틸아민 등과 같은 휘발성염기질소는 신선도가 저하될수록 많이 발생한다.
      ② 휘발성염기질소 측정에 의한 신선도 판정은 다른 판정법과 병행하여 사용하거나 단독으로 사용하기도 한다.
      ③ 트리메틸아민(TMA)의 측정에 의한 신선도 판정법은 단독 판정법으로서 많이 활용되고 있다. 다만 민물고기의 어육에는 TMA의 생성이 너무 적고, 상어와 가오리, 홍어는 암모니아와 TMA의 생성이 지나치게 많아 VBN 측정법으로 선도를 판정할 수 없다.
      ④ 휘발성염기질소의 기준

신선도	휘발성염기질소
신선	5~10mg%
보통	15~25mg%
초기 부패	30~40mg%
부패	50mg% 이상

   (2) pH의 측정을 통하여 신선도를 파악할 수 있다.
      ① 활어의 pH는 7.2~7.4 정도이다.
      ② 어류는 신선도가 떨어지면 젖산이 생성되면서 pH 값이 저하되는데 붉은 살 어류(적색육 어류)는 5.6~5.8, 흰 살 어류(백색육 어류)는 6.2~6.4 정도까지 저하된다. 이를 최저 도달 pH이라고 한다.
      ③ 일반적으로 적색육 어류는 pH 6.2~6.4, 백색육 어류는 pH 6.7~6.8일 때 초기부패라고 판정한다.
      ④ 최저 도달 pH 이후에 신선도가 더 떨어지면 암모니아, 트리메틸아민, 디메틸아민 등의 생성에 의해 pH는 다시 상승한다.

⑶ K값이 작을수록 신선하다.

　① 체내의 ATP는 사후 분해되는 데 ATP의 분해 정도를 K값으로 산정하여 신선도를 판정한다.

　② ATP의 분해과정은 ATP(아데노신3인산) ⇨ ADP(아데노신2인산) ⇨ AMP(아데노신1인산) ⇨ IMP(이노신1인산) ⇨ 이노신 ⇨ 히포크산틴으로 이루어지며 K값은 다음과 같이 산정한다.

$$K = \frac{(이노신 + 히포크산틴)}{(ATP + ADP + AMP + IMP + 이노신 + 히포크산틴)} \times 100(\%)$$

　③ K값이 20% 이내이면 신선어, 35% 이내는 선어로 판정한다.

3. 세균학적 방법

⑴ 어육 1g 중의 세균수로서 신선도를 판정한다.

⑵ 세균학적 신선도 판정 기준

신선도	1g 중의 세균수
신선	10^5 이하
초기 부패	$10^5 \sim 10^6$
부패	15×10^5 이상

53 어육이 90% 동결되어 있을 때 체적 팽창률(%)은 약 얼마인가? (단, 어육의 수분함량은 70%, 물의 동결에 의한 체적 팽창률은 9%로 하며, 수분을 제외한 나머지 성분의 동결에 의한 체적 변화는 무시한다.)

① 4.9　　　　② 5.7　　　　③ 6.3　　　　④ 8.1

(해설) 70% × 90% × 9% = 5.67%

54 해산어류의 대표적인 비린내 성분은?

① 트리메틸아민(TMA)　　　　② 트리메틸아민옥시드(TMAO)
③ 젖산(lactic acid)　　　　④ 글루탐산(glutamic acid)

(해설) 어패류의 트리메틸아민옥시드가 미생물에 의해 분해되면 암모니아와 트리메틸아민이 생성된다. 이때 생성되는 트리메틸아민이 어패류의 비린내의 대표적인 성분이다.

55 수산식품의 결합수에 관한 설명으로 옳지 않은 것은?

① 단백질, 탄수화물 등의 식품성분과 결합되어 있다.
② 미생물의 증식에 이용된다.
③ 용매로 작용하지 않는다.
④ 0℃에서 얼지 않는다.

정답　53 ②　54 ①　55 ②

식품 중의 수분은 존재 상태에 따라 자유수와 결합수로 구분된다. 자유수는 역학적인 운동이 자유로운 상태의 수분으로서 용매로 작용하고 미생물의 발육에 이용되며, 건조나 가압에 의해서 쉽게 제거될 수 있다. 이에 비해 결합수는 역학적인 운동이 자유롭지 못한 상태의 수분으로서 용매로 작용하지 못하고 0℃ 이하의 저온에서도 얼지 않으며 큰 압력을 가하여도 쉽게 분리·제거되지 않고 미생물의 발육에 이용될 수 없다.

56 냉동 새우의 흑변에 관한 설명으로 옳지 않은 것은?

① 머리 부위에서 많이 발생한다.
② 새우에 함유된 효소 작용에 의해 생성된다.
③ 최종 반응생성물은 과산화물이다.
④ 흑변을 억제하기 위해서는 아황산수소나트륨(NaHSO₃) 용액에 침지한다.

(해설) 새우는 티로시나아제(tyrosinase)를 함유하고 있으므로 이의 작용으로 흑색의 멜라닌(melanin)이 형성되어 흑변한다. 찌거나 가열하여 티로시나아제의 작용을 억제하거나 아황산수소나트륨(NaHSO₃) 용액에 침지하면 흑변을 억제할 수 있다.

57 냉동식품의 냉동 화상(freezer burn)을 억제하는 방법으로 옳지 않은 것은?

① 포장을 한다.　　　　　　　　　　　② 차아염소산나트륨 처리를 한다.
③ 냉동식품 표면의 승화를 억제한다.　　④ 얼음막 처리(glazing)를 한다.

(해설) 냉동 화상(freezer burn)을 억제하는 방법으로는 ①, ③, ④ 등이 있다.

58 통조림 용기로서 알루미늄관의 특성으로 옳지 않은 것은?

① 식염에 부식되기 쉽다.　　　　　　　② 붉은 녹이 발생하지 않는다.
③ 흑변이 발생하지 않는다.　　　　　　④ 양철관에 비하여 무게가 무겁다.

(해설) 알루미늄관은 양철관에 비하여 무게가 가볍다.

59 수산물 통조림의 밀봉을 위한 밀봉기의 주요 요소가 아닌 것은?

① 리프터(lifter)　　　　　　　　　　　② 블리더(bleeder)
③ 시밍 롤(seaming roll)　　　　　　　④ 시밍 척(seaming chuck)

정답　56 ③　57 ②　58 ④　59 ②

밀봉기의 3요소는 리프터(lifter), 시밍 롤(seaming roll), 시밍 척(seaming chuck)이다.

밀봉은 탈기를 끝낸 후 캔의 몸통과 뚜껑 사이에 틈새가 없도록 시머(밀봉기)로 봉하는 공정이다. 밀봉을 하는 목적은 캔 내부의 내용물을 외부 미생물 및 오염물질로부터 차단하고, 진공상태를 유지하기 위한 것이다. 밀봉기의 3요소는 리프터(lifter), 시밍 롤(seaming roll), 시밍 척(seaming chuck)이다.
  ㉠ 리프터(lifter): 리프터는 동체를 척에 맞도록 올리는 장치인데, 그 중심이 척의 중심과 꼭 맞아야 하며, 그 면은 서로 평행이 되어야 한다.
  ㉡ 시밍 롤(seaming roll): 제1롤은 뚜껑의 컬부를 몸통의 플랜지 밑으로 말아 이중으로 겹쳐 굽히는 작용을 하고, 제2롤은 이것을 더욱 압착하여 밀봉을 완성한다.
  ㉢ 시밍 척(seaming chuck): 시밍 척은 리프터와 더불어 관을 고정하고, 척플랜지는 시밍 롤이 밀봉부를 압착할 때 대응하는 벽의 역할을 한다.

60 식품 포장의 기능 및 목적으로 옳지 않은 것은?

① 식품을 오래 보관할 수 있게 한다.
② 제품의 취급을 간편하도록 한다.
③ 소비자에게 내용물의 정보를 감추기 위해 사용한다.
④ 유해물질의 혼입을 막아 식품의 안전성을 높인다.

소비자에게 내용물의 정보를 알리는 것도 포장의 기능이다.

61 수산가공품 중 수산물을 삶은(자숙) 다음 건조하여 제조한 것으로만 연결된 것은?

① 마른오징어 - 마른김
② 마른김 - 마른멸치
③ 마른멸치 - 마른해삼
④ 마른해삼 - 굴비

수산물을 삶은 후에 건조시킨 자건품으로는 멸치, 해삼, 전복, 새우 등이 있다.

62 어체의 척추뼈 부분을 제거하고, 2개의 육편으로 처리한 것은?

① 라운드(round)
② 필렛(fillet)
③ 세미 드레스(semi-dressed)
④ 드레스(dressed)

필렛(fillet)은 척추뼈 부분을 제거하고 2개의 육판으로 처리한 것으로, 껍질이 붙은 것(skin on)과 꼬리가 있는 것(tail on)으로 구분하여 표시한다.

63 액젓의 총질소 측정 방법으로 적합한 것은?

① 속실렛(Soxhlet)법 　　　　　　② 상압가열법

③ 칼피셔(Karl-Fischer)법 　　　　④ 킬달(Kjeldahl)법

(해설) 액젓의 총질소 측정 방법으로 킬달(Kjeldahl)법이 사용된다.

64 EPA(eicosapentaenoic acid)에 관한 설명으로 옳지 않은 것은?

① 혈중 중성지질 개선에 도움을 준다.

② 오메가-3 지방산이다.

③ 포화지방산이다.

④ 고등어, 가다랑어 등에 함유되어 있다.

(해설) EPA는 오메가 3 지방산으로서 음식물을 통해서만 섭취가 가능한 불포화지방산이다. EPA는 콜레스테롤 저하와 뇌 기능 촉진에 도움이 되며 고등어, 가다랑어 등에 많이 함유되어 있다.

65 연육을 제조할 때 사용하는 첨가물이 아닌 것은?

① 솔비톨(sorbitol) 　　　　　　② 중합인산염

③ 설탕 　　　　　　　　　　　　④ 감자 전분

(해설) 어육에 6%의 설탕(또는 솔비톨), 0.2~0.3%의 중합인산염을 첨가하여 연육을 제조한다.

66 갈조류에 함유된 다당류를 모두 고른 것은?

| ㄱ. 알긴산(alginic acid) | ㄴ. 후코이단(fucoidan) |
| ㄷ. 한천(agar) | ㄹ. 카라기난(carrageenan) |

① ㄱ, ㄴ 　　　　　　　　　　② ㄱ, ㄷ

③ ㄴ, ㄹ 　　　　　　　　　　④ ㄷ, ㄹ

(해설) 알긴산(alginic acid), 후코이단(fucoidan)은 갈조류에 함유되어 있고, 한천(agar), 카라기난(carrageenan)은 홍조류에 함유되어 있다.

정답　63 ④　64 ③　65 ④　66 ①

67 브라인 침지 동결법에 관한 설명으로 옳은 것은?

① 브라인으로 암모니아를 주로 사용한다.

② 참치 통조림용 원료어의 동결에 흔히 이용된다.

③ 포장된 수산물에는 적용할 수 없다.

④ 수산물을 개체별로 동결할 수 없다.

해설 브라인 침지 동결법은 간접냉매(염화칼슘, 염화나트륨 등)인 브라인에 침지하여 동결하는 방법으로서 통조림용 원료어의 동결이나 포장된 가공식품의 동결에 이용된다.

68 통조림의 제조를 위한 주요 공정의 순서로 옳은 것은?

① 탈기 − 밀봉 − 살균 − 냉각
② 탈기 − 살균 − 냉각 − 밀봉
③ 살균 − 냉각 − 탈기 − 밀봉
④ 밀봉 − 살균 − 냉각 − 탈기

해설 통조림 제조공정의 순서는 탈기 − 밀봉 − 살균 − 냉각 − 포장이다.

정리 **통조림의 가공**
(1) 먼저 원료를 알맞게 전처리(선별, 조리)한 후 캔에 넣고(살쟁임) 탈기, 밀봉, 살균, 냉각, 포장의 순서로 가공한다.
(2) 탈기는 용기에 내용물을 채운 다음 용기 내부에 있는 공기를 제거하는 공정이다. 탈기의 목적은 다음과 같다.
　① 캔 내의 공기를 제거함으로써 호기성 세균의 발육을 억제할 수 있다.
　② 살균할 때 공기가 팽창되는 것을 막을 수 있어 캔의 파손을 방지할 수 있다.
　③ 공기산화로 인한 내용물의 영양성분 파괴를 억제할 수 있다.
　④ 캔 내부 부식을 방지할 수 있다.
(3) 밀봉은 탈기를 끝낸 후 캔의 몸통과 뚜껑 사이에 틈새가 없도록 시머(밀봉기)로 봉하는 공정이다. 밀봉을 하는 목적은 캔 내부의 내용물을 외부 미생물 및 오염물질로부터 차단하고, 진공상태를 유지하기 위한 것이다.
(4) 살균은 밀봉된 용기내의 내용물에 존재하는 유해 미생물을 살균하는 것이다. 살균에 의해 식품의 위생적 안전성이 향상되고 바로 먹을 수 있게 하여 이용의 간편성을 높일 수 있다.
　① 살균할 때 가열의 정도는 식품의 산도(pH)에 따라 다르다.
　② 클로스트리듐 보툴리눔균은 내열성이 매우 강하며, pH 4.5 이상일 때 증식이 이루어지므로 pH 4.5 이상의 저산성식품은 레토르트(retort)에 넣어 100℃ 이상의 고온으로 열처리하여 살균하여야 하며, pH 4.5 이하의 산성식품은 저온살균을 한다.
(5) 살균을 끝낸 통조림은 내용물의 품질변화를 줄이기 위해 40℃ 정도로 급속히 냉각하여야 한다.
　① 냉각의 목적은 호열성 세균의 발육을 억제하고, 캔 내용물의 분해를 방지하며, 스트루바이트(통조림 내용물에 유리조각 같은 결정체가 생기는 것)의 생성을 억제하는데 있다.
　② 레토르트(retort)에 넣고 가열하는 과정에서 통조림 내부의 압력이 증가하고 내용물이 팽창되어 있으므로 레토르트(retort)의 압력을 유지하면서 냉각수를 주입하여 냉각한다(가압냉각).
　③ 레토르트(retort)의 압력이 캔의 내압보다 과도하게 크면 패널 캔(움푹 파인 형태)이 생기기 쉬우며, 레토르트(retort)의 압력이 캔의 내압보다 과도하게 작으면 버클 캔(튀어 나온 형태)이 생기기 쉽다.

정답 67 ② 68 ①

69 다음과 같은 특징을 가지는 알레르기 유발물질은?

> • 비위생적으로 관리된 고등어에 함유되어 있다.
> • 바이오제닉아민의 일종이다.
> • 탈탄산 반응에 의해 유리 히스티딘으로부터 생성된다.

① 티라민(tyramine)
② 라이신(lysine)
③ 히스타민(histamine)
④ 아르기닌(arginine)

(해설) 히스타민은 아미노산의 일종인 히스티딘으로부터 합성되는 물질로서 알레르기 작용을 유발하는 물질이다.

70 식품첨가물 중 산화방지제에 해당하지 않는 것은?

① 디부틸히드록시톨루엔(BHT)
② 부틸히드록시아니졸(BHA)
③ 소르빈산칼슘
④ 토코페롤

(해설) ①②④ 및 토코페롤 등은 산화방지제이며, 소르빈산칼슘은 보존료이다.

71 식품안전관리인증기준(HACCP)의 7원칙 12절차 체계 중 준비단계에 해당하는 것은?

① HACCP팀 구성
② 위해요소 분석
③ 중요관리점(CCP)의 결정
④ 중요관리점(CCP) 모니터링 체계 확립

(해설) 해썹(HACCP) 12단계란 준비단계 5단계와 본단계인 해썹(HACCP) 7원칙을 포함한다.
HACCP팀 구성은 준비단계에 해당한다.

72 해산어류를 통하여 감염되는 기생충인 아니사키스(Anisakis spp.)의 특징으로 옳은 것을 모두 고른 것은?

> ㄱ. 숙주는 고래 물개 등이다.
> ㄴ. 인체 감염 시 복통 및 구토 등의 증상이 나타날 수 있다.
> ㄷ. 고래회충으로도 불린다.

① ㄱ
② ㄱ, ㄴ
③ ㄴ, ㄷ
④ ㄱ, ㄴ, ㄷ

(해설) 아니사키스(Anisakis spp.)는 고래회충으로서 바다포유동물을 숙주로 하여 기생하며 감염되면 복통, 구토 등을 유발한다.

정답 **69** ③ **70** ③ **71** ① **72** ④

73 노로바이러스 식중독에 관한 설명으로 옳지 않은 것은?

① 세균성 식중독의 일종이다.

② 사람의 분변에 오염된 물이나 식품에 의해 발생한다.

③ 메스꺼움, 설사, 구토 등의 증상을 유발한다.

④ 비가열 패류를 섭취할 경우 감염될 수 있다.

(해설) 노로바이러스는 비세균성 바이러스이다.

74 다음 중 복어 독의 주요 성분은?

① 솔라닌(solanine) ② 고시폴(gossypol)

③ 아미그달린(amygdalin) ④ 테트로도톡신(tetrodotoxin)

(해설) 테트로도톡신은 복어 독으로서 테트로도(복어)와 톡신(독)의 합성어이다.

75 식품의 생물학적 위해요소로 옳지 않은 것은?

① 식중독 세균 ② 잔류농약 ③ 식중독 바이러스 ④ 기생충

(해설) 농약, 다이옥신 등은 화학적 위해요소이다.

제4과목 | **수산일반**

76 다음에서 수산업법상 정의하는 수산업을 모두 고른 것은?

| ㄱ. 수산물유통업 | ㄴ. 어촌관광업 | ㄷ. 수산물가공업 |
| ㄹ. 어업 | ㅁ. 수산기자재업 | ㅂ. 어획물운반업 |

① ㄱ, ㄴ ② ㄷ, ㄹ, ㅂ ③ ㄱ, ㄷ, ㄹ, ㅁ ④ ㄴ, ㄹ, ㅁ, ㅂ

(해설) "수산업"이란 「수산업·어촌 발전 기본법」 제3조제1호 각 목에 따른 어업·양식업·어획물운반업·수산물가공업 및 수산물유통업을 말한다. 참고로 수산업법이 개정됨에 따라 정답은 ㄱ, ㄷ, ㄹ, ㅂ 이다.

(정리) **수산업법(2023.1.12. 시행)**
제2조(정의) 이 법에서 사용하는 용어의 뜻은 다음과 같다.

정답 73 ① 74 ④ 75 ② 76 ②

1. "수산업"이란 「수산업·어촌 발전 기본법」 제3조제1호 각 목에 따른 어업·양식업·어획물운반업·수산물가공업 및 수산물유통업을 말한다.
2. "어업"이란 수산동식물을 포획·채취하는 사업과 염전에서 바닷물을 자연 증발시켜 소금을 생산하는 사업을 말한다.
3. "양식업"이란 「양식산업발전법」 제2조제2호에 따라 수산동식물을 양식하는 사업을 말한다.
4. "어획물운반업"이란 어업현장에서 양륙지(揚陸地)까지 어획물이나 그 제품을 운반하는 사업을 말한다.
5. "수산물가공업"이란 수산동식물을 직접 원료 또는 재료로 하여 식료·사료·비료·호료(糊料)·유지(油脂) 또는 가죽을 제조하거나 가공하는 사업을 말한다.
6. "어장(漁場)"이란 제7조에 따라 면허를 받아 어업을 하는 일정한 수면을 말한다.
7. "어업권"이란 제7조에 따라 면허를 받아 어업을 경영할 수 있는 권리를 말한다.
8. "입어(入漁)"란 입어자가 마을어업의 어장에서 수산동식물을 포획·채취하는 것을 말한다.
9. "입어자(入漁者)"란 제48조에 따라 어업신고를 한 자로서 마을어업권이 설정되기 전부터 해당 수면에서 계속하여 수산동식물을 포획·채취하여 온 사실이 대다수 사람들에게 인정되는 자 중 대통령령으로 정하는 바에 따라 어업권원부(漁業權原簿)에 등록된 자를 말한다.
10. "어업인"이란 어업자 및 어업종사자를 말하며, 「양식산업발전법」 제2조제12호의 양식업자와 같은 조 제13호의 양식업종사자를 포함한다.
11. "어업자"란 어업을 경영하는 자를 말한다.
12. "어업종사자"란 어업자를 위하여 수산동식물을 포획·채취하는 일에 종사하는 자와 염전에서 바닷물을 자연 증발시켜 소금을 생산하는 일에 종사하는 자를 말한다.
13. "어획물운반업자"란 어획물운반업을 경영하는 자를 말한다.
14. "어획물운반업종사자"란 어획물운반업자를 위하여 어업현장에서 양륙지까지 어획물이나 그 제품을 운반하는 일에 종사하는 자를 말한다.
15. "수산물가공업자"란 수산물가공업을 경영하는 자를 말한다.
16. "바닷가"란 「해양조사와 해양정보 활용에 관한 법률」 제8조제1항제3호에 따른 해안선으로부터 지적공부(地籍公簿)에 등록된 지역까지의 사이를 말한다.
17. "유어(遊漁)"란 낚시 등을 이용하여 놀이를 목적으로 수산동식물을 포획·채취하는 행위를 말한다.
18. "어구(漁具)"란 수산동식물을 포획·채취하는 데 직접 사용되는 도구를 말한다.
19. "부속선"이란 허가받은 어선의 어업활동을 보조하기 위해 허가받은 어선 외에 부가하여 허가받은 운반선, 가공선, 등선(燈船), 어업보조선 등을 말한다.
20. "부표"란 어업인 또는 양식업자가 어구와 양식시설물 등을 「어장관리법」 제2조제1호에 따른 어장에 설치할 때 사용하는 어장부표를 말한다.

77 다음에서 설명하는 내용으로 옳은 것은?

> 특정 어장에서 특정 어종의 자원 상태를 조사·연구하여 분포하고 있는 자원의 범위 내에서 연간 어획할 수 있는 총량을 정하고, 그 이상의 어획을 금지함으로써 수산자원의 관리를 도모하고자 하는 제도

① ABC   ② MSY   ③ MEY   ④ TAC

정답 ▶ 77 ④

78 국제수산기구 중 다랑어류(참치) 관리기구로 옳은 것은?

① 북서대서양수산위원회(NAFO)
② 남극해양생물보존위원회(CCAMLR)
③ 중서부태평양수산위원회(WCPFC)
④ 북태평양소하성어류위원회(NPAFC)

해설 국제수산기구 현황

		기구(회의)명	본부	협약목적
수산정책·규범		FAO 수산위원회	로마	수산관련 국제규범 수립
		UN(수산결의안, 해양법 결의 등)	뉴욕	어업관리 규범 마련
		OECD 수산위원회	파리	주요 수산이슈의 경제적 분석
		APEC 해양수산실무그룹	싱가포르	해양수산 자원관리 방안 논의
지역수산기구	참치기구	대서양참치보존위원회(ICCAT)	마드리드	대서양 참치자원 보존 및 이용
		인도양참치위원회(IOTC)	세이셸	인도양 참치자원 보존이용
		남방참다랑어보존위원회(CCSBT)	캔버라	남방참다랑어 자원 보존관리
		중서부태평양수산위원회(WCPFC)	미크로네시아	태평양수역 참치자원 보존관리
		전미열대다랑어위원회(IATTC)	라호야	동부태평양 참치자원 보존관리
	非참치기구	국제포경위원회(IWC)	캠브리지	고래자원 보존관리, 상업포경
		남극해양생물보존위(CCAMLR)	호바트	남극해양생물자원 보존관리
		중부베링공해명태협약(CCBSP)	시애틀	중부베링해 명태 보존관리
		북태평양소하성어류위(NPAFC)	밴쿠버	연어자원 보존관리
		북서대서양수산위(NAFO)	캐나다	북서대서양수역 수산자원 관리
		중동대서양수산기구(CECAF)	FAO	중동대서양수역 수산자원 관리
		중서대서양수산기구(WECAFC)	FAO	중서대서양수역 수산자원 관리
		남동대서양수산기구(SEAFO)	나미비아	남동대서양 수산자원 최적이용
		남태평양수산관리기구(SPRFMO)	뉴질랜드	저층어업 및 비참치어종 관리
		아시아·태평양수산위(APFIC)	방콕	수산정책 수립 및 이행지원
		북태평양 해양과학기구(PICES)	캐나다	해양생물 및 환경 과학적 연구
		남인도양수산협정(SIOFA)	미정	남인도양 수산자원 보존관리
		북태평양수산위원회(NPFC)	동경	저층어업 및 비참치어종 관리

(출처: 해양수산부)

정답 78 ③

79 수산물의 일반적 특징에 관한 설명으로 옳지 않은 것은?

① 수산물은 부패가 느리고 상품 규격화가 쉽다.

② 수산물 기호는 부모들의 섭취 경험에 영향을 받는다.

③ 육상에서 생산되는 먹거리로부터 보충받기 어려운 각종 특수 영양소를 제공한다.

④ 쌀을 주식으로 하는 나라일수록 식품소비 중 수산물이 차지하는 비율이 높은 편이다.

(해설) 수산물은 부패가 빠르고, 상품 규격화가 어렵다.

80 다음에서 (   )에 들어갈 용어를 순서대로 나열한 것은?

> 면허 어업은 행정관청이 일정한 수면을 구획 또는 전용하여 어업을 할 수 있는 자를 지정하고, 일정 기간 동안 그 수면을 (   )하여 (   )으로 이용하도록 권한을 부여하는 것이다.

① 독점, 배타적 　　　　② 공유, 배타적

③ 과점, 비배타적 　　　④ 협동, 비배타적

(해설) **수산업법(2023.1.12. 시행) 제7조(면허 어업)**
　① 다음 각 호의 어느 하나에 해당하는 어업을 하려는 자는 시장·군수·구청장의 면허를 받아야 한다.
　　1. 정치망 어업(定置網漁業): 일정한 수면을 구획하여 대통령령으로 정하는 어구를 일정한 장소에 설치하여 수산동물을 포획하는 어업
　　2. 마을 어업: 일정한 지역에 거주하는 어업인이 해안에 연접(連接)한 일정 수심 이내의 수면을 구획하여 패류·해조류 또는 정착성(定着性) 수산동물을 관리·조성하여 포획·채취하는 어업
　② 시장·군수·구청장은 제1항에 따른 어업면허를 할 때에는 개발계획의 범위에서 하여야 한다.
　③ 제1항 각 호에 따른 어업의 종류와 마을 어업 어장의 수심 한계는 대통령령으로 정한다.
　④ 다음 각 호에 필요한 사항은 해양수산부령으로 정한다.
　　1. 어장의 수심(마을 어업은 제외한다), 어장구역의 한계 및 어장 사이의 거리
　　2. 어장의 시설방법 또는 포획방법·채취방법
　　3. 어획물에 관한 사항
　　4. 어선·어구 또는 그 사용에 관한 사항
　　5. 해적생물(害敵生物) 구제도구의 종류와 사용방법 등에 관한 사항
　　6. 그 밖에 어업면허에 필요한 사항

81 수산자원 조성의 적극적 활동에 해당하지 않는 것은?

① 인공어초 투하 　　　② 바다목장 조성

③ 어획량 제한 　　　　④ 인공종자(종묘) 방류

해설 어획량 제한은 수산자원 보호를 위한 간접적인 방법이다. 우리나라의 수산자원 조성사업은 인공어초사업, 종묘방류사업, 연안바다목장사업 및 2009년부터 시행된 바다숲 조성사업이 있다.

정리 **수산자원 조성**

(1) 수산자원 조성사업은 생태계를 복원하고 수산자원을 증대할 수 있는 가장 능동적인 수단이다.

(2) 우리나라의 수산자원 조성사업은 인공어초사업, 종묘방류사업, 연안바다목장사업 및 2009년부터 시행된 바다숲 조성사업이 있다.

(3) 수산자원 조성사업을 보다 체계적이고 합리적으로 추진하기 위해 해양수산부는 2010년 11월 한국수산자원관리공단을 설립했다.

(4) 1971년 강원도 해역에서 연안 수산자원의 산란·서식을 위해 인공어초사업이 시작됐다.

(5) "바다목장"이란 일정한 해역에 수산자원 조성을 위한 시설을 종합적으로 설치하고 수산종자를 방류하는 등 수산자원을 조성한 후 체계적으로 관리하여 이를 포획·채취하는 장소를 말한다. 연안바다목장은 2006년부터 2013년까지 30개소를 완료했다.

(6) "바다숲"이란 갯녹음(백화현상) 등으로 해조류가 사라졌거나 사라질 우려가 있는 해역에 연안생태계 복원 및 어업생산성 향상을 위하여 해조류 등 수산종자를 이식하여 복원 및 관리하는 장소를 말한다. 연안 암반해역의 엽상해조류가 사라지고 석회조류가 뒤덮히는 갯녹음(백화현상)은 1992년 제주도에서 최초로 보고된 후 매년 증가하는 추세다. 바다숲 조성사업은 갯녹음으로 인한 바다사막화의 진행에 대한 대책으로 2009년부터 실시되고 있다.

참고 **수산자원관리법**

[시행 2021. 2. 19.] [법률 제17052호, 2020. 2. 18., 타법개정]

제1장 총칙

제1조(목적) 이 법은 수산자원관리를 위한 계획을 수립하고, 수산자원의 보호·회복 및 조성 등에 필요한 사항을 규정하여 수산자원을 효율적으로 관리함으로써 어업의 지속적 발전과 어업인의 소득증대에 기여함을 목적으로 한다.

제2조(정의) ① 이 법에서 사용하는 용어의 뜻은 다음과 같다. 〈개정 2013. 8. 13., 2015. 6. 22.〉

1. "수산자원"이란 수중에 서식하는 수산동식물로서 국민경제 및 국민생활에 유용한 자원을 말한다.
2. "수산자원관리"란 수산자원의 보호·회복 및 조성 등의 행위를 말한다.
3. "총허용어획량"이란 포획·채취할 수 있는 수산동물의 종별 연간 어획량의 최고한도를 말한다.
4. "수산자원조성"이란 일정한 수역에 어초(魚礁)·해조장(海藻場) 등 수산생물의 번식에 유리한 시설을 설치하거나 수산종자를 풀어놓는 행위 등 인공적으로 수산자원을 풍부하게 만드는 행위를 말한다.
5. "바다목장"이란 일정한 해역에 수산자원조성을 위한 시설을 종합적으로 설치하고 수산종자를 방류하는 등 수산자원을 조성한 후 체계적으로 관리하여 이를 포획·채취하는 장소를 말한다.
6. "바다숲"이란 갯녹음(백화현상) 등으로 해조류가 사라졌거나 사라질 우려가 있는 해역에 연안 생태계 복원 및 어업생산성 향상을 위하여 해조류 등 수산종자를 이식하여 복원 및 관리하는 장소를 말한다[해중림(海中林)을 포함한다].

② 이 법에서 따로 정의되지 아니한 용어는 「수산업법」 또는 「양식산업발전법」에서 정하는 바에 따른다.

82 다음에서 설명하는 법으로 옳은 것은?

> 수산자원의 보호·회복 및 조성 등에 필요한 사항을 규정하여 수산자원을 효율적으로 관리함으로써 어업의 지속적 발전과 어업인의 소득증대에 기여할 목적으로 제정된 법

① 수산업법
② 어촌·어항법
③ 수산자원관리법
④ 수산업·어촌 발전 기본법

(해설) **수산자원관리법 제1조(목적)** 이 법은 수산자원관리를 위한 계획을 수립하고, 수산자원의 보호·회복 및 조성 등에 필요한 사항을 규정하여 수산자원을 효율적으로 관리함으로써 어업의 지속적 발전과 어업인의 소득증대에 기여함을 목적으로 한다.

83 다음에서 설명하는 양식어류 종은?

> - 버들잎 모양의 렙토세팔루스(leptocephalus) 유생기를 거치며, 성장하면서 해류를 따라 연안으로 이동한다.
> - 주로 2~5월에 우리나라 서해와 남해 연안에 인접한 강 하구에서 종자(종묘)의 용도로 체포(포획)된다.

① 연어
② 뱀장어
③ 가물치
④ 메기

(해설) 뱀장어는 5~12년간 담수에서 성장하여 60cm 정도의 성어가 되면 산란을 하기 위해서 바다로 내려간다. 성어는 8~10월경에 높은 수온과 염분도를 가진 심해로 들어가 산란을 한 뒤 죽는다.
부화된 새끼는 다시 담수로 올라오는데 그 시기는 지역에 따라 다르다. 제주도와 호남지방은 2~3월경부터 시작되고, 북쪽으로 갈수록 늦어져서 인천 근처는 5월경이 된다.
다른 장어류와 마찬가지로 뱀장어 또한 렙토세팔루스(알에서 갓 깬 버들잎 모양의 투명한 어린 물고기) 시기를 거친다. 이후 담수로 올라올 즈음에는 일명 실뱀장어라 불리는 단계를 거치게 되며, 이때부터 성체를 닮아가기 시작한다.

84 다음에서 어류의 양식방법을 모두 고른 것은?

> ㄱ. 지수식 양식   ㄴ. 가두리 양식   ㄷ. 수하식 양식
> ㄹ. 바닥식 양식   ㅁ. 유수식 양식

① ㄱ, ㄴ, ㄹ
② ㄱ, ㄴ, ㅁ
③ ㄴ, ㄷ, ㄹ
④ ㄷ, ㄹ, ㅁ

정답 82 ③ 83 ② 84 ②

해설 수하식 양식은 굴·담치·멍게 등의 부착성을 이용하여 조개껍데기 등의 부착기에 붙인 다음, 이 부착기를 다시 긴 줄에 꿰어 뗏목·뜸에 매달아 수하시켜 양식한다.

바닥 양식은 대합·바지락·피조개 등 주로 모래바닥에 사는 생물이나 전복·해삼 등 암석지대에 사는 생물들을 양식하는 것으로 특별한 시설은 필요하지는 않다.

정리 (1) 수산 양식에는 어류 양식을 비롯하여 바닥의 돌에 붙어살거나 모래 속에서 사는 굴·피조개 등의 저서 생물 양식, 김·미역과 같은 해조류 양식 등이 있다.

(2) 어류 양식

① 못 양식
  ㉠ 못 양식은 지수식 또는 정수식(瀞水式) 양식이라고도 하며 못둑이 흙으로 된 상태 그대로 쓰기도 하나 콘크리트나 돌담으로 못둑을 튼튼하게 하기도 한다.
  ㉡ 못 양식에서는 배설물 등의 정화가 자체 정화능력에만 의존하므로 좁은 면적에 물고기를 너무 많이 넣으면 산소가 부족해지고 배설물이 정화되지 못하여 못 바닥과 수질이 오염된다. 따라서 기르는 밀도가 낮고 면적당 생산량이 적다.

② 유수식(流水式) 양식
  ㉠ 유수식(流水式) 양식은 못에 물이 계속 흘러들어가고 나가도록 하면서 양식하는 방법이다.
  ㉡ 흘러들어가는 물의 산소를 이용하고, 나가는 물에 따라 배설물이 나가므로 많은 물고기를 넣어서 기를 수 있다.
  ㉢ 유수식(流水式) 양식은 연어·송어 등 냉수성 어류에 주로 사용된다.

③ 가두리 양식
  ㉠ 가두리 양식은 그물로 만든 가두리를 수중에 띄워 놓고 그 속에서 어류를 양식하는 방법이다.
  ㉡ 그물코가 클수록 물의 교환이 잘 되어 산소 공급이나 배설물 처리에 유리하지만 어린 것을 기를 때는 그물코가 작은 것을 사용해야 하는데, 이때 그물코에 이끼가 잘 끼고 막히는 일이 많으므로 사육 결과가 좋지 않을 때가 많다.
  ㉢ 잉어·송어·넙치·조피볼락 등 여러 어류의 양식에 이용된다.

④ 순환여과식 양식
  ㉠ 순환여과식 양식은 수조 속의 같은 물을 계속 순환여과시킴으로써 수중의 유해한 오염물질을 제거함과 동시에 용존산소를 많게 하여 적은 수량으로 많은 수산동물을 양식하는 방법이다.
  ㉡ 원래 수족관이나 가정에서 관상용 어류를 기르는 데 많이 쓰이던 방법을 대규모화한 것이라 할 수 있다.
  ㉢ 양식생물이 배설하는 암모니아나 유기물은 수중이나 여과층에 서식하는 세균의 작용으로 무기물로 분해되고, 어류에 해로운 암모니아·아질산 등은 독성이 약한 질산염으로 변환된다.
  ㉣ 소규모의 관상용 수조의 경우 물속의 먼지·배설물·먹이찌꺼기 등을 수조 내에서 모래·자갈층으로 여과시키는 경우도 있지만, 대규모 양식 시설에서는 이들을 침전·분리시켜서 뽑아내어 여과조와는 별도로 처리한다.
  ㉤ 물의 순환은 펌프에 의하며, 유기물의 분해를 촉진하기 위해서는 산소를 공급해 주어야 하므로 펌프로 포기(曝氣:aeration)를 해준다.

⑤ 방류 재포 양식
  ㉠ 연어와 같은 회귀성을 가진 어류는 바다에서 성장한 후 산란하기 위하여 자기가 태어난 하천으로 되돌아온다. 이 성질을 이용하여 어린 종묘(種苗)를 방류한 다음, 돌아오는 성어를 잡는 방법이다.
  ㉡ 이때 자연상태로서는 산란·부화나 치어의 생존율이 낮으므로 성어 중 일부에서 알과 정자를 채취하여 인공적으로 수정·부화시켜 종묘를 만들어 방류하기도 한다(이 과정을 인공부화방류라 한다).

ⓒ 방류 재포 양식은 종묘 생산에 필요한 시설과 사료만 필요하고 성장은 자연 수계에서 이루어지므로 시설비·사료비·유지비가 적게 들지만 성어의 회귀율(回歸率)이 관건이다.

85 양식생물의 종자(종묘)생산에 관한 설명으로 옳지 않은 것은?

① 계획적으로 인공 종자를 생산할 수 있다.

② 자연산 어미를 이용하여 인공 종자를 생산할 수 있다.

③ 양식생물의 생태적인 습성에 맞추어 관리해야 한다.

④ 로티퍼(rotifer)나 알테미아(Artermia)는 패류 종자의 초기 먹이로 주로 이용된다.

(해설) 로티퍼는 해산어와 담수어 뿐만 아니라 식용어와 관상어에 이르기까지 모든 어류의 인공 종묘 생산 과정에서 초기 먹이생물로 이용되고 있는 동물 플랑크톤이다. 어류 인공종묘 생산 과정에서는 로티퍼를 자어(알에서 부화하여 먹이를 먹기 시작하기 전 단계의 어린 물고기)의 첫 먹이로 사용하는 것을 시작으로 알테미아, 코페포다 또는 초미립자 사료 등을 사용하는 먹이계열이 확립되어 있다.

86 양식 대상 어종을 선택할 때 고려해야 할 조건으로 옳지 않은 것은?

① 사료의 확보가 용이해야 한다.　　② 질병의 내성이 약해야 한다.

③ 대상 어종의 성장이 빨라야 한다.　　④ 종자(종묘) 수급이 원활해야 한다.

(해설) 질병의 내성이 강한 어종을 선택해야 한다.

87 다음 중 순환여과식 양식 어류의 배설물 및 먹이찌꺼기에서 가장 많이 발생되는 독성물질은?

① 이산화탄소　　② 중탄산나트륨　　③ 암모니아　　④ 철

(해설) 순환여과식 양식에서 양식생물이 배설하는 암모니아나 유기물은 수중이나 여과층에 서식하는 세균의 작용으로 무기물로 분해되고, 어류에 해로운 암모니아·아질산 등은 독성이 약한 질산염으로 변환된다.

(정리) **순환여과식 양식**
ⓐ 순환여과식 양식은 수조 속의 같은 물을 계속 순환여과시킴으로써 수중의 유해한 오염물질을 제거함과 동시에 용존산소를 많게 하여 적은 수량으로 많은 수산동물을 양식하는 방법이다.
ⓑ 원래 수족관이나 가정에서 관상용 어류를 기르는 데 많이 쓰이던 방법을 대규모화한 것이라 할 수 있다.
ⓒ 양식생물이 배설하는 암모니아나 유기물은 수중이나 여과층에 서식하는 세균의 작용으로 무기물로 분해되고, 어류에 해로운 암모니아·아질산 등은 독성이 약한 질산염으로 변환된다.
ⓓ 소규모의 관상용 수조의 경우 물속의 먼지·배설물·먹이찌꺼기 등을 수조 내에서 모래·자갈층으로 여과시키는 경우도 있지만, 대규모 양식 시설에서는 이들을 침전·분리시켜서 뽑아내어 여과조와는 별도로 처리한다.
ⓔ 물의 순환은 펌프에 의하며, 유기물의 분해를 촉진하기 위해서는 산소를 공급해 주어야 하므로 펌프로 포기(曝氣:aeration)를 해준다.

정답　85 ④　86 ②　87 ③

88 해조류 중 김의 생활사 단계가 아닌 것은?

① 구상체   ② 사상체   ③ 중성포자   ④ 각포자

해설 식용으로 먹는 김은 원래 조릿대 잎 같은 모양이며 1층의 세포로 이루어져 있다. 늦가을에서 겨울이 끝날 무렵까지 잘 자라는데, 여름에는 없어진다. 그 몸은 배우체이며, 가장자리 부근에 암수의 생식기관을 만든다. 자성 생식기관은 영양 세포가 변한 성란기로서 그 속에 1개의 난자가 생기는데, 홍조식물에서는 생란기를 특히 '조과기'라고도 한다.

한편, 웅성 생식기는 장정기인데, 몸을 이루는 영양 세포가 장정기 모세포가 되어 이것이 6회 분열한 결과 총 64개의 정자가 만들어진다. 정자는 편모가 없고 운동성이 없으므로 물의 흐름에 따라서 난세포에 이르게 된다. 수정이 이루어지면 수정란은 곧 3회의 분열을 되풀이하여 총 8개의 포자가 만들어지는데, 이 포자를 특히 '과포자'라고 한다.

과포자는 성숙하면 몸 밖으로 방출되는데, 방출된 과포자는 파도에 밀려 바다 속을 이동하다가, 바다 밑의 조가비나 살아있는 조개껍질 등에 붙으면 발아하여 조개껍질 속에 실 모양으로 뻗어나간다. 이와 같이 조개껍질 속으로 뻗은 사상체는 그 상태대로 여름을 보내지만, 그 후 가을이 되어 일조 시간이 짧아지고 해수 온도가 내려가기 시작하면 가지 끝이 부풀어 '각포자낭'이라는 생식기관이 된다. 이 각포자낭이 감수 분열을 하면 얼마 후에 각 포자가 방출되는데, 이것이 김의 그물이나 김대에 붙으면 발아하고 성장하여 우리가 흔히 볼 수 있는 김의 몸체가 되는 것이다. 따라서 우리가 보는 김의 몸체는 핵상이 N인 배우체이며, 조개껍질에 파고들어 생육하는 사상체는 2N의 핵상을 가진 포자체이다.

(출처: 위키백과)

89 일정시간 동안 어구를 수중에 고정 설치하여 물고기를 체포(포획)하는 어구분류와 어업이 옳게 연결된 것은?

① 끌어구류 − 통발어업   ② 끌어구류 − 잠수기어업
③ 걸어구류 − 자망어업   ④ 걸어구류 − 쌍끌이 기선저인망어업

해설 (1) 끌어구류(引網類, Dragged gear)
주머니 모양으로 된 어구를 수평방향으로 임의시간 동안 끌어 대상생물을 잡는 것을 말한다. 다른 어법에 비하여 적극적인 어법으로 매우 중요한 어업 중 하나이며 어구전개장치, 어로장비, 어군탐색장비 등이 매우 발달된 어업이다. 우리나라에서는 각종 조개류를 대상으로 하는 형망과 저서어족을 대상으로 하는 저층트롤 및 쌍끌이 기선저인망, 중층회유성 어종을 대상으로 하는 중층트롤 등이 있다.

(2) 걸어구류(刺網類, Gill nets)
방추형의 어류를 주 대상으로 긴 띠 모양의 그물을 고기가 지나가는 곳에 부설하여, 대상 생물이 그물코에 꽂히도록 하여 잡는 것이다. 다른 어구에 비해 그물감의 선택과 성형률 결정이 매우 중요한 어구이다. 그물감의 선택은 일반적으로 대상 생물의 눈에 잘 보이지 않아야 하고, 유연성이 있어야 하고, 그물코의 매듭이 밀리지 않아야 하며, 그물코의 크기가 일정하여야 한다. 그러기 위하여 그물실은 가늘면서 질기고, 적당한 탄력이 있고, 매듭 짓기가 쉬운 것을 택하여야 한다. 또한 성형률은 그물코의 모양을 결정하는 것으로서 이론상으로는 성형률이 약 71%일 때 그물코가 정 마름모꼴로 가장 이상적인 코를 형성하나, 실제로는 대상 어종의 체형에 따라 또는 조업 중 어구의 파손 등을 고려하여 이보다 작게 하여 사용한다. 어구 부설방법에 따라 고정 걸그물류, 흘림 걸그물류, 두리 걸그물류, 깔 걸그물류로 분류하며 우리나라 연근해 어업 중 매우 중요한 어업이다.

정답 88 ① 89 ③

⑶ 통발어업

통발은 미끼로 대상 생물을 유인하여 함정에 빠뜨려 잡는 어구이다. 통발 어구는 어구 분류상으로 함정 어구에 속하고, 미끼를 사용하여 물고기를 유인하기 때문에 유인함정 어구라고도 한다.

우리나라에서 사용하는 통발 어구는 대상 종에 따라 새우 통발, 게 통발, 장어 통발, 골뱅이 통발, 오징어 통발, 붉은 대게 통발, 꽃게 통발, 낙지 통발, 도다리 통발, 물메기 통발 등으로 구분하고 있다.

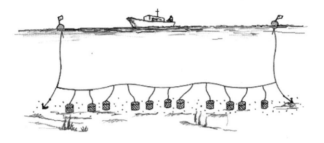

(출처: 국립수산과학원)

⑷ 자망어업

기다란 사각형 그물을 고정하거나 물의 흐름에 따라 흘러가도록 하면서 대상물이 그물코에 걸리거나 꽂히도록 하여 잡는 어업

(출처: 국립수산과학원)

⑸ 잠수기어업

총톤수 8톤 미만의 동력어선을 사용하여 잠수부가 호스를 통해 선상의 공기를 공급받으면서 패류 등의 정착성 수산 동식물을 포획, 채취하는 어업

(출처: 국립수산과학원)

(6) 쌍끌이 기선저인망(機船底引網)어업

바다 밑에 있는 어류 등을 2척의 동력선에 의해서 그물로 포획하는 어업

(출처: 국립수산과학원)

> **참고** 저인망(底引網) / trawl(트롤))
>
> 흔히들 쌍끌이, 깡끌이라고 부르는 그물 혹은 그것을 사용한 어업방식을 말한다. 이를 사용하는 어선은 저인망 어선 또는 트롤선이라고 한다.

(7) 기선권현망어업

기선권현망어업은 대형 그물을 두 척의 배가 양쪽에서 끌면서 멸치를 자루그물로 유도한 뒤 어획하는 어법이다. 따라서 어군을 탐지하기 위한 어군탐지선 1척이 있으며, 그물을 끄는 어망선(그물배) 2척이 있다. 그리고 잡은 멸치를 삶아 건조장으로 실어 나를 가공·운반선 등 총 4척으로 한 선단을 이룬다.

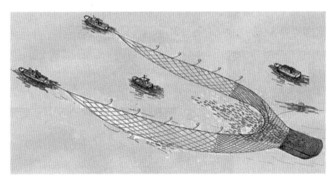

(출처: 국립수산과학원)

90 일반적으로 집어등을 사용하지 않는 어업은?

① 채낚기어업   ② 봉수망어업   ③ 근해선망어업   ④ 자망어업

해설 집어등은 그물어구나 낚시어구로 어로를 할 때 고기가 빛에 모이는 성질을 이용하여 어군을 수면 가까이에 밀집시켜 포획하는데 사용하는 등이다. 채낚기어업, 봉수망어업, 근해선망어업 등에서 사용한다.

정답 90 ④

정리 (1) 채낚기어업

긴줄에 미끼가 없는 낚시를 1개 또는 여러 개 달아 대상물을 채어 낚는 어업

(2) 봉수망어업

그물의 모양은 중앙부가 오목한 보자기와 같으며, 집어등이 있는 현(우현)에 집어가 되면 배를 멈추고, 투망현이 어류 아래로 가도록 하여 그물을 전개한다.

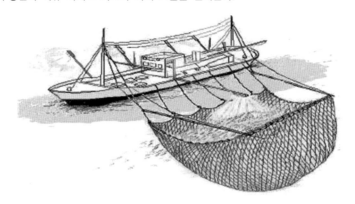

(출처: 국립수산과학원)

(3) 근해선망어업

기다란 사각형의 그물로 어군을 둘러싼 후 그물의 아랫자락을 죄어서 대상물을 잡는 어업

91 우리나라 해역별 대표 어종 및 어업이 옳게 연결된 것은?

① 동해안 – 대게 – 자망어업

② 동해안 – 붉은대게 – 기선권현망어업

③ 서해안 – 멸치 – 채낚기어업

④ 서해안 – 도루묵 – 통발어업

해설 ①, ② 대게(영덕), 붉은 대게는 동해, 통발 또는 자망어업, 꽃게는 서해(연평도, 백령도), 통발 또는 자망어업, ③ 멸치는 남해, 기선권현망, ④ 도루묵은 동해, 중형트롤

정리 우리나라 수산업 환경

1. 우리나라의 입지 여건

(1) 우리나라는 북태평양에 접하여 입지하고 있으며 3면이 바다로 둘러싸인 반도이다.

(2) 해안선의 총 길이는 14,533km에 이르고, 4,198개의 섬이 산재하고 있어 수산업이 발달하기에 좋은 입지여건을 가지고 있다.

(3) 영해는 447,000km²로서 영토(육지)의 약 4.5배이다.

(4) 쿠로시오 해류, 쓰시마 난류, 리만 해류, 북한 한류 등이 만나고 있어 한류성 및 난류성의 수산자원이 다양하고 풍부하게 서식하고 있다.

정답 91 ①

2. 남해의 특징
   (1) 난류성 어족의 월동장이 되고, 봄, 여름에는 난류성 어족의 산란장이 된다.
   (2) 겨울에는 한류성 어족인 대구의 산란장이 된다.
   (3) 남해에는 수산자원의 종류가 다양하면서 풍부해서 좋은 어장이 형성될 수 있다.
   (4) 남해의 주요 어종: 멸치, 고등어, 전갱이, 삼치, 방어, 갈치, 도미, 숭어, 대구, 돌묵상어, 굴, 바지락, 소라, 전복, 대합, 김, 미역, 우뭇가사리, 해삼, 성게
3. 서해의 특징
   (1) 서해에는 광활한 간석지가 발달되어 있다.
   (2) 서해는 계절에 따라 염분 및 수온의 차가 심하다.
   (3) 서해는 조석 간만의 차가 심하다.
   (4) 서해의 주요 어종: 조기, 민어, 고등어, 삼치, 준치, 홍어, 바지락, 대합, 전복, 굴, 오징어, 새우, 꽃게
4. 동해의 특징
   (1) 수심이 깊고 해저가 급경사를 이룬다.
   (2) 동해 하층에는 수온이 0.1~0.3℃, 염분 3.4%의 동해 고유수가 존재하고 그 위로 따뜻한 해류가 흐른다.
   (3) 동해의 주요 어종: 고등어, 꽁치, 방어, 삼치, 상어, 대구, 명태, 도루묵, 왕게, 털게, 철모새우, 오징어, 문어, 소라, 전복, 미역, 다시마

92 다음에서 설명하는 어업은?

> 바다의 표층이나 중층에 서식하는 고등어, 전갱이 등의 어군을 길다란 수건 모양의 그물로 둘러싸서 포위범위를 좁혀 어획하는 어업

① 통발어업　　　② 정치망어업　　　③ 자망어업　　　④ 선망어업

해설 선망은 어군의 존재를 확인하고 이를 포위하여 그 퇴로를 차단하면서 포위망을 축소하여 어획하는 어망의 총칭이다. 선망어업으로 어획하는 어종은 밀집성이 있는 어종인 고등어, 전갱이, 삼치, 오징어, 참다랑어 등이다.

93 다음 중 고도회유성 어종(Highly Migratory Species)은?

① 참다랑어　　　② 쥐노래미　　　③ 짱뚱어　　　④ 조피볼락

해설 고도회유성 어종은 날개다랑어, 참다랑어, 눈다랑어, 가다랑어, 황다랑어, 검은지느러미다랑어, 작은다랭이류, 남부참다랭이, 물치다래류, 새다래류, 새치류, 돛새치류, 황새치, 꽁치류, 만새기류, 원양성 상어류, 고래류 등이다.

정리 어류의 회유

㉠ 회유(回遊, Fish migration)는 물고기 등이 한 서식지에서 다른 장소로 떼를 지어서 이동하는 것을 말한다.

㉡ 물고기의 회유는 산란회유, 채식회유, 월동회유로 나눌 수 있다. 가다랭이가 봄에 난류(쿠로시오 해류)를 타고 북상하는 등 계절과 관계가 있는 경우를 특히 계절회유라고 한다.

㉢ 산란회유는 어류가 월동 장소나 채식 장소에서 산란 장소로 이동하는 것이다. 연어·송어류가 산란을 위해 강물을 거슬러 올라가는 것이 대표적이다.

㉣ 채식회유는 산란 장소나 월동 장소에서 먹이를 찾아 이동하는 것이다. '생육 회유'라고도 한다.

㉤ 월동회유는 채식 장소에서 월동 장소로 이동하는 것이다. 가자미류가 연안 수역에서 채식을 계속하다가 겨울이 다가오면 깊은 바다로 이동하는 것이 대표적이다.

㉥ 고도회유성 어종은 회유성 어종 중에 비교적 먼 거리를 회유하는 어종을 말한다. 해양법에 관한 유엔협약(United Nations Convention on the Law of the Sea, UNCLOS, 국제해양법) 제1 부속서에는 17종의 고도회유성 어종이 열거되어 있으며, 이들은 날개다랑어, 참다랑어, 눈다랑어, 가다랑어, 황다랑어, 검은지느러미다랑어, 작은다랭이류, 남부참다랭이, 물치다래류, 새다래류, 새치류, 돛새치류, 황새치, 꽁치류, 만새기류, 원양성 상어류, 고래류 등이다. 동 협약 제64조는 고도회유성 어종은 관련 국가 간 직접협력 또는 적절한 국제기구를 통하여 협력하도록 규정하고 있다.

94 수산자원량을 추정하는 방법 중 직접자원조사 방법이 아닌 것은?

① 트롤조사법   ② 어업통계조사법   ③ 수중음향조사법   ④ 목시조사법

해설 어업통계조사는 간접조사이다.

정리 **1. 수산자원의 정밀조사·평가의 방법 및 내용**

[시행 2021. 1. 1.] [국립수산과학원고시 제2020-15호, 2020. 12. 30., 일부개정]

제2조(정밀조사·평가의 방법)

수산자원의 정밀조사·평가는 다음의 각 호 사항을 기준으로 수행하여야 한다.

1. 정밀조사: 대상수산자원의 생물학적 특성치인 가입, 성장, 성숙, 사망 및 먹이생물에 관한 정보를 얻기 위한 방법으로 직접자원조사(트롤, 자망, 통발 등 어구를 이용한 어획시험조사 등을 말한다. 이하 같다), 간접자원조사(어획통계자료, 위판현황자료 분석 등을 말한다. 이하 같다) 및 어업인 조업일지 등에 의해 실시할 수 있다. 수산자원의 정밀조사를 위한 체장은 별표 1의 어종 유형별 표준체장을 이용하도록 하며, 타당한 이유가 있을 경우 측정 가능한 체장을 조사하고 상대성장식에 의거 표준체장으로 환산한다. 〈개정 2018.4.1.〉

2. 어획동향 및 분포특성 조사: 대상수산자원을 어획하는 어업을 대상으로 시기별(연도별, 월별, 계절별), 해역별(조사수역별) 어획량 및 단위노력당어획량(또는 어획노력량)을 파악하기 위한 방법으로 직접자원조사, 간접자원조사 및 어업인 조업일지 등에 의해 실시할 수 있다. 〈개정 2018.4.1.〉

3. 자원량 추정 및 평가: 대상수산자원의 자원량, 자원동향 및 증감요인 등의 분석 방법으로 소해면적법, 코호트 분석법, 단위노력당 어획량 분석법, 조성 변화에 의한 분석법 및 표지방류법 등을 사용할 수 있다. 또한 「수산자원관리법」 제36조의 총허용어획량 설정을 위해서는 각 호에서 산출된 정보를 최대한 활용하여 별표 2의 정보수준에 따른 단계별 생물학적허용어획량 추정방법에 따라 자원을 평가해야 한다. 〈개정 2018.4.1.〉

정답 94 ②

2. 수산자원량의 추정

(1) 수산자원량의 조사에 의하여 현재의 서식량과 그 증가량 및 감소량을 파악함으로써 적정한 어획량을 추정할 수 있다.

(2) 수산자원량의 추정방법

　(ㄱ) 어군이 1년 동안 얼마나 증가하는가, 알이 부화하여 몇 년이 지나면 어미가 되어 산란을 하게 되는가, 한 마리의 어미가 산란한 알 중에서 몇 마리가 어미로 되는가를 조사한다.

　(ㄴ) 1년 동안 어획된 어류의 연령 조성을 조사하여 매년 비교한다. 각각 연령별 조성을 조사하여 비교함으로써 어류가 나이를 먹음에 따라 얼마나 살아남는지 그 비율을 알 수 있다.

　(ㄷ) 어획통계에 의해 어획노력당 어획량을 산출한다. 즉, 어선 1척당, 출어 1회당의 어획량을 해마다 비교함으로써 수산자원량의 변동을 추정할 수 있다.

　(ㄹ) 표지 방류의 재포율을 조사한다. 현재 수산자원량을 A, 방류수를 B, 재포수를 C, 그해의 어획량을 D라 하면, A : D = B : C에 의해서 수산자원량을 추정할 수 있다.

95 경골어류의 종류와 어종이 옳게 연결된 것은?

① 갑각류 - 붉은대게
② 농어류 - 농어
③ 상어류 - 백상아리
④ 두족류 - 갑오징어

(해설) 농어는 경골어류 조기어강 농어목에 속한다.

(정리) 어류의 분류

(1) 먹장어류: 턱과 쌍지느러미가 없는 원구류(圓口類)에 속하는 어류로서 바다의 진흙 속에 살며, 눈은 피부에 매몰되어 있다. 먹장어의 껍질은 가공하여 지갑, 가방 등의 장어가죽 제품을 만드는 데 사용되며, 껍질을 벗긴 살은 '꼼장어' 구이로 식용된다.

(2) 칠성장어류: 턱과 쌍지느러미가 없는 원구류(圓口類)에 속하는 어류로서 아가미구멍이 7쌍이다. 칠성장어는 기생성 어류로 다른 물고기에 붙어 피나 살을 먹으며 바다에 주로 살지만, 산란기가 되면 강을 거슬러 올라와 알을 낳고 죽는다. 칠성장어, 다묵장어 등이 칠성장어류에 해당된다.

(3) 연골어류: 가오리목, 홍어목, 상어목 등이 대표적이다.

(4) 경골어류

　① 경골어류(硬骨魚類)라 함은 단단한 뼈 골격을 가진 물고기를 말한다. 경골어류는 뼈대가 연골로 된 연골어류와 대칭이 되는 것이다. 물고기들의 대부분은 경골어류이며, 지상의 모든 척추동물 중에서 가장 큰 무리가 경골어류이다.

　② 경골어류는 지느러미가 조기(부채 살 같은 줄기구조의 지느러미)형인 조기어류와 지느러미가 육질 덩어리성분으로 된 육기어류로 나뉘어진다.

　③ 조기어류

　　조기어강에 속하는 대표적인 것으로는 농어목, 연어목, 숭어목, 가자미목, 고등어목, 대구목, 메기목, 뱀장어목, 철갑상어목, 청어목, 잉어목, 복어 등이다.

　④ 육기어류

　　현재 생존하는 육기어강에는 폐어 6종과 실러캔스 2종이 있다.

정답 95 ②

96 어류의 계군을 구분하기 위한 조사방법으로 옳지 않은 것은?

① 표지방류법 ② 형태학적 방법 ③ 연령사정법 ④ 생태학적 방법

(해설) 계군의 구분은 표지방류법, 형태학적 방법, 생태학적 방법 등으로 접근할 수 있다.

(정리) **표지방류법**
- 표지재포법(標識再捕法)이라고도 한다.
- 개체를 방류할 때 날짜·크기·연령·수량·위치 등을 기록해 두고, 재포한 위치·날짜·수량·크기·연령 등을 비교함으로써 그 동물의 계군(系群)·회유경로·회유속도·분포범위·성장도와 생존비율, 어획과 자연사망의 비율, 어획률 등의 자원 특성값 및 자원량의 추정, 산란횟수 등을 파악한다.
- 가다랭이·다랑어류 및 방어·가자미류를 비롯하여 게류·새우류·오징어류·해수류(海獸類)·고래류 등 바닷물고기, 연어·송어·쏘가리·잉어 등 민물고기에 적용한다.

97 수산생물의 종류와 연령형질의 연결이 옳지 않은 것은?

① 명태 – 이석 ② 키조개 – 패각
③ 돌고래 – 이빨 ④ 꽃새우 – 수염길이

(해설) 이석(otoliths)은 경골어류의 내이(inner ear)에 존재하는 평형석으로 어류의 성장과 함께 성장한다. 명태의 연령형질이다. 키조개의 연령형질은 패각이며, 돌고래의 연령형질은 이빨이다.

(정리) 1. 물고기의 수명
  (1) 송사리, 빙어, 은어: 약 1년
  (2) 대구: 약 10년
  (3) 참돔: 30~40년
  (4) 잉어: 40년
  (5) 메기, 뱀장어: 50~60년
  (6) 십장생의 하나인 거북이는 150~200년

2. 해양생물의 연령사정
  (1) 연령사정이란 해양생물의 연령을 평가하는 것이다. 연령사정법에는 연륜법, 체장조성 빈도법, 표지방류법, 직접사육에 의한 방법, 유전자(DNA와 RNA의 축적비)를 이용하여 평가하는 방법 등이 있다.
  (2) 연륜법
    ① 연륜법은 해양생물의 연령을 판별하는 방법 중 가장 많이 사용하는 방법이다. 환경 자극으로 인해 성장이 느려지거나 중단되어 나타나는 규칙적인 주기선(periodic lines)을 해석하여 연령을 평가한다.
    ② 연령형질
      ㉠ 해양생물이 생존하면서 몸의 여러 부위에 나타나는 것 중 연령을 나타낼 수 있는 형질을 연령형질이라고 한다.
      ㉡ 해양생물마다 연령형질은 다르나 일반적으로 어류는 비늘, 이석, 척추골, 기조(fin ray), 새개골(opercular bone) 등이 연령형질로 사용되며, 이매패류는 패각, 복족류는 뚜껑(operculum), 물개류는 이빨, 고래류는 이빨, 이구전 및 수염 등이 연령형질로 사용된다.

정답 96 ③ 97 ④

- 비늘(scale): 빗비늘은 참돔, 뱅에돔, 볼락과 같은 해산 저서어종의 연령형질로 사용되며, 둥근비늘은 정어리, 꽁치 등의 부어류의 연령형질로 사용된다.
- 이석(otolith): 이석은 어류 머리 양쪽에 3개씩 총 6개가 있다. 이석은 어종별로 크기가 다르며, 해마다 석회 물질이 침착됨으로써 크기가 커진다. 일반적으로 수온이 높은 기간에는 이석 성장이 빠르며, 투명하고 폭넓은 투명대(Translucent band)를 형성한다. 수온이 낮은 기간에는 폭이 좁고 불투명대(opaque band)를 생성한다. 투명대와 불투명대는 한 쌍을 이뤄 1년 성장을 나타내며 이를 윤문이라 하고 연령평가의 기준으로 사용한다.
- 척추골(vertebral): 척추골에 나타나는 투명대와 불투명대를 연륜형질로 사용하며, 비늘이나 이석이 연령형질로 적합하지 않은 어종을 대상으로 사용한다.
- 패각(shells): 패각 각정부를 중심으로 반복되어 나타나는 불투명대와 투명대의 경계선을 윤문으로 하며, 한 쌍의 패각 중 윤문이 뚜렷한 쪽을 선택하여 연령을 평가한다. 주로 이매패류에 사용한다.
- 이빨(teeth), 이구전(earplugs), 수염판(baleen): 해양포유류에 속하는 물개나 이빨 고래류는 이빨을 이용하여 연령을 평가하며, 수염고래류는 이구전과 수염판을 이용하여 연령을 평가한다.

(3) 체장조성 빈도법

체장조성 빈도법은 연령형질로 연령을 평가할 수 없거나 열대지방과 같이 계절적 환경변화가 적은 해역의 어류, 어린 개체의 연령사정 등에 사용한다. 이 방법은 연간 1회의 짧은 산란기를 가지며, 개체의 성장률이 거의 동일한 생물의 연령 결정에 효과적이다.

(4) 표지방류법

표지방류법은 금속 또는 플라스틱과 같은 표지표를 해양생물의 체내·외에 직접 표지하여 방류하였다가 다시 회수함으로써 방류부터 회수까지의 기간을 이용하여 연령을 사정하는 방법이다. 표지방류법으로 수집된 자료는 해당 어종의 성장뿐만 아니라 자원량, 사망률, 회유경로 등의 추정에 유용한 자료를 제공한다.

98 수산업법령상 수산업 관리제도와 대표 어업의 연결이 옳지 않은 것은?

① 면허어업 – 해조류양식어업
② 허가어업 – 연안어업
③ 신고어업 – 나잠어업
④ 등록어업 – 구획어업

(해설) 구획어업은 일정한 수역을 정하여 무동력어선 또는 5톤 미만의 동력어선에 의한 어업으로서 정치성 구획어업과 이동성 구획어업으로 나눈다.

(정리) 1. **수산업법(2023.1.12. 시행) 제7조(면허어업)**

① 다음 각 호의 어느 하나에 해당하는 어업을 하려는 자는 시장·군수·구청장의 면허를 받아야 한다.

1. 정치망어업(定置網漁業): 일정한 수면을 구획하여 대통령령으로 정하는 어구를 일정한 장소에 설치하여 수산동물을 포획하는 어업
2. 마을어업: 일정한 지역에 거주하는 어업인이 해안에 연접(連接)한 일정 수심 이내의 수면을 구획하여 패류·해조류 또는 정착성(定着性) 수산동물을 관리·조성하여 포획·채취하는 어업

2. 수산업법(2023.1.12. 시행) 제8조(마을어업 등의 면허)

① 마을어업은 일정한 지역에 거주하는 어업인의 공동이익을 증진하기 위하여 어촌계(漁村契)나 지구별수산업협동조합(이하 "지구별수협"이라 한다)에만 면허한다.

② 시장·군수·구청장은 어업인의 공동이익과 일정한 지역의 어업개발을 위하여 필요하다고 인정하면 어촌계, 영어조합법인 또는 지구별수협에 마을어업 외의 어업을 면허할 수 있다.

3. 수산업법(2023.1.12. 시행) 제40조(허가어업)

① 총톤수 10톤 이상의 동력어선(動力漁船) 또는 수산자원을 보호하고 어업조정을 하기 위하여 특히 필요하여 대통령령으로 정하는 총톤수 10톤 미만의 동력어선을 사용하는 어업(이하 "근해어업"이라 한다)을 하려는 자는 어선 또는 어구마다 해양수산부장관의 허가를 받아야 한다.

② 무동력어선, 총톤수 10톤 미만의 동력어선을 사용하는 어업으로서 근해어업 및 제3항에 따른 어업 외의 어업(이하 "연안어업"이라 한다)을 하려는 자는 어선 또는 어구마다 시·도지사의 허가를 받아야 한다.

③ 일정한 수역을 정하여 어구를 설치하거나 무동력어선, 총톤수 5톤 미만의 동력어선을 사용하는 어업(이하 "구획어업"이라 한다)을 하려는 자는 어선·어구 또는 시설마다 시장·군수·구청장의 허가를 받아야 한다. 다만, 해양수산부령으로 정하는 어업으로 시·도지사가 「수산자원관리법」 제36조 및 제38조에 따라 총허용어획량을 설정·관리하는 경우에는 총톤수 8톤 미만의 동력어선에 대하여 구획어업 허가를 할 수 있다.

④ 제1항부터 제3항까지의 규정에 따라 허가를 받아야 하는 어업별 어업의 종류와 포획·채취할 수 있는 수산동물의 종류에 관한 사항은 대통령령으로 정하며, 다음 각 호의 사항 및 그 밖에 허가와 관련하여 필요한 절차 등은 해양수산부령으로 정한다.

1. 어업의 종류별 어선의 톤수, 기관의 마력, 어업허가의 제한사유·유예, 양륙항(揚陸港)의 지정, 조업해역의 구분 및 허가 어선의 대체

2. 연안어업과 구획어업에 대한 허가의 정수(定數) 및 그 어업에 사용하는 어선의 부속선, 사용하는 어구의 종류

⑤ 행정관청은 제34조제1호·제3호·제4호 또는 제6호(제33조제1항제1호부터 제7호까지의 어느 하나에 해당하는 경우는 제외한다)에 해당하는 사유로 어업의 허가가 취소된 자와 그 어선 또는 어구에 대하여는 해양수산부령으로 정하는 바에 따라 그 허가를 취소한 날부터 2년의 범위에서 어업의 허가를 하여서는 아니 된다.

⑥ 제34조제1호·제3호·제4호 또는 제6호(제33조제1항제1호부터 제7호까지의 어느 하나에 해당하는 경우는 제외한다)에 해당하는 사유로 어업의 허가가 취소된 후 다시 어업의 허가를 신청하려는 자 또는 어업의 허가가 취소된 어선·어구에 대하여 다시 어업의 허가를 신청하려는 자는 해양수산부령으로 정하는 교육을 받아야 한다.

4. 수산업법(2023.1.12. 시행) 제48조(신고어업)

① 제7조·제40조·제43조 또는 제46조에 따른 어업 외의 어업으로서 대통령령으로 정하는 어업을 하려는 자(신고일을 기준으로 조업장소를 관할하는 시·군·구에 6개월 이상 주소를 둔 자에 한정한다)는 시장·군수·구청장에게 해양수산부령으로 정하는 바에 따라 신고하여야 한다.

② 시장·군수·구청장은 제1항에 따른 신고를 받은 날부터 해양수산부령으로 정하는 기간 내에 신고수리 여부를 신고인에게 통지하여야 한다.

③ 시장·군수·구청장이 제2항에서 정한 기간 내에 신고수리 여부 또는 민원 처리 관련 법령에 따른 처리기간의 연장을 신고인에게 통지하지 아니하면 그 기간(민원 처리 관련 법령에 따라 처리기간이 연장 또는 재연장된 경우에는 해당 처리기간을 말한다)이 끝난 날의 다음 날에 신고를 수리한 것으로 본다.

④ 제1항에 따른 신고의 유효기간은 신고를 수리(제3항에 따라 신고를 수리한 것으로 보는 경우를 포함한다)한 날부터 5년으로 한다. 다만, 공익사업의 시행을 위하여 필요한 경우와 그 밖에 대통령령으로 정하는 경우에는 그 유효기간을 단축할 수 있다.

⑤ 시장·군수·구청장은 제1항에 따른 신고를 수리한 경우(제3항에 따라 신고를 수리한 것으로 보는 경우를 포함한다) 그 신고인에게 어업신고증명서를 내주어야 한다.

⑥ 제1항에 따라 어업의 신고를 한 자는 다음 각 호의 사항을 준수하여야 한다.
1. 신고어업자의 주소지와 조업장소를 관할하는 시장·군수·구청장의 관할 수역에서 연간 60일 이상 조업을 할 것
2. 다른 법령의 규정에 따라 어업행위를 제한하거나 금지하고 있는 수면에서 그 제한이나 금지를 위반하여 조업하지 아니할 것
3. 수산자원보호나 어업조정 등을 위하여 대통령령으로 정하는 사항과 시장·군수·구청장이 고시로 정하는 사항을 준수할 것

⑦ 시장·군수·구청장은 제1항에 따라 어업의 신고를 한 자가 제6항에 따른 준수사항을 위반한 경우에는 신고어업을 제한 또는 정지할 수 있다.

⑧ 신고를 한 자가 다음 각 호의 어느 하나에 해당할 때에는 어업의 신고는 그 효력을 잃는다. 이 경우 제1호 또는 제2호에 해당되어 신고의 효력을 잃은 때에는 그 신고를 한 자는 제9항에 따라 해당 공적장부(公的帳簿)에서 말소된 날부터 1년의 범위에서 신고어업의 종류 및 효력상실사유 등을 고려하여 해양수산부령으로 정하는 기간 동안은 제1항에 따른 어업의 신고를 할 수 없다.
1. 제6항에 따른 준수사항을 3회 이상 위반한 때
2. 제7항에 따른 신고어업의 제한·정지 처분을 2회 이상 위반한 때
3. 제49조제3항에 따른 신고어업의 폐지신고를 하여야 할 사유가 생긴 때

⑨ 시장·군수·구청장은 제8항에 따라 어업의 신고가 효력을 잃은 때에는 지체 없이 신고어업에 관한 공적장부에서 이를 말소하여야 하며, 그 내용을 신고인에게 알려야 한다.

99 어류양식에서 발생하는 진균성 질병은?

① 수생균병　　　　② 구멍갯병　　　　③ 쪼그랑병　　　　④ 물렁증

(해설) 물곰팡이(수생균)는 진균이다.

(정리) **양식생물의 질병**
1. 기생충, 미생물 등에 의한 질병
　(1) 물곰팡이(수생균)
　　① 봄에 어류 및 알에 기생하여 균사가 표면에 솜뭉치처럼 붙어 있는 모양을 보인다.
　　② 알 등에 용이하게 기생하므로 종묘 생산 시 특히 주의하여야 한다.
　(2) 포자충, 아가미 흡충, 트리코디나충, 피부 흡충, 백점충, 닻벌레 등이 기생하면 체표가 광택이 없어지고 뿌옇게 변한다.
　(3) 기생충, 미생물 등에 의한 질병에 걸린 어류의 증상은 다음과 같다.
　　① 아가미나 지느러미가 결손된다.
　　② 힘없이 헤엄친다.
　　③ 가장자리에 가만히 있다.
　　④ 몸을 다른 물체에 비빈다.

정답　99 ①

⑤ 안구가 돌출한다.

⑥ 표피에 회색 분미물이 분비되기도 한다.

⑦ 피부에 출혈이 있다.

⑧ 몸 빛깔이 퇴색되거나 검게 변한다.

2. 환경요인에 따른 질병

(1) 산소가 부족하면 성장이 나쁘고 폐사할 수 있다.

(2) 수중 질소포화도가 115% 이상이 되면 기포병이 발생하며 기포병이 발생하면 피하 조직에 방울이 생기고 안구가 돌출한다.

(3) 배설물 또는 먹이 찌꺼기 등의 유기물이 분해 될 때 암모니아나 아질산이 생성되어 아가미에 혈액이 괴고 호흡곤란을 유발하기도 한다.

100 다음에서 A의 값과 B에 들어갈 내용으로 옳게 연결된 것은?

• 1,350kg의 사료를 공급해 50kg의 조피볼락 치어를 500kg으로 성장시킨 경우 사료계수 값은 (A)이다.

• 사료계수 값이 작을수록 (B)이다.

① A: 3, B: 경제적
② A: 3, B: 비경제적
③ A: 10, B: 경제적
④ A: 10, B: 비경제적

(해설) 사료계수 = 1350 / 450 = 3

사료효율은 사료계수와 반비례관계에 있다.

(정리) **사료계수**

㉠ 물고기가 1g 크는데 사료가 얼마나 필요한지에 대한 것이다. 다시 말하면 물고기 단위 무게가 증가하는데 필요한 사료의 무게를 말한다.

㉡ 사료계수 = 사료공급량 / 무게증가량

㉢ 사료효율(%) = (1 / 사료계수) × 100

정답 100 ①

수산물품질관리사 **1차 기출문제집**

2023. 3. 8. 초 판 1쇄 인쇄
2023. 3. 15. 초 판 1쇄 발행

저자와의
협의하에
검인생략

지은이 | 고송남, 김봉호
펴낸이 | 이종춘
펴낸곳 | **BM** ㈜도서출판 **성안당**

주소 | 04032 서울시 마포구 양화로 127 첨단빌딩 3층(출판기획 R&D 센터)
      | 10881 경기도 파주시 문발로 112 파주 출판 문화도시(제작 및 물류)

전화 | 02) 3142-0036
      | 031) 950-6300
팩스 | 031) 955-0510
등록 | 1973. 2. 1. 제406-2005-000046호
출판사 홈페이지 | **www.cyber.co.kr**
ISBN | 978-89-315-5938-5 (13520)
정가 | **25,000원**

이 책을 만든 사람들
책임 | 최옥현
진행 | 최동진
교정·교열 | 최동진
전산편집 | 민혜조
표지 디자인 | 임흥순
홍보 | 김계향, 유미나, 이준영, 정단비
국제부 | 이선민, 조혜란
마케팅 | 구본철, 차정욱, 오영일, 나진호, 강호묵
마케팅 지원 | 장상범
제작 | 김유석